高｜等｜学｜校｜计｜算｜机｜专｜业｜系｜列｜教｜材

人工智能基础

陈 明 编著

清华大学出版社

北 京

内 容 简 介

人工智能是研究利用计算机系统实现人类智能的理论、方法和技术的学科。本书较系统地介绍了人工智能的基本内容,主要包括人工智能发展的三次热潮、知识与知识表示、推理方式、搜索策略、专家系统、机器学习、神经网络模型、深度学习、计算机视觉、自然语言处理、知识图谱、智能体、群智能算法、生物特征识别和智能机器人等。

本书注重基本概念、基本方法和应用实例的介绍,语言精炼、逻辑层次清晰,适合作为高等学校"人工智能"课程的教材,也可以用作科技人员的参考书。

图书在版编目(CIP)数据

人工智能基础/陈明编著. —北京:清华大学出版社,2023.9
高等学校计算机专业系列教材
ISBN 978-7-302-64026-4

Ⅰ.①人… Ⅱ.①陈… Ⅲ.①人工智能-高等学校-教材 Ⅳ.①TP18

中国国家版本馆 CIP 数据核字(2023)第 126358 号

责任编辑:龙启铭		
封面设计:何凤霞		
责任校对:胡伟民		
责任印制:沈 露		

出版发行:清华大学出版社
      网   址:https://www.tup.com.cn,https://www.wqxuetang.com
      地   址:北京清华大学学研大厦 A 座   邮   编:100084
      社 总 机:010-83470000   邮   购:010-62786544
      投稿与读者服务:010-62776969,c-service@tup.tsinghua.edu.cn
      质量反馈:010-62772015,zhiliang@tup.tsinghua.edu.cn
      课件下载:https://www.tup.com.cn,010-83470236
印 装 者:三河市龙大印装有限公司
经   销:全国新华书店
开   本:185mm×260mm   印   张:23.75   字   数:608 千字
版   次:2023 年 11 月第 1 版   印   次:2023 年 11 月第 1 次印刷
定   价:69.00 元

产品编号:093041-01

前 言

　　人工智能（artificial intelligence，AI）又称机器智能，是指由人制造出的机器所表现的智能，是通过普通计算机程序呈现人类智能的技术。基于人工智能构建的知识系统具有学习能力，能够灵活地适应环境，实现特定目标和任务。人工智能是一个开放性研究领域，其可以被应用于诸多领域，涉及范围极广。

　　人工智能的核心问题是建构与人类似，甚至超越人类的推理、求知、规划、学习、交流、感知、使用工具和操控机械的能力等。

　　深度学习的出现推动了人工智能发展的第三次热潮，唤起了人们学习、研究人工智能的热情。

　　人工智能是计算机科学的研究前沿领域，因此，学习人工智能需要有坚实的计算机科学基础。人工智能算法可以解决学习、感知、语言理解或逻辑推理等任务。

　　经过几十年的发展，人工智能学科中形成了三个主要的学派，符号主义学派、连接主义学派和行为主义学派。

　　符号主义学派又称为逻辑主义、心理学派或计算机学派。符号主义认为人工智能源于数理逻辑。符号主义曾经长期一枝独秀，为人工智能的发展做出了重要贡献，尤其是专家系统的成功开发与应用，为人工智能走向工程应用和实现理论联系实际迈出了特别重要的一步。

　　连接主义又称为仿生学派或生理学派，其主要原理为神经网络及神经网络间的连接机制与学习算法。连接主义认为人工智能源于仿生学，特别是对人脑模型、多层网络中的反向传播算法的提出，以及基于连接主义的深度学习成功应用，奠定了连接主义学派在人工智能中的重要位置。

　　行为主义认为人工智能源于控制论，推崇控制、自适应与进化计算。行为主义其实与智能机器人的关系非常密切，现在被人们寄予极大的期望。

　　深度学习、深度神经网络，即属于连接主义；20 世纪行业浪潮中举足轻重的专家系统，以及当下盛行的知识图谱都是符号主义的成就；行为主义的贡献体现在机器人控制系统等方面。随着人工智能领域的不断拓展，不同的学术流派也开始日益脱离原先各自独立发展的轨道，逐渐走上了协同并进的新道路。常用的人工智能研究途径是：

　　（1）心理模拟，符号推演：模拟人脑的逻辑思维，利用显式的知识和推理来解决问题，擅长实现人脑的高级认知功能。

　　（2）生理模拟，神经计算：具有高度的并行分布型，很强的鲁棒性和容错性，擅长人脑的形象思维，便于实现人脑的低级感知功能。

（3）行为模拟，控制进化：具有自学习、自适应、自组织特性的智能控制系统和智能机器人。

（4）群体模拟，仿生计算：其成果可以直接付诸应用，解决工程问题和实际问题。

（5）自然计算：模仿和借鉴自然界的某种机理而设计技术模型。

本书是人工智能基础教材，介绍了人工智能的主要领域、基本概念、基本方法和基本应用。实际上，本书的每一章内容都是一个专门的研究领域，都有多种专著专门论述。

本书内容仅反映了当前人工智能的基本内容，人工智能的内涵还将向聚合智能、自适应智能、隐形智能和智能增强方向外延。人工智能的应用将向人机混合智能系统、自主智能系统、人工智能产业等方向发展，智能机器人集合了人工智能各方面的技术，是人工智能水平的体现。

本书在结构上为积木状，各章内容独立论述。由于作者水平有限，书中不足之处在所难免，敬请读者批评指正。

陈明

2023 年 9 月

目录

第 10 章　自然语言处理　　/233

第 11 章　知识图谱　　/272

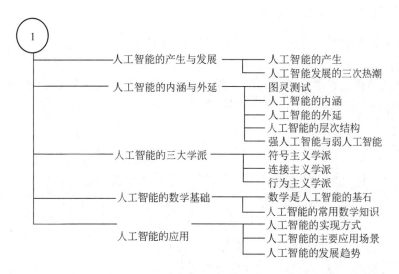

第 1 章

概　　述

人工智能(artificial intelligence, AI)是研究利用计算机系统实现人类智能的理论、方法和技术的学科,更确切地说,是研究和开发用于模拟、延伸与扩展人类智能的理论、方法、技术及其应用系统的一门技术科学。虽然人工智能是计算机科学的前沿,但是,人工智能又不仅局限于计算机、信息和自动化等学科,还涉及智能科学、认知科学、心理科学、脑科学与神经科学、生命科学、语言学、逻辑学、行为科学、教育科学、系统科学、数理科学以及控制论、哲学甚至经济学等众多学科领域。人工智能是一门综合性的交叉学科,是一个开放性的研究领域。人工智能是人工制造的系统所表现出的智能,其核心问题主要包括机器推理、知识、规则、学习、交流、感知、移动和操作物体的能力等。

1.1　人工智能的产生与发展

人工智能最早于 1956 年提出,在此以后,众多学者的努力研究并推动了相关理论与技术的不断发展。人工智能的发展道路坎坷,这主要是由于人工智能的基本理论还不完整,人们还不能解释人的大脑为什么能够思考等一系列重要机理性问题。但是,人工智能所提出的终极目标诱人且前景远大,吸引了大量优秀学者坚持不懈地研究与探索。

1.1.1　人工智能的产生

1951 年,马文·明斯基与邓恩·埃德蒙一起建造了世界上第一台神经网络计算机,这是人工智能的起点。在此同时,阿兰·图灵提出了图灵测试,而且还大胆预言了制造真正具备智能的机器的可行性。1956 年,在美国达特茅斯学院举办的一次会议上,来自数学、神经学、心理学、信息科学和计算机科学的杰出科学家齐聚一堂,计算机专家约翰·麦卡锡首先提出了"人工智能"一词。就在这次会议后不久,麦卡锡和明斯基在 MIT 共同创建了世界上第一个人工智能实验室——MITAILAB,并且开始从学术角度对人工智能展开了研究。从那时起,最早的一批人工智能学者,广泛地认为达特茅斯会议是人工智能诞生的标志。也从此开始,人工智能走上了充满希望的发展道路。

1.1.2 人工智能发展的三次热潮

回顾人工智能的发展历程,从产生以来其跨越了两次低谷,现在已进入了第三次发展热潮。人工智能的波浪式发展前进经历了 Gartner 曲线描述的过山车式轨迹,如图 1-1 所示(Gartner 曲线是描述技术发展周期的专业术语,指一个事物从萌芽到成熟,必然要经历五个阶段:启动期→高峰期→低谷期→爬坡期→饱和期)。

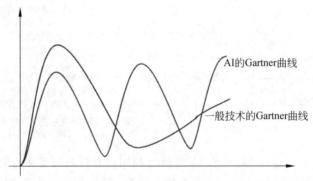

图 1-1 人工智能的波浪式发展前进

1. 第 1 次发展热潮

人工智能的第 1 次发展热潮发生在 20 世纪 50 至 60 年代,其主题是理论的革新。这个时期正是电子计算机诞生后开始高速发展的时期,当时的计算机更多地被视为运算速度特别快的数学计算工具,艾伦·图灵在思想上走到了所有研究者的最前沿,他研究计算机是否能像人一样思考,开始从理论高度探索人工智能的存在。1950 年 10 月,艾伦·图灵发表了一篇名为《计算机械和智能》的论文,提出了著名的图灵测试,此概念影响深远。以图灵测试为标志,数学证明系统、知识推理系统乃至专家系统等里程碑式的技术出现掀起了第 1 次人工智能发展热潮。在当时,人们对人工智能普遍持过分乐观的态度,认为看到了几年内计算机通过图灵测试的希望曙光。然而,受到计算机性能和算法理论的局限,接踵而来的失败似乎渐渐消灭了人们的热情,人工智能的研究热度迅速消退。

2. 第 2 次发展热潮

人工智能的第 2 次发展热潮发生在 20 世纪 80 至 90 年代,其主题是思维的转变。其最具代表性、突破性的进展是语音识别,而这个突破依赖的就是思维的转变。过去的语音识别更多的是使用专家系统,根据语言学的知识总结语音和英文音素,再将每个字拆解成音节与音素,让计算机使用人类学习语言的方式学习语言。在研发过程中,计算机工程师与科学家围绕语言学家的理论设计进行工作。新的方法是基于数据的统计建模,抛弃了模仿人类思维方式总结规则的路线,研发过程中没有或极少语言学家的参与,更多的是计算机科学家与数学家的合作。这种转变是思维的转变,抛弃了人类既有的经验知识,转向于依赖问题本身的数据特征,并促使统计模型被广泛应用。

3. 第 3 次发展热潮

第 3 次发展热潮发生在 2006 年至今,发展的主题是技术的融合,也就是互联网计算、大规模计算和大数据技术的融合。在当下的人工智能中,深度学习技术应用最为广泛,成果显著。知名的 AlphaGo 和在 2014 年 ImageNet 竞赛中第 1 次超越人眼的图像识别的算法都是基于深度学习的产物。作为一种用数学模型对真实世界中的特定问题进行建模的技术,深度学习以擅于解决同领域内相似问题而著称。另外,深度学习技术的应用也有赖于多种因素,如计算机的计算性能和处理能力大幅提高,符合摩尔定律指数级增长的计算机性能跨过了新的台阶;互联网的迅速发展带来了大数据等。因为计算机性能提高,大数据得以储存和应用,这是深度学习发展的机遇与条件。深度学习现已成为人工智能的主流技术之一。

1.2 人工智能的内涵与外延

概念的外延就是适合这个概念的一切对象的范围,而概念的内涵则是这个概念所反映的对象的本质属性的总和。人工智能的内涵与外延包含了人工智能的主要研究领域,即自然语言处理、计算机视觉、机器学习、知识表示、自动推理和机器人学等。

1.2.1 图灵测试

艾伦·麦席森·图灵(Alan Mathison Turing)在 1936 年提出了著名的图灵机模型,为现代计算机的逻辑工作方式奠定了基础,1950 年,他又提出了著名的图灵测试。图灵测试是指测试者在与被测试者(一个人和一台机器)分隔开的情况下通过一些装置(如键盘)向被测试者随机提问。进行多次测试后,如果有超过 30% 的测试者不能确定被测试者是人还是机器,那么这台机器就通过了测试。图灵测试并不能直接测试计算机的行为是否为智能,只是测试计算机是否具有像人一样的行为,其示意图如图 1-2 所示。

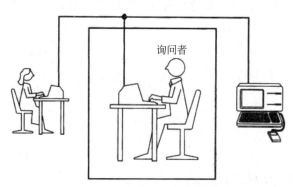

询问者

图 1-2 图灵测试示意图

1.2.2 人工智能的内涵

人工智能的内涵包括脑认知基础、机器感知与模式识别、自然语言处理与理解、知识工程等部分。脑认知是人工智能的基础,知识工程可将人类知识用计算机表达出来并进行知识的数学化建模。

1. 脑认知功能

将脑的高级功能统称为认知功能。认知功能是让脑接受、选择、存储、转换、发展和恢复从外部刺激中接收到的信息的心理过程。这一过程使我们能够更有效地理解和联系周围的世界。主要的认知功能如下:

1) 注意力:注意力是用来选择同时到达大脑的认知,注意力可以分为不同的类型:集中注意力、持续注意力、交替注意力、分散注意力。

2) 记忆:记忆是一个复杂的过程,它使我们可以编码,存储和恢复信息。记忆可以分为瞬时记忆、短期记忆和长期记忆。

3) 执行功能:执行功能是最复杂的认知功能。虽然对认知功能有不同的定义,但大多数定义包括认知控制和思维,以及通过各种相关过程进行的行为控制。

4) 语言:语言是一种通过语言呈现的符号通信系统。语言不仅对于与他人交流很重要,而且对于构造我们的内部思想也很重要。语言处理使用不同的大脑区域,这些大脑区域通过涉及左半球的不同功能系统共同发挥作用。

5) 视觉感知:视觉感知功能是指能够识别和区分刺激的功能。它们有助解释归因于所看到的事物,并将其归为已知类别,整合到知识中。

2. 机器感知

机器感知就是要让机器具有类似于人的感知能力,如视觉、触觉、听觉、味觉、嗅觉。通过一连串复杂程序所组成的大规模信息处理系统。

1) 视觉感知:通过视觉器官获取图形、图像信息。

2) 听觉感知:依靠听觉在黑暗环境中或者光线很暗环境中进行声源定位和语音识别。

3) 触觉感知:触觉本身有很强的敏感能力可直接测量对象和环境的多种性质特征。

3. 模式识别

研究自然界中存在的大量模式规律的表达,对表征事物或现象的各种形式的信息进行处理与分析,从而达到对事物和现象进行描述、辨认、分类和解释。模式识别过程如下:

1) 数据获取

2) 模式分割

3) 预处理

4) 特征生成

5) 特征选择

6) 模式分类

7) 后处理

4. 自然语言理解与生成

自然语言处理就是用计算机来处理人类的自然语言,主要内容是分析与理解、产生相应的动作。在听到别人问话之后,需要理解和思考所听到的内容,这个过程就是分析与理解过程。当听懂别人问话之后,需要产生动作,进行沟通,这就是互动与生成过程。自然语言处理指的是使计算机来按照这种语言所表达的意义作出相应的反应的机制。

5. 知识工程

知识工程是人工智能的原理和方法,对那些需要专家知识才能解决的应用难题提供求解的手段。知识工程以知识为研究对象,它将具体智能系统中的共同问题抽出来作为知识工程的核心内容。知识工程过程如下:

1) 知识获取:从人类专家、书籍、文件、传感器或计算机文件获取知识,知识可能是特定领域或特定问题的解决程序,或者是一般知识或者是元知识解决问题的过程。在知识工程的过程中,知识获取是一个瓶颈,限制了专家系统和其他人工智能系统的发展。

2) 知识验证:是指知识被验证(例如,通过测试用例),直到它的质量可以被接受。测试用例的结果通常被专家用来验证知识的准确性。

3) 知识表示:获得的知识被组织在一起的活动称为知识表示。这个活动需要准备知识地图以及在知识库进行知识编码。

4) 推论:包括软件的设计,使计算机做出基于知识和细节问题的推论。然后该系统可以推论结果提供建议给非专业用户。

5) 解释与理由:包括设计和编程的解释功能。

1.2.3　人工智能的外延

人工智能的外延主要包括智能机器人、智能系统等智能科学的应用技术。

1. 智能机器人

智能机器人具有感觉、推理和判断能力,可以根据外界条件的变化在一定范围内自行修改运行程序。智能机器人主要特点如下。

(1) 智能机器人与一般机器人不同,它是控制论的产物。控制论主张无论生命还是非生命带有目的的行为在多方面一致。

(2) 智能机器人能够理解人类语言,并能用人类语言与操作者对话。智能机器人能够分析所出现的情况,并能够调整自己的动作以达到操作者的全部要求。

(3) 智能机器人在视觉方面使用相机和计算机算法的组合以处理来自外部世界的视觉数据。

智能机器人主要包括工业机器人、农业机器人和国防机器人等。

2. 智能系统

智能系统是能够产生人类智能行为的系统。

智能系统处理的对象不仅有数据,而且还有知识。具备表示、获取、存取和处理知识的能力是智能系统与传统系统的主要区别之一,因此智能系统也是基于知识处理的系统,它需要知识表示语言、知识组织工具、建立维护与查询知识库的方法与环境、支持对现存知识的重用。

智能系统采用人工智能的问题求解模式获得结果,其主要特征如下。

(1) 非确定性或启发式的问题求解。

(2) 依赖知识问题求解。

(3) 求解的问题通常具有计算复杂性。

智能系统通常采用的问题求解方法可分为搜索、推理和规划三种类型,具有计算复杂性。

1.2.4　人工智能的层次结构

基于产业考虑,人工智能可分为基础层、技术层和应用层,如图 1-3 所示。

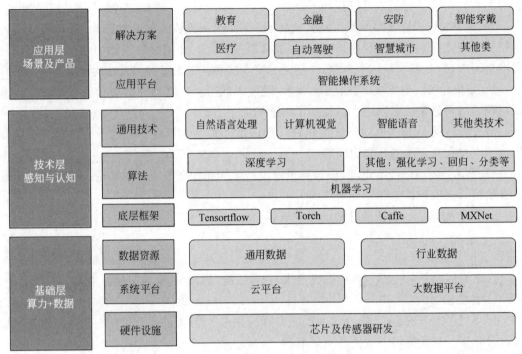

图 1-3　人工智能产业的层次结构

1. 基础层

基础层是人工智能产业的基础,主要是硬件和软件,如 AI 芯片、数据资源、云计算平台等,为人工智能提供数据及算力支撑。

2. 技术层

技术层是人工智能产业的核心,以模拟人的智能相关特征为出发点,构建技术路径。

3. 应用层

应用层是人工智能产业的延伸,集成一类或多类人工智能基础应用技术,面向特定应用场景需求而形成软硬件产品或解决方案。

基础层和技术层的大数据、算力和算法通常视为人工智能发展的三要素。人工智能的发展与这三要素密切相关,而基于这三要素的相关技术的快速迭代和积淀,也是人工智能第 3 次发展热潮兴起的重要原因。

1.2.5　强人工智能与弱人工智能

模拟人的思维可以从两方面着手,一个方面是基于生理学的模拟,仿照人脑的结构机制制造类人脑的机器;另一个方面是基于心理学的模拟,计算机的产生便是对人脑思维的功能和过程进行模拟,也是对人脑思维的信息过程的模拟。学术界将人工智能分为强人工智能和弱人工智能。

1. 弱人工智能

弱人工智能认为人类不可能制造出能够真正推理和解决问题的智能机器,基于弱人工智能建构的机器看起来是智能的,但是,它并不真正具有智能,也不会有自主意识,只是按照事先写好的程序进行工作,每个动作都是按照程序设计者所设计的程序驱动。如果出现特殊情况,程序设计者将做出相对应的方案,最后由机器去判断此方案是否符合条件再决定是否应加以执行。

例如,目前所使用的聊天系统属于弱人工智能系统,与聊天系统进行语音或文本交流时,实际上就是体验程序设计者在背后设计的一套相对应的流程,或者通过大数据在网络上进行搜索。目前,所有人工智能都属于弱人工智能,如语言识别、图像识别、无人驾驶等。

很多科学家和工程师们进行了更加实用的、工程化的弱人工智能研究,并在这些领域取得了丰硕的成果,如人脸识别、字迹识别等。应说明的是,弱人工智能与强人工智能并非完全对立,也就是说,即使强人工智能成为可能,弱人工智能仍有现实意义与应用价值。

2. 强人工智能

强人工智能又称为多元智能,其希望人工智能最终多元化并且具备超越大部分人类的能力。为了达成上述的目标,需要系统地实现人工意识和人工大脑。多元智能又称为是人工智能的完整性,是指为了解决其中一个问题,必须解决全部问题,即令一个简单和特定的任务(如机器翻译,要求机器能够按照作者的论点推理,知道谈论的事情)就能够准确地再现作者的意图。因此,机器翻译具有人工智能的完整性。强人工智能就是能够执行通用任务的人工智能,它能够像人类一样学习、推理和认知、解决问题,而不是只解决特定领域中的问题。强人工智能的观点认为人类有可能制造出真正能够推理和解决问题的智能机器,并且认为这样的机器是有知觉的、有自我意识的。强人工智能又称通用人工智能,可分为下述两类。

(1) 类人的人工智能:机器的思考和推理方式与人类一样。

(2) 非类人的人工智能:机器将产生与人完全不同的知觉和意识,使用与人完全不同的推理方式。

假设计算机系统通过不断发展,可以比最聪明的人类还聪明,那么由此产生的人工智能可称为超人工智能。

1.3　人工智能的三大学派

人工智能是一个开放性的研究领域,在其发展的历史长河中,不同学科背景的学者对其做出过各自的理解,提出了不同的观点,做出了卓越的贡献,并由此产生了不同的人工智能学术流派。其中对人工智能发展影响较大的主要有符号主义、连接主义和行为主义三大学派。

1.3.1　符号主义学派

符号主义学派又称为逻辑主义学派、心理学派或计算机学派,认为人工智能源于数理逻辑。数理逻辑从 19 世纪末开始迅速发展,到 20 世纪 30 年代开始用于描述智能行为。当计算机出现后,数理逻辑又在计算机上实现了逻辑演绎系统,其中有代表性的成果为启发式程序"逻辑理论家"(logic theorist,LT),它证明了数学名著《数学原理》一书第二章 52 个定理中的 38 个定理(1963 年得到改进后可证明全部 52 个定理),表明可以利用计算机研究人的思维过程,模拟人类智能活动。符号主义者早在 1956 年就首先采用人工智能这个术语,此后又发展了启发式算法、专家系统、知识工程理论与技术,并在 20 世纪 80 年代迅速发展。在人工智能发展史上,符号主义学派曾经长期一枝独秀,为人工智能的发展做出了重要贡献,尤其是主导了专家系统的成功开发与应用,开创了人工智能走向工程应用的先河,对人工智能理论应用于实际具有特别重要的意义。即使在人工智能的其他学派出现之后,符号主义仍然是人工智能的主流学派。

1.3.2　连接主义学派

　　连接主义学派又称为仿生学派或生理学派,从神经生理学和认知科学的研究成果出发,将人工智能归结为人脑高层活动的结果,强调智能活动是大量简单的单元经过复杂的相互连接后并行运行的结果。人工神经网络、深度学习是连接主义学派的代表性技术。

　　连接主义学派认为人工智能源于生理学中的仿生学。它的代表性成果是 1943 年由生理学家麦卡洛克(McCulloch)和数理逻辑学家皮茨(Pitts)创立的脑模型,即 MP 模型(该模型开创了使用电子装置模仿人脑结构和功能的先河)。对基于神经元的神经网络模型与脑模型的研究开辟了人工智能的又一条发展道路。20 世纪 60 至 70 年代,连接主义出现,该学派对以感知机为代表的脑模型进行了研究,但由于受到当时理论模型、生物原型和技术条件的限制,对脑模型的研究在 20 世纪 70 年代后期至 80 年代初期进入低潮。直到霍普菲尔德(Hopfield)在 1982 年提出用计算机硬件模拟神经网络以后,神经网络才又重新引起研究者的重视。1986 年,鲁梅尔哈特(Rumelhart)等人提出多层网络中的误差反向传播算法(back propagation,BP)。此后,从模型到算法、从理论分析到工程实现,为神经网络计算机走向市场奠定了基础。尤其是 21 世纪以来,基于连接主义的深度学习不断被成功应用,掀起了人工智能研究的新热潮。

1.3.3　行为主义学派

　　行为主义学派认为人工智能源于控制论。控制论思想早在 20 世纪 40 至 50 年代就已成为时代思潮的重要部分,影响了早期的人工智能研究者。维纳(Wiener)和麦克洛克(McCulloch)等提出的控制论和自组织系统、钱学森等提出的工程控制论和生物控制论等影响了许多领域。控制论将神经系统的工作原理与信息理论、控制理论、逻辑以及计算机建立联系,其早期的研究重点是模拟人在控制过程中的智能行为和作用(如对自寻优、自适应、自镇定、自组织和自学习等控制论系统的研究)并进行控制论动物的研制。到 20 世纪 60 至 70 年代,对上述控制论系统的研究取得了一定进展,为智能控制和智能机器人的发展奠定了基础,并在 20 世纪 80 年代促成了智能控制和智能机器人系统诞生。行为主义直至 20 世纪末才以人工智能新学派的面孔出现并引起众多学者的注意,其代表人物布鲁克斯首推六足行走的机器人,将之看作新一代的控制论动物,是基于感知、动作模式模拟昆虫行为的控制系统。

　　深度学习、深度神经网络属于连接主义的成就;知识图谱、专家系统属于符号主义的成就;而行为主义的贡献主要在机器人控制系统方面。随着人工智能领域的不断发展,不同学术流派也开始逐渐走上了协同并进的发展道路。

1.4 人工智能的数学基础

数学是思维的体操,是计算机科学之母。人工智能作为计算机科学的前沿,数学是人工智能的基石。

1.4.1 数学是人工智能的基石

人工智能的核心技术包括语音识别、计算机视觉、自然语言处理、机器学习、智能机器人等。正是因为有了这些核心技术,人工智能才得以更加产业化,在人工智能产业化后,广泛的子产业均得以发展。人工智能可使人类智慧再攀新峰,而算法则是人工智能的最核心部分。

智能体能够通过与环境的交互提升自身行为和解决问题的能力,机器学习则将这种智能形式的数学公式转换成计算机算法和软件。可以看出,人工智能实际上是将数学、算法理论和工程实践紧密结合的领域,而其本质就是算法,也就是数学、概率论、统计学、数理逻辑等各种数学理论的体现。

大数据技术的出现助推了人工智能的发展,但仍然还存在一些制约人工智能进一步发展的数学问题。例如,深度学习的数学理论、大数据处理基础算法、大数据的统计学基础等。

数学是从量的方面探索与研究客观世界的一门学问,蕴含着处理智能问题的基本思想与方法,也是理解复杂算法与模型的必备基础。没有数学的支持,人工智能很难行稳至远。归根结底,人工智能建立在数学模型之上,所以学习人工智能需要具有很好数学基础。人工智能发展面临的一些基础问题,其本质就是来自数学的挑战。

人工智能是模拟人的行为或者能力,也就是说,在给定环境中,通过与环境的交互提高自身解决问题的能力,而机器学习就是采用机器或者软件模拟这种智能。从数学的维度而言,机器学习表示的是函数空间或参数空间的优化问题。

从认识论和方法论上看,人工智能需要模型驱动与数据驱动的结合,而这种结合具有巨大的潜力,其具体的结合方式就是数据的升华,因而一个好的模型可以大大减少对数据的依赖性。然而,当无法实现一个精确的模型时,人工智能还需要数据弥补模型的不足。

1.4.2 人工智能的常用数学

计算机科学是算法和算法变换的科学,数学是理解复杂算法的必要元素,只有掌握必备的数学才能学习和应用人工智能。下面将简单介绍本书中所用到的数学知识点。

1. 线性代数

线性代数是以现代数学作为主要分析方法的众多学科的基础,其本质是将具体事物抽象为数学对象,并描述事物静态和动态的特性。向量的实质是 n 维线性空间中的静止点,其线性变换描述了向量或坐标系的变化。线性变换可以由矩阵(张量)表示,矩阵的特征值和特征向量描述了变化的速度与方向。

事实上,线性代数不仅是人工智能的基础,更是现代数学和以现代数学作为主要分析方法的众多学科的基础。从量子力学到图像处理都离不开向量和矩阵。而在向量和矩阵背后,线性代数的核心意义在于提供了一种看待世界的抽象视角。

2. 概率论

随着连接主义学派的兴起,概率统计取代了数理逻辑,成为人工智能研究的主流工具之一。随着数据爆炸式增长和算力指数化增强,概率论已经在人工智能中扮演了核心角色,与线性代数一样,其应用无处不在。

3. 数理统计

掌握统计理论有助于对机器学习的算法结果做出解释,只有做出合理的解读,数据的价值才能得以体现。数理统计根据观察或实验得到的数据来研究随机现象,并对研究对象的客观规律做出合理的估计和判断。

虽然数理统计以概率论为理论基础,但两者之间存在方法上的本质区别。概率论作用的前提是随机变量的分布已知,根据已知的分布,分析随机变量的特征与规律。数理统计的研究对象则是未知分布的随机变量,研究方法是对随机变量进行独立重复的观察,根据得到的观察结果对原始分布做出推断。数理统计可以看作逆向的概率论,其任务是根据可观察的样本反推总体的性质,以小见大,推断的工具是统计量,统计量是样本的函数、是随机变量。

4. 最优化理论

在本质上,人工智能的目标就是最优化,在复杂环境与多体交互中找到最优解,做出最优决策。几乎所有的人工智能问题最后都会归结为求解最优化问题,因而最优化理论同样是人工智能必备的基础。

最优化理论研究的问题是判定给定目标函数的极值是否存在,并找到令目标函数取到极值的数值。如果将给定的目标函数看作一座山脉,最优化的过程就是判断顶峰的位置并找到到达顶峰路径的过程。

通常情况下,最优化问题是在无约束情况下求解给定目标函数的最小值。在线性搜索中,确定寻找最小值时的搜索方向需要使用目标函数的一阶导数和二阶导数。置信域算法的思想是先确定搜索步长,再确定搜索方向;而以人工神经网络为代表的启发式算法则是另外一类重要的优化方法。

5. 信息论

香农提出了信息熵,为信息论和数字通信奠定了基础。信息论是运用概率论与数理统计的方法研究信息传输和信息处理系统中一般规律的学科,其核心问题是信息传输的有效性和可靠性以及两者间的关系。

科学研究证实了不确定性是客观世界的本质属性,概率模型是描述不确定性的最好模型,其概念促成了信息论的诞生。信息论以信息熵的概念对单个信源的信息量和通信中传递信息的数量与效率等问题做出了解释,并在不确定性和信息的可测量性之间搭建起一座桥梁。

信息论处理的是客观世界中的不确定性,条件熵和信息增益是信息论分类问题中的重要参数,而相对熵(KL散度)则被用于描述两个不同概率分布之间的差异,最大熵原理是分类问题汇总的基本准则。

1) 信息熵

在信息论中,熵是表示随机变量不确定性的度量,如果一个事件是必然发生的,那么它的不确定度为 0。信息熵是数据混乱程度或分散程度的一种度量,数据分布越分散、越混乱,则信息熵就越大,相反,分布越有序则信息熵就越小。假设某概率系统中有 n 个事件:$(x_1, x_2, \cdots, x_n)$,则第 i 个事件发生的概率被记为 $p(x_i)$。

计算给定的样本集 X 的信息熵的公式如下。

$$H(X) = -\sum_{i=1}^{n} p(x_i) \log_2 p(x_i)$$

其中,参数的含义如下。

n——样本集 X 的分类数。

$P(x_i)$——X 中第 i 类元素出现的概率。

信息熵越大表明样本集 X 分类越分散,信息熵越小则表明样本集 X 分类越集中。显然,当样本集 X 中 n 个分类出现的概率一样大时(都是 $1/n$),信息熵取最大值 $\log_2(n)$。当 X 只有一个分类时,信息熵取最小值 0。

例如,计算表 1-1 数据集的信息熵。

表 1-1 数据集

性别(X)	考试成绩(Y)	性别(X)	考试成绩(Y)
男	优	女	良
女	优	男	优
男	差	男	良
女	优		

在表 1-1 的数据集中。

$$P(男) = 4/7 = 0.57$$
$$P(女) = 3/7 = 0.43$$

列 X 的信息熵为:

$$H(X) = -(0.57\log_2(0.57) + 0.43\log_2(0.43))$$
$$P(优) = 4/7 = 0.57$$
$$P(良) = 2/7 = 0.29$$
$$P(差) = 1/7 = 0.14$$

列 Y 的信息熵为:

$$H(X) = -(0.57\log_2(0.57) + 0.29\log_2(0.29) + 0.14\log_2(0.14))$$

克劳德·香农给出的信息熵的 3 个性质如下。

① 单调性:发生概率越高的事件,其携带的信息量越低。

② 非负性:信息熵可以看作一种广度量,非负性是一种合理的必然。

③ 累加性:多随机事件同时发生存在的总不确定性的量度可以表示为各事件不确定性的量度的总和。

2)条件熵

条件熵表示在已知随机变量 X 的条件下,随机变量 Y 的不确定性,其定义为 X 给定条件下,Y 的概率分布的熵对 X 的数学期望。设有随机变量 (X, Y),条件熵 $H(Y|X)$ 表示在

已知随机变量 X 的条件下随机变量 Y 的不确定性。条件熵的计算公式如下。

$$H(X) = \sum_{x \in X} p(x) H(Y \mid X = x)$$
$$= -\sum_{x \subset X} p(x) \sum_{y \subset Y} p(y \mid x) \log_2 p(y \mid x)$$
$$= -\sum_{x \subset X} \sum_{y \subset Y} p(x,y) \log_2 p(y \mid x)$$

条件熵的概念类似条件概率,就是在给定 X 的情况的条件下,Y 的信息熵。

在分类时,通常可以建立一个决策树以完成机器视觉的分类。分类分得越好,这一类中的随机性越小,同样其熵也就越小。

6. 形式逻辑

理想的人工智能应该具有抽象意义上的学习、推理与归纳能力。如果将认知过程定义为对符号的逻辑运算,则人工智能的基础就是形式逻辑。谓词逻辑是知识表示的主要方法,基于谓词逻辑的系统可以实现具有自动推理能力的人工智能,但不完备性定理向"认知的本质是计算"这一人工智能的基本理念提出了挑战。

形式逻辑是研究演绎推理及其规律的科学,其包括对于词项和命题形式的逻辑性质的研究,以保持思维的确定性为核心,用一系列规则、方法帮助人们正确地思考问题和表达思想。形式逻辑是传统逻辑,狭义上是指演绎逻辑,广义上还包括归纳逻辑。由于本质上形式逻辑是知性逻辑,且知性逻辑是思维在对事物做抽象时所表现出的形式与规律,而理性逻辑是思维对事物做具体统一考察时所表现出的形式和规律,所以现代数理逻辑没有超出形式逻辑的范畴,形式逻辑可以实现抽象推理。

7. 模糊数学

人类自然语言具有模糊性,人们经常接收模糊语言与模糊信息,并能做出正确的识别和判断。传统逻辑习惯于假设使用的是精确的符号,但不适用于模糊的形态。大脑的语言不是数学语言,与计算机相比,人脑的优越性是能够掌握未明确的模糊概念。模糊数学是在模糊集合、模糊逻辑的基础上发展起来的模糊拓扑、模糊测度论等数学领域的统称,是研究现实世界中许多界限不分明甚至是很模糊的问题的数学工具,在人工智能中有广泛的应用。

1.5 人工智能的应用

1.5.1 人工智能的实现方式

在计算机上实现人工智能有两种不同的方式。一种是基于心理学的智能模拟方法,采用传统的编程技术,使系统呈现智能的效果,而不考虑所用方法是否与人或动物机体所用的方法相同,这种方法被称为工程学方法,其暂时撇开了人脑的内部结构,而是从其功能过程进行模拟。现代计算机的产生便是对人脑思维功能的模拟,是对人脑思维的信息过程的模拟。工程学方法已在一些领域内取得了成果,如文字识别、博弈下棋等。

另一种是基于生理学的智能模拟方法,它不仅要看效果,还要求其实现方法也与人类或生物机体所用的方法相同或类似,希望仿照人脑的结构机制制造出类人脑的机器,这是一种结构模拟,人工神经网络均属这一类型。人工神经网络是模拟人类或动物大脑中神经细胞的活动方式,为了得到相同智能效果,上述两种方式通常都可使用。

采用基于心理学的智能模拟方法需要人工详细规定程序逻辑,如果程序简单则方便;如果程序复杂,那么角色数量和活动空间增加会导致相应的逻辑很复杂。人工编程就非常烦琐,容易出错,而一旦出错就必须修改程序,并重新编译、调试。

采用基于生理学的智能模拟方法时,智能系统需要增加自学习功能,编程者要为每个角色设计一个智能系统以进行控制,这个智能系统开始时知识缺乏,但它能够通过学习渐渐地适应环境,应付各种复杂情况。利用这种方法来实现人工智能要求编程者具有生物学的思考方法,这种方法编程时无须对角色的活动规律做详细规定,通常应用于复杂问题比前一种方法更为简洁。

1.5.2 人工智能的主要应用场景

人工智能的应用广泛,几乎渗透到所有应用领域,令人关注的主要应用场景如下。

1. 自然语言生成

自然语言处理包括自然语言理解和自然语言生成。自然语言生成是人工智能和计算语言学的分支,相应的语言生成系统是基于语言信息处理的计算机模型,其工作过程与自然语言分析相反,是从抽象的概念层次开始,通过选择并执行一定的语义和语法规则来生成文本。

2. 语音识别

与机器进行语音交流,让机器明白说什么,这是人们长期以来梦寐以求的事情。人们形象地将语音识别比喻为机器的听觉系统。语音识别就是让机器通过识别和理解过程,将语音信号转变为相应的文本或命令的技术。语音识别技术所涉及的领域包括信号处理、模式识别、概率论和信息论、发声机理和听觉机理以及人工智能等。

3. 虚拟助理

虚拟助理是一种能与人类进行交互的计算机程序,其中以聊天机器人最为著名。虚拟助理多用于客户服务和支持,也可以作为智能家居的管理者。通过电子邮件、传真、网络即时信息、手提电话以及旧式的陆上交通工具等方式,虚拟助理可为客户提供预约、整理档案、制订商业计划以及联系业务等商业服务,甚至一些行政助理的工作,虚拟助理都能远程实现,并且一天 24 小时待命。

4. 机器学习平台

机器学习是计算机科学和人工智能技术的分支,它能提升计算机的学习能力,为传统机器学习和深度学习提供从数据处理、模型训练、服务部署到预测的一站式服务。其主要通过提供算法、API(应用程序接口)、开发和训练工具包、数据以及计算能力来设计、培训和部署模型到应用程序、流程和其他机器,用来解决预测和分类任务。

5. 人工智能硬件

人工智能硬件用于运行面向人工智能的计算任务,可将经过专门设计的图形处理单元(GPU)和中央处理单元(CPU)芯片直接嵌入便携设备中。

6. 决策管理

智能机器能够向 AI 系统引入规则和逻辑,因此人们可以利用它们进行初始化设置与训练,以及持续的维护和优化。决策管理在多类企业应用中得以实现,它能协助或进行自动决策,实现企业收益最大化。

7. 深度学习平台

深度学习平台是机器学习的一种特殊形式,它包含多层的人工神经网络,能够模拟人类大脑,处理数据并创建决策模式。目前主要用于基于大数据集的模式识别和分类。

8. 生物信息

生物信息技术可以识别、测量、分析人类行为以及身体的物理结构和形态,能赋予人类与机器之间更多的自然交互能力,包括但不仅限于图像、触控识别和身体语言识别,目前被广泛用于市场研究领域。

9. 机器处理自动化

通过脚本和其他方法实现人类操作的自动化,以支持更高效的处理流程。机器处理自动化用于人力成本高昂或效率较低的任务和流程,能将人类的才能最大化地展示出来,并且使得使用者更加具有创造性。

10. 网络防御

网络防御是一种计算机网络防御机制,专注于预防、检测以及在基础设施和信息受到攻击和威胁时及时响应。人工智能将网络防御带入了新的发展阶段,循环神经网络能够处理输入序列,与机器学习技术相结合创建出监督学习技术,能够发现可疑目标,并检测出高达85%的网络攻击。

11. 内容创作

内容创作包括人们对网络世界输入的任何材料,如视频、广告、博客、白皮书、信息图表以及其他视觉或者书面材料。人们可以使用 AI 技术进行内容生成,也可以通过人工智能视频产品把文字内容转换为视频内容、在获取数据后利用自然语言处理技术进行新闻写作。

12. 情绪识别

可以通过高级图像处理或音频数据处理来读取人类脸上的表情,已经能够捕捉微表情,识别肢体语言暗示,以及分析含有情绪的语音语调。执法人员在审讯过程中使用这项技术能够获取更多的信息,这项技术也被广泛运用于市场营销等领域。

13. 图像识别

图像处理技术是计算机视觉的基础,而图像识别是图像处理技术的核心内容,是指在数字图像或视频中识别和检测物体或特征的过程,是图像检测、图像跟踪和图像语义分割的基础。人工智能技术在该领域具有独特的优势,可以在社交媒体平台上搜索照片,并将其与大量数据集比较,从而找出与之最具关联性的内容,能用于车牌识别、疾病检测、客户意见分析以及身份验证等。

14. 智能营销

市场部门可从人工智能中获益,业界对人工智能的信任有充分理由。确信人工智能在他们所从事的领域将比社交媒体有更大的影响力。智能营销能够提升公司的参与度和效率,对客户进行细分、集成客户数据和管理活动,并简化重复任务,让决策者们有更多的时间专注于战略制定。

人工智能的远大目标决定了其应用无止境,其应用范围远不止上述内容,人工智能将对人类做出更大的贡献。

1.5.3 人工智能的发展趋势

应用是推动学科发展的原动力,人工智能发展方兴未艾,显示出强大生命力。经过70多年的发展,人工智能在算法、算力和算料(数据)等方面的支持下取得了重要突破,与大数据、云计算和量子计算的完美结合,催生了人工智能技术的进步。

1. 从专用智能向通用智能发展

通用系统比专用系统的制造更为困难,实现从专用人工智能向通用人工智能的跨越式发展,是下一代人工智能发展的必然趋势。人工智能将加速与其他学科领域交叉渗透,这也是人工智能研究与应用的重大挑战。

2. 从人工智能向人机混合智能发展

借鉴脑科学和认知科学的研究成果是人工智能的一个重要研究方向。人机混合智能是将人的作用或认知模型引入人工智能系统中,提升人工智能系统的性能,使人工智能成为人类智能的自然延伸和拓展,通过人机协同更加高效地解决复杂问题。人机混合智能是人工智能重要的发展方向。

3. 从人工加智能向自主智能发展

当前人工智能领域的大量研究集中在深度学习方面,而深度学习的局限性在于其需要大量人工干预,例如,人工设计深度神经网络模型、人工设定应用场景、人工采集和标注大量训练数据、用户需要人工适配智能系统等,耗费大量时间和人力。因此,未来需要研究减少人工干预的自主智能方法,提高机器智能对环境的自主学习能力。

4. 加速人工智能与其他学科融合

人工智能本身是一门综合性的前沿学科以及与多个学科高度交叉的复合型学科,是一个开放性研究领域,其研究范畴广泛而又异常复杂,需要与计算机科学、数学、认知科学、神经科学和社会科学等多学科深度融合。随着超分辨率光学成像、光遗传学调控、透明脑、体细胞克隆等技术的突破,脑与认知科学的发展开启了新时代,能够大规模、更精细地解析智力的神经环路基础和机制。这标志着人工智能将进入生物启发的智能阶段。依赖生物学、脑科学、生命科学和心理学等学科的发现,人工智能可将机理变为可计算的模型,同时,人工智能也会促进脑科学、认知科学、生命科学甚至化学、物理、天文学等传统科学的发展。

5. "人工智能＋"将向自主智能转化

"人工智能＋"的创新模式将随着技术和产业的发展日趋成熟,对生产力和产业结构产生革命性影响,"人工智能＋"将向自主智能转化。在应用方面,人工智能与各行各业日益融合,形成智能制造、智能医疗、智能安防、智能交通、智能零售等全方位行业应用。

6. 人工智能的哲学与社会学的研究

哲学是从自然、社会和思维三大领域(即从整个客观世界存在以及存在方式中)探索科学世界最普遍的规律性的科学,因而哲学是关于整个客观世界的根本性观点的体系,也是自然知识和社会知识的最高概括和总结。

哲学不是要追究什么是什么,更多是追求为什么是以及如何是的问题。任何一个科学技术领域均有哲学观念的问题,因为每个理论都有其逻辑起点,包括基本预设、覆盖范围、直观背景等。人工智能是生产力发展的产物,其研究对象涉及智能、认知、思维、心灵、意识等在哲学中被反复讨论的概念,所以人工智能与哲学的关系比其他领域更密切和复杂。

为了确保人工智能的健康可持续发展,使其发展成果造福于民,人类需要从社会学和哲学的角度系统全面地研究人工智能对社会的影响,制定完善人工智能法律法规,规避可能的风险。

本 章 小 结

　　本章主要介绍了人工智能的产生与发展、内涵与外延、实现方式和发展趋势。通过本章内容的学习,读者可以对人工智能的发展历史、现状和主要内容有一个概括性了解。在后续学习中将用到的基本数学内容,本章也进行了简单的介绍,因此本章内容是后续章节内容的基础。

第 2 章

知识与知识表示

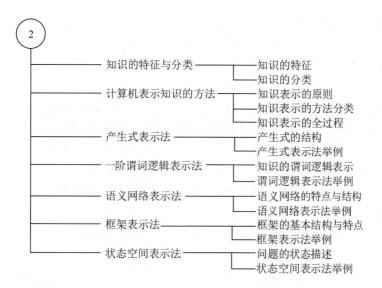

人类的智能活动过程也就是获得知识并运用知识的过程,人工智能是机器的智能,而知识又是人工智能的基础。人工智能以知识为对象,设计基于计算机的知识获取、知识表示和知识处理的方法。自动获取知识和应用是人工智能的核心问题之一。

2.1 知识的特征与分类

知识是人类发展的精神财富,人类的智能活动过程是一个获取并运用知识的过程。按照符号主义的观点,知识是一切智能行为的基础,要使计算机具有智能,首先必须使其拥有知识。

2.1.1 知识的特征

1. 知识的概念

知识是信息接收者通过对信息的提炼和推理而获得的结论,是人们在认识客观世界与改造客观世界、解决实际问题的过程中形成的认识与经验抽象,是认识与经验的抽象体。知识的抽象性决定了它具有强大的指导性与影响力。

(1) 从科学角度看,知识必须满足 3 个条件:经过验证的、正确的和令人们相信的。

知识不具有实体性,必须依赖一定的载体存在。知识是人类心智结晶的外在客观表现,因而其必然利用人类大脑这种物质材料以及外在表达所赖以实现的物质材料双重载体才得以存在。

（2）知识在时间上具有永存性的特点。知识一旦产生，就呈现一种可为人感知的客观状态。在知识产生之后，无论是借助各种物质材料作为介质以支撑其存在，还是被抽象转化为意象，知识都存储于大脑的记忆中。

（3）知识具有永不磨损的品质。知识受其物质性决定，在空间上可以无限地再现或复制。人类可以不受地域以及特定物质材料的限制，在同一时间利用不同的载体，不受数量限制地复制相同结构与形式，这些结构形式互不影响。

（4）知识由符号组成，同时包含符号的语义，是一种带有语义的符号体系。

2. 知识的 4 个主要特性

知识具有 4 个主要特性，即相对正确性、不确定性、可表示性和可利用性。

（1）相对正确性。知识是在一定的条件及环境下产生的，所以知识在一定的条件和环境下正确，这表明知识具有相对的正确性。

（2）不确定性。由于客观世界的复杂性，信息存在不精确性、模糊性，导致知识不能只有真与假两种状态，而是在其之间还有多种中间状态，也就是知识为真的程度问题，这体现了知识的不确定性。知识不确定性的起因可归纳为：由随机性引起的不确定性；由模糊性引起的不确定性；由不完全性引起的不确定性；由经验引起的不确定性。

（3）可表示性。知识可以由某种形式表示出来，这些形式主要有语言、文字、图形、声音等。

（4）可利用性。可利用性是指知识可以被使用，人们每天都在利用掌握的知识进行分析与推理，解决各种具体的问题。

2.1.2 知识的分类

知识体系是人类在实践中所获得的互相联系的知识的整体，其最初被定义为关于自然的知识体系。随着历史的发展，科学的概念由本来意义上的自然科学演变为反映客观世界（即自然界）、人类社会、人类思维本质联系的知识体系。下面将基于不同的角度对知识进行分类。

1. 基于层次分类

（1）对象。对象是客观世界中的事物，它并不能够组成完整的认识与经验，因此对象不是知识，仅是知识的一个组成部分，但在知识构成中起到核心作用，所以对象是知识最基本、最关键的组成部分。对象有常值对象和变值对象之分，例如，红旗轿车、解放牌卡车等是常值对象，而一个汽车变量是变值对象。

（2）事实。事实是对象性质与对象之间关系的表示，其表示的是静态的知识。例如，在知识体系中，事实是属于最底层、最基础的知识，能够反映某一对象或某一类对象的属性。例如，计算机科学属于自然科学。又如，小张是一名研究生，张某是小张的父亲，都是知识。前者表示性质，后者表示张某与小张的关系。与对象一样，事实也有常值与变值之分，如果事实中所有的对象都为常值，则称为常值事实；如果事实中含有变值对象，则称为变值事实。小张是一名研究生，张某是小张的父亲则是常值事实；而 y 是 x 的父亲，z 是 y 的父亲则是变值事实。可以看出，变值事实反映了更为广泛且抽象的性质与关系。

事实可看成是一个语言变量的值或是多个语言变量间的关系的陈述句，语言变量的值或语言变量间的关系,不一定是数字,也可以是一个词。例如雪是白色的,其中雪是语言变量,其值是白色的。

一般人们使用三元组(对象,属性,值)或者(关系,对象 1,对象 2)表示事实,其中,对象就是语言变量,如果考虑不确定性,事实就成了四元组表示(增加了可信度)。这种表示在机器内部的实现就是一个表。

事实:"老李年龄 35 岁",可写成(老李,年龄,35)。

事实:"老李与老张是朋友",可写成(朋友,老李,老张)。

(3)规则。规则是客观世界中的事实间的动态行为,它反映了知识间与动作和联系,规则是针对有关问题,与事物的行动、动作相联系的因果关系的动态知识。常以"如果…那么…"形式出现,特别是启发式规则是由专家提供的专门经验知识,这种知识无严格解释,但很有用处。

(4)元知识。元知识就是关于知识的知识,是知识体系中的顶层知识,它表示的是控制性知识和使用性知识。例如,规则的使用知识、事实间的约束性知识。元知识可用来描述一类知识或知识集合所包含的内容、基本结构和一般特征。没有元知识就无法描述知识、使用知识和认识知识。在人工智能领域中,人们通常将使用该系统领域知识的知识称为元知识。元知识不是领域知识,不能解决具体知识领域问题,而是关于各领域知识的性质、结构、功能、特点、规律、组成与使用的知识,是管理、控制和使用领域知识的知识。

元知识是思想和意识的核心,不掌握元知识就不能学习和认知基本的知识。元知识对认知系统的建立起着重要作用,人工智能和深度学习领域研究各种各样的智能系统、自主学习机制均是以模拟人脑思维活动为目的,没有学习元知识能力的系统不能称为智能系统。

图 2-1 描述了知识的层次结构,事实由对象组成,规则由事实组成,元知识处于最顶层,是控制与约束事实与规则的知识,处于最底层的对象是基础性知识。

2. 基于作用域分类

基于知识的作用域考虑,可以将知识分为常识性知识和领域性知识。

(1)常识性知识。常识性知识是指广泛存在且被普遍接受的客观知识,是人们日常生活中大量运用的知识,特别是众所周知或普遍接受的知识。

(2)领域性知识。领域性知识是某一领域的专业性知识,也就是说,是按学科、门类所划分的知识,例如,物理学中的知识、数学中的知识和计算机科学中的知识都是领域性知识。

图 2-1　知识的层次结构

3. 基于确定性分类

从知识的确定性来划分,可以分有确定性知识和不确定性知识。

(1)确定性知识。可以指出其真值为"真"或"假"的知识,是精确的知识。

(2)不确定性知识。具有不确定、不完全及模糊等特性的知识。

- 不精确:知识本身是有真假之分的,但由于人类认识水平限制不能够肯定其真假,所以只能用可信度或概率等描述。
- 模糊:知识本身的边界不清楚,例如,大、小等,人们只能使用隶属度、可能性描述。

- 不完全：在解决问题时不具备解决该问题的全部知识。

4. 基于人类的思维及认识方法分类

基于人类的思维及认识方法不同，可将知识分为逻辑性知识和形象性知识。

（1）逻辑性知识。逻辑性知识是反映人类逻辑思维过程的知识，一般具有因果关系或难以精确描述的特点，是人类的经验性知识和直观感觉，例如，人的某一方面的经验和风格。

（2）形象性知识。形象性知识是通过事物的形象建立起来的知识，例如，什么是航空母舰？什么是潜艇？什么隐形战斗机？

5. 基于知识表述分类

根据知识表述不同，可将知识划分隐性知识和显性知识。人们通常将以文字、图表和数学公式表述的知识称为显性知识。

显性知识是能够以符号形式加以完整表述的知识，如 $F = ma$ 即牛顿第二定律公式（加速度和合力的方向始终保持一致）。其中 F 表示作用在这物体上的合力，m 为质量，a 为加速度。

隐性知识与显性知识相反，是指那些难以使用文字、图表、数学公式和符号等形式加以完整表述的知识。也就是说，隐性知识是不容易用显性方式表示的知识。例如，每个人都有不同的审美观，审美观就是隐性知识。

2.2　计算机表示知识的方法

为了使计算机具有智能，使它能够模拟人类的智能活动，人们必须使它具有知识，知识需要由适当的模式表示，然后存储在计算机中。

2.2.1　知识表示的原则

1. 知识表示的概念

知识表示方式是指面向计算机的描述或表达知识的方式，它用某种约定的形式结构描述知识，而且这种形式结构还要能转换为机器的内部形式，使计算机能方便地存储、处理和利用。更具体地说，知识表示是对知识的一种描述，是把人类知识形式化或者模型化的过程。知识表示的目的是使之能被计算机存储和运用。

知识表示是一组描述事物的约定，是数据结构和其处理机制的整合。其中，恰当的数据结构用于需要解决的问题、可能的中间结果、最终解答以及与问题有关的客观世界的描述。数据结构又称为符号结构，这种符号结构可使知识能显式表示。处理机制可以使用这些符号结构，因此，知识表示是数据结构与处理机制的统一体，其既要考虑知识表示，又要考虑知识的使用。要应用人工智能技术解决实际问题，就要涉及各类知识表示。合理的知识表示形式可以使问题的求解变得容易和具有较高的效率。知识表示是推理和行动的载体，如果没有合适的知识表示，任何构建智能系统的计划都无法实现。

2. 选择知识表示的原则

在形式上，知识表示就是求解某问题所需知识的数据结构方法。一般来说，同一种知识可以采用不同的表示方法，反过来，一种知识表示模式可以表达多种不同的知识。但在解决某一问题时，不同的表示方法可能产生不同的效果。选择知识表示方法的基本原则如下。

（1）有助于充分表示领域知识。

（2）有助于知识的利用。

（3）有助于知识的组织、维护与管理。

（4）有助于理解与实现。

2.2.2 知识表示的方法分类

1. 基于表示形式划分

基于知识表示形式不同，又被称为知识表示模式，可分为符号表示法和连接机制表示法两大类。

（1）符号表示法。知识可用符号表示，认知就是基于符号的处理过程，推理就是采用启发式知识及启发式搜索对问题求解的过程，而推理过程中又可以用某种形式化的语言描述，使用各种包含具体含义的符号、以各种不同的方式和次序组合起来表示知识。

（2）连接机制表示法。连接机制表示法是使用神经网络模型表示知识的方法，它可将各种物理对象以不同的方式及次序连接，并在其间互相传递及加工各种包含具体意义的信息，以此表示相关的概念及知识。

2. 基于应用划分

从知识的应用角度出发，知识表示方法可分为叙述式表示和过程式表示两种类型。

（1）叙述式表示法。叙述式表示法将知识表示为一个静态的事实集合，并附有处理它们的一些通用程序，也就是说，叙述式表示描述事实性知识，给出客观事物所涉及的对象。叙述式的知识表示与知识推理将被分开处理。叙述式表示法容易表示"做什么"，其优点如下。

- 形式简单，采用数据结构表示知识，清晰明确、易于理解，增加了知识的可读性。
- 模块性好，减少了知识间的联系，便于知识的获取、修改和扩充。
- 可独立使用，这种知识被表示出来后，可用于不同目的。

叙述式表示法缺点是：不能直接执行，需要其他程序解释其含义，因此执行速度较慢。

（2）过程式表示法。过程式表示法是以过程描述规则和控制结构知识，它可以给出一些客观规律，一般可用一段计算机程序描述。也就是说，过程式表示法是表示"如何做"的知识。

过程式表示法优点是可以直接将知识映射为程序，所以处理速度快，且便于表达处理问题的知识，易于表达高效处理问题的启发性知识。其缺点是不易表达大量的知识，以及表示的知识不易修改和理解。

2.2.3 知识表示的全过程

知识表示是在计算机中表示知识的行而有效的方法，是将人类知识表示成机器能处理的数据结构和系统控制结构的策略。

1. 知识表示的客体与主体

知识表示的客体就是知识，而主体则包括表示方法的设计者、表示方法的使用者、知识的使用者。更具体地说，知识表示的主体主要指的是人（个人或集体），有时也可以是计算机。

2. 隐性知识到显性知识

隐性知识到显性知识的转化就是对隐性知识的显性描述，即将其转化为容易理解的形式,这个转化所利用的方式有类比、隐喻和假设等。知识挖掘系统、商业智能和专家系统等智能技术可作为实现隐性知识显性化的常用手段。

3. 知识表示的全过程

一个完整知识表示过程如图 2-2 所示,首先对各种类型的问题设计多种知识表示方法,然后由使用者选用合适的表示方法表示某类知识,最后知识的使用者使用或学习经过表示方法处理后的知识。

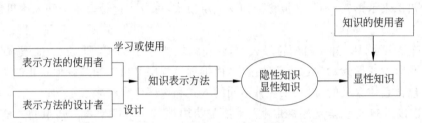

图 2-2　知识表示的全过程

隐性知识与显性知识的深层结构一致,只是表示形式不同。所以,知识表示的过程就是将隐性知识转化为显性知识的过程,也就是将知识由一种表示形式转化成另一种表示形式的过程。知识的使用者使用的是显性知识。

2.3　产生式表示法

产生式表示方法是一种常用的知识表示方法,在专家系统中得到了广泛应用。

2.3.1　产生式的结构

产生式是一种规则,又称产生式规则,可以是表示事物间的因果关系,基本形式为 IF P THEN Q,其语义是:如果前提 P 满足,则应该得出结论 Q 或应该执行动作 Q。P 为前提、前件或条件,而 Q 为动作、后件或结论。前件部分是一些事实的合取,而结论是某一事实 Q。

1. 规则性知识的产生式表示

1) 确定性知识

例如,IF-动物能飞-AND-能下蛋-THEN-是鸟。

其含义是:能飞又能下蛋的动物是鸟。

2) 不确定性知识

如果考虑不确定性,那么需要另附可信程度,可以使用概率、信度、隶属度和程度描述可信程度。

例如,IF 发烧-THEN-感冒(0.6)。

其含义是:如果发烧,那么 60% 的概率是得了感冒。

2. 事实性知识的表示

1) 确定性事实知识

事实性知识可以是断言、一个语言变量的值或是多个语言变量间的关系的陈述。例如,雪是白色的。其中雪是语言变量,其值是白色的。

例如,小李和小王是朋友。其中小李、小王是两个语言变量,两者的关系值是朋友。可如下用三元组表示确定性事实知识。

格式:

(对象,属性,值)

例如,"小李是 20 岁"的三元组表示为(小李,年龄,20)。

格式:

(关系,对象 1,对象 2)

例如,"小李和小王是朋友"的三元组表示为(朋友,小李,小王)。

2)不确定事实性知识

可如下用四元组表示不确定事实性知识。

格式:

(对象,属性,值,信度)

例如,"小李年龄八成可能是 20 岁"的四元组表示为(小李,年龄,20,0.8)。

格式:

(关系,对象 1,对象 2,信度)

例如,"小李和小王也可能是朋友"的四元组表示为(朋友,小李,小王,0.7)。

"小韩和小张九成不可能是朋友"的四元组表示为(朋友,小韩,小张,0.1)。

上述三个示例中的信度分别为 0.8、0.7 和 0.1。

3. 产生式表示法的特点

(1)产生式表示格式固定,形式单一。

(2)各产生式规则之间相互较为独立,知识库(事实与规则的集合)较为容易建立。

(3)产生式推理方式单纯,也没有复杂计算,特别是当知识库与推理机分离时,知识的修改方便,无须修改推理机程序。

(4)对系统的推理路径容易作出解释。

基于上述原因,产生式表示知识方法是构造专家系统的首选方法。

2.3.2 产生式表示法举例

例 2-1 产生式和三元组事实知识表示。

三元组表示事实知识如下。

```
A: (病人,观察,咽部充血)
B: (病人,咽部,疼痛)
C: (病人,白细胞数,高)
D: (病人,中性指标,高)
E: (病人,体温,高)
F: (病人,病症,急性咽炎)
```

产生式规则的知识表示如下。

```
If A and B and C and D and E then F
```

其含义是：如果病人咽部充血、咽部疼痛、白细胞数高、中性指标高、体温高，则其患了急性咽炎。

2.4　一阶谓词逻辑表示法

一阶逻辑是由个体、函数及关系构成的命题，这些命题与量词和命题连接词构成的更复杂的命题，以及这类命题之间的推理关系组成。在推理建立形式系统的过程中，一阶逻辑处于核心地位，常见的数学公理系统多数可以用一阶逻辑表述。

一阶逻辑是数理逻辑的基础部分，其所包含的谓词逻辑是一阶的。谓词是表示对象属性的语词，对象的属性具有层次，在谓词用法中，层次称为阶。一阶谓词就是刻画个体属性的谓词，而谓词的谓词就是高阶谓词，刻画的是属性的属性。

一阶谓词逻辑表示法是能够最精准地表达人类思维活动规律的一种形式语言，它不但接近人类的自然语言，而且可方便地将知识存储到计算机并完成精确推理。一阶谓词逻辑是最早出现的知识表示方法之一。

2.4.1　知识的谓词逻辑表示

一条知识可以由完整意义的一句话或几句话表示出来，但用谓词逻辑表示知识一般是使用由谓词联接符号将谓词联接起来的公式，谓词公式既可以表示事物的状态、属性和概念等事实性的知识，也可以表示事物间具有确定因果关系的规则性知识。针对事实性知识，谓词逻辑的表示法通常是由以合取符号（∩）和析取符号（∪）联接形成的谓词公式组成的。例如，事实性知识"张三是学生，李四也是学生"，可以表示如下。

> ISSTUDENT(张三)∩ISSTUDENT(李四)

在"ISSTUDENT(x)"中，ISSTUDENT 是一个谓词，x 表示学生；对规则性知识，谓词逻辑表示法通常由以蕴涵符号（→）联接形成的谓词公式（即蕴涵式）表示。例如，对于规则："如果 x，则 y"，可以用下列的谓词公式表示。

$$x \rightarrow y$$

又如，"如果 x 是 y 的父亲，并且 y 是 z 的父亲，则 x 是 z 的祖父"，可以用下列的谓词公式进行表示：

> FATHER(x, y)∩FATHER(y, z)→GRANDFATHER(x, z)

以合取符号（∩）和析取符号（∪）联接形成的谓词公式可以表示事实性知识，以蕴涵符号（→）联接形成的谓词公式可以表示规则性知识。

1. 用谓词公式表示知识的步骤

（1）定义谓词及个体，确定每个谓词及个体的确切含义。

（2）根据所要表达的事物或概念为每个谓词中的变量赋值。

（3）根据所要表达的知识的语义用适当的联接符号将各个谓词联接起来，形成谓词公式。

例如，设有下列事实性知识。

雨晗是学生（Yuhan is a student）。

雨晗喜欢编程序(Yuhan like programming)。

小王比他父亲长得高(Xiaowang taller than his father)。

① 用谓词公式如下表示上述知识。

```
STUDENT(x):x 是学生。
LIKE(x,y): x 喜欢 y。
TALLER(x,y):x 比 y 长得高。
```

其中涉及的个体有雨晗(Yuhan)、程序(programming)、小王(Xiaowang)、小王的父亲(father)。

② 将这些个体代入谓词公式中,得到如下表示。

```
STUDENT(yuhan)
LIKE(yuhan,programming)
TALLER(xiaowang,FATHER(xiaowang))
```

③ 根据语义,用逻辑联接词将它们联接起来,就得到了表示上述知识的如下谓词公式。

```
STUDENT(Yuhan)∩LIKE(Yuhan,programming)
```

例如,使用谓词逻辑表示"所有教师都有自己的学生",可定义下述谓词。

$T(x)$:表示 x 是教师。

$S(y)$:表示 y 是学生。

$TS(x,y)$:表示 x 是 y 的老师。

对"所有 x,如果 x 是一个教师,那么一定存在一个体 y,y 的老师是 x,且 y 是一个学生",谓词公式表示如下。

$$(\forall x)(\exists y)(T(x) \rightarrow TS(x,y) \bigcap S(y))$$

在上述谓词公式中,$\forall x$、$\exists y$ 是谓词逻辑的量词,全称量词 $\forall x$ 是指对个体域中所有个体 x,存在量词 $\exists x$ 是指在个体域中存在个体 x。

2. 一阶谓词逻辑表示法的特点

一阶谓词逻辑是一种形式语言系统,它用数理逻辑的方法表示知识和推理的规律,即条件与结论之间的蕴涵关系,其主要特点如下。

(1) 自然性。谓词逻辑是一种接近自然语言的形式语言,用它表示知识易于被人理解和接受。

(2) 精确性。用谓词逻辑表示的问题是以谓词公式的形式为结果的,谓词公式的逻辑值只有真和假两种,无法表示某一知识有百分之几的可能为真或为假的情况。因此,谓词逻辑表示法适于表示那些精确性的知识,而不适于表示不确定性知识和模糊性知识。

(3) 易实现。用谓词逻辑法表示的知识可以比较容易地被转换为计算机的内部形式,易于模块化,便于人们对知识进行添加、删除和修改等操作。

(4) 易推理。在用谓词逻辑对问题进行表示以后,求解问题就是以此为基础进行相应的推理。谓词逻辑表示法相对应的推理方法被称为归结推理方法或消除法,其特点是易于推理。

2.4.2 谓词逻辑表示法举例

例 2-2 使用谓词表示法描述积木状态。

一张桌上堆放有 A、B、C 三块积木,初始状态如图 2-3 所示,现需要通过移动 A、B、C 三块积木,达到如图 2-4 所示的目标状态。

图 2-3　初始状态　　　　　　图 2-4　目标状态

描述初始状态的谓词如下。

$ON(x,y)$:积木 x 在积木 y 上面。

$CLEAR(x)$:积木 x 的上面是空的。

$ONTABLE(x)$:积木 x 在桌子上。

其中,x,$y \in \{A,B,C\}$。

初始状态描述如下。

$ONTABLE(B)$:积木 B 在桌子上。

$ON(C,B)$:积木 C 在积木 B 上面。

$ON(A,C)$:积木 A 在积木 C 上面。

$CLEAR(A)$:积木 A 的上面为空。

目标状态如图 2-4 所示。

目标状态描述如下。

$ONTABLE(C)$:积木 C 在桌子上。

$ON(B,C)$:积木 B 在积木 C 上面。

$ON(A,B)$:积木 A 在积木 B 上面。

$CLEAR(A)$:积木 A 的上面为空。

其中,x,$y \in \{A,B,C\}$。

2.5　语义网络表示法

语义网络表示法是一种采用网络形式来表示知识的方法,也是最重要的表示知识方法之一,其特点是表达能力强且灵活。语义网络利用结点和带标记的边结构的有向图来描述事件、概念、状况、动作及客体之间的关系。带标记的有向图可以十分自然地描述客体之间的关系。

语义网络表示法适合根据非常复杂的分类进行推理的场景,以及需要表示事件状况、性质及动作之间关系的场景。

2.5.1　语义网络的特点与结构

1. 语义网络表示法的特点

语义网络表示法的优点如下。

(1) 将各个结点之间的联系以明确、简洁的方式表示出来,是一种直观的表示方法。

(2) 注重强调事物间的语义联系,体现了人类思维的联想过程,符合人们表达事物间关系的习惯,因此较容易完成从自然语言到语义网络的映射。

(3) 具有广泛的表示范围和强大的表示能力,用其他形式的表示方法能表达的知识,几乎都可以用语义网络表示。

(4) 将事物的属性与事物间的各种语义联系显式地表示出来,是一种结构化的知识表示法。

语义网络表示法的缺点如下。

(1) 推理规则不十分明确,不能充分保证网络操作所得推论的严谨性和有效性。

(2) 如果结点个数太多,网络结构复杂,推理就难以进行。

(3) 不便于表达判断性知识与深层知识。

2. 语义网络的结构

语义网络中的基本组成元素是点和边,点可以是实体、概念和值。实体也可被称为对象或实例;概念也可被称为类别、类等;值是实体的属性值,可以是常见的数值类型、日期类型或者文本类型。边可以表示点之间的语义关系,可以分为属性与关系两类:属性描述实体某方面的特性,如出生日期、身高、体重等;关系可以被认为是一类特殊的属性,当实体的某个属性值也是一个实体时,这个属性实质上就是关系。

语义网络中的边按其两端结点的类型可以分为概念之间的子类关系、实体与概念之间的实例关系以及实体之间的各种属性与关系等。

1) 语义基元

在语义网络的表示中,语义基元是最基本的语义单元,而基本网元是指一个语义基元所对应的网络结构。语义基元可由一个三元组(结点1,边,结点2)描述,它的结构可以由一个基本网元来表示。例如,用 A、B 分别表示三元组中的结点1、结点2,用 R 表示 A 与 B 之间的语义联系,那么语义基元所对应的基本网元的结构如图 2-5 所示。

将多个基本网元用相应的语义联系关联到一起就形成了语义网络。在语义网络中,边的方向是有意义的,不能随意调换,语义网络和谓词逻辑有对应的表示能力。在逻辑上,一个基本网元相当于一组二元谓词。三元组(结点1,边,结点2)可用谓词逻辑表示为 P(结点1,结点2),其中,边的功能由谓词完成。

2) 基本语义关系

(1) 实例关系。实例关系是指一个事物是另一个事物的具体例子。例如,"我是一个学生"的基本网元如图 2-6 所示。其边的语义标记为 ISA,即为 isa,含义为"是一个"。

图 2-5　一个基本网元的结构　　　　　　图 2-6　实例关系

(2) 分类关系。分类关系表示一个事物是另一个事物的成员,体现的是子类与父类的关系,其边的语义标记为 AKO,即为 akindof。例如,"我是学生"的基本网元如图 2-7 所示。

(3) 成员关系。体现个体与集体的关系,表示一个事物是另一个事物的成员。其边的语义标记为 A-Member-of。例如,"虎是一种动物"的基本网元如图 2-8 所示。

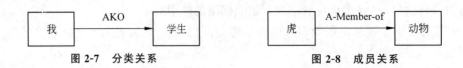

图 2-7　分类关系　　　　　　　　　　图 2-8　成员关系

（4）属性关系。属性关系是指事物与其行为、能力、状态、特征等属性之间的关系，因此属性关系可以有许多种，其边的语义标记为 Have。例如，"我有手"的基本网元如图 2-9 所示。

（5）包含关系（聚类关系）。包含关系是指具有组织或结构特征的"部分与整体"之间的关系，其边的语义标记为 Part-of。包含关系与分类关系最主要的区别在于包含关系一般不具备属性的继承性。例如，"手是人体的一部分"的基本网元如图 2-10 所示。

图 2-9　属性关系　　　　　　　　　　图 2-10　包含关系

（6）时间关系。时间关系表示时间上的先后次序关系。常用的时间关系有：Before，表示一个事件在另一个事件之前发生；After，表示一个事件在另一个事件之后发生。例如，"数据结构课在离散数学课之后上"的基本网元如图 2-11 所示。

图 2-11　时间关系　　　　　　　　　　图 2-12　位置关系

（7）位置关系。位置关系是指不同的事物在位置方面的关系，常用的位置关系如下。

- Located-on：表示某一物体在另一物体上面。
- Located-at：表示某一物体所处的位置。
- Located-under：表示某一物体在另一物体下方。
- Located-inside：表示某一物体在另一物体内。
- Located-outside：表示某一物体在另一物体外。

例如，"书在桌子上"的基本网元如图 2-12 所示。

2.5.2　语义网络表示法举例

1. 一元关系的表示

一元关系是最简单、最直观的事物或概念。例如，"雪是白的""天是蓝的"是一元关系，前面的"我是一个学生"也是一个一元关系。

2. 较复杂关系的表示

例如，"动物能吃、能运动""鸟是一种动物，鸟有翅膀、能飞""鱼是一种动物，鱼能生活在水中、能游泳"的语义网络表示如图 2-13 所示。这些关系较一元关系更为复杂，称为较复杂关系。

3. 事件和动作的表示

用语义网络表示事件或动作时需要设立一个事件结点。事件结点有一些向外引出的

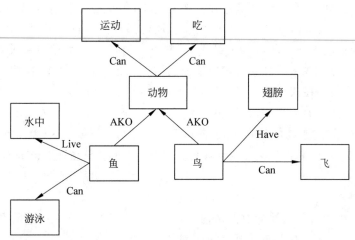

图 2-13 较复杂关系

边,表示动作的主体和客体。例如,"他给我一本书"的表示如图 2-14 所示。

图 2-14 事件和动作的表示

例 2-3 语义网络表示知识。

刘和李是朋友,刘和王是同学;李是学生,所学专业是数学;王是学生,所学专业是计算机科学;刘所学专业是数据科学。这些知识的语义网络表示,如图 2-15 所示。

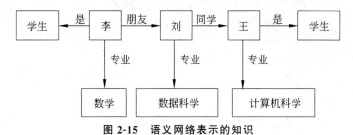

图 2-15 语义网络表示的知识

2.6 框架表示法

框架表示法最突出的特点是善于表示结构性知识,能够将知识的内部结构关系及知识之间的特殊关系表示出来,并将某个实体或实体集的相关特性都集中在一起。

2.6.1 框架的基本结构与特点

框架由描述事物各个方面的若干个槽组成,每一个槽可以根据实际情况拥有若干个侧面,每一个侧面又可以拥有若干个值。在框架系统中,每个框架都有自己的名称,称为框架名;每个槽又都有自己的名称,称为槽名;每个侧面也都有自己的名字,为侧面名。

框架是一种描述固定情况的数据结构,一般可以看成一个由结点和关系组成的网络。框架的最高层次是固定的,并且它对假定情况的描述总是正确的事物,在框架的较低层次上有许多终端,称为槽。在槽中填入具体值,就可以得到一个描述具体事务的框架。每个槽都可以有一些附加说明,称为侧面,其作用是指出槽的取值范围和求值方法等。一个框架中可以包含各种信息:描述事物的信息,如何使用框架的信息,关于下一步将发生什么情况的期望,以及如果期望的事件没有发生应该如何处理等,这些信息被包含在框架的各个槽或侧面中。

1. 框架的基本结构

框架是一种描述对象属性的数据结构。

(1)框架名:用来指代某一类或某一个对象。

(2)槽:用来表示对象某个方面的属性。

(3)侧面:有时一个属性还要从不同侧面描述。

(4)槽/侧面的取值,可以为原子型,也可以为集合型。

框架的结构如下。

```
Frame<框架名>

槽名 1: 侧面名 1₁ 值 1₁₁,值 1₁₂,…
        侧面名 1₂ 值 1₂₁,值 1₂₂,…
槽名 2: 侧面名 I₁ 值 I₁₁,值 I₁₂,…
        侧面名 I₂ 值 I₂₁,值 I₂₂,…
   ⋮

槽名 n: 侧面名 n₁ 值 n₁₁,值 n₁₂,…
        侧面名 n₂ 值 n₂₁,值 n₂₂,…
   ⋮
侧面名 nₘ 值 nₘ₁,值 nₘ₂,…
```

2. 框架类型与层次结构

框架分为下述两种类型。

(1)类框架:用于描述一个概念或一类对象。

(2)实例框架:用于描述一个具体的对象。

框架的层次结构如下。

$$子类 \xrightarrow{subclassof} 父类:类框架之间的包含关系。$$
$$实例 \xrightarrow{Instanceof} 类:实例框架和类框架的从属关系。$$

下层框架可以从上层框架集成某些属性和值。

3. 框架表示法的特点

(1)框架的数据结构和问题求解过程与人类的思维和问题求解过程相似。

(2)框架表达能力强,层次结构丰富,提供了有效组织知识的手段,只要对其中某些细节做进一步描述,就可以将其扩充为另外一些框架。

（3）可以利用过去获得的知识对未来的情况进行预测，而实际上这种预测非常接近人的认知规律，因此人们可以通过框架认识某一类事物，也可以通过一些实例修正框架对某些事物的不完整描述，如填充空的框架、修改默认值等。

（4）框架表示法与语义网络表示法存在类似问题具体如下。

① 缺乏形式理论，没有明确的推理机制保证问题求解的可行性和推理过程的严谨性。

② 由于许多实际情况与原型存在较大的差异，因此适应能力不强。

如果框架中的各个子框架的数据结构不一致，那么将影响整个框架的清晰度，造成推理的困难。

2.6.2　框架表示法举例

例 2-4　描述研究员有关情况的框架如表 2-1 左侧列所示，右侧列是对框架填入的具体数据。

表 2-1　＜研究员＞框架

研究员有关情况的框架	填入具体数据的框架
框架名：＜＞	框架名：＜研究员＞
姓名：单位（姓名）	姓名：李勇
性别：范围（男，女）默认（男）	性别：男
年龄：岁	年龄：45
研究方向（方向名）	研究方向：机器学习
主持课题	主持课题：＜国家级课题＞
任职时间单位（年、月）	任职时间：2001 年 6 月

2.7　状态空间表示法

在经典控制理论中，建立数学模型时是通过传递函数进行的，这个过程只需考虑输入和输出之间的关系，所以系统将变成一个黑盒子，其中的具体过程已被封装。而在现代控制理论中，首先需要从系统中抽取出一些状态变量来，通过表示这些状态变量之间的关系来描述这个系统，并展示系统的过程，所以不是一个黑盒子。现代控制理论采用的是状态空间表示法，系统被看作一个状态空间。状态空间表示法是用来表示问题及其搜索过程的一种方法，是人工智能最基本的形式化方法，主要用状态和算符来表示问题。

2.7.1　描述问题状态

1. 状态空间表示方法的三要素

（1）状态。状态是为描述某类不同事物间的差别而引入的一组最少变量 $q_0, q_1, \cdots, q_n$ 的有序集合，其向量形式如下。

$$Q = [q_0, q_1, \cdots, q_n]^{\mathrm{T}}$$

式中每个元素 $q_i(i=0,1,\cdots,n)$ 为集合的分量，又被称为状态变量。给定每个分量的一组值，就可以得到如下一个具体的状态。

$$Q_k = [q_{0_k}, q_{1k}, \cdots, q_{nk}]^T$$

（2）算符。算符（或操作符）是使问题从一种状态变化为另一种状态的手段。操作符可以是过程、规则、数学算子、运算符号或逻辑符号等。

（3）状态空间。问题的状态空间是指某问题的全部可能状态及其关系，它主要包含三种集合，即所有可能的问题初始状态集合 S、操作符集合 F 以及目标状态集合 G。因此，可将状态空间称为三元状态 (S, F, G)。

2. 状态图示

（1）可以使用一个带权的有向图来表示状态空间，该有向图又称为状态空间图。在状态空间图中，结点表示状态，有向边表示操作，整个状态空间就是一个知识模型。

（2）对于某个结点序列 $(n_{i1}, n_{i2}, \cdots, n_{ik})$，当 $j = 2, 3, \cdots, k$ 时，如果每一个 $n_{i,j-1}$ 都存在有一个后继结点 n_{ij}，那么可以将这个结点序列称为从结点 n_{i1} 至结点 n_{ik} 的长度为 k 的路径。

（3）代价是给各边线指定数值以表示加在相应算符上的代价。

（4）图的显式说明是指用一张表明确给出各结点及其具有代价的边线。

（5）图的隐式说明是指不使用一张表明确给出各结点及其具有代价的边线。

从 S_n 结点到 G 结点的路径称为求解路径，求解路径上的操作算子序列为状态空间的一个解。例如，操作算子序列 $O_1, O_2, \cdots, O_k$ 使初始状态 S 转换为目标状态 G：

$$S \xrightarrow{O_1} S_1 \xrightarrow{O_2} S_2 \xrightarrow{O_3} S_3 \xrightarrow{O_k} G$$

$O_1, O_2, \cdots, O_k$ 为状态空间的一个解。

任何类型的数据结构都可以用来描述状态，例如，符号、字符串、向量、多维数组、树和表格等，但要求数据结构与状态所蕴含的某些特性具有相似性。

2.7.2 状态空间表示法举例

例 2-5 状态空间表示知识。

1. 问题描述

在一个房间里有一只猴子、一个箱子和一把香蕉。香蕉挂在天花板下方，但猴子的身高有限，碰不到它。为了获得香蕉，这只猴子只能将箱子推到香蕉下面的位置，然后爬上箱顶，摘到香蕉。

2. 状态空间表示

设四元组 (W, X, Y, Z)，其标记意义如下。

W：猴子的水平位置。

X：当猴子在箱子顶上时，可取到香蕉 $X = 1$；否则取不到香蕉 $X = 0$。

Y：箱子的水平位置。

Z：当猴子摘到香蕉时，$Z = 1$；否则 $Z = 0$。

初始状态：$(a, 0, b, 0)$。

目标状态：$(c, 1, c, 1)$。

3. 操作（算符）

（1）goto(U)：猴子走到水平位置 U。

（2）pushbox(V)：猴子将箱子推到水平位置 V。

（3）climbbox：猴子爬到箱子顶上。

（4）grasp：猴子摘到香蕉。

4. 求解过程

将初始状态 $(a,0,b,0)$ 变换为目标状态 $(c,1,c,1)$ 的操作序列如下。

（1）goto(b)。

（2）pushbox(c)。

（3）climbbox。

（4）grasp。

初始状态为 $(a,0,b,0)$，目标状态为 $(c,1,c,1)$，执行唯一适用的操作 goto(b)，并导致下一状态 $(b,0,b,0)$。现在有 2 个适用的操作，即 pushbox(c) 和 climbbox。将所有适用的操作继续应用于每个状态，就能够得到状态空间轨迹。将该变换为目标状态的操作序列如下。

$$\text{goto}(b) \rightarrow \text{pushbox}(c) \rightarrow \text{climbbox} \rightarrow \text{grasp}$$

而下述两个操作序列不能达到目标状态。

$$\text{goto}(b) \rightarrow \text{climbbox}$$
$$\text{goto}(b) \rightarrow \text{pushbox}(c) \rightarrow \text{pushbox}(a)$$

其状态空间图如图 2-16 所示。

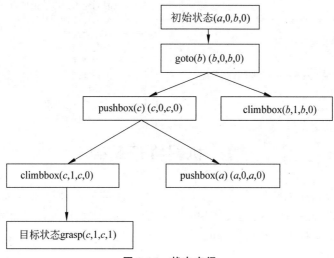

图 2-16　状态空间

本 章 小 结

知识与知识表示是人工智能的重要基础。本章的主要内容包括知识的概念、特征和分类以及人工智能中的常用的知识表示方法，主要包括产生式、谓词逻辑、语义网络、框架和状态空间等常用的知识表示方法。此外还有多种知识表示方法，如知识图谱的知识表示方法、脚本知识表示方法和过程知识表示方法等，由于篇幅所限，这些方法在本章没有提及。通过对本章的学习，可以掌握知识表示的基本方法，为后续的机器推理、知识图谱、机器学习和专家系统等方面的学习打下基础。

第 3 章

机 器 推 理

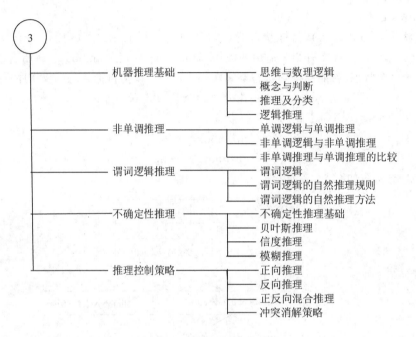

```
3 ─┬─ 机器推理基础 ─┬─ 思维与数理逻辑
   │                ├─ 概念与判断
   │                ├─ 推理及分类
   │                └─ 逻辑推理
   ├─ 非单调推理 ─┬─ 单调逻辑与单调推理
   │              ├─ 非单调逻辑与非单调推理
   │              └─ 非单调推理与单调推理的比较
   ├─ 谓词逻辑推理 ─┬─ 谓词逻辑
   │                ├─ 谓词逻辑的自然推理规则
   │                └─ 谓词逻辑的自然推理方法
   ├─ 不确定性推理 ─┬─ 不确定性推理基础
   │                ├─ 贝叶斯推理
   │                ├─ 信度推理
   │                └─ 模糊推理
   └─ 推理控制策略 ─┬─ 正向推理
                    ├─ 反向推理
                    ├─ 正反向混合推理
                    └─ 冲突消解策略
```

3.1　机器推理基础

推理(reasoning)是人脑的重要基本功能,是求解问题的一种重要方法。人工智能的所有领域几乎都与推理有关。因此,要实现人工智能,就必须将推理的功能赋予机器,实现机器推理。机器推理又称为计算机推理或自动推理,它是人工智能的核心内容之一。

3.1.1　思维与数理逻辑

1. 思维及基本规律

人的大脑对事物的认识活动是借助于概念、判断和推理等思维的活动进行的,思维的过程就是运用概念做判断和推理的过程,是人的理性认识。思维对事物的间接反映是通过其他媒介认识客观事物,以及借助于已有的知识、经验和已知的条件推测未知的事物。

思维规律是客观世界的规律在人们意识中的反映,是对事物发展过程中的本质联系和必然趋势的再现。客观事物的规律和思维规律的一致是在认识中实现的,反映同一律是思维的基本规律。

2. 逻辑思维

逻辑思维是人们在认知过程中借助概念、判断、推理等思维形式能动地反映客观现实的理性认知过程,又称理论思维,它是作为对认知者的思维、思维结构以及起作用的规律的分析而产生和发展起来的。只有经过逻辑思维,人们才能达到对具体对象本质规定的把握,进而认知客观世界。逻辑思维是人的认知的高级阶段,即理性认识阶段,是思维的一种高级形式,是符合世间事物之间关系、合乎自然规律的思维方式。

逻辑思维是确定的、而不是模棱两可的,是前后一贯的、而不是自相矛盾的,是有条理、有根据的思维。在逻辑思维中,要用到概念、判断、推理等思维形式以及比较、分析、综合、抽象、概括等方法,而掌握和运用这些思维形式和方法的程度也就是逻辑思维的能力。

3. 数理逻辑

逻辑学是探索、阐述和确立有效推理原则的学科,其最早由古希腊学者亚里士多德创建。用数学的方法来研究推理、证明等问题的学科称为数理逻辑,又称为符号逻辑。数理逻辑的主要分支包括:模型论、证明论、递归论和公理化集合论,它与计算机科学多处重合,原因在于许多计算机科学的先驱者既是数学家,又是逻辑学家。程序语言学和语义学衍生于模型论,而程序验证则衍生于模型论的模型检测。

3.1.2 概念与判断

概念构成判断,判断构成推理,而推理是思维的最高形式。总体上,思维就是由概念、判断和推理这三大要素所决定。

1. 概念

概念是存在于人大脑意识中的对象,只有本质的属性才能将一类对象与其他对象区别开来,概念能够有效地区别对象。概念的内涵和外延是其最基本的逻辑特征,内涵反映了概念中对象的本质属性,人们习惯上将内涵称为含义;外延是指具有概念所反映的本质属性的对象,例如,人的内涵是指能够使用工具劳动的动物,外延是指世界上的所有人。

(1) 概念间的关系。在逻辑学的思维规律研究中,概念之间的关系是基于外延角度考虑,也就是说,概念是外延间的关系,主要分为 4 种,即全同关系、从属关系、交叉关系和全异关系,以欧拉图表示的概念间的关系如图 3-1 所示。

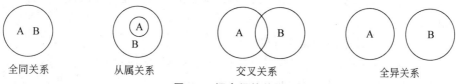

全同关系　　从属关系　　交叉关系　　全异关系

图 3-1　概念间的关系

(2) 根据外延的数量,概念可以分为单独概念和普遍概念。

(3) 根据指向的是某类事物还是该类事物以外的事物,又可以将概念分为正概念和负概念。

2. 判断

判断是思维的核心部分,其含义是根据一定的先知条件,通过既有的知识、以思维进行判定、推断得出结论的能力。判断是对思维对象是否存在、是否具有某种属性以及事物之间是否具有某种关系的肯定或否定。显然,没有判断就无法进行正常的解释活动。

3.1.3 推理及其分类

推理方法是一种符号主义的方法,人类使用符号方法来研究形式逻辑,就发展出了数理逻辑。在人工智能中,数理逻辑可用于知识表示与基于知识的推理,并构造智能系统。

1. 推理

推理是人类求解问题的主要思维方法,是按照某种策略从已有事实和知识出发推出结论的过程,是通过一个或几个被认为是正确的陈述、声明或判断达到另一真理的行为,而该真理被相信是从前面的陈述、声明或判断中得出的。

在人工智能中,推理是从某些前提产生结论的行为。推理由判断组成,一个推理至少包含两个判断:一个已知判断和一个新判断。由已知判断推出未知的新判断是推理的主要特征,已知的判断与新的判断之间必有一定的关系,这种关系就是前提与结论之间的逻辑关系。各种不同的推理形式简称为论式,每种论式都有自己的推理规则。推理凭借推理规则将前提和结论两部分连接而构成,前提、结论、推理规则是推理的三个基本要素。

2. 基于产生式规则的推理

利用产生式规则可以实现有前提条件的操作,也可以实现逻辑推理。实现操作的方法是在测试一条规则的前提条件满足时,就执行其后部的行为。利用产生式规则实现逻辑推理的方法是在有事实能够与某规则的前提匹配时,就得到该规则后部的结论,表示如下。

$$\frac{\begin{array}{c} A \rightarrow B \\ A \end{array}}{B}$$

这里的大前提就是一个产生式规则 $A \rightarrow B$,小前提就是证据事实是 A,结论是 B。上面的式子也就是基于产生式规则的一般推理模式。

3. 推理的分类

人类的智能活动呈现出多种思维方式,人工智能是人类智能的模拟,相应地也就出现了多种推理方式。

1)基于前提与结论之间的蕴含程度划分

根据前提与结论之间的蕴含程度可将推理分为确定性推理和不确定性推理。

(1)确定性推理:推理所用的知识与证据都是确定的,推出的结论也是确定的,其结论或者为真或者为假。

(2)不确定性推理:推理所用的知识与证据不都是确定的,推出的结论也是不确定的。不确定性推理主要包括基于概率论的似然推理和基于模糊逻辑的模糊推理。

2)基于逻辑思维方式划分

逻辑思维是分析事物的因果关系,基于思维方式不同可将推理划分为演绎推理、归纳推理和类比推理。3.1.4节将详细介绍。

3)基于前提的数量划分

根据前提的数量多少,推理可分为直接推理和间接推理两类。

(1)直接推理:只有一个前提的推理。例如,前提是一个性质判断的直接推理;前提是一个关系判断的直接推理；前提是一个假言判断的直接推理等。

（2）间接推理：由两个或两个以上的前提推出结论的推理。例如，由 $A=B$、$B=C$ 和 $C=D$ 这三个前提推出结论 $A=D$。

4）基于结论是否递增划分

将推理方法按照推理过程中推理出的结论是否单调递增，可将推理划分为单调推理和非单调推理。

（1）单调推理：在推理的过程中，随着推理的方向向前推进和新的前提知识的加入，推理出来的结论逐步接近终极目标。多个命题的演绎推理就属于单调推理。

（2）非单调推理：在推理的过程中，随着新的知识的加入，需要否定已经推理出来的结论，将推理回退到前面的某一步，重新开始。

5）基于是否使用启发性知识划分

基于是否使用启发性知识可将推理划分为启发式推理和非启发式推理。

（1）启发式推理：使用启发式的规则和策略的推理过程。

（2）非启发式推理：没有使用启发式的规则和策略的推理过程。

6）基于推理方向划分

根据推理方向不同，可将推理分为正向推理、反向推理和混合推理，用于控制推理进行的策略。

（1）正向推理：是事实驱动推理，由已知事实得出结论。

（2）反向推理：是目标驱动推理，以某个假设作为出发点。

（3）混合推理：分为有先正向后逆向和先逆向后正向两种方式。先正向后逆向是先进行正向推理，获得某个目标，然后再用逆向推理证实该目标；先逆向后正向是先假设一个目标进行逆向推理，然后再利用逆向推理中得到的目标进行正向推理。

基于不同依据而划分的推理分类如图 3-2 所示。实际上，一个推理可以分属不同的种类。例如，三段论推理属于演绎推理，也属于必然性推理，还属于间接推理。

3.1.4　逻辑推理

逻辑思维可以分析事物的因果关系，依据逻辑进行推理主要有演绎推理、归纳推理和类比推理。

1. 演绎推理

1）演绎推理的定义

演绎推理是从一般性的前提出发，通过推导演绎具体陈述或个别结论的过程。演绎推理采用自上而下的逻辑，常用来寻求以现象证明理论，使用形式逻辑并在逻辑上产生结果。

演绎推理存在以下几种定义：

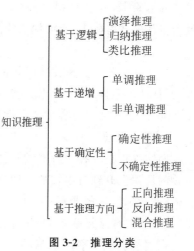

图 3-2　推理分类

（1）是从一般到特殊的推理；

（2）是前提蕴含结论的推理；

（3）是前提和结论之间具有必然联系的推理。

演绎推理的逻辑形式对人的思维保持严密性、一贯性有着不可替代的校正作用，这是因为演绎推理保证推理有效的根据并不在于它的内容，而在于它的形式。演绎推理的最典型、最重要的应用是逻辑证明和数学证明。

2）演绎推理的形式

演绎推理主要有三段论推理、假言推理、选言推理、关系推理等形式。

（1）三段论推理。三段论是由两个含有一个共同项的性质判断前提得出一个新的性质判断为结论的演绎推理，它是演绎推理的一般模式，包含三个部分：大前提（已知的一般原理）、小前提（所针对的特殊情况）、结论（根据一般原理对特殊情况作出判断），示例如下所示。

大前提：所有金属都是闪光的。

小前提：铜是金属。

结论：所以铜是闪光的。

（2）假言推理。假言推理是以假言判断为前提的推理，分为充分条件假言推理和必要条件假言推理两种。其中，充分条件假言推理的基本原则是：小前提肯定大前提的前件，结论就肯定大前提的后件；小前提否定大前提的后件，结论就否定大前提的前件。必要条件假言推理的基本原则是：小前提肯定大前提的后件，结论就肯定大前提的前件；小前提否定大前提的前件，结论就否定大前提的后件。

（3）选言推理。选言推理是以选言判断为前提的推理，分为相容的选言推理和不相容的选言推理两种。相容的选言推理的基本原则是：大前提是一个相容的选言判断，小前提否定了其中一个（或一部分）选言分支，结论就肯定剩下的一个选言分支。不相容的选言推理的基本原则是：大前提是一个不相容的选言判断，小前提肯定其中的一个选言分支，结论就否定其他选言分支；小前提否定除其中一个以外的选言分支，结论就肯定剩下的那个选言分支。

（4）关系推理。关系推理是前提中至少包含一个关系命题的推理。几种常用的关系有，对称性关系推理（如 1 米＝100 厘米，所以 100 厘米＝1 米）；反对称性关系推理（A 大于 B，所以 B 小于 A）；传递性关系推理（$A>B$，$B>C$，所以 $A>C$）。

2. 归纳推理

归纳推理是一种由特殊的具体事例推导出一般原理、原则的解释方法，它可以从对个别事物的认识上升到对事物的一般规律性的认识，是从个别事物得出一般性结论的推理过程。在进行归纳时，解释者不只单纯运用归纳推理，同时也会运用演绎法。在人们的解释思维中，归纳和演绎互相联系、互相补充、不可分割。

根据前提所考察对象范围的不同，可以将归纳推理分为完全归纳推理和不完全归纳推理。

1）完全归纳

完全归纳是根据某类事物的所有情况都一一考察，做出一般结论。例如，通过直观得出平面内直角三角形的内角和是 180°，锐角三角形的内角和是 180°，钝角三角形的内角和也是 180°,所以得出平面内任意三角形的内角和都是 180°。

2）不完全归纳

不完全归纳仅根据某类事物中的部分情况具有某种属性得出一般性结论。例如,数学的乘法、运算定律、分数的基本性质等。一般举几个例子,分别做出个别结论(即单称判断),然后做出一般结论(即全称判断)。

在应用不完全归纳推理时,可能根据不够多的几个事实得出不正确的结论。例如,3 是质数、也是奇数;7 是质数、也是奇数;11 是质数、也是奇数,归纳出所有的质数都是奇数。但是,2 是质数,却是偶数。显然,此结论不正确。为此,使用不完全归纳推理所列举的事实必须有代表性,而且获得的结论后还需要做进一步验证。

3. 类比推理

类比推理又称为类推,是逻辑推理的方法之一,是启发人们进行创新思维的重要形式。类比推理是根据两个或两类事物在某些属性上有相同或相似之处,而且已知其中一个事物具有某种属性,由此推知另一个事物也可能具有这种属性的推理。

类比推理分为完全类推和不完全类推两种形式。完全类推是两个或两类事物在进行比较的方面完全相同时的类推;不完全类推是两个或两类事物在进行比较的方面不完全相同时的类推。类比推理是一种从特殊性前提推出特殊性结论的推理,也就是从一个对象的属性推出另一对象也可能具有这属性。因为进行类比推理的两个事物虽有许多相似之点,但仍有一些差异,如果遇到有差异的属性,或者在第二个事物中根本没有这种属性,而仍使用类比推理,就会出现错误。由于类比推理所得的结论有偶然性,所以其不能代替科学论证,需要在推出结论后进一步论证或再通过实践检验。

3.2　非单调推理

非单调推理是在知识不完全的情况下进行的推理,对于非单调推理,如何提出合理的假设以及处理矛盾是主要的问题。

3.2.1　单调逻辑与单调推理

1. 单调逻辑

单调逻辑是指从前提一旦推出结论则此结论将总是有效的,即使后来又获得了新的信息,得出来的新结论也不会否定以前就推出的结论,所以结论集随着前提集的增加而单调递增。

经典逻辑是单调逻辑,它以一个无矛盾的公理系统为基础。多数形式逻辑都有单调性的推论关系,也就是说,如果一个句子可以从前提的集合中被推理出来,则它也可以从将这个前提集合作为子集包含的任何前提集合中被推理出来,这表明往此类理论增加一个公式永不会引起它的推论集合的减小。简单地说,单调性表示学习一些新知识不能减小已知知识。

2. 单调推理

单调推理是指随着推理向前推进及新知识的不断加入,推出的结论越来越接近终极目标。其中加进系统的新知识必须与已有的知识不矛盾。随着运行时间的推移,系统内含的知识有增无减,这就是单调推理的单调性。单调性的优点如下。

(1)加入新命题时不需要审查其与系统原有知识的兼容性,因为这些新命题只能是已有知识的逻辑推理结果,不可能引起矛盾。换言之,加入的新命题必定为永真。

(2)不需要记忆推导过程,因为推导的结论永远不会失败,故不存在事后审查推导过程的需求问题。

3. 单调逻辑不能处理的问题

有些推理任务不能由单调逻辑处理,如下所示。

(1)缺省推理。缺省推理是指事实已知,但缺乏反面的证据。例如,如果给出一个动物是鸟,并且不知道其他事情,仅假定它能飞。如果后来知道这个动物其实是企鹅,那么假定它能飞的这个论点必须被撤销。这个例子也说明缺省推理逻辑不应为单调逻辑。

(2)溯因推理。溯因推理是从已知事实推导出可能解释的过程。事实只按最合适的解释演绎出来。溯因逻辑不应当是单调的,因为最可能的解释不是必然正确。例如,看到潮湿的草地的最可能的解释是下雨了,但在知道草地潮湿的真正原因是浇水了时,这个解释应当被撤销。因为获得了增加的知识(洒水车经过了),旧的解释(下雨了)被撤销了,这也不是单调推理。

(3)知识推理。对于知识的推理,在事实变成已知时,对一个无知的事实必须被撤销,如果逻辑包括事物是已知的公式,这个逻辑不应当是单调逻辑。实际上,"学习以前是未知的事物导致除去指定这个知识是未知的公式"。这里的第二个改变(增加导致去除)违反了单调性的条件。

上述推理都不是单调推理。

3.2.2 非单调逻辑与非单调推理

1. 非单调逻辑

非单调逻辑能够完成非单调推理,它是指为知识库加入新知识后,可能推翻原有的推论的逻辑。也就是说,知识库中的推论不随知识增长而增长,反而呈现了非单调递增情况。这时需采用合理维持机制确保推理继续进行。因此,非单调推理是在知识不完全的情况下所进行的推理。

2. 非单调推理

在解决复杂问题的过程中,人们经常面对不完全的信息、不断变化的场景,难以找到一组一致性的逻辑公式来表示,如果能找到,也不能保证其在变化的环境中保持一致性。为此,可以允许包含假设,将假设作为推理的依据。但在推理过程中,随着新事物的出现,可能发现原先所作的假设不正确,应给予删除,从而造成推理的非单调性,即新知识(事实)的加入会引起已有知识的删除。这就是面向非单调推理的概念、方法和技术。

可以看出,对于非单调推理,如何提出合理的假设以及处理矛盾是主要问题。

3. 非单调性的特征

推理形式呈现非单调性的特征,所谓非单调性即非演绎性。归纳推理、模糊推理和概率推理都具有非单调性的特征。非单调推理具有一定的灵活性,所得结论具有暂时性。随着新信息的出现,人们可以不断修正结论,这满足了常识推理的要求。非单调推理可以处理日常情景中所遇到的复杂推理问题。在实际应用中,人们很少能拥有所需的一切信息。在缺乏信息时,一个有效的做法就是根据已有信息和经验做有益的猜测,构造这些猜测的过程称为缺省推理。

缺省推理是在知识不完全的情况下假设某些条件已经具备所进行的推理。例如,在条件 A 已成立的情况下,如果没有足够的证据能够证明条件 B 不成立,则缺省 B 是成立的,并可在此缺省的前提下进行推理,推导出某个结论。在缺省推理过程中,如果某一时刻发现原先的假设不正确,则需要撤销缺省前提以及由此推出的结论,重新按新情况进行推理。

缺省逻辑是用来形式化有缺省假定推理的非单调逻辑,它可以表达某个缺省事物是真的事实;相反,标准逻辑只能表达某个事物为真或为假,因为推理经常遇到在多数时是真、但不总是真的事实的推理情况。缺省逻辑则形式化了这样的推理规则,而不需要明确提及所有的例外。例如,鸟通常能飞。这个规则可以在标准逻辑中表达为要么所有鸟都能飞,这与鸵鸟、企鹅不能飞的事实相矛盾;要么除了企鹅、鸵鸟等的所有鸟都能飞,这就要求规则指定出所有的例外。

4. 非单调推理的最终目标

非单调推理的最终目标是实现推理的合理性,这不同于单调推理所要求的有效性。推理的合理性往往带有时效性和主观性,这种时效性与主观性体现出模态的特征。

(1) 时效性。时效性体现为所相信的事实暂时为真而非永久为真。随着时间推移,有用信息的扩大,所相信的事实可能为假,或者在某段时间内为假。

(2) 主观性。主观性体现为相信某事实为真的主体之间,其对判断事实为真的标准可能不一致。

3.2.3　非单调推理与单调推理的比较

非单调推理与单调推理两者都是一种推理模式,在功能上都能从前提中得出相应的结论。但差异点的如下。

(1) 在推理的形式上,单调推理呈现线性特征,而非单调推理不呈现线性特征。

(2) 在推理有效性上,单调推理要强于非单调推理,但单调推理在常识推理中的应用范围要远小于非单调推理。

(3) 在常识推理中,非单调推理要比单调推理更加灵活。

更具体地说,单调推理是非单调推理的基础,这就类似于演绎推理是归纳推理、模糊推理和概率推理的基础。非单调推理的合理性试图逼近单调推理所具有的有效性,使犯错误的风险尽可能地小,以获得更多可靠的结论。

3.3　谓词逻辑推理

3.3.1　谓词逻辑

前面介绍了基于谓词逻辑的知识表示方法,下面将进一步介绍基于谓词逻辑的知识推理方法。谓词逻辑是能够表达人类思维活动规律的一种最精准的形式语言。它不仅接近于人类的自然语言,而且可方便地将知识存于计算机中,还可以被计算机精确处理。命题是一个非真即假的陈述句,一个命题可在一种条件下为真,在另一种条件下为假。命题逻辑是命题及命题之间关系的逻辑系统。由于命题包含的信息量太少,命题逻辑往往无法将所描述的事物的结构及逻辑特征反映出来,也不能将不同事物间的共同特征表述出来,但谓词逻辑克服了命题逻辑的弊端,可以精准描述和精确处理。

1. 谓词逻辑的基本成分

1)命题和真值

一个陈述句称为一个断言,凡有真假意义的断言称为命题,命题的意义只有真、假两种情况,命题是非真即假的陈述句。

2)论域

论域也称为个体域,是由所讨论的全体对象构成的非空集合。

3)谓词与个体

谓词刻画个体的性质,以及状态或个体之间的关系,它实现的是从个体域中的个体到真或假的映射。谓词分为谓词名和个体两个部分。用大写英文字母表示谓词,用小写英文字母表示命题中的主语,主语可以是常量、变元和函数。

谓词的一般形式为:$P(x_1,x_2,\cdots,x_n)$。

其中,P 为谓词名;$x_1,x_2,\cdots,x_n$ 是个体。

(1)个体是常量:一个或一组指定的个体。

例如,wang is a teacher:TEACHER(wang),TEACHER 为谓词名,wang 为一个抽象概念的个体。

(2)个体是变元,没有指定的一个或一组个体,只有将个体赋值后才能判断真假。

例如,$x<5$:LESS$(x,5)$。

(3)个体可以是函数,函数是从一个个体到另一个个体的映射,函数本身没有真值。在谓词逻辑中,函数本身不能被单独使用,它必须嵌入谓词之中。

例如,The father of Li is a teacher:TEACHER(father(Li)),TEACHER 是谓词,而 father 是函数。

4)连接词

主要的连接词如下。

否定:非,¬。

析取:或,∪。

合取:与,∩。

蕴含:如果条件 P 为 F 时,不管 Q 值为 T 或 F,$P{\rightarrow}Q$ 为 T。

等价:当且仅当 P 和 Q 的值相同时,$P{\leftrightarrow}Q$ 值为 T。

连接词的优先级为:量词>非>合取>析取>蕴含>等价。

可以看出:一元运算优先于二元运算,先于非运算,优先级最高,然后是合取、析取、蕴含、双蕴含。另外,量词(全称量词、存在量词)的优先级要高于上述运算符。

谓词逻辑真值如表 3-1 所示。

表 3-1　谓词逻辑真值表

P	Q	$\neg P$	$P \cup Q$	$P \cap Q$	$P \rightarrow Q$	$P \leftrightarrow Q$
T	T	F	T	T	T	T
T	F	F	T	F	F	F
F	T	T	T	F	T	F
F	F	T	F	F	T	T

5）量词

量词用来对个体的数量进行约束。常用的量词有全称量词（∀）和存在量词（∃）。

（1）全称量词（∀x）：对个体域中所有个体 x。例如，所有机器人都是灰色的：（∀x）[ROBOT(x)→COLOR(x,gray)]。

（2）存在量词（∃x）：在个体域中存在个体 x。例如，r_1 号房间有个物体：（∃x）INROOM(x,r_1)。

（3）全称量词和存在量词出现的先后次序会影响命题的内容。例如，（∀x）（∃y）FRIEND(x,y)表示对于个体域中的全部个体 x 都存在一个个体 y，x 与 y 是朋友。再如，（∃x）（∀y）FRIEND(x,y)表示在个体域中存在一个个体 x，与个体域中的任何个体 y 都是朋友。又如，（∃x）（∃y）FRIEND(x,y)表示在个体域中存在一个个体 x 与另一个个体 y 是朋友。还如，（∀x）（∀y）FRIEND(x,y)表示对于个体域中的任何两个个体 x 和 y 都是朋友。

（4）量词的辖域：位于量词后面的单个谓词或用括号括起来的谓词公式。

（5）约束变元与自由变元：辖域内与量词中同名的变元称为约束变元；不同名的变元称为自由变元。例如，（∃x）(P(x,y)→Q(x,y))∪R(x,y)，（∃x）的辖域内的变元 x 是受（∃x）约束的约束变元，R(x,y)中的 x 是自由变元，所有 y 也都是自由变元。

2. 谓词公式

谓词公式是指对谓词进行自由包含和组合、连接词与量词所构成的公式。单个谓词称为原子谓词公式。谓词公式在个体域上的解释是个体域中的实体对谓词演算表达式的每个常量、谓词和函数符号的指派。对于每一个解释，谓词公式都能求出一个真值。

谓词公式的主要性质如下。

（1）永真性：如果谓词公式 P 对个体域 D 上的任何一个解释都取真值，则 P 在 D 上是永真的；如果 P 在每个非空个体域上均永真，则 P 永真，并可称之为重言式。

（2）可满足性：对于谓词公式 P，如果至少存在一个解释使 P 在此解释下为真值，则可称 P 是可满足的，否则，P 是不可满足的。

（3）等价性：设 P 与 Q 是两个谓词公式，D 是它们共同的个体域。如果对 D 上的任何一个解释，P 与 Q 都有相同的真值，则可称公式 P 和 Q 在 D 上等价；如果 D 是任意个体域，则 P 和 Q 等价，记为 $P \Leftrightarrow Q$。

（4）谓词公式的永真蕴含：对于谓词公式 P 与 Q，如果 $P \rightarrow Q$ 永真，则可称公式 P 永真蕴含 Q，且称 Q 为 P 的逻辑结论，称 P 为 Q 的前提，记为 $P \Rightarrow Q$。

3.3.2 谓词逻辑的自然推理规则

谓词演算的推理规则有 US、ES、EG 和 UG 规则,使用这些规则的限制条件是对于同一个客体变元,应先去存在,再去全称量词,必须是公式的最左边词,且前边没有任何符号。辖域到公式末尾添加量词时,也是最左边开始,辖域到末尾。

推理是从前提推出结论的思维过程,前提是已知公式,结论是指从前提出发,应用推理规则推出的公式。显然,如果推理正确,而且前提也正确,则结论一定也正确。谓词逻辑中的推理方法称为自然推理方法,常用的自然推理规则如下。

1. 基本规则

命题逻辑中 P、T 等推理规则都可在谓词中使用。

(1) P 规则(premise rule):前提引入规则,引入前提集合中的任意一个前提。

(2) T 规则(universal specify rule):全称特指规则,有下述两种形式。

$$\forall xP(x) \Rightarrow P(y) \quad 或 \quad \forall xP(x) \Rightarrow P(c)$$

2. 消去和添加量词的规则

在谓词逻辑的推理中,前提和结论均有量词出现,只有消去前提中的量词才能运用命题逻辑的推理规则,而推导出的结论又必须适当加上量词,才能得到含有量词的最后结论。因此,需要定义消去和添加量词的规则。

1) US 规则

US 规则是消去全称量词的基本规则。如果个体域的所有个体都具有性质 A,则个体域中的任一个个体都具有性质 A。此时,可消去全称量词如下。

$$\forall xA(x) \rightarrow A(y) \quad 或 \quad \forall xA(x) \rightarrow A(c)$$

换成常元或变元主要取决于要证明结论的形式,上述规则成立的条件如下。

(1) 取代 x 的 y 应为任意不在 $A(x)$ 的约束中出现的个体变元。

(2) 用 y 取代 $A(x)$ 中自由出现的 x 时,必须将所有的 x 都取代。

(3) 自由变元 y 也可被替换为个体域中的任意个体常元 c,c 为任意未在 $A(x)$ 中出现过的个体常元。前两点就是要保证不与其他的符号重复。

2) ES 规则

ES 规则是消去存在量词的规则。存在量词的属性是存在,如果个体域存在有性质 A 的个体,则个体域中必有某一个个体具有性质 A。

$$\exists xA(x) \rightarrow A(c)$$

规则成立的条件如下。

(1) c 是个体域中使 A 为真的特定个体常元。

(2) 不曾在 $A(x)$ 或前面的推导公式中出现过。

(3) $A(x)$ 中除了自由出现的 x 外,还有其他自由出现的个体变项不能用此规则。

前两个显而易见,对于第(3)个,考虑 $\exists yF(x,y)$ 并不能得出 $F(x,c)$,$F(x,c)$ 表示的是对于指定的 c,任意的 x 都满足 F,错误在于:如果 F 表示大小关系,c 的具体指定可能与 x 的取值有关。

3) UG 规则

UG 规则是全称量词的推广规则。如果个体域的任意个体都具有性质 A,则个体域中的所有个体都具有性质 A。

$A(y) \Rightarrow \forall x A(x)$ 规则成立的条件如下。

(1) y 在 $A(y)$ 中自由出现,且 y 取任何值时 A 均为真。

(2) x 不在 $A(y)$ 的约束中出现(符号不重复就行)。

4) EG 规则

EG 规则是存在量词的推广规则。如果个体域有某一个个体 c 具有性质 A,则个体域中必存在具有性质 A 的个体,即能找出一个就表示其存在。

$$A(c) \Rightarrow \exists x A(x)$$

规则成立的条件如下。

(1) c 是个体域中某个确定的个体。

(2) 代替 c 的 x 没在 $A(c)$ 中出现过(还是符号不重复)。

例 3-1　P、ES 和 T 自然推理规则的使用。

(1) $\exists x A(x)$　　　　　P

(2) $A(c)$　　　　　$ES(1)$

(3) $\exists x B(x)$　　　　　P

(4) $B(c)$　　　　　$ES(3)$

(5) $A(c) \bigcap B(c)$　　　$T(2)(4)$

在上述推理中,第(5)步使用 T 规则出错,原因是使 A 成立的个体不一定能够使 B 也成立。

例 3-2　证明 $\forall x P(x)$,$\exists x(P(x) \rightarrow Q(x))$　　$\exists x(Q(x))$

(1) $\exists x(P(x) \rightarrow Q(x))$　P

(2) $P(x) \rightarrow Q(x)$　　　$ES(1)$

(3) $\forall x P(x)$　　　　　P

(4) $P(c)$　　　　　$ES(3)$

(5) $Q(c)$　　　　　$T(2)(4)$

(6) $\exists x(Q(x))$　　　　$EG(5)$

3.3.3　谓词逻辑的自然推理方法

在谓词逻辑中,常用的自然推理方法有:永真推理、假设推理和反证推理。

1. 永真推理

永真式指重言式。如果存在一个公式,对于它的任一解释其真值都为真,则可称此公式为永真式。数理逻辑旨在利用有限的公理推出尽可能多的永真式。永假式又称矛盾式,如果对任意一个赋值 V,都有 $V[A]=0$,即公式 A 对任一赋值均取假值,则公式 A 为永假式。

永真推理是建立在永真式、领域知识及规则基础上的正向推理。由于永真式及规则是常识,所以永真推理是建立在领域知识(已知条件)基础之上正向推理。谓词逻辑中的永真推理方法就是谓词逻辑中的定理证明。证明是一个过程,证明条件是由已知条件到定理的一种形式化过程的规范描述。

2. 假设推理

假设推理是永真推理中的一种,也是一种正向推理。所不同的是,在假设推理中,需要

求证的定理具有 $A \rightarrow B$ 的形式,此时,可将 A 作为已知条件列入,而所求证的定理仅为 B。这样可以做到既增加已知部分又减少求证部分,进而达到简化证明的目的。

3. 反证推理

反证推理与永真推理的区别在于:在证明过程中,可将定理 Q 的否定 $\neg Q$ 作为列入,而确认最终获得的定理是矛盾的,即永假式,它也可被称为空,并可以用符号□表示。反证推理即反证法,在推理中属于反向推理。从需要求证的定理出发做证明,最终获得矛盾,则定理得证。

3.4 不确定性推理

主观贝叶斯方法是基于概率论而建立的不确定性推理,模糊推理是基于模糊理论而建立的不确定性推理。

3.4.1 不确定性推理基础

1. 不确定性含义

(1)(狭义)不确定性:所表示的事件的真实性不能被完全肯定,只能对其为真的可能性给出某种估计。

(2)不确切性(模糊性):一个命题中所出现的某些言词的含义不够确切,在概念上,也就是其代表的概念的内涵没有硬性的标准或条件,其外延没有硬性的边界,即边界是不明确的。

(3)不完全性:对某事物来说,关于它的信息或知识还不全面、不充分。例如,在有关信息不完全的情况下,仍然可以通过分析、推理等手段得到最终结果。

(4)不一致性:在推理过程中发生了前后不相容的结论,或者随着时间的推移、范围的扩大,原来一些成立的命题已变得不成立、不适合了。

2. 不确定性推理及其分类

1)不确定性推理

不确定性推理是指建立在不确定性知识和证据的基础上的推理。不完备、狭义不确定性知识的推理和模糊知识的推理等都属于不确定性推理,其实质都是一种从不确定的初始证据出发,通过运用不确定性知识,最终推出具有一定程度不确定性的但却又是合理或基本合理结论的思维过程。

由于不确定性推理中所用的知识和证据都具有某种程度的不确定性,所以其推理机制的设计除了解决推理方向、推理方法、控制策略等基本问题以外,还需要解决不确定性的表示与量度、不确定性匹配、不确定性的传递算法以及不确定性的合成等问题。

不确定性推理中存在 3 种不确定性,也就是知识不确定性、证据不确定性和结论不确定性。在选择知识的表示方式时,需要考虑能够准确地描述问题本身的不确定性和便于推理过程中计算的不确定性。知识静态强度是指知识的可信程度,在专家系统中的知识静态强度是由领域专家给出,通常是一个数值,它可以使用概率、信度、隶属度和程度来描述。

(1)用概率表示知识静态强度。用概率表示知识强度,则其取值范围为 $[0,1]$,该值越接近于 1,说明该知识越接近于真;其值越接近于 0,说明越接近于假。

(2)用信度表示知识静态强度。信度是指测量结果的可靠性、一致性和稳定性,即测验结果是否反映了被测者的稳定的、一贯的真实特征。如果用信度表示静态强度,则其取值范围为$[-1,1]$。当该值大于0时,值越大,说明知识越接近于真;当其值小于0时,值越小,说明知识越接近于假。

(3)用隶属度表示知识静态强度。隶属度是后者对前者的隶属关系程度,用隶属度表示知识静态强度,则其取值范围为$[0,1]$,该值越接近于0,隶属度越低;该值越接近于1,隶属度越高。

(4)用程度表示静态强度。程度就是一个命题中所描述事物的特征强度。程度化方法是给语言特征值(简称语言值)附加一个程度的参数以刻画对象的特征,这种附有程度的语言值称为程度语言值,其一般形式如下。

(＜语言值＞,＜程度＞)

例如,使用(高,0.8)表示一个人身高的程度。基于程度化知识的推理比确切推理多了一个程度计算的过程,推理时除了要进行符号推演操作外还要进行程度计算。这种附加程度计算的推理为程度推理。程度推理的一般模式等于符号推演加上程度计算。

在推理过程中,规则的前件要与证据事实匹配成功,不但要求两者的符号模式能够匹配,而且要求证据事实所含的程度必须达到已定的阈值。所推得的结论是否有效也取决于其程度是否达到已定的阈值。

2)证据不确定性的表示

按照组织形式,证据可分为基本证据和组合证据。基本证据是指单一证据或单一证据的否定;组合证据是指将多个基本证据组织到一起形成的复合证据。

按照不同来源,证据可分为初始证据和中间结论。初始证据是指在推理之前由用户提供的原始证据,其信度是由提供证据的用户给出;中间结论是指在推理中所得到的中间结果,它将被存入综合数据库,并作为以后推理的证据使用,其信度是在推理过程中按不确定性更新算法计算而得到的。

证据不确定性的表示应包括基本证据的不确定性表示和组合证据的不确定性计算。基本证据的不确定性表示的表示方法与知识的不确定性表示方法一致,以便推理过程能够对不确定性进行统一处理。

当一个知识的前提条件是由多个基本证据组合而成时,多个基本证据的组合方式可以是析取关系,也可以是合取关系。组合证据的不确定性可在各基本证据的基础上由最大最小方法、概率方法和有界方法等计算而获得。

3)结论不确定性的表示

由于使用的知识和证据具有的不确定性,故得出的结论也具有不确定性。这种结论的不确定性也称为规则的不确定性,它表示当规则的条件被完全满足时产生的某种结论的不确定程度。在不确定性推理过程中,如果由多个不同知识推出了同一结论,并且推出的结论的不确定性程度又各不相同,那么需要对这些不同的不确定性进行合成,求出该结论的综合不确定性。

4)不确定性推理的类型

不确定性推理包括非数值方法和数值方法,如图3-3所示。其中,常用的是数值方法的不确定性推理。

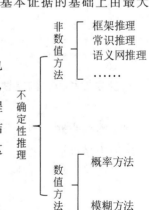

图3-3 不确定性推理的类型

应用概率论与模糊数学产生了两种不同的不确定性推理。将概率论用于处理随机现象,事件本身有明确的含义,只是由于条件不充分,使条件和事件之间不能出现决定性的因果关系。对于模糊现象,其概念本身就不明确,一个对象是否符合这个概念往往是难以被确定的,属于模糊的概念。

3.4.2　贝叶斯推理

贝叶斯推理是推论统计的一种方法。这种方法使用贝叶斯定理,在有更多证据及信息时更新特定假设的概率。贝叶斯推理是统计学(特别是数理统计学)中很重要的技巧之一。

1. 贝叶斯公式

如果 B 是一个事件,而 A 是另一个事件,两者不互斥,则在 A 发生后 B 发生的条件概率为

$$P(B \mid A) = (B \text{ 和 } A \text{ 同时发生的次数})/(A \text{ 发生的次数}) = P(B \cap A)/P(A)$$

同样,因为 $P(A \mid B) = P(A \cap B)/P(B)$,因此,$P(A \cap B) = P(B)P(A \mid B) = P(A)P(B \mid A)$,所以贝叶斯公式为

$$P(B \mid A) = P(B)P(A \mid B)/P(A)$$

2. 全概率公式

全概率公式是概率论中的重要公式,它把对复杂事件 A 的概率求解问题转化为了在不同情况下发生的简单事件的概率的求和问题。如果事件 B_1、B_2、$B_3 \cdots B_n$ 构成一个完备事件组,即它们两两互不相容,其和为全集;并且 $P(B_i)$ 大于 0,则对任一事件 A 有

$$P(A) = P(A \mid B_1)P(B_1) + P(A \mid B_2)P(B_2) + \cdots + P(A \mid B_n)P(B_n)$$

3. 先验概率和后验概率

从原因到结果的论证称为先验的,而从结果到原因的论证称为后验的。先验概率是指根据以往经验和分析得到的概率,在全概率公式中的先验概率作为"由因求果"问题中的"因"出现。后验概率是指在得到结果的信息后重新修止的概率。

先验概率不需要使用贝叶斯公式计算;而后验概率则需要使用贝叶斯公式计算,而且在利用样本信息计算逻辑概率时,还要使用理论概率分布,需要更多的数理统计知识。例如,对于 C_1 和 C_2 二分类,由贝叶斯公式可得:

$$P(C_1 \mid x) = P(x \mid C_1)P(C_1)/P(x)$$

$$P(C_2 \mid x) = P(x \mid C_2)P(C_2)/P(x)$$

$P(C_1)$,$P(C_2)$,$P(x \mid C_1)$,$P(x \mid C_2)$ 都是先验概率,但 $P(C_1 \mid x)$ 和 $P(C_2 \mid x)$ 是后验概率。

4. 独立性和条件独立性

1) 独立性

两个随机变量 x 和 y 在概率分布中将被表示成两个因子乘积形式,一个因子只包含 x,另一个因子只包含 y,两个随机变量相互独立。

当事件独立时,联合概率等于概率的乘积,即 $P(xy) = P(x)P(y)$,事件 x 和事件 y 独立。此时给定 z,有 $P(x,y \mid z) \neq P(x \mid z)P(y \mid z)$。

2) 条件独立性

给定 z 的情况下,x 和 y 条件独立,当且仅当:

$$x \perp y \mid z \Leftrightarrow P(x,y \mid z) = P(x \mid z)P(y \mid z)$$

x 和 y 的关系依赖于 z，而不是直接产生的。

5. 贝叶斯推理过程

产生式规则可以表示如下。

if E is true then H is true (概率 P)

其中，E 表示前提，H 代表结论。

$$P(H \mid E) = P(H)P(E \mid H)/(P(E \mid H)P(H) + P(E \mid \neg H)P(\neg H))$$

$P(H \mid E)$ 称为在观察到前提 E 后的结论 H 的后验概率。$\neg H$ 表示假设不成立的事件，等式右侧的概率由专家提供，$P(H)$ 称为先验概率，$P(E \mid H)$ 称为条件概率，这个等式的意义在于其可以根据假设（先验概率）得到结论的概率。

如果问题提供了多个结论 H_1、H_2、$\cdots$、H_m 或者给定多个前提 E_1、E_2、$\cdots$、E_n，产生的多个结论之间各自相互独立，且所有假设的概率之和为 1 时，有下述几种情况。

（1）单个前提多个结论：

$$P(H_i \mid E) = P(E \mid H_i)P(H_i)/\sum (P(E \mid H_k)P(H_k))$$

（2）多个前提多个结论：

$$P(H_i \mid E_1 E_2 \cdots E_n) = P(E_1 E_2 \cdots E_n \mid H_i) P(H_i)/\sum (P(E_1 E_2 \cdots E_n \mid H_k)P(H_k))$$

待到 H_k 发生时，$E_1 E_2 \cdots E_n$ 同时发生的概率难度较大，因此，需要假定所有的前提之间相互独立，上面的等式可以变换为

$$P(Hi \mid E_1 E_2 \cdots E_n) =$$
$$P(E_1 \mid H_i) P(E_2 \mid H_i) \cdots P(E_n \mid H_i) P(Hi)/\sum (P(E_1 \mid H_i)$$
$$P(E_2 \mid H_i) \cdots P(E_n \mid H_k) P(H_k))$$

3）充分性似然和必要性似然

充分性似然可以表示 E 对 H 的充分性程度，则

$$P(E \mid H)/P(E \mid \neg H)$$

该值远大于 1 时，则表示 E 出现时 H 出现的概率极大。

必要性似然表示 E 对 H 的必要性程度，则

$$P(\neg E \mid H)/P(\neg E \mid \neg H)$$

如果该值在 0 和 1 之间，那么即使没有发现 E，H 也极有可能不出现。

求解在 H 发生的条件下 E_i 发生的概率是一件困难的事情，而求事件 E_i 发生条件下事件 H 的发生概率则相对简单。

例 3-3　设 H_1、H_2、H_3 分别是 3 个结论，E 是支持这些结论的前提，且已知：

$$P(E_1) = 0.3, \quad P(E_2) = 0.4, \quad P(E_3) = 0.5$$
$$P(H \mid E_1) = 0.5, \quad P(H \mid E_2) = 0.3, \quad P(H \mid E_3) = 0.4$$

则有

$$P(E_1 \mid H) = P(H \mid E_1)P(E_1) = 0.15$$
$$P(E_2 \mid H) = P(H \mid E_2)P(E_2) = 0.12$$
$$P(E_3 \mid H) = P(H \mid E_3)P(E_3) = 0.20$$

贝叶斯推理将概率值作为主要输入。

3.4.3　信度推理

如果将信度作为不确定性推理的表示,则推理的结果仍然含有信度。也就是说,在进行信度推理时,除了要进行符号推理外还要进行信度计算,因此信度推理等于符号推理加上信度计算。信度推理是一种简单而有效的推理方法。

1. 信度推理的信度计算

(1) 信度推理规则的前件要与证据事实匹配成功,不但要求两者的符号模式能够匹配,而且要求证据事实所含的信度也必须达到一个阈值。

(2) 信度推理的规则触发不仅要求其前件能被匹配成功,而且前件条件的总信度还必须至少达到阈值。

(3) 信度推理中所推得的结论是否有效也取决于其信度是否达到阈值。

(4) 信度推理需要信度计算,包括 $\cap$ 关系的信度计算、$\cup$ 关系的信度计算、$\neg$ 关系的信度计算和推理结果信度的计算。

2. 信度推理方法

信度是基于概率的一种度量,或者就直接是概率本身。例如,在著名的专家系统 MYCIN 中,信度就是基于概率而定义的。

1) 知识的不确定表示

应用信度产生式规则表示知识的基本格式如下。

```
if E then H(CF(H,E))
```

其中,$CF(H,E)$ 为信度因子,即规则的可信度,反映了前提条件与结论的联系程度。

例 3-4　if 乌云密布 and 电闪雷鸣 then 下暴雨(0.9),信度因子为 0.9。

$CF(H,E)$ 取值范围为 $[-1,1]$。

(1) 如果 $CF(H,E)>0$,其值越大,则前提越支持结论 H 为真。

(2) 如果 $CF(H,E)<0$,其值越小,则前提越支持结论 H 为假。

(3) 如果 $CF(H,E)=0$,则前提与 H 无关。

2) 前提(证据)不确定性表示

在 CF 模型中,证据 E 的也是使用可信度 $CF(E)$ 来表示。

例如,$CF(E)=0.8$ 表明 E 的信度为 0.8。

(1) $CF(E)$ 的取值范围为 $[-1,1]$。

(2) 对于初始证据 E,如果肯定为真,则 $CF(E)=1$。

(3) 对于初始证据 E,如果肯定为假,则 $CF(E)=-1$。

(4) 对于初始证据 E,如果以某种程度为真,则 $0<CF(E)<1$。

(5) 对于初始证据 E,如果以某种程度为假,则 $-1<CF(E)<0$。

(6) 对于初始证据 E,如果没有获得任何相关的观察,则 $CF(E)=0$。

可以使用 $CF(E)$ 表示静态强度在证据 E 为真时对结论 H 的影响度。可以使用 $CF(E)$ 表示动态强度,表示证据 E 当前的不确定性程度。

3. 组合证据的不确定性计算

组合证据包括多个单一证据的合取和析取两种形式。

1) 合取形式

合取形式是指多个单一证据的合取,表示如下。

$E = E_1$ and E_2 and $\cdots$ and E_n 时,　如果已知 $CF(E_1), CF(E_2), \cdots, CF(E_n)$,则

$$CF(E) = \min\{CF(E_1), CF(E_2), \cdots, CF(E_n)\}$$

2) 析取形式

当组合证据是多个单一证据的析取时,表示如下。

当 $E = E_1$ or E_2 or $\cdots$ or E_n 时,　$CF(E) = \max\{CF(E_1), CF(E_2), \cdots, CF(E_n)\}$

且定义 $CF(\neg E) = -CF(E)$

4. 信度的传递计算

推理是从不确定的初始证据出发,运用相关的不确定性知识最终推出结论,并计算出结论的信度值。每次运用不确定的知识都需要由证据的不确定性和规则的不确定性计算结论的不确定性。

(1) 证据确定存在,且 $CF(E) = 1$ 时,则

$$CF(H) = CF(H, E)$$

上式表明规则强度 $CF(H, E)$ 就是在前提条件对应的 E 证据为真时结论 H 的可信度。

(2) 当证据不是肯定存在,且 $CF(E) \neq 1$ 时,则

$$CF(H) = CF(H, E)\max\{0, CF(E)\}$$

上式表明,如果 $CF(E) < 0$,则 $CF(H) = 0$,这表明该模型中没有考虑证据为假时对结论 H 所造成的影响。

其中,结论 H 的信度计算如下。

$$当 CF(E) < 0 时,\quad 则 CF(H) = 0$$
$$当 CF(E) = 1 时,\quad 则 CF(H) = CF(H, E)$$

5. 信度结论的合成计算

信度产生式规则如下。

$$if\ E_1\ then\ H\ (CF(H, E_1))$$
$$if\ E_2\ then\ H\ (CF(H, E_2))$$

(1) 计算每一条信度产生式规则的结论 H 信度 $CF(H)$,如下所示。

$$CF_1(H) = CF(H, E_1)\max\{0, CF(E_1)\}$$
$$CF_2(H) = CF(H, E_2)\max\{0, CF(E_2)\}$$

(2) 计算 E_1 与 E_2 对 H 的综合影响所形成的信度 $CF_{1,2}(H)$,如下所示。

$$CF_{1,2}(H) = CF_1(H) + CF_2(H) - CF_1(H)CF_2(H),\quad 当 CF_1(H) \geqslant 0, CF_2(H) \geqslant 0$$
$$CF_{1,2}(H) = CF_1(H) + CF_2(H) + CF_1(H)CF_2(H),\quad 当 CF_1(H) < 0, CF_2(H) < 0$$
$$CF_{1,2}(H) = CF_1(H) + CF_2(H)/(1 - \min\{|CF_1(H)|, |CF_2(H)|\})$$

$CF_1(H)$ 与 $CF_2(H)$ 异号

例 3-5 信度计算。

已知一组信度产生式规则($R_1 \sim R_5$)如下。

$$R_1: if\ E_1\ then\ H\ (0.8)$$
$$R_2: if\ E_2\ then\ H\ (0.6)$$
$$R_3: if\ E_3\ then\ H\ (-0.5)$$

$$R_4 : \text{if } E_4 \text{ and } (E_5 \text{ or } E_6) \text{ then } H \ (0.7)$$
$$R_5 : \text{if } E_7 \text{ and } E_8 \text{ then } H \ (0.9)$$

并且有

$$CF(E_1) = 0.35, \quad CF(E_2) = 0.8, \quad CF(E_3) = 0.54, \quad CF(E_4) = 0.5,$$
$$CF(E_5) = 0.6, \quad CF(E_6) = 0.7, \quad CF(E_7) = 0.6, \quad CF(E_8) = 0.9$$

求 $CF(H)$。

$$R_1 : \text{if } E_1 \text{ then } H \ (0.8)$$
$$\begin{aligned} CF_1(H) &= 0.8 \ \max\{0, CF(E_1)\} \\ &= 0.8\max\{0, 0.35\} \\ &= 0.28 \end{aligned}$$

$$R_2 : \text{if } E_2 \text{ then } H \ (0.6)$$
$$\begin{aligned} CF_2(H) &= 0.6 \ \max\{0, CF(E_2)\} \\ &= 0.6\max\{0, 0.8\} \\ &= 0.48 \end{aligned}$$

$$R_3 : \text{if } E_3 \text{ then } H \ (-0.5)$$
$$\begin{aligned} CF_3(H) &= -0.5\max\{0, CF(E_3)\} \\ &= -0.5\max\{0, 0.54\} \\ &= -0.27 \end{aligned}$$

$$R_4 : \text{if } E_4 \text{ and } E_5 \text{ then } H \ (0.7)$$
$$\begin{aligned} CF(H) &= 0.7 \ \max\{0, CF(E_4 \text{ and } E_5)\} \\ &= 0.7 \ \max\{0, \min\{\ 0, \ CF(E_4), CF(E_5)\}\} \\ &= 0.7 \ \max\{0, \min\{0.5, 0.6\}\} \\ &= 0.7 \ \max\{0, 0.5\} \\ &= 0.35 \end{aligned}$$

$$R_5 : \text{if } E_7 \text{ and } E_8 \text{ then } H(0.9)$$
$$\begin{aligned} CF(H) &= 0.9 \ \max\{0, CF(E_7 \text{ and } E_8)\} \\ &= 0.9 \ \max\{0, \min\{CF(E_7), CF(E_8)\}\} \\ &= 0.9 \ \max\{0, \min\{0.6, 0.9\}\} \\ &= 0.9 \ \max\{0, 0.6\} \\ &= 0.54 \end{aligned}$$

计算 E_1 与 E_2 对 H 的综合影响所形成的信度 $CF_{1,2}(H)$：

$$\begin{aligned} CF_{1,2}(H) &= CF_1(H) + CF_2(H) - CF_1(H) \ CF_2(H) \\ &= 0.28 + 0.48 - 0.28 \times 0.48 \\ &= 0.63 \end{aligned}$$

计算 E_1、E_2 和 E_3 对 H 的综合影响所形成的信度 $CF_{1,2,3}(H)$：

$$\begin{aligned} CF_{1,2,3}(H) &= (CF_{1,2}(H) + CF_3(H))/(1 - \min\{|CF_{1,2}(H)|, |CF_3(H)|\}) \\ &= (0.63 - 0.27)/(1 - \min\{0.63, 0.27\}) \\ &= 0.36/0.73 \\ &= 0.49 \end{aligned}$$

从上述计算可以看出,贝叶斯推理和可信度推理都需要人类专家提供先验概率信息。

3.4.4　模糊推理

1965 年扎德(Zadeh)教授首先提出了模糊集概念,自此之后,模糊推理理论迅速发展,现在已经出现了多种模糊推理方法。

模糊逻辑建立在多值逻辑基础之上,运用模糊集合的方法可以研究模糊性思维、语言形式及其规律。模糊逻辑是模仿人脑的不确定性概念判断、推理思维方式。对于模型未知或不能确定的描述系统,以及强非线性、大滞后的控制对象,可以应用模糊集合和模糊规则进行推理。运用模糊逻辑可以表达界限不清晰的定性知识与经验,它借助于隶属度函数概念以区分模糊集合、处理模糊关系、模拟人脑实施规则型推理,解决各种不确定问题。

从不精确的前提集合中得出可能的不精确结论的推理称为近似推理。在人类的思维中,推理过程常常是近似的。例如,人类根据条件语句(假言)做出的推断:"如果西红柿是红的,则西红柿是熟的",这种不精确的推理显然不能使用经典的二值逻辑或多值逻辑完成。模糊推理包括的主要内容如图 3-4 所示。

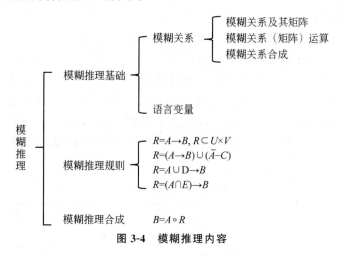

图 3-4　模糊推理内容

与信度推理一样,模糊推理是通过计算得出结论而不是推理出逻辑的结论,具体做法是将推理前提约定为一些算子,再借助计算得出结论。

1. 模糊集合与隶属函数

由于概念本身不清晰、界限不分明,因而对象对集合的隶属关系也不明确。模糊集合概念的出现使人们可以用数学的思维和方法处理模糊性现象,从而构成了模糊集合论的基础。

1) 经典集合

(1) 论域:需要研究的全体对象。

(2) 元素:论域中的每个对象。

(3) 集合:在论域中具有某种相同属性的、确定的、可以彼此区别的元素的全体。

例如,$A = \{x \mid f(x) > 0\}$,A 为 $f(x)$ 大于 0 的 x 的集合,x 为元素。

在经典集合中,元素 a 与集合 A 的关系只有两种,a 属于 A 或 a 不属于 A,对于双值逻辑只有真或假两个值。经典集合可用特征函数表示,例如,成年人(大于或等于 18 岁)集合的特征函数可以表示为

$$\mu(x) = \begin{cases} 1, & x \geqslant 18 \\ 0, & x < 18 \end{cases}$$

2）模糊逻辑的隶属度

模糊逻辑中引入了隶属度的概念，描述在真或假之间程度，为集合中每个元素赋予了一个[0,1]闭区间的实数，用于描述属于一个集合的程度。该实数称为该元素属于一个集合的隶属度，集合中所有元素的隶属度构成了集合的隶属度函数。

在经典集合中，当论域中的元素有限时，模糊集合 A 的数学被描述为

$$A = \{x, x \in X\}$$

当论域中的元素数目有限时，模糊集合 A 的数学被描述为

$$A = \{(x, \mu_A(x))\}, x \in X$$

其中，$\mu_A(x)$ 为元素 x 模糊集合 A 的隶属度，X 为元素 x 的论域。

模糊集合是经典集合的扩充，经典集合是模糊集合的特例。

3）常用的确定隶属函数方法

（1）模糊统计方法。该方法是根据隶属度的客观存在而确定的，如果进行 n 次模糊统计实验，则可计算出：

$$x_0 \text{ 对 } A \text{ 的隶属频率} = (x_0 \in A \text{ 的次数})/n$$

当 n 不断增大时，隶属频率趋于稳定，其频率的稳定值称为 x_0 对 A 的隶属度。

（2）指派方法。该方法主要是依据人们的实践经验以确定某些模糊集隶属函数。如果模糊集定义在实数域 R 上，则模糊集的隶属函数称为模糊分布，指派方法就是根据问题的性质主观地选用某些形式的模糊分布，再根据实际测量数据确定其中所包含的参数，常用的部分模糊分布如表 3-2 所示。实际中需要根据问题对研究对象的描述选择适当的模糊分布。

表 3-2　常用的模糊分布

类型	偏 小 型	中 间 型	偏 大 型
矩阵型	$\mu_A = \begin{cases} 1, & x \leqslant a \\ 0, & x > a \end{cases}$	$\mu_A = \begin{cases} 1, & a \leqslant x \leqslant b \\ 0, & x < a \text{ 或 } x > b \end{cases}$	$\mu_A = \begin{cases} 1, & x \geqslant a \\ 0, & x < a \end{cases}$
梯形型	$\mu_A = \begin{cases} 1, & x \leqslant a \\ \dfrac{b-x}{b-a}, & a \leqslant x \leqslant b \\ 0, & x > a \end{cases}$	$\mu_A = \begin{cases} \dfrac{x-a}{b-a}, & a \leqslant x \leqslant b \\ 1, & b \leqslant x \leqslant c \\ \dfrac{d-x}{d-c}, & c \leqslant x \leqslant d \\ 0, & x < a, x \geqslant d \end{cases}$	$\mu_A = \begin{cases} 0, & x < a \\ \dfrac{x-a}{b-a}, & a \leqslant x \leqslant b \\ 1, & x > b \end{cases}$

偏小型模糊分布一般适合描述偏小的程度的模糊现象。

偏大型模糊分布一般适合描述偏大的程度的模糊现象。

中间型模糊分布一般适合描述处于中间状态的模糊现象。

表 3-2 给出的隶属函数都是近似的，应用时需要对实际问题进行分析，逐步修改完善，最后得到近似程度更好的隶属函数。

（3）其他方法

在实际应用中，用来确定模糊集隶属函数的方法有多种，主要根据问题的实际意义确

定。例如,如果论域 X 表示机器设备,在 X 上定义模糊集 A =设备完好,则可以用设备完好率作为 A 的隶属度。如果 X 表示产品,在 X 上定义模糊集 A =质量稳定,则可以用产品的正品率为 A 的隶属度。另外,对于有些模糊集而言,有时直接给出隶属度可能存在困难,但可以利用二元对比排序法确定隶属度,即首先通过两两比较确定两个元素相应隶属度的大小并排出顺序,然后用数学方法处理得到所需的隶属函数。

4) 模糊集合的表示方法

当论域 X 为有限集时,记 $X = \{x_1, x_2, \cdots x_n\}$,则 X 上的模糊集 A 有下列 3 种常用的表示形式。

(1) 扎德表示法。

当论域是离散且元素数目有限时,经常采用下述的模糊集合扎德表示法:

$$A = \sum \mu_A(x_i)/x_i = \mu_A(x_1)/x_1 + \mu_A(x_2)/x_2 + \cdots + \mu_A(x_n)/x_n$$

在上式中,x_i 表示模糊集合对应的论域中的元素,$\mu_A(x_i)$ 表示相应的隶属度。符号/是分隔符,并不是表示除法;符号＋与 $\sum$ 也不是表示加法与累加和,而是分别表示各元素之间的并列关系与模糊集合在论域上的整体。

(2) 序偶表示法。

$$A = \{(\mu_A(x_1), x_1), (\mu_A(x_2), x_2), \cdots, (\mu_A(x_n), x_n)\}$$

(3) 向量表示法。

$$A = (\mu_A(x_1), \mu_A(x_2), \cdots, \mu_A(x_n))$$

在向量表示法中,隶属度为 0 的项不能被省略。

例 3-6 模糊集合的表示。

设论域 $X = \{x_1(140), x_2(150), x_3(160), x_4(170), x_5(180), x_6(190)\}$(单位：cm)表示人的身高,则 X 上的一个模糊集高个子(A)的隶属度 $\mu_A(x)$ 可定义为

$$\mu_A(x) = (x - 140)/(190 - 140)$$

扎德表示法为

$$A = 0/x_1 + 0.2/x_2 + 0.4/x_3 + 0.6/x_4 + 0.8/x_5 + 1/x_6$$

向量表示法为

$$A = (0, 0.2, 0.4, 0.6, 0.8, 1)$$

2. 模糊矩阵与模糊关系

1) 模糊矩阵

模糊矩阵是用来表示模糊关系的矩阵,如果集合 X 有 m 个元素,集合 Y 有 n 个元素,集合 X 与集合 Y 的模糊关系可用模糊矩阵表示。设 $X = \{x_1, x_2, \cdots, x_m\}$ 和 $Y = \{y_1, y_2, \cdots, y_n\}$ 是有限论域,则 X 和 Y 的模糊关系集可用 $n \times m$ 矩阵 $\boldsymbol{R}$ 表示。矩阵 $\boldsymbol{R}$ 称为模糊关系集的模糊矩阵。

$$\boldsymbol{R} = \begin{bmatrix} \mu_R(x_1, y_1) & \mu_R(x_1, y_2) & \cdots & \mu_R(x_1, y_n) \\ \mu_R(x_2, y_2) & \mu_R(x_2, y_2) & \cdots & \mu_R(x_2, y_n) \\ \cdots & \cdots & & \cdots \\ \cdots & \cdots & & \cdots \\ \mu_R(x_m, y_1) & \mu_R(x_m, y_2) & \cdots & \mu_R(x_m, y_n) \end{bmatrix}$$

模糊矩阵的交并余运算如下。

（1）并运算：相同位置元素取最大，$X \bigcup Y = (x_{ij} \bigcup y_{ij})_{m \times n}$。

（2）交运算：相同位置元素取最小，$X \bigcap Y = (x_{ij} \bigcap y_{ij})_{m \times n}$。

（3）余运算：1 减去所有元素，$X^C = (1 - x_{ij})_{m \times n}$。

2）模糊关系

模糊关系描述了两个模糊集合中的元素之间的关联程度，对于有限论域，可以采用模糊矩阵表示模糊关系。

设论域 U 和 V 的乘积空间 $U X V = \{(u,v), u \in U, v \in V\}$ 上的一个模糊子集 R 为从集合 U 到 V 的模糊关系。如果模糊关系 R 的隶属函数为

$$\mu_R : U \times V \rightarrow [0,1], \quad (x,y) \rightarrow \mu_R(x,y)$$

则称隶属度 $\mu_R(x,y)$ 为 (x,y) 的相关程度。

模糊关系的合成定义如下。

设 Q 和 R 为模糊关系，Q 对 R 的合成就是从 U 到 V 的一个模糊关系，记作 $Q \circ R$，其定义为

$$Q \circ R = \bigcup (q_{ik} \bigcap r_{kj})$$

这里表示 Q 的每行先与 R 的每列对应取对小，再对这一组取大，得到该位置的元素。其操作方式与矩阵乘法类似。

例 3-7 模糊关系计算。

设模糊关系为

$$Q = \begin{bmatrix} 0.2 & 0.8 & 0.5 \\ 0 & 1 & 0.7 \end{bmatrix}$$

$$R = \begin{bmatrix} 0.4 & 0.8 \\ 0.2 & 0,6 \\ 0.5 & 0.7 \end{bmatrix}$$

则

$$Q \circ R = \begin{bmatrix} s_{11} & s_{12} \\ s_{21} & s_{22} \end{bmatrix}$$

根据模糊关系合成的定义：

$$s_{11} = (0.2 \bigcap 0.4) \bigcup (0.8 \bigcap 0.2) \bigcup (0.5 \bigcap 0.5) = 0.5$$

$$s_{12} = (0.2 \bigcap 0.8) \bigcup (0.8 \bigcap 0.6) \bigcup (0.5 \bigcap 0.7) = 0.6$$

$$s_{21} = (0 \bigcap 0.4) \bigcup (1 \bigcap 0.2) \bigcup (0.7 \bigcap 0.5) = 0.7$$

$$s_{22} = (0 \bigcap 0.8) \bigcup (1 \bigcap 0.6) \bigcup (0.7 \bigcap 0.7) = 0.7$$

所以

$$Q \circ R = \begin{bmatrix} 0.5 & 0.6 \\ 0.7 & 0.7 \end{bmatrix}$$

又如，模糊关系的合成。

设模糊集合 X、Y、Z 分别为 $X = \{x_1, x_2, x_3, x_4\}$，$Y = \{y_1, y_2, y_3\}$，$Z = \{z_1, z_2\}$

设 $Q \in X \times Y$，$R \in Y \times Z$，$S \in X \times Z$。

$$Q=\begin{bmatrix}0.4 & 0.5 & 0.3\\ 0.7 & 0.3 & 1.0\\ 0.0 & 0.8 & 0.0\\ 1.0 & 0.4 & 0.7\end{bmatrix} \quad R=\begin{bmatrix}0.3 & 1.0\\ 0.6 & 0.3\\ 0.4 & 0.8\end{bmatrix}$$

则模糊关系的合成为

$$S=Q\circ R$$

$$=\begin{bmatrix}(0.4\bigcap 0.3)\bigcup(0.5\bigcap 0.6)\bigcup(0.3\bigcap 0.4) & (0.4\bigcap 1.0)\bigcup(0.5\bigcap 0.3)\bigcup(0.3\bigcap 0.8)\\ (0.7\bigcap 0.3)\bigcup(0.3\bigcap 0.6)\bigcup(1.0\bigcap 0.4) & (0.7\bigcap 1.0)\bigcup(0.3\bigcap 0.3)\bigcup(1.0\bigcap 0.8)\\ (0.0\bigcap 0.3)\bigcup(0.8\bigcap 0.6)\bigcup(0.0\bigcap 0.4) & (0.0\bigcap 1.0)\bigcup(0.8\bigcap 0.3)\bigcup(0.0\bigcap 0.8)\\ (1.0\bigcap 0.3)\bigcup(0.4\bigcap 0.6)\bigcup(0.7\bigcap 0.4) & (1.0\bigcap 1.0)\bigcup(0.4\bigcap 0.3)\bigcup(0.7\bigcap 0.8)\end{bmatrix}$$

$$=\begin{bmatrix}0.5 & 0.4\\ 0.4 & 0.8\\ 0.6 & 0.3\\ 0.4 & 1.0\end{bmatrix}$$

合成运算只有当前一个模糊矩阵的列与后一个模糊矩阵的行在同一个论域时才适用。结果为以前一个行数和后一个的列数的矩阵。合成运算与矩阵的乘法运算大致相同,只是将×改成∩,将+改成∪。

3. 模糊推理过程

模糊推理的一般形式:如果已知输入为 A',使用合成规则获取输出 B',则

$$B'=A'\circ R$$

如果 $A'=0.3/a_1+0.6/a_2+0.0/a_3+0.8/a_4+1.0/a_5$

$$R=\begin{bmatrix}0.7 & 1.0 & 0.8 & 0.0\\ 0.5 & 0.8 & 0.4 & 0.0\\ 0.5 & 0.5 & 0.5 & 0.0\\ 0.2 & 0.2 & 0.2 & 0.0\\ 0.0 & 0.0 & 0.0 & 0.0\end{bmatrix}$$

进行模糊合成得到模糊输出 B',即

$$B'=A'\circ R=\begin{bmatrix}0.3\\ 0.6\\ 0.0\\ 0.8\\ 1.0\end{bmatrix}\circ\begin{bmatrix}0.7 & 1.0 & 0.8 & 0.0\\ 0.5 & 0.8 & 0.4 & 0.0\\ 0.5 & 0.5 & 0.5 & 0.0\\ 0.2 & 0.2 & 0.2 & 0.0\\ 0.0 & 0.0 & 0.0 & 0.0\end{bmatrix}$$

$$=\begin{bmatrix}0.5 & 0.6 & 0.4 & 0.0\end{bmatrix}$$

$$B'=0.5/b_1+0.6/b_2+0.4/b_3+0.0/b_4$$

4. 模糊决策

由于模糊推理得到的输出是一个模糊量,并不能够被直接应用,需要转换为确定量之后再使用。将模糊量转变为确定量的过程称为模糊决策,现有多种方法,较常用的模糊决策方法是最大隶属度方法。

1）最大隶属度方法

最大隶属度方法是在模糊向量中取隶属度最大的元素作为推理结果。例如，如果模糊向量为

$$U = 0.1/3 + 0.5/4 + 1.0/5 + 0.8/6$$

元素 5 的隶属度为 1.0，为最大，所以选择结论为 $W=5$。

如果有多个最大，则取它们的平均值。

如果模糊向量为

$$U = 0.5/-3 + 0.5/-2 + 0.5/-1 + 0.0/0 + 0.0/1 + 0.0/3$$

则

$$W = (-3-2-1)/3 = -2$$

2）加权平均判决法

最大隶属度方法简单易行，但它忽略了较小隶属度的作用，没有充分利用信息。为此，可以采用加权平均判别法，即

$$W = \sum \mu(u_i) \, u_i / \sum \mu(u_i)$$

其中，$\mu(u_i)$ 是第 i 个元素 u_i 的隶属度。

例如，$U = 0.1/2 + 0.6/3 + 0.5/4 + 0.4/5 + 0.2/6$，则

$$W = (0.1/2 + 0.6/3 + 0.5/4 + 0.4/5 + 0.2/6)/(0.1 + 0.6 + 0.5 + 0.4 + 0.2) = 4$$

3）中位数法

例如，$U = 0.1/-4 + 0.5/-3 + 0.1/-2 + 0.0/-1 + 0.1/0 + 0.2/1 + 0.4/2 = 0.5/3 + 0.1/4$，由于隶属度的中位数为 0.2，所以选元素 1，即 $W=1$。

例 3-8　设科研成果评定等级指标集为 $X = (x_1, x_2, x_3, x_4, x_5)$，$x_1$ 表示科研成果的创新程度、x_2 表示安全性能、x_3 表示经济效益、x_4 表示推广前景和 x_5 表示成熟性。Y 表示定性评价的评语论域，$Y = (y_1, y_2, y_3, y_4)$，y_1、y_2、y_3、y_4 分别表示很好、较好、一般和不好。通过专家评审打分，$X \times Y$ 上每个有序对 (x_i, y_i) 指定的隶属度如表 3-3 所示。

表 3-3　有序对 (x_i, y_i) 指定的隶属度

	y_1（很好）	y_2（较好）	y_3（一般）	y_4（不好）
x_1	0.55	0.38	0.15	0.03
x_2	0.31	0.33	0.21	0.24
x_3	0.52	0.36	0.15	0.15
x_4	0.59	0.35	0.08	0.06
x_5	0.53	0.18	0.22	0.17

由此可以确定一个从 X 到 Y 的模糊关系 R，这个模糊关系是一个 5×4 阶的模糊关系矩阵，记为以下形式

$$R = \begin{pmatrix} 0.55 & 0.38 & 0.15 & 0.03 \\ 0.31 & 0.33 & 0.21 & 0.24 \\ 0.52 & 0.36 & 0.15 & 0.15 \\ 0.59 & 0.35 & 0.08 & 0.06 \\ 0.53 & 0.18 & 0.22 & 0.17 \end{pmatrix}$$

例 3-9　基于 If A and B then C 三元模糊关系的模糊条件推理过程。

首先计算 $R = (A \times B)^{\text{T1}} \times C$

其中，$(A \times B)^{\text{T1}}$ 为模糊关系矩阵 $(A \times B)_{(m \times n)}$ 构成的 $m \times n$ 列向量，m 和 n 分别为 A 和 B 论域的元素个数。

根据模糊关系 R，可以求出给定输入 A_1 和 B_1 所对应的输出 C_1 如下。

$$C_1 = (A_1 \times B_1)^{\text{T2}} R$$

其中，$(A_1 \times B_1)^{\text{T2}}$ 为模糊关系矩阵 $(A_1 \times B_1)_{(m \times n)}$ 构成的 $m \times n$ 列向量，T2 为列向量转换。

设论域 $A = \{a_1, a_2, a_3\}$，$B = \{b_1, b_2, b_3\}$，$C = \{c_1, c_2, c_3\}$，已知

$$A_1 = 0.5/a_1 + 1/a_2 + 0.1/a_3$$
$$B_1 = 0.1/b_1 + 1/b_2 + 0.6/b_3$$
$$C_1 = 0.4/c_1 + 1/c_2$$

计算 If A_1 and B_1 then C_1 所决定的模糊关系 R，以及输入 $A_2 = 1.0/a_1 + 0.5/a_2 + 0.1/a_3$，$B_2 = 0.1/b_1 + 0.5/b_2 + 1/b_3$ 时的输出 C_2。

当输入 A_1 和 B_1 时，有

$$A_1 \times B_1 = A_1^{\text{T}} \times B_1 = \begin{Bmatrix} 1 \\ 0.5 \\ 0.1 \end{Bmatrix} \bigcap \begin{bmatrix} 0.1 & 0.5 & 1 \end{bmatrix} = \begin{Bmatrix} 0.1 & 0,5 & 1 \\ 0.1 & 0.5 & 0.5 \\ 0.1 & 0.1 & 0.1 \end{Bmatrix}$$

将 $A_1 \times B_1$ 矩阵扩展成下述列向量。

$$A_1 \times B_1 = (A_1 \times B_1)^{\text{T1}} = \begin{bmatrix} 0.1 & 0.5 & 1 & 0.1 & 0.5 & 0.5 & 0.1 & 0.1 & 0.1 \end{bmatrix}$$

$$R = (A_1 \times B_1)^{\text{T1}} \times C$$

$$= \begin{bmatrix} 0.1 & 0.5 & 1 & 0.1 & 0.5 & 0.5 & 0.1 & 0.1 & 0.1 \end{bmatrix}^{\text{T}} \times \begin{bmatrix} 0.4 & 1 \end{bmatrix}$$

$$= \begin{bmatrix} 0.1 & 0.4 & 0.4 & 0.1 & 0.4 & 0.4 & 0.1 & 0.1 & 0.1 \\ 0.1 & 0.5 & 0.5 & 0.1 & 1 & 0.6 & 0.1 & 0.1 & 0.1 \end{bmatrix}$$

当输入为 A_2 和 B_2 时，有

$$A_2^{\text{T}} \times B_2 = \begin{bmatrix} 1 \\ 0.5 \\ 0.1 \end{bmatrix} \bigcap \begin{bmatrix} 0.1 & 0.5 & 1 \end{bmatrix} = \begin{bmatrix} 0.1 & 0.5 & 1 \\ 0.1 & 0.5 & 0.5 \\ 0.1 & 0.1 & 0.1 \end{bmatrix}$$

将 $A_2 \times B_2$ 扩展为下述行向量。

$$A_2^{\text{T}} \times B_2 = \begin{bmatrix} 0.1 & 0.5 & 1 & 0.1 & 0.5 & 0.5 & 0.1 & 0.1 & 0.1 \end{bmatrix}$$

$$C_2 = \begin{bmatrix} 0.1 & 0.5 & 1 & 0.1 & 0.5 & 0.5 & 0.1 & 0.1 & 0.1 \end{bmatrix} \circ \begin{bmatrix} 0.1 & 0.4 & 0.4 & 0.1 & 0.4 & 0.4 & 0.1 & 0.1 & 0.1 \\ 0.1 & 0.5 & 0.5 & 0.1 & 1 & 0.6 & 0.1 & 0.1 & 0.1 \end{bmatrix}$$

$$= \begin{bmatrix} 0.4 & 0.5 \end{bmatrix}$$

扎德表示法写为

$$C_2 = 0.4/c_1 + 0.5/c_2$$

求模糊关系时 $A_1 \times B_1$ 被扩展成**列向量**，由模糊关系求 C_1 时，$A_2 \times B_2$ 被扩展成**行向量**。

例 3-10　使用模糊推理确定加热程度设置。

设模糊规则：如果温度低，则将加热程度设置增大，设温度和加热程度的论域为 $\{1, 2, 3, 4, 5\}$。

温度低和加热程度设置的模糊量如下。

$$温度低 = 1/1 + 0.6/2 + 0.3/3 + 0.0/4 + 0.0/5$$
$$加热程度设置 = 0.0/1 + 0.0/2 + 0.3/3 + 0.6/4 + 1/5$$

已知事实温度较低,可以表示如下。

$$温度较低 = 0.8/1 + 1/2 + 0.6/3 + 0.3/4 + 0/5$$

使用模糊推理确定加热程度设置,求解过程如下。

(1) 确定模糊关系 $\boldsymbol{R}$。

$$\boldsymbol{R} = \begin{Bmatrix} 1.0 \\ 0.6 \\ 0.3 \\ 0.0 \\ 0.0 \end{Bmatrix} \circ \begin{bmatrix} 0.0 & 0.0 & 0.3 & 0.6 & 1.0 \end{bmatrix}$$

$$= \begin{Bmatrix} 0.0 & 0.0 & 0.3 & 0.6 & 1.0 \\ 0.0 & 0.0 & 0.3 & 0.6 & 0.6 \\ 0.0 & 0.0 & 0.3 & 0.3 & 0.3 \\ 0.0 & 0.0 & 0.0 & 0.0 & 0.0 \\ 0.0 & 0.0 & 0.0 & 0.0 & 0.0 \end{Bmatrix}$$

(2) 模糊推理。

$$\boldsymbol{B}' = \boldsymbol{A}' \circ \boldsymbol{R} = \begin{bmatrix} 0.8 \\ 1.0 \\ 0.6 \\ 0.3 \\ 0.0 \end{bmatrix}^{\mathrm{T}} \circ \begin{Bmatrix} 0.0 & 0.0 & 0.3 & 0.6 & 1.0 \\ 0.0 & 0.0 & 0.3 & 0.6 & 0.6 \\ 0.0 & 0.0 & 0.3 & 0.3 & 0.3 \\ 0.0 & 0.0 & 0.0 & 0.0 & 0.0 \\ 0.0 & 0.0 & 0.0 & 0.0 & 0.0 \end{Bmatrix}$$

$$= (0.0, \quad 0.0, \quad 0.3, \quad 0.6, \quad 0.8)$$

(3) 模糊决策。

① 采用最大隶属度法:加热程度设置为 5。

② 采用加权平均判决法:加热程度设置为 4。

③ 采用中位数法:加热程度设置为 4。

3.5　推理控制策略

推理控制策略是指选择推理方向和消解推理冲突的策略,推理方向主要包括正向推理、反向推理、混合推理和双向推理,如图 3-5 所示。

3.5.1　正向推理

正向推理又称为数据驱动推理,是由条件推出结论的推理方式,它从一组事实出发,使用一定的推理规则证明目标为事实或命题成立,其过程如图 3-6 所示。

1. 正向推理的步骤

(1) 将用户提供的初始已知事实输入综合数据库。

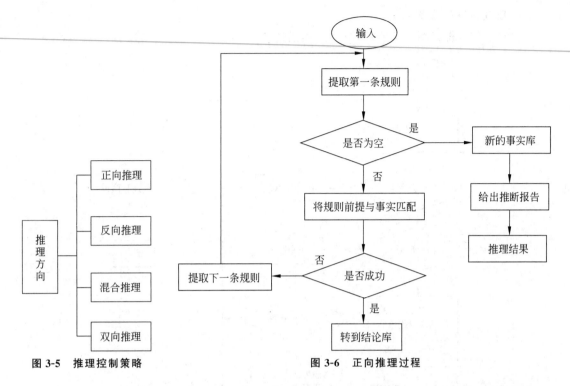

图 3-5 推理控制策略　　　　　图 3-6 正向推理过程

（2）检查综合数据库中是否已经包含问题的解，如果包含，则求解结束，否则执行下一步。

（3）将初始已知事实与知识库中的知识做匹配，如果匹配成功，则转至（4），否则转至（6）。

（4）将所有的匹配成功的知识构建成一个知识集。

（5）如果知识集不为空，则按某种冲突消解策略选择一条规则进行推理，并将其推出的新事实更新至综合数据库，然后转至（2）；如果知识集为空，则转至（6）。

（6）询问用户是否可提供新的事实，如果有，则将其添加至综合数据库，转至（3）；否则表示问题求解失败，退出。

2. 正向推理控制策略的特点

正向推理控制策略的优点是用户可以主动地提供问题的相关信息（新事实），系统可以及时给出反应。正向推理简单、易实现，不足之处是求解过程中可能会执行许多与问题无关的操作，有一定的盲目性，效率较低，在推理过程中可能推出许多与问题无关的子目标。

正向推理需要确定的问题如下。

（1）确定匹配（知识与已知事实）的方法。

（2）按什么策略搜索知识库。

（3）选择消解冲突的策略。

3.5.2 反向推理

反向推理又称目标驱动推理，其推理方式和正向推理正好相反，它是由结论出发，为验证该结论的正确性去知识库中查找证据。

1. 反向推理的步骤

反向推理过程如图 3-7 所示,具体过程描述如下。

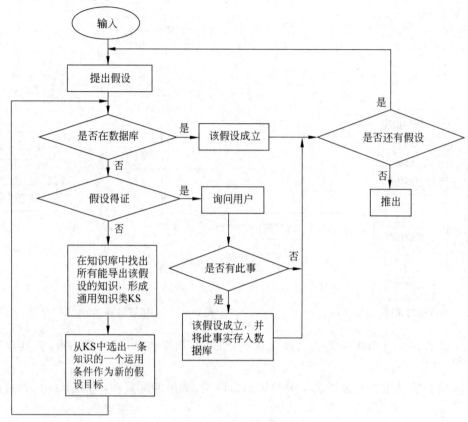

图 3-7　反向推理过程

(1) 给出要求验证的目标。

(2) 检查该目标是否已在综合数据库中。如果在,则成功推出;否则,转至下一步。

(3) 判断该目标是否是证据,即是否为由用户证实的初始事实。如果是,则询问用户;否则,转至下一步。

(4) 在知识库中找出所有可能导出该目标的规则,形成适用的知识集,然后转至下一步。

(5) 从知识集中选出一条规则,并将该知识的前件作为新的假设目标,然后转至(2)。

2. 反向推理控制策略的特点

反向推理控制策略的优点是目的性强,系统不必寻找与假设无关的信息和知识。这种策略可以对推理过程提供较精确的解释,告诉用户要达到目标所使用的规则(知识)。另外,此控制策略在解空间较小的问题求解环境下尤为合适,它有利于向用户提供求解过程,不必使用与目标无关的知识,同时它还有利于向用户提供解释。其缺点是初始目标的选择有盲目性,不能通过用户提供的有用信息操作,往往用户要求快速输入相应的问题领域,如果不符合实际,则需要用户多次提出假设,这将影响系统效率。与正向推理相比,反向推理通常用于验证某一特定知识是否成立。

3.5.3　双向推理

双向推理是一种既自顶向下又自底向上的推理,即它可以从两个方向同时进行,直至某个中间界面上两个方向结果相符便成功结束。双向推理比正向推理或反向推理所形成的推理网络小,故推理效率高。

(1) 先正向后反向:先进行正向推理,帮助选择某个目标,即从已知事实演绎部分结果;然后再进行反向推理,证实该目标或提高其信度,具体推理过程如图 3-8 所示。

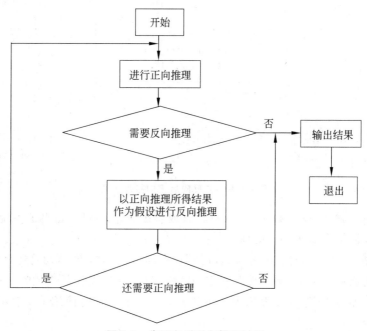

图 3-8　先正向后反向推理过程

(2) 先反向后正向:先假设一个目标进行反向推理,然后再利用反向推理中得到的信息进行正向推理,以推出更多的结论,其具体推理过程如图 3-9 所示。

3.5.4　冲突消解策略

在推理过程中,系统需要不断地使用当前已知的事实与知识库中的知识进行匹配,每次匹配都可能发生下述三种情况。

(1) 已知事实恰好可以与知识库中的一个知识匹配成功。

(2) 已知事实不能与知识库中的任何知识匹配成功。

(3) 已知事实可以与知识库中的多个知识匹配成功。

在上述情况中,已知事实恰好可以与知识库中的知识匹配成功的含义为:对正向推理,产生式规则的前件与已知事实可以匹配成功;对反向推理,产生式规则的后件与假设结论可以匹配成功。

针对第(1)种情况,由于匹配成功的知识只有一个,所以它就是可应用的知识,可以直接将其应用于当前的推理。

针对第(2)种情况,由于找不到可与当前已知事实匹配成功的知识,推理将无法继续进

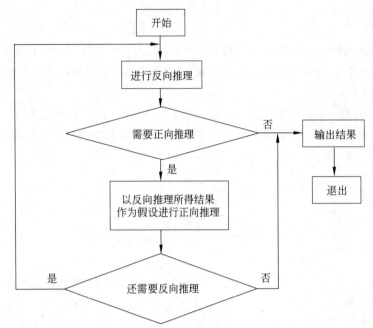

图 3-9 用　先反向后正向推理过程

行。这可能是因为知识库中缺少必要的知识,或者因为求解问题超出了系统功能范围,此时,可以根据实际情况做出响应处理。

第(3)种情况与第(2)种情况相反,此时不仅有知识被匹配成功,而且还是有多个知识被匹配成功,这时将发生冲突,需要按照一定的策略解决冲突,以便从中挑选出一个知识作为当前推理,这一解决冲突的过程称为冲突消解,解决冲突时所使用的方法称为冲突消解策略。

对正向推理,冲突消解策略将决定哪一个已知事实激活哪一条产生式规则,使它被用于当前的推理,产生其后件作为结论或执行相应的操作;对反向推理,它将决定哪一个假设与哪一个产生式的后件匹配,从而推出相应的前件,作为新的假设。

常用的消解策略方法有下述几种,对知识进行排序是目前主流的消解策略。

1. 按针对性选择排序

按针对性选择排序是指优先选择针对性较强的产生式规则。例如,如果 r_2 中除了包含了 r_1 要求的全部条件外还包括其他条件,则可称 r_2 比 r_1 有更大的针对性,r_1 比 r_2 有更大的通用性。因此,当 r_1 与 r_2 发生冲突时,应优先选择 r_2,因为它要求的条件较多,其结论一般更接近目标,一旦条件得到满足就可以缩短推理过程。

2. 按已知事实的现实性排序

在产生式系统的推理过程中,每应用一条产生式规则就可得到一个或多个结论或者执行一个或多个操作,数据库就会增加新的事实。另外,在推理时,系统还会向用户询问有关信息,这也可使数据库的内容发生变化。数据库中后生成的事实称为新事实,后生成的事实比先生成的事实具有更大的现实性。如果应用一条规则后生成了多个结论,则人们既可以认为这些结论具有相同的现实性,也可以认为排在前面(后面)的结论有较大的现实性,具体可根据情况而定。

如果规则 r_1 与事实组 A 匹配成功,规则 r_2 与事实组 B 匹配成功,则 A 和 B 哪一组更新,与其匹配的产生式规则就先被使用。

衡量 A 与 B 中哪一组事实更新的 3 种常用方法如下。

(1) 逐个比较 A 和 B 中的事实的现实性,如果 A 中包含的新事实比 B 多,就可以认为 A 比 B 新。例如,设 A 与 B 中各有 5 个事实,但 A 中有 3 个事实比 B 中的事实更新,则可以认为 A 比 B 更新。

(2) 用 A 中最新的事实与 B 中最新的事实相比较,哪一个更新就可以认为相应的事实组更新。

(3) 用 A 中最旧的事实与 B 中最旧的事实相比较,哪一个更旧就认为相应的实施组更旧。

3. 按匹配度排序

在不确定性推理中,系统需要计算已知事实与知识的匹配度,当其匹配度达到某个预先规定的值时,就可以认为它们是可匹配的。如果产生式规则 r_1 和 r_2 都被匹配成功,则可以优先选用匹配度较高的产生式规则。

4. 按条件个数排序

如果多条产生式规则生成的结论相同,则可以优先应用条件少的产生式规则,因为条件少的产生式规则匹配时花费的时间更少。

上述的几条冲突消解策略虽然不能保证选择的正确性,但它们均有一定的道理。在具体应用中可以对上述几种策略进行组合,尽量减少冲突的发生,使推理有较快的速度和较高的效率。

反向推理也存在冲突消解问题,用户可以采用与正向推理相类似的方法来解决。

本 章 小 结

在前章介绍的知识与知识表示的基础之上,本章介绍了基于知识的计算机推理及推理方法,主要包括逻辑推理、非单调推理,尤其对谓词逻辑推理、不确定推理、贝叶斯推理、信度推理和模糊推理的过程与方法结合举例进行了介绍,最后对推理策略和推理冲突消解策略进行了分析与总结。通过学习本章内容,可以掌握机器推理的基本应用方法,为构建专家系统等智能系统打下基础。

第 4 章

搜 索 策 略

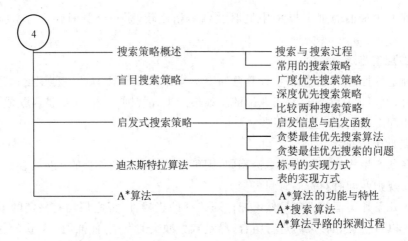

搜索(Search)是人工智能中的核心技术之一,是机器推理不可分割的一部分,它直接关系到智能系统的性能和运行效率。

4.1 搜索策略概述

搜索就是回答,问题求解过程实际上就是一个搜索过程。在搜索过程中,搜索策略的选择非常重要,其不仅反映了扩展状态空间或问题空间的方法,也决定了状态或问题的访问顺序。

4.1.1 搜索与搜索过程

搜索是通过执行行为序列达到目标的工作,许多问题需要用搜索来完成,也就是说,搜索是由初始状态到达目标状态的求解过程,是在庞大状态空间中查找目标的过程。对一个确定的问题来说,与求解有关的状态空间只是整个状态空间的一部分。只要能生成并存储这部分状态空间就可求得问题的解。

1. 搜索过程

搜索首先将问题的初始状态(初始结点)作为当前状态选择适用的算符对其进行操作,生成一组子状态(又称为后继状态、后继结点、子结点),然后检查目标状态是否在一组子状态中。如果目标状态在其中出现,则搜索成功或找到了问题的解;如果不在其中出现,则系统需要按某种策略从已生成的状态中再选一个状态作为当前状态并重复上述过程,直到目标状态出现或者不再有可供操作的状态及算符时为止。

图搜索技术是人工智能中的重要技术之一,其在其他场合也有着非常广泛的应用。这里的图即状态图,指由结点和有向(带权)边所构成的网络。

按照搜索的方式不同,图搜索一般分为树式搜索和线式搜索,两者最大的区别就在于搜索过程中所记录的轨迹不同,树式搜索顾名思义记录的是一颗搜索树,而线式搜索记录的则是一条折线。树式搜索存储的是一颗不断成长的搜索树,而线式搜索存储的则是一条不断伸长的折线,如果能找到目标结点,那么它本身就是搜索的路径。树式搜索需要通过目标结点进行回溯,直至初始结点,从而找到路径。可以看出,如果把状态看作一个点,行为就是一条边,根据输入问题就能建立一张对应的图,所以求解问题的过程就是搜索图的过程。

树式搜索和线式搜索之间的区别并不在于问题图是树形与否,而在于用于搜索图的遍历模式是树式还是线式。

2. 搜索问题形式化

系统搜索要解决实际问题主要依赖精准的描述。简单问题很容易被描述得清楚,而搜索问题形式化将给出最精准的描述,其描述的精准程度是研究过程的重要一环。

搜索问题形式化是指在给定目标下确定需要考虑的行动和状态过程,主要包括 5 个组成部分。

(1) 状态:从原问题转化为对问题的描述。

(2) 动作:从当前时刻的状态转移到下一时刻的状态所进行的操作,一般是离散的。

(3) 状态转移:对某一时刻状态进行某一种操作后,能够到达后继状态。

(4) 路径:由一系列操作所连接的一个状态序列。

(5) 测试目标:评估当前状态是否为所求解的目标状态。

3. 搜索策略基础

搜索实际上是一种行为,搜索策略需要考虑的行为序列内容如下。

(1) STATE:对应状态空间中的状态。

(2) PARENT:搜索树中产生该结点的结点。

(3) ACTION:父结点生成该结点时所采取的行为。

(4) PATH-COST:路径代价。

4. 性能

衡量与判断一个搜索策略的优劣需符合如下 4 个方面。

(1) 完备性:能否保证找到解。

(2) 最优性:找到的解是否是最优。

(3) 时间复杂度:找到解所需的时间复杂度。

(4) 空间复杂度:找到解所需的空间复杂度。

4.1.2 常用的搜索策略

人工智能中的搜索策略主要分为无信息搜索策略和有信息搜索策略。

1. 无信息搜索策略

无信息搜索又被称为盲目搜索,其含义是除问题定义中提供的状态之外不提供任何附加信息的搜索,系统可以做的事情只是生成后继状态。常用的无信息搜索策略有广度优先搜索、深度优先搜索、双向搜索等。

2. 有信息搜索策略

有信息搜索策略的核心是使用一个评估函数以估计每个结点的希望值,每次搜索时优先扩展最有希望的未扩展结点。贪婪最佳优先搜索算法和 A^* 搜索算法都使用了有信息搜索策略,有信息搜索策略中的信息不是由问题本身的描述计算而得的,而是与实际路程相关的有用的信息。

4.2　盲目搜索策略

在搜索过程中,盲目搜索只按预先规定的搜索控制策略进行搜索,而没有任何中间信息改变这些控制策略。从经典案例老鼠探索迷宫的行为可以看出,它使用了深度优先搜索,这是一种简单而蛮力的穷举搜索,几乎没有任何神秘性可言,找到一条路就一直走下去,直到撞墙为止,然后回溯,继续探索。这种搜索策略是典型的盲目搜索策略。

4.2.1　广度优先搜索策略

广度优先搜索和深度优先搜索都是对图进行搜索的算法,都是从起点开始顺着边搜索,此时并不知道图的整体结构,直到找到指定节点(即终点)。在此过程中每走到一个节点,就会判断一次它是否为终点。

广度优先搜索会根据离起点的距离,按照从近到远的顺序对各节点进行搜索。而深度优先搜索会沿着一条路径不断往下搜索直到不能再继续为止,然后再折返,开始搜索下一条路径。

在广度优先搜索中,有一个保存候补节点的队列,队列的性质是先进先出,即先进入该队列的候补节点就先进行搜索。

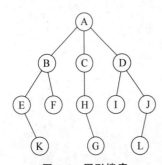

图 4-1　图形搜索

图 4-1 中所示树的当前所在的节点(节点 A),终点设为节点 G,将与节点 A 直连的三个节点 B,C,D 放入存放候补点的队列中(与节点 A 直连的三个节点放入时可以没有顺序,这里的放入顺序为 B,C,D)。

此时队列中有 B,C,D 三个节点,广度优先搜索对各节点搜索过程如下。

1. 此时从队列中选出一个节点,优先选择最早放入队列的那个节点,这里选择最左边的节点 B。搜索到节点 B 时,将与节点 B 直连的两个节点 E 和 F 放入队列中,此时队列为 [C, D, E, F]。

2. 对节点 B 搜索完毕,节点 B 不是要找的终点,再搜索节点 C,将与节点 C 直连的节点 H 放入队列中,此时队列为 [D, E, F, H]。

3. 然后对节点 D 进行同样的操作,此时队列为 [E, F, H, I, J]。

4. 对与节点 A 直连的节点搜索完毕,再对与节点 B 直连的节点进行搜索(因为剩下的点中它们最先放入队列),这里选择节点 E,将与节点 E 直连的节点 K 放入队列中,此时队列为 [F, H, I, J, K]。然后一直按照这个规则进行搜索,直到到达目标节点 G 为止,搜索结束。

广度优先搜索为从起点开始,由近及远进行广泛的搜索。因此,目标节点离起点越近,搜索结束得就越快。

例 4-1 广度优先搜索的遍历。

如图 4-2 所示,根结点为①,首先搜索下一层结点②、③、④,然后再搜索下一层结点⑤、⑥、⑦、⑧,最后搜索最后一层结点⑨,即①→(②、③、④)→(⑤、⑥、⑦、⑧)→⑨。

又如图 4-3 所示,基于广度优先搜索策略的遍历结果如下。

$$V_1 \rightarrow (V_2, V_3) \rightarrow (V_4, V_5, V_6, V_7) \rightarrow V_8$$

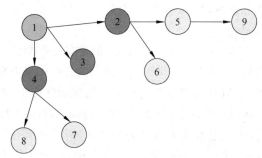 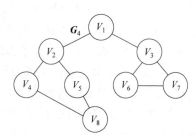

图 4-2 广度优先搜索策略   图 4-3 含有 8 个结点的图

广度优先搜索类似于树的层次遍历,所以需要以队列存储结点;因为要判断某结点是否被访问过,所以需要一个数组做记录,若已访问过则数组元素值为 true,未访问过则数组元素值为 false。

4.2.2 深度优先搜索策略

深度优先搜索(depth first search,DFS)策略可以扩展根结点的一个后继,然后扩展这个后继的后继,直至搜索树的最深层。由于最深层的结点没有后继,于是深度优先搜索将回溯到上一层,扩展另外一个未被扩展的结点。在有限状态空间中,深度优先搜索是完备的,因为它可以将所有空间遍历一遍;而在无限状态空间中,深度优先搜索则有可能会进入深度无限的分支,因此它是不完备的。深度优先搜索的空间复杂度仅为 $O(H)$,H 为树的深度。因为只需要保存当前分支的状态,因此深度优先搜索的空间复杂度远远优于广度优先搜索,然而深度优先搜索并不能保证找到最优解。

深度优先搜索属于图算法的一种,其过程是对每一个可能的分支路径深入到不能再深入为止,而且每个结点只能被访问一次。深度优先搜索的目的是要达到被搜索结构的叶结点。

在深度优先搜索中,保存候补节点是栈,栈的性质就是先进后出,即最先进入该栈的候补节点就最后进行搜索。还是将起点设为节点 A,终点设为节点 G,还是先将与节点 A 直连的三个节点 B,C,D 放入存放候补节点的栈中,这里的放入顺序为 D,C,B。到这里和广度优先搜索无区别。因为节点 B 是最后放入,则先从节点 B 开始搜索,将与节点 B 直连的两个节点 E 和 F 放入栈中,此时栈为 [D,C,F,E]。

接下来,深度优先搜索不同于广度优先搜索。

1. 然后再对节点 E 进行搜索,将与节点 E 直连的节点 K 放入栈中,此时栈为 [D,C,F,K]。

2. 此时节点 K 在栈的最后,所以先对节点 K 进行搜索,节点 K 不是终点,而且节点 K 没有其他直连的节点,所以此时栈为 [D, C, F]。

3. 然后再对节点 F 进行搜索,节点 F 也不是终点,而且节点 F 也没有其他直连的节点,所以此时栈为 [D, C]。

4. 接下来就对节点 C 进行搜索,将与节点 C 直连的节点 H 放入栈中,此时栈为 [D, H]。

然后一直按照这个规则进行搜索,直到到达目标节点 G,搜索结束。

深度优先搜索将沿着一条路径不断往下搜索,直到不能再继续为止,到了路径的尽头,再折返,再对另一条路径进行搜索。

虽然广度优先搜索和深度优先搜索在搜索顺序上有很大的差异,但是在操作步骤上却只有选择哪一个候补节点作为下一个节点的根据不同。广度优先搜索选择的是最早成为候补的节点,因为节点离起点越近就越早成为候补,所以从离起点近的地方开始按顺序搜索;而深度优先搜索选择的则是最新成为候补的节点,所以一路往下,沿着新发现的路径不断深入搜索。

在广度优先搜索的执行过程中,搜索范围从起点开始逐渐向外延伸,所以不但可以判断两个节点之间是否有路径,还可以找出这两个节点的最短路径,也就是说,广度优先搜索可以应用于寻找到两个节点的最短路径问题。这里应说明的是:最短路径其实是针对于非加权图,寻找段数最少的路径。

例 4-2　深度优先搜索的遍历。

图 4-3 所示的图含有 8 个结点,应用深度优先搜索策略完成遍历,过程如下。

使用 V_1 作为第一个起点,用 X 号表示深度,其过程如下。

X 深度优先搜索 V_1,V_1 未被访问的邻接点为 V_2、V_3。

XX 深度优先搜索 V_2,V_2 未被访问的邻接点为 V_4、V_5。

XXX 深度优先搜索 V_4,V_4 未被访问的邻接点为 V_8。

XXXX 深度优先搜索 V_8,V_8 没有未被访问的邻接点。

XXX 深度优先搜索 V_5,V_5 没有未被访问的邻接点。

XX 深度优先搜索 V_3,V_3 未被访问的邻接点为 V_6、V_7。

XXX 深度优先搜索 V_6,V_6 没有未被访问的邻接点。

XXX 深度优先搜索 V_7,V_7 没有未被访问的邻接点。

深度优先搜索的遍历顺序为 $V_1 \rightarrow V_2 \rightarrow V_4 \rightarrow V_8 \rightarrow V_5 \rightarrow V_3 \rightarrow V_6 \rightarrow V_7$。

首先访问顶点 V_1;然后依次从 V_1 的未被访问的邻接点出发对图进行深度优先遍历,直至图中与 V_1 有路径相通的顶点都被访问;如果此时图中还有顶点未被访问,则从一个未被访问的顶点出发重新进行深度优先遍历,直到图中所有顶点均已被访问过为止。

例 4-3　深度优先搜索。

在搜索过程中,定义一个深度搜索的方式,以之作为搜索的参考依据。在一般的深度优先搜索中,深度的定义即为当前搜索到的路径长度,如图 4-4 所示。

图 4-4 中,①代表起点、⑨代表终点、②、

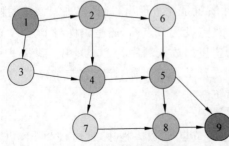

图 4-4　深度优先搜索举例

④、⑤、⑧代表目前已经搜索。①→②、②→④、④→⑤、⑤→⑧、⑧→⑨代表了当前搜索到的道路,深度是 5,此图展示的即是算法的工作过程。

4.2.3 两种搜索策略比较

深度优先搜索和广度优先搜索应用得最多的是对图的搜索。深度优先先是沿着一条路一直走到底,再进行回溯,而广度优先则先是优先搜索所有相邻的结点,再访问所有相邻结点的邻结点。

深度优先搜索的示意图如图 4-5 所示。

广度优先搜索的示意图如图 4-6 所示。

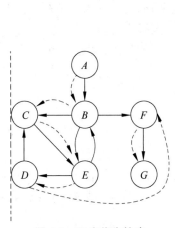

图 4-5 深度优先搜索

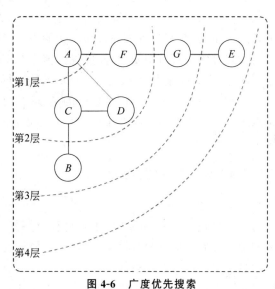

图 4-6 广度优先搜索

深度优先搜索和广度优先搜索都属于盲目型搜索,也就是说,用户不能够选择哪个结点在下一次搜索中更优而跳转到该结点进行下一步的搜索。在最坏的情形中,程序需要试探完整个解集空间,显然,深度优先搜索和广度优先搜索只适用于规模不大的搜索问题。

广度优先搜索适用所有情况下的搜索,而深度优先搜索不一定能适用所有情况下的搜索。因为由于一个有解的问题树可能含有无穷分支,如果误入无穷分支(深度无限),则深度优先搜索不可能找到目标结点,所以深度优先搜索策略是不完备的。在未知树深度的情况下,用广度优先算法很保险和安全,在树体系相对小时,广度优先也会更好些。但如果树深度已知并且树体系相当庞大,则深度优先搜索比广度优先搜索更为优秀。

4.3 启发式搜索策略

盲目型搜索采用固定搜索方式,生成的无用结点较多,搜索范围大,效率低,不适合解决大规模的搜索问题。

启发式搜索策略是利用与问题相关的启发信息来预测目标结点的存在方向,并按该方向进行搜索,这样可缩小搜索范围、提高搜索效率。将利用问题提供的启发信息来引导搜索过程的一类搜索方法称为启发式搜索方法。人工智能中大量的问题都可以被描述为：在给定海量信息源以及一些约束条件和额外信息的情况下找到问题的答案,如图4-7所示。

图 4-7 启发式搜索

问题的答案就在海量的信息源中,关键就在于如何快速地从信息源中找到模式、问题与答案的对应关系,这也是搜索算法的核心,越好的算法越能够更快地找到对应的模式、更精准的模式关系,并使其具备更强大的泛化能力。

启发式搜索与盲目型搜索(深度优先搜索与广度优先搜索)最大的不同点是在选择下一个结点时,启发式搜索可以通过一个启发函数进行选择,从而选择代价最少的结点作为下一个搜索结点。当有一个以上代价最少的结点时,可选择距离当前搜索点最近一次展开的搜索结点进行下一步搜索。经过设计的启发函数往往可在很短的时间内得到一个搜索问题的最优解。

4.3.1 启发信息与启发函数

1. 启发信息

启发信息是指与具体问题的求解过程有关的、并可指导搜索过程往最有希望方向前进的控制信息。启发信息的启发能力越强,扩展的无用结点就越少,从而可以提高搜索效果。启发信息主要包括以下 3 种信息。

(1) 能有效地帮助系统确定扩展结点的信息。

(2) 能有效地帮助决定哪些后继结点应被生成的信息。

(3) 能决定在扩展一个结点时哪些结点应从搜索树上被删除的信息。

2. 启发函数

启发函数又称为估价函数,用于评估结点重要性,该函数 $f(n)$ 定义为从初始结点 S_0 出发,经过结点 n 到达目标结点 S_g 的所有路径中最小路径代价的估计值。这里的最小路径代价是指一条从 A 到 B 经过的距离为最小的路径。启发函数的一般形式如下。

$$f(n) = g(n) + h(n)$$

其中, $g(n)$ 是从初始结点 S_0 到结点 n 的已经获知的最小代价; $h(n)$ 等于结点 n 到目标结点的最小路径代价的估计值,启发式搜索策略采用了启发式函数 $h(n)$ 的搜索策略。

一个启发函数设置的好坏直接影响搜索算法的优劣,启发函数永远不唯一,最好的启发函数应与实际耗散相等。

4.3.2 贪婪最佳优先搜索算法

当启发式搜索的估价函数 $h(n)$ 比 $g(n)$ 大很多时,仅有 $h(n)$ 对估价起作用,这种策略称为贪婪最佳优先搜索策略(greedy best-first search)。

贪婪最佳优先搜索策略被认为是广度优先搜索的贪婪形式,它本质上是一种贪婪算法。

广度优先搜索算法相当于一个先进先出的队列,深度优先搜索则相当于一个后进先出的栈。

贪婪最佳优先算法的队列是一个优先队列,例如,队列中有(5-3)、(7-9)、(3-1),其中(5-3)就表示从起始点到 5 号点的距离为 3。贪婪最佳优先搜索过程是(3-1)、(5-3)、(7-9),先得出到起始点距离最小的点。

贪婪最佳优先搜索采用一个 open 优先队列和一个 closed 队列,open 优先队列用于储存还没有被遍历、将要被遍历的结点,而 closed 队列则用来储存已经被遍历过的结点。

(1) 将根结点放入优先队列 open 中。

(2) 从优先队列中取出优先级最高的结点 X。

(3) 根据结点 X 生成子结点 Y。

① 如果 X 的子结点 Y 不在 open 队列或者 closed 队列中,则由估价函数计算出估价值后,放入 open 队列中。

② 如果 X 的子结点 Y 在 open 队列中,且估价值优于 open 队列中的子结点 Y,则把 open 队列中的子结点 Y 的估价值替换成新的估价值,并按优先值顺序排序。

③ 如果 X 的子结点 Y 在 closed 队列中,且估价值优于 closed 队列中的子结点 Y,则把 closed 队列中的子结点 Y 移除,并将子结点 Y 加入 open 优先队列。

(4) 将结点 X 放入 closed 队列中。

(5) 重复(2)、(3)、(4)步,直到找到目标结点,或者 open 为空而结束。

因为 closed 队列用于储存已经被遍历过的结点,将其倒序排列,结果即为找到目标的搜索顺序。

广度优先搜索和深度优先搜索都属于穷举类型的搜索,需要依次遍历所有的结点,当搜索空间非常大时,这种方式的效率将非常差。而启发式的搜索则是对状态空间中的每个点进行评估,然后选出最好的位置,所以提高了搜索效率。

例 4-4　寻找最优路径问题。

如图 4-8 所示,以 T 为目标、A 为起点的两个较短距离为 418 千米和 450 千米,都不是最短距离。

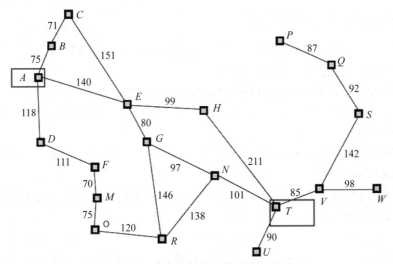

图 4-8　寻找最优路径问题(单位:千米)

利用贪婪最佳优先搜索寻找从 A 到 T 这两个城市之间的一条最短路径,需要在搜索过程中利用所求解问题相关的辅助信息。这个例子给出的启发信息为:任意一个城市与 T 之间的直线距离。辅助信息必须是所求解问题以外的信息,不能是最短路径。已知 T 与其他城市之间的直线距离如表 4-1 所示。

表 4-1 各城市与 T 的直线距离 (单位:千米)

城市	距离	城市	距离	城市	距离
A	366	U	77	C	380
T	0	B	374	N	100
R	160	Q	226	G	193
O	242	F	244	E	253
S	199	M	241	D	329
H	176	P	234	V	80

在启发式搜索中,需要定义如下两个函数。

(1) 评价函数:评价函数 $f(n)$ 描述的是从当前结点 n 出发,根据评价函数来选择后续结点。

(2) 启发函数:启发函数 $h(n)$ 描述的是从计算结点 n 到目标结点之间所形成的路径的最小代价值。这里将两结点之间的直线距离作为启发函数。

初始状态为 A,扩展 A 后,相邻城市为 D、E、B,距离目标城市 T 的直线距离分别为 329 千米、253 千米和 374 千米,依据评价函数和启发函数选择 E。再扩展 E 后,相邻城市为 A、G、H、C,离目标城市 T 的直线距离分别为 366 千米、193 千米、176 千米和 389 千米,依据评价函数和启发函数选择 H。再扩展 H 后,相邻城市为 E、T,距离目标城市 T 的直线距离分别为 253 千米、176 千米,依据评价函数和启发函数选择 T。再扩展 T 后,T 到达城市 T 的距离为 0,即到达目的城市 T。

4.3.3 贪婪最佳优先搜索的问题

由例 4-4 展开说明,可知贪婪最佳优先搜索实际上也有很多问题。

(1) 贪婪最佳优先搜索不是最优的。

(2) 启发函数代价最小化这一目标对错误的起点比较敏感。考虑从 Q 到 H 的问题,由启发式信息需先扩展 P,就是因为它离 H 最近,这导致其启发函数会较小,但这是一条可能存在死循环的路径。

(3) 贪婪最佳优先搜索也是不完备的。不完备是指它可能沿着一条无限的路径走下去而不会来尝试其他的选择,因此可能无法找到最佳路径。

(4) 在最坏的情况下,贪婪最佳优先搜索的时间复杂度和空间复杂度都是 $O(bm)$,其中 b 是结点的分支因子数目,m 是搜索空间的最大深度。

贪婪最佳优先搜索相当于一个根据与终点的距离排序的优先级队列,它总是弹出离终点最近的结点,只关注当前点到目标点之间的代价,通过估价函数探测快速导向目标点的方向,虽然不能够保证找到一条最短路径的点,但其搜索的效率较高。例如,在地图上有障碍物的情况下,最佳优先搜索寻找的路径一般都不是最短路径,在寻路过程中可以配合其他方法对寻路进行修正。

例如,遇到障碍物时的贪婪最佳优先搜索寻路如图 4-9 所示。

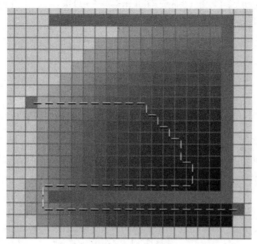

图 4-9　遇到障碍物时的贪婪最佳优先搜索寻路

4.4　Dijkstra 算法

Dijkstra(迪杰斯特拉)算法是由 E.W.Dijkstra 于 1959 年提出的,是著名的求解最短路径的方法。

Dijkstra 算法是基于贪婪思想实现的,解决的是有向图中单个源点到其他顶点的最短路径问题,其主要特点是每次迭代时选择的下一个顶点是标记点之外距离源点最近的顶点。但由于 Dijkstra 算法主要计算从源点到其他所有点中的最短路径,所以此算法的效率较低。

Dijkstra 算法在启发式搜索中的评价函数 $f(n)$ 描述的是从当前结点 n 出发,根据 $g(n)$ 函数选择后续结点,即 $f(n)=g(n)$。

在 Dijkstra 算法中可以使用松弛操作,如图 4-10 所示。有 1、2、3 三座城市,1 到 2 的路程 7 公里,1 到 3 的路程为 2 公里,3 到 2 的路程为 3 公里。

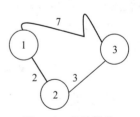

图 4-10　松弛操作

假设 1 是起点,想要走到终点 2,显然有 1→2 和 1→3→2 两种走法,其中走 1→3→2 这条路程是最短的。虽然 1→3→2 多走一步,但却能够缩短路程耗时的操作,这就是松弛操作。在完成算法的过程中,通过不断地松弛操作,可以避免走很多弯路。

例 4-5　松弛操作。

图 4-11(a)是一个初始化的有向图。图 4-11(b)为起点,此时有三条路径选择,其耗费权值分别为 2、6 和 9。

图 4-11(c)是找到距离起点最近的点,即是权值为 2 的那个点。然后进行松弛操作,从起点到其右下方的点的权值为 6,但是通过刚刚选定的点,可找到这个点更近的路径,所以这个时候从起点到其东南方向的点的权值更新值从 6 变成了 5。这个时候就完成了第一次

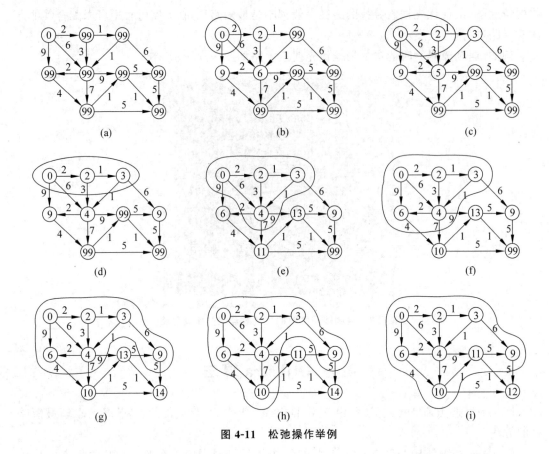

图 4-11 松弛操作举例

松弛操作。

在图 4-11(d)中依旧是寻找距离起点最近的点,然后再松弛操作一次,发现这个时候从起点到其右下方的点的耗费权值从 5 变成了 4。这个时候完成了第二个松弛操作。

之后的方式同上:选定距离起点最近的点,然后通过选定点进行松弛操作。发现通过增加到目的地多转弯的路径能够松弛权值,使得耗费的权值更小。最后结果如图 4-11(i)所示。从 0 结点到第 12 结点的权值总计为 $2+1+1+2+4+1+1=12$,所走过的路径为:

$$0 \rightarrow 2 \rightarrow 3 \rightarrow 4 \rightarrow 6 \rightarrow 10 \rightarrow 11 \rightarrow 12$$

Dijkstra 算法有两种实现方式,一种是标号实现方式,另一种是表实现方式。

4.4.1 标号实现方式

Dijkstra 算法是典型的最短路径算法,利用这个算法可以计算从一个结点到其他结点的最短路径,其主要特点是以起始点为中心向外层扩展,直到扩展到终点为止。显然,这也是一个基于广度优先搜索策略的算法。

假设网络中每个结点的标号为 (d_t, p_t),d_t 是从 S 到 T 的最短路径长度;p_t 表示从 S 到 T 的最短路径中 T 点的前一个点。求解从 S 到 T 的最短路径算法的基本过程如下。

(1)初始化。出发点设置为:$d_s = 0$,p_s 为空;所有其他点:$d_i = \infty$,p_i 未定义。

标记起始点 s,记 $k = s$,表明其他的点未标记,仅确定了起始点 s。

（2）计算从所有已标记点 k 到其他直接连接的未标记的点 j 的距离：

$$d_j = \min(d_j, d_k + w(k, j))$$

其中，$w(k, j)$ 表示从 k 到 j 的路径长度。

（3）选取下一个点：从所有未标记的点中选取距离最小的点 i，点 i 被选为最短路径中的一点，并设为已标记。

（4）从没有标记的点集合中找到直接连接到点 i 的点，并标记。

（5）如果所有的点均已标记，则算法结束。否则，记 $k = i$，转到（2）继续。

从以上算法的步骤中可以看出，Dijkstra 算法的关键部分是从未标记的点中不断地找出距离起始点最近的点，并把该点加入到标记的点集合中，同时更新未标记的点集合中其余点到起始点的最短估计距离。

Dijkstra 算法的流程图如图 4-12 所示。

4.4.2　表实现方式

表实现方式的 Dijkstra 算法在整个更新过程中就是在维护一个 open 表和一个 close 表，其中，open 表中记录的是还未计算出最短路径的结点，close 表记录的是已经计算出最短路径的结点。表实现方式的 Dijkstra 算法描述如下。

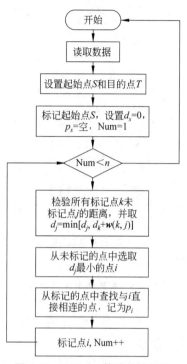

图 4-12　Dijkstra 算法的流程图

在 open 表中选定一个结点作为当前结点。

（1）将其添加到 close 表，并将之从 open 表中移除。

（2）如果为终点结点，那么结束搜索。

（3）处理当前结点的所有邻接结点。

① 如果不在 open 表中，那么就将其添加到 open 表，（最好设置该结点的父结点为当前结点，以便确定路径）。

② 如果已经添加到 open 表中，重新计算 G 值，如果 G 值小于先前的 G 值，那么就更新此值（同时更新父结点）。

③ 如果该结点不可通过或者已经被添加到 close 表，则不处理。

（4）如果 open 表不为空，那么转到步骤（2）继续执行。

例 4-6　表实现方式的 Dijkstra 算法。

用 $U = \{A(n), B(m), \cdots\}$ 表示在 open 表中存有结点 A 和 B，其当前对应的最短路径分别为 n 和 m，后续会继续更新；$S = \{A(n), B(m), \cdots\}$ 表示在 close 表中存有结点 A 和 B，其对应的最短路径分别为 n 和 m，并且不再更新。

初始时刻，open 表状态为 $U\{A(0), B(\infty), C(\infty), D(\infty), E(\infty), F(\infty), G(\infty)\}$，其中 ∞ 表示以 A 为起点，各点与 A 点距离为无穷远。

第 1 次更新如图 4-13(a)所示。

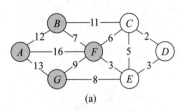

(a)

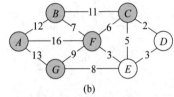

(b)

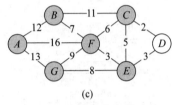

(c)

图 4-13　更新两个表的过程

将 A 点的最短路径设置为 0,并且将 A 点添加到 close 表中,更新与 A 点相邻的结点 B、G、F,更新过程如下:

(1) 因为 A 最短距离+AB 之间距离=0+12=12,小于 B 最短距离(∞),则 B 最短距离为 12。

(2) 因为 A 最短距离+AG 之间距离=0+13=13,小于 G 最短距离(∞),则 G 最短距离为 13。

(3) 因为 A 最短距离+AF 之间距离=0+16=16,小于 F 最短距离(∞),则 F 最短距离为 16。

第 1 次更新结果如下。

open 表状态:$U=\{B(12),C(\infty),D(\infty),E(\infty),F(16),G(13)\}$。

close 表状态:$S=\{A(0)\}$。

第 2 次更新如图 4-14(b)所示。

在 open 表中找出最短路径对应的结点 B,并将 B 点添加到 close 表中,更新与 B 点相邻的结点 F、C,更新过程如下:

(1) 因为 B 最短距离+BC 之间距离= 12+11=23,小于 C 最短距离(∞),则 C 最短距离为 23。

(2) 因为 B 最短距离+BF 之间距离=11+7,大于 F 最短距离,则 F 最短距离保持不变。

第 3 次更新结果如下。

open 表状态:$U=\{C(23),D(\infty),E(\infty),F(16),G(13)\}$。

close 表状态:$S=\{A(0),B(12)\}$。

第 4 次更新如图 4-14(c)所示。

在 open 表中找出最短路径对应的结点 G,并将 G 点添加到 close 表中,更新与 G 点相邻的结点 F 和 E,更新过程如下:

(1) 因为 G 最短距离+GE 之间距离=13+8=21,小于 E 最短距离(∞),则 E 最短距离为 21;

(2) 因为 G 最短距离+GF 之间距离=13+9=22,大于 F 最短距离,则 F 最短距离保持不变,为 16。

第 5 次更新结果如下。

open 表状态:$U=\{C(23),D(\infty),E(21),F(16)\}$。

close 表状态:$S=\{A(0),B(12),G(13)\}$。

以此类推,可得出后续结果。

第 6 次更新结果如下。

open 表状态:$U=\{C(23),D(\infty),E(19)\}$。

close 表状态:$S=\{A(0),B(12),F(16),G(13)\}$。

第 7 次更新结果如下。

open 表状态：$U=\{C(23),D(22)\}$。

close 表状态：$S=\{A(0),B(12)，E(19),F(16),G(13)\}$。

第 8 次更新结果如下。

open 表状态：$U=\{D(22)\}$。

close 表状态：$S=\{A(0),B(12)，C(23),D(22)，E(19),F(16),G(13)\}$。

第 9 次更新结果如下。

open 表状态：$U\{\}=\{\}$。

close 表状态：$S\{A(0),B(12),C(22),D(22),E(19),F(16),G(13)\}$。

至此找到每个结点的最短路径长度。例如 $A\to D$ 路径长度为 22，经过结点轨迹为：

$A\to F\to E\to D$

$A\to C$ 路径长度为 22，经过结点轨迹：$A\to B\to C$。

例 4-7 应用 Dijkstra 算法的计算最短路径。

如图 4-14 所示的一个有权图，利用 Dijkstra 算法获得任意结点到其他结点的最短路径过程。

(1) 指定一个结点 A，计算到其他各结点的最短路径。

(2) 引入两个集合 U、S，其中 U 集合包含未求得最短路径的点，以及 A 到该点的路径，S 集合包含已求出的最短路径的点（以及相应的最短长度），由于 $A\to C$ 没有直接相连，故定义为 ∞。

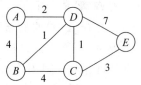

图 4-14 计算最短路径

(3) 初始化两个集合，S 集合初始时只有当前要计算的结点：$A\to A=0$，U 集合初始时为：$A\to B=4$，$A\to C=\infty$，$A\to D=2$，$A\to E=\infty$。

(4) 从 U 集合中找出路径最短的点，将之加入 S 集合，$A\to D=2$。

(5) 更新 U 集合路径，如果 D 到 B、C、E 的距离+AD 距离<A 到 B、C、E 的距离，则更新 U。

执行上述步骤(4)、(5)，找出 U 集合中路径最短的结点 D 加入 S 集合，并根据条件：如果（(D 到 B、C、E 的距离+AD 距离)<(A 到 B、C、E 的距离)）则更新 U 集合。这时，$S=\{A\to A=0,A\to D=2\}$，$U=\{A\to B=3,A\to C=3,A\to E=9\}$。

(6) 循环执行步骤(4)、(5)直至遍历结束，得到 A 到其他结点的最短路径。

这时 $A\to B$ 和 $A\to C$ 都为 3，表明这时它们都是最短距离，如果从算法逻辑来看，应先取到 B 点。若条件变成：如果（(B 到 C、E 的距离+AB 距离)<(A 到 C、E 的距离)），则 $A\to B$ 距离为 $A\to D\to B$ 距离。

重复上述过程，可得如下结果：

$$S=\{A\to A=0, A\to B=3, A\to D=2, A\to C=3, A\to E=6\}$$

其中，从 A 到 B 的路径长度为 3，最短路径轨迹为：$A\to D\to B$。

从 A 到 C 的路径长度为 3，最短路径轨迹为：$A\to D\to C$。

从 A 到 E 的路径长度为 6，最短路径轨迹为：$A\to D\to C\to E$。

4.5 A* 算 法

1968 年出现的 A* 算法是将广度优先搜索算法和 Dijsktra 算法结合而成的算法,所不同的是,类似广度优先搜索的启发式方法经常会给出一个近似解而不是保证最佳解。然而,A* 算法却能保证找到一条最短路径。

4.5.1 A* 算法的功能与特性

1. A 算法与 A* 算法

A 算法由 $f(n)=g(n)+h(n)$ 决定,$g(n)$ 是代价函数,$h(n)$ 是预估价函数;对于 A* 算法来说,评判函数 $f(n)=g^*(n)+h^*(n)$,只不过加了约束条件,$g^*(n)>0$,$h^*(n)\leqslant$ 任意 $h(n)$。

以上只是定义,对于一个实例来说,$h(n)$ 只是估价函数的一个集合,$h(n)=\{h_1(n),h_2(n),h_3(n),\cdots\}$,取其中任意一个 $h_i(n)$ 代入上述公式,组成评判函数,都是 A 算法的实现。如果从集合中选择一个函数 $h^*(n)$,使得它比集合中任意的函数都优秀,这样的算法就称为 A* 算法。由于 A* 算法的估价函数最优,所以 A* 是最优的 A 算法。

2. 选择 A* 算法的启发函数

因为 A* 搜索总是搜索 $f(n)$ 最小的点,故其会结合从出发点到当前点的实际代价和当前点到目标点之间的总代价找到最短路径。

(1) 如果 $h(n)$ 经常比从 n 移动到目标的实际代价小(或者相等),则 A* 算法保证能找到一条最短路径。$h(n)$ 越小,A* 算法扩展的结点越多,运行就越慢。

(2) 如果 $h(n)=h^*(n)$,即 $h(n)$ 等于从 n 移动到目标的代价,则 A* 算法将仅寻找最佳路径而不扩展别的任何节点,这将运行得非常快、搜索效率高。

(3) 如果 $h(n)>h^*(n)$,即 $h(n)$ 比从 n 移动到目标的实际代价高,则 A* 不能保证找到一条最短路径,但它运行得更快。

(4) 另一种极端情况,如果 $h(n)$ 比 $g(n)$ 大很多,则只有 $h(n)$ 起作用,A* 算法将演变成广度优先搜索算法。

(5) 如果不设置启发函数,则 A* 算法就是 Dijkstra 算法,这时它可以找到最短路径。

3. A* 算法的特性

(1) 可采纳性:保证能找到启发式函数,从不过高估计到达目标的代价:也就是说,$f(n)=g(n)+h(n)$ 永远不会超过经过结点 n 的实际代价。

(2) 一致性(单调性):只在图搜索中使用 A* 算法,如果对每个结点 n 和通过任一行动 a 生成的 n 的每个后继结点 n',从结点 n 到达目标的估计代价不大于从 n 到 n' 的单步代价与从 n' 到达目标的估计代价之和。

(3) 最优性:如果 A* 算法是可采纳的,那么树搜索的 A* 算法是最优的。如果 $h(n)$ 是一致的,那么图搜索的 A* 算法是最优的。

(4) 松弛性:在评价函数中具有松弛信息。

A* 算法的缺点是时间复杂度比较高,严重依赖对状态空间的假设;而且该算法将在内存保留所有已生成的结点,这使其在计算中内存消耗较大。

4.5.2　A* 搜索算法

最基本的搜索是深度优先搜索和广度优先搜索,深度优先搜索的优点是速度快,但不一定能求出最优解;而广度优先搜索可以求出最优解,但由于广度优先搜索是逐层搜索的,必须扩展每一个点,所以时间效率和空间效率都不高。A* 算法可以解决这两个缺点:既有极大概率求出最优解,又可以减少搜索的时间。

A* 算法是从起点开始检查所有可能的扩展点(它的相邻点),对每个点计算 $g+h$ 得到 f,在所有可能的扩展点中,选择 f 最小的点进行扩展,即计算该点的所有可能扩展点的 f 值,并将这些新的扩展点添加到扩展点列表。当然,将忽略已经在列表中的点、已经考察过的点。

搜索过程中设置 open 列表和 close 列表。open 列表保存了所有已生成而未处理的结点,close 列表中记录已访问过的结点。算法中每一步都根据估价函数重排 open 列表,这样循环中的每一步都只考虑 open 列表中状态最好的结点。A* 算法搜索过程如下。

(1) 从起始点 S 开始,将 S 作为一个等待检查的方格,将其加入 open 列表中。

(2) 寻找起点 S(为中心)周围可以达到的方格(最多 8 个),将它们放入 open 列表中,并设其父方格为 S 如图 4-15 所示。

(3) 从列 open 列表中删除结点 S,并将 S 放入 close 列表中,close 列表存放的是不需要检查的方格。

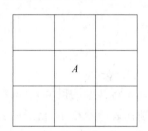

图 4-15　A 方格与其邻近的 8 个方格

(4) 计算每个周围方格的 f 值,$f=g+h$

g 表示从起点 A 移动到指定方格的移动消耗,假设横向移动一个格子消耗 10,斜向移动一个格子消耗 14。

h 表示从指定方格 1 移动到目标 B 点的预计消耗,假设 h 的计算忽略障碍物,只可以纵向、横向计算。

(5) 从 open 列表中选择 f 值最低的方格 A,将其从 open 开启列表删除,放入 close 列表中。

(6) 检查 A 所有邻近并且可达的方格。

① 不考虑障碍物和 close 列表中的方格。

② 如果还不在 open 列表中,那么可将它们加入 open 列表中,计算这些方格的 f 值,并设置父方格为 A。

③ 如果某相邻的方格 C 已经在开启列表,计算新的路径从 S 到达方格 C(即经过 A 的路径),判断是否需要更新:g 值是否更低一点。

如果新的 g 值更低,则修改父方格为方格 A,重新计算 f 值,h 值不需要改变,因为方格到达目标点的预计消耗是固定的。

如果新的 g 值比较高,则说明新的路径消耗更高,则值不做改变(g 值不变也不更新)。

(7) 继续从 open 列表中找出最小的 f 值,open 列表中将之删除,再继续找出周围可以到达的方格,如此循环。

(8) 结束判断如下。

当 open 列表中出现目标方块 B 时,说明路径已经被找到。

当 open 列表中没有了数据，则说明没有合适路径。

例 4-8 A* 算法的工作过程。

虽然 A* 算法很复杂，但通过下述工作过程可更易理解。

1）定义搜索区

假设要从 A 点移动到 B 点，但这两点之间被障碍物隔开，如图 4-16 所示。

		障碍物		
	A	障碍物		B
		障碍物		

图 4-16　搜索区定义

首先将搜索的区域划分成了多个正方形的格子，可将搜索区域简化为二维数组，数组的每一项代表一个格子，格子的状态分为可走和不可走两种。计算从 A 到 B 需要走过的方格序列，就找到了路径。

A* 寻路算法都是基于结点讨论，故其具有通用性。

2）开始搜索

通过上述搜寻区域的定义可将搜寻区域转化为一组可以量化的结点，下一步要做的就是查找最短路径。A* 算法的处理过程是从起点开始检查其相邻的方格，然后向四周扩展，直至找到目标为止，寻路过程如下。

（1）从起点 A 开始，将其加入一个由方格组成的 open 列表中。刚开始时，在 open 列表中只有起点 A 一项，之后将逐渐加入更多的项。open 列表中的格子是可能沿途经过的路径，也有可能不是，可以看出，open 列表是一个待检查的方格的列表。

（2）查看与起点 A 相邻的方格，忽略其中障碍物所占领的方格，将其中可走的或可到达的方格也加入 open 列表中。将起点 A 设置为这些方格的父结点或父方格，在寻找路径时，父结点指明了搜索的方向。

（3）设置一个 close 列表，将 A 从 open 列表中移除，加入 close 列表中，close 列表中的方格都是现在不需要再查看的方格。

如图 4-17 所示，A 方格为起点，该方格被加入 close 列表。与它相邻的 8 个方格需要被检测，A 是 8 个相邻的方格的父结点，也就是说，在这一步，父结点是起点 A。

接下来，需要从 open 列表中选择一个与起点 A 相邻的方格，并选择具有最小 f 值的方格，步骤如下。

3）路径排序方法

（1）f 值计算如下。

$$f = g + h$$

其中,g 是从起点 A 移动到指定方格的移动代价。

h 是从指定的方格移动到终点 B 的估算代价,直到找到路径才知道真正的距离,因为途中有各种各样的障碍物。

(2) 路径产生过程如下:

- g 是从起点 A 移动到指定方格的移动代价,横向和纵向的移动代价为 10,对角线的移动代价为 14。之所以使用这些数据,是因为实际的对角移动距离是 2 的平方根,或者是近似的 1.414 的横向或纵向移动代价。使用 10 和 14 就是可避免了开方和小数的计算,使得计算速度更快。

既然是沿着到达指定方格的路径来计算 g 值,那么计算出该方格的 g 值的方法就是找出其父结点的 g 值,然后按父结点是直线方向还是斜线方向加上 10 或 14。随着离开起点而得到更多的方格,这个方法变得更加明朗。

- 估算 h 值的方法很多,这里使用曼哈顿距离来计算从当前方格横向或纵向移动到达目标所经过的方格数,忽略对角移动,然后把总数乘以 10。计算 h 是要忽略路径中的障碍物。这是对剩余距离的估算值,而不是实际值,因此称为试探法。
- 将 g 和 h 相加便得到 f。第(1)步的结果如图 4-17 所示。每个方格都标上了 f、g、h 的值。

h=60 g=14 f=60	h=50 g=10 f=60	h=40 g=14 f=54	障碍物		
h=50 g=10 f=60	A	h=30 g=10 f=40	障碍物	B	
h=60 g=14 f=74	h=50 g=10 f=60	h=40 g=14 f=54	障碍物		

图 4-17　方格的 f,g,h 值

$g=10$ 表明水平方向从起点到邻近方格只有一个方格的距离。与起点直接相邻的上方、下方、左方的方格的 g 值都是 10,对角线的方格 g 值都是 14。

h 值可通过估算起点 A 与终点 B 方格的曼哈顿距离得到,仅做横向和纵向移动,并且忽略沿途的墙壁。使用这种方式,起点右边的方格到终点有 3 个方格的距离,因此 $h = 30$。这个方格上方的方格到终点有 4 个方格的距离(只计算横向和纵向距离),因此 $h = 40$。对于其他的方格,可以用同样的方法计算 h 值,每个方格的 f 值等于 g 值与 h 值之和。

4) 继续搜索

通过继续搜索,可从 open 列表中选择 f 值最小的(方格),然后对所选择的方格做如下操作:

(1) 将其从 open 列表中取出,放到 close 列表中。

(2) 检查所有与它相邻的方格,忽略其中已在 close 列表中或是不可走的方格,这里不可走是指遇到障碍物。如果方格不在 open 列表中,则可以把它们加入 open 列表中。将已选定的方格设置为这些新加入的方格的父结点。

(3) 如果某个相邻的方格已经在 open 列表中,则此时应检查这条路径是否更优,也就是说经由当前方格(已选中的方格)到达那个方格是否具有更小的 g 值。如果没有,不做任何操作;相反,如果 g 值更小,则应把那个方格的父结点设为当前方格(选中的方格),然后重新计算那个方格的 f 值和 g 值。

不断重复这个过程,直到将终点也加入 open 列表中,此时如图 4-18 所示。

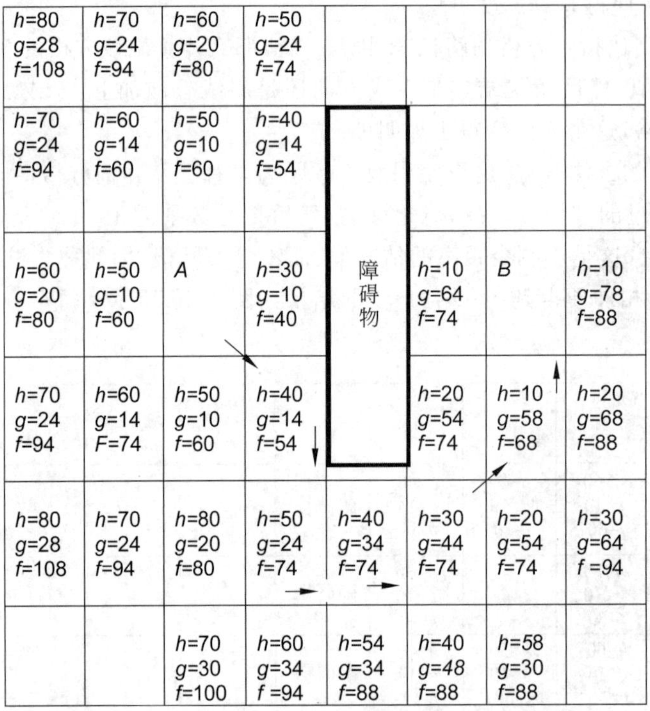

h=80 g=28 f=108	h=70 g=24 f=94	h=60 g=20 f=80	h=50 g=24 f=74				
h=70 g=24 f=94	h=60 g=14 f=60	h=50 g=10 f=60	h=40 g=14 f=54	障碍物			
h=60 g=20 f=80	h=50 g=10 f=60	A	h=30 g=10 f=40	障碍物	h=10 g=64 f=74	B	h=10 g=78 f=88
h=70 g=24 f=94	h=60 g=14 F=74	h=50 g=10 f=60	h=40 g=14 f=54	障碍物	h=20 g=54 f=74	h=10 g=58 f=68	h=20 g=68 f=88
h=80 g=28 f=108	h=70 g=24 f=94	h=80 g=20 f=80	h=50 g=24 f=74	h=40 g=34 f=74	h=30 g=44 f=74	h=20 g=54 f=74	h=30 g=64 f=94
	h=70 g=30 f=100	h=60 g=34 f=94	h=54 g=34 f=88	h=40 g=48 f=88	h=58 g=30 f=88		

图 4-18　寻路结果

确定实际路径很简单,从终点开始,按着箭头向父结点移动,这样就被带回到了起点,这就是问题的路径。从起点 A 移动到终点 B 就是简单从路径上的一个方格的中心移动到另一个方格的中心,直至到达目标 B。

4.5.3　A* 算法寻路的探测

在没有障碍物时,寻路的探测过程与广度优先搜索相同,在有障碍物时,A* 算法寻找的路径和 Dijkstra 算法的结果相同,虽然找到了最短的路径,但效率与广度优先搜索算法差不多。

(1) A* 算法是在每一次都选择最佳结点产生后继,并且人为地规定最耗费估计始终满足 h 小于或等于实际耗费,防止搜索过程中偏离期望的最佳路径。如果偏离则搜索停止,说明问题可能无解,或最小费用的估计过小。

(2) 对 A* 算法来说,评判函数仍为 $f(n)=g(n)+h(n)$,只不过增加了如下约束条件。

$$g(n)>0, \quad h(n) \leqslant \forall h(n)$$

对于一个实例来说,$h(n)$ 是从集合中选择最优的函数 $h(n)$。

例如,遇到障碍物时 A^* 算法的寻路如图 4-19 所示。

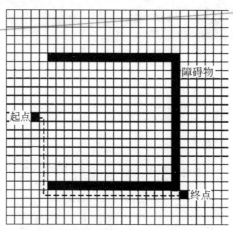

图 4-19　遇到障碍物时 A^* 算法的寻路

本 章 小 结

　　搜索就是回答,是人工智能中的核心技术之一。问题求解过程实际上是一个搜索过程,但在搜索过程中,搜索策略的选择异常重要。本章主要介绍了盲目搜索策略和启发式搜索策略,其中,盲目搜索策略介绍了广度优先搜索和深度优先搜索,启发式搜索策略主要介绍了 A 算法和 A^* 算法,尤其对算法的功能、工作过程结合举例进行了较详细的介绍与描述。通过这部分的学习,可为构建高效的智能系统搜索系统建立基础。

第 5 章

专 家 系 统

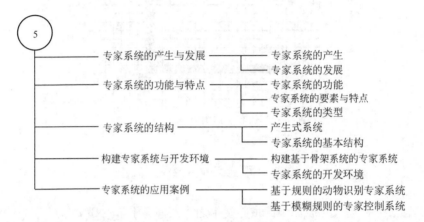

专家系统是指能在某些特定领域内应用大量的专家知识和推理方法来求解复杂问题的人工智能程序系统。专家系统的研究目标是模拟人类专家的推理思维过程。人们通常将领域专家的知识和经验以知识表达的方式存入计算机系统,对输入的事实依据、存入的规则进行推理,做出判断和决策。从 20 世纪 60 年代开始,专家系统的应用产生了巨大的经济效益和社会效益,并成为倍受重视的智能应用系统。

5.1 专家系统的产生与发展

专家系统开创了人工智能从理论研究走向实际应用、从一般推理策略研究转向运用专门知识推理求解的先河。

5.1.1 专家系统的产生

20 世纪 60 年代初,出现了运用逻辑模拟心理活动的通用问题求解程序,这种程序可以证明定理和进行逻辑推理。但这些通用方法无法解决大型实际问题,同时人们也很难将实际问题定义成适合计算机求解的形式,并且解题所需的巨大的搜索空间也难以被解决。1968 年,著名的人工智能学者爱德华 · 费根鲍姆(Edward A. Feigenbaum)教授等人在总结通用问题求解系统的经验基础上结合化学领域的专门知识研制出了世界上第一个专家系统 Dendral,利用该系统,人们可以推断化学分子结构。

自此之后,专家系统的理论和技术不断发展,其应用现已渗透到多个领域,出现了大量的专家系统,其中不少在功能上已达到甚至超过同领域中人类专家的水平,并在实际应用中产生了巨大的经济效益。

专家系统的发展已经历了 3 代,目前正向第 4 代过渡和发展。

1. 第一代专家系统

第一代专家系统(Dendral、Macsyma 等)以高度专业化、求解专门问题的能力强为主要特点,但在体系结构的完整性、可移植性、系统的透明性和灵活性等方面存在不足,求解通用问题的能力不强。

2. 第二代专家系统

第二代专家系统(Mycin、Casnet、Prospector、Hearsay 等)属于单学科专业型应用型系统,其体系结构较完整,移植性方面也有所改善,而且在系统的人机接口、解释机制、知识获取技术、不确定推理技术,增强专家系统的知识表示和推理方法的启发性、通用性等方面都有所改进。

3. 第三代专家系统

第三代专家系统属于多学科综合型系统,人们已可采用多种人工智能语言,综合采用各种知识表示方法和多种推理机制及控制策略,并开始运用各种知识工程语言、架构系统及开发工具和环境来研制大型综合专家系统。

4. 第四代专家系统

在前三代专家系统的设计方法和实现技术的基础上,第四代专家系统已开始采用大型多专家协作系统、多种知识表示、综合知识库、自组织求解、多学科协同求解与并行推理求解机制、专家系统工具与环境、深度学习知识获取及学习机制等最新人工智能技术来设计与实现具有多知识库、多主体的第四代专家系统。

5.1.2　专家系统的发展

未来的专家系统将能够经由感应器直接从外界接收信息,也可由系统外的知识库获得信息。在推理机中,除推理外,还可拟定规划,仿真问题状况等。知识库所存的不只是静态的推理规则与事实,还有规划、分类、结构模式及行为模式等动态知识。专家系统设计将更加人性化,可实现人机交流。专家系统处理问题的能力和水平将会更高,存储的知识更多和更全面,并可为多专家系统所共享。

未来的专家系统主要具有以下特征。

(1) 并行分布式处理。

(2) 多专家系统协同工作。

(3) 高级系统设计语言和知识表示语言。

(4) 自主学习功能。

(5) 引入新的推理机制。

(6) 具有纠错和自我完善能力。

(7) 先进的智能人机接口。

5.2　专家系统的功能与特点

专家系统是一个能够推理的程序系统,其主要功能和特点如下。

5.2.1　专家系统的功能

(1) 存储问题求解所需的知识。

（2）存储具体问题求解的初始数据和推理过程中涉及的各种信息，如中间结果、目标和假设等。

（3）根据当前输入的数据、利用已有的知识、按照一定的推理策略推理解决当前问题，并能控制和协调整个系统。

（4）能够对推理过程、结论或系统自身行为给出解释，提供如解题步骤、处理策略、选择处理方法的理由、系统求解某种问题的能力、系统如何组织和管理其自身知识等信息。这样既方便用户理解和接受，同时也方便系统维护。

（5）提供知识获取、机器学习以及知识库的修改、扩充和完善等维护手段，进而更有效地提高系统的问题求解能力及准确性。

（6）提供一种用户接口，既可方便用户使用，又可方便分析和理解用户的各种要求和请求。

5.2.2　专家系统的要素与特点

专家系统的知识存储与推理机构的分离使系统能够不断接收新的知识，从而确保知识不断增长以满足实际工作的需要。专家系统强调的是知识而不是方法。这是由于很多复杂问题没有基于算法的解决方案，或者算法方案过于复杂，但是，采用专家系统就可以利用人类专家拥有的丰富知识解决问题，基于上述考虑，专家系统也称为基于知识的系统。

1. 专家系统的基本要素

一般来说，一个专家系统应该具备以下 3 个基本要素。

1）知识

基于知识的系统应具有求解问题所需的专门知识，主要包括应用领域的基本原理和领域专家求解问题的经验知识。

（1）应用领域的基本知识：应用领域的基本知识构成了专门知识的主体，其可以被精确地定义和使用，为普通技术人员所掌握。这类知识尽管是求解问题的基础，但并没有与问题紧密结合，加之知识量大和推理步数少，并不能实现高效地问题求解。

（2）领域专家求解问题的经验知识：领域专家根据多年的工作经验，对使用应用领域的基本原理和知识解决问题所做的高度集中、抽象和浓缩的描述，也就是这些知识使领域专家能够高效、高质地解决困难和复杂的问题。

例如，表示状态数据和解答之间关联的启发式推理规则就是典型的经验知识，它们高度概括了遵从领域基本原理和常识的大量基础性推理操作，免除了人们花费大量时间去做的烦琐的运算，使问题求解过程可以大踏步地发展。然而，使用这类知识的条件比较苛刻，若条件不满足则将导致不正确的解答甚至推理失败。基于这一点考虑，从高效地求解问题的角度讲，知识系统更需要经验知识。而为了保证解答的正确性，知识系统还需要基本原理和常识。

2）推理

能模拟专家的思维，具有使用专门知识的符号推理能力。这种能力取决于知识的符号表示和推理技术，在第 2 章中已经介绍了知识的基本表示方法，系统可以使用产生式、语义网络、框架系统和状态空间等表示应用领域的事物结构及事物之间的关系，使用产生式表示方法可以表示启发式关联规则，而表示知识的符号结构更适于在知识库中存储和在推理机中使用。专家系统能模拟专家的思维求解,具有使用专门基于知识符号的推理能力。

3）水平

专家系统是模拟专家解决问题的程序系统,为了完成这一目的,需要人工专家系统能达到人类专家级的解题水平。

2. 专家系统的特点

专家系统是一个基于知识的系统,其能够利用人类专家提供的专业知识并模拟人类专家的思维推理过程,以此解决在人类专家看来相对困难的问题。一般来说,一个高性能的专家系统应具备如下特点。

(1) 启发性。专家系统不仅能使用逻辑知识,也能使用启发性知识,运用规范的专门知识和直觉的评判知识进行判断、推理和联想,实现问题求解。

(2) 透明性。专家系统允许用户在对系统结构不了解的情况下进行交互,了解知识的内容和推理思路。另外,专家系统还能回答用户的一些有关系统自身行为的问题。

(3) 有效性。专家系统的推理机能够根据已知的事实,通过运用知识库中的知识进行推理求解。专家系统的核心是知识库和推理机,由于领域专家的知识大多是经验性知识,需要解决的问题往往也是不确定性知识,但专家系统能够根据确定性知识和不确定性知识进行推理,得出结论。

(4) 灵活性。专家系统的知识库与推理机既相互联系又相互独立。相互联系表现在推理机可用知识库中的知识进行推理,以实现问题的求解;相互独立表现在当前知识库被适当修改和更新时,只要推理方式没有变化,推理机部分就可不变,使系统易于被扩充,具有较大灵活性。

(5) 交互性。专家系统具有友好的人机界面和交互性,一方面,专家系统需要与领域专家和知识工程师进行对话,完成知识获取;另一方面,专家系统还需要不断地从用户获得所需的已知事实,并回答用户的询问。这些都是专家系统的交互性体现。

3. 专家系统与传统的程序系统的区别

从上述介绍可以看出,专家系统与传统的程序系统不同。归纳起来,主要的区别如表 5-1 所示。

表 5-1　专家系统与传统的程序系统的区别

项　目	传统的程序系统	专家系统
处理对象	数字	符号
编程思想	数据结构＋算法	知识＋推理
求解知识	隐含于程序中	知识存于知识库中
解释功能	不具有解释功能	具有解释功能
产生结果	正确的答案	有时产生错误答案
处理方法	算法	启发式
处理方式	批处理	交互式
系统结构	数据和控制集成	知识和控制分离

续表

项 目	传统的程序系统	专家系统
系统修改	难	易
信息类型	确定性	不确定性
处理结果	最优解	可接受解
适用范围	无限制	封闭

从表 5-1 中可以看出,专家系统是一个启发交互式的符号系统。在结构上,其知识和控制分离,修改容易,信息类型可为不确定性信息、处理结果可以提供不确定性解。显然,专家系统与传统的程序系统功能不同,所以专家系统能够解决传统的程序系统不能解决的问题。

5.2.3 专家系统的类型

1. 基于知识表示划分

在专家系统中,常用的知识表示方法有逻辑、规则、语义网络和框架。基于知识表示不同,可以将专家系统划分为如下 4 种类型。

(1) 基于逻辑的专家系统:在基于逻辑的专家系统中,知识库主要由说明事实的谓词逻辑子句构成,是采用了基于逻辑的知识表示和推理的专家系统。

(2) 基于规则的专家系统:在基于规则的专家系统中,知识库主要由说明事实的产生式规则构成,是采用了基于规则的知识表示和推理的专家系统。

(3) 基于语义网络的专家系统:是采用了基于语义网络的知识表示和推理的专家系统。

(4) 基于框架的专家系统:是采用了基于框架的知识表示和推理的专家系统。

2. 基于任务类型划分

基于任务类型不同,可以将专家系统划分如下 12 种类型。

(1) 解释型:可用于分析符号数据并阐述这些数据的实际意义。其可以根据表层信息解释深层结构或内部情况的专家系统,如地质结构分析、物质化学结构分析等。

(2) 预测型:可根据对象过去和现在的情况推断未来的演变结果,是根据现状预测未来情况的专家系统,如气象预报、人口预测、水文预报、经济形势预测等。

(3) 诊断型:可根据输入信息找到对象的故障和缺陷,根据对症状的观察分析推导产生症状的原因以及排除故障的方法,典型应用如医疗、机械、经济等。

(4) 调试型:给出确定的故障排除方案的专家系统。

(5) 维修型:指定并实施纠正某类故障的规划的专家系统。

(6) 规划型:根据给定目标拟定行动计划的规划型专家系统,主要用于制定行动规划,如自动程序设计、军事计划的制定等。

(7) 设计型:设计型专家系统是根据给定要求形成所需方案和图样、根据给定的产品要求设计产品的专家系统,典型应用如建筑设计、机械产品设计等。

(8) 监护型:监护型专家系统是完成实时监测任务、对某类行为进行监测并在必要时候进行干预的专家系统,典型应用如机场监视、森林监视等。

（9）控制型：是完成实施控制任务的专家系统，广泛应用于工业设计和过程控制，可为解决工业控制难题提供一种新的方法，是实现工业过程控制的重要技术。

（10）教育型：是诊断型和调试型的组合，能够辅助教学的专家系统。

（11）决策型专家系统：是对可行方案进行综合评判并优选的专家系统。

（12）数学专家系统：是用于自动求解某些数学问题的专家系统。

5.3 专家系统的结构

专家系统是包含知识和推理的智能计算机程序系统。

5.3.1 产生式系统

基于规则的专家系统是使用基于产生式规则的系统。

1. 基于规则的推理

基于规则的专家系统中的知识由事实与产生式规则表示，并采用确定性正向推理方式获得目标结果。

例 5-1 动物识别。

对蛇、鹦鹉、蜥蜴、猫四种动物识别。

1）产生式规则

（1）冷血＋没有腿→蛇。

（2）冷血＋有腿→蜥蜴。

（3）非冷血＋有羽毛＋会飞→鹦鹉。

（4）非冷血＋没有羽毛→猫。

2）事实

（1）蛇冷血、没有腿。

（2）蜥蜴冷血、有腿。

（3）鹦鹉非冷血、有羽毛、会飞。

（4）猫非冷血、没有羽毛。

3）推理过程

（1）如果是冷血、有腿，经过 2 步正向推理，得到结果，即是蜥蜴。

（2）如果是冷血、无腿，经过 2 步正向推理，得到结果，即是蛇。

（3）如果是非冷血、有羽毛、会飞，经过 3 步正向推理，得到结果，即是鹦鹉。

（4）如果是非冷血、没有羽毛，经过 2 步正向推理，得到结果，即是猫。

以上知识表示与推理的决策树如图 5-1 所示。

2. 产生式系统的组成

产生式系统是一种问题求解系统，其由综合数据库、产生式规则库和控制系统三部分组成，如图 5-2 所示。

1）综合数据库

综合数据库含有与具体任务有关的信息，随着应用情况的不同，综合数据库可能像数字矩阵那样简单，也可能像文件检索结构那样复杂。

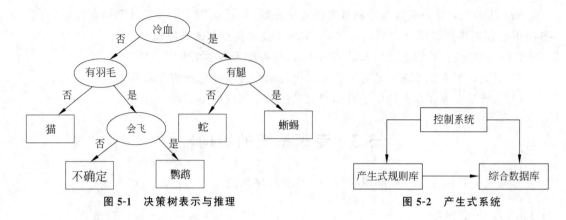

图 5-1　决策树表示与推理

图 5-2　产生式系统

一个典型的综合数据库的库结构如下。

Fact_id	name	Usedby	Trans	Expect

各字段含义如下。

$Fact\_id$：事实的编码。

$name$：事实的名称。

$Usedby$：表示应用到该事实的某条规则。

$Trans$：事实的内容，统筹考虑应使其表示模式与推理机制相结合。

$Expect$：表示事实是否已知。

2）产生式规则库

产生式规则库的规则可对数据库进行操作运算，其每条规则由左右两部分组成，左部分鉴别规则的适用性或先决条件，右部分描述规则应用时所完成的动作，应用规则可改变数据库。

产生式规则库由领域规则组成，按逻辑关系，一个产生式规则库中的规则一般可形成一个称为推理网络的结构图。

产生式规则库的库结构如下。

Rule_id	Premise	Action	Active	Used

各字段含义如下。

$Rule\_id$：规则的代号。

$Premise$：规则的前件，即判断的条件。

$Action$：规则的后件，即条件符合时对应的结果，分为两类，即结论型和动作型。

$Active$：规则是否成立，成立为 1，不成立为 0。

$Used$：规则是否被使用过。

3）控制系统

控制系统决定应该采用哪一条适用规则，它决定了在数据库的终止条件得到满足时停止计算。

控制系统执行机构是一个程序模块，负责测试或匹配产生式规则的前提条件、调度与选取以及规则体的解释和执行,即实施推理,并对推理进行控制,是规则的解释程序。它由控制策略确定应该采用哪一条适用规则,当数据库的终止条件得到满足时,它将停止计算。推理机的一次推理过程如图 5-3 所示。

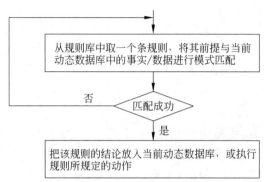

图 5-3　推理机的一次推理过程

系统在从规则库中选择规则来与数据库的已知事实进行匹配时,可能有 3 种结果,如下所示。

(1) 匹配成功,此条规则将列入被激活候选集。

(2) 匹配失败,输入条件与已知条件矛盾,放弃该规则。

(3) 匹配无结果,即该条规则前件的已知条件与输入事实完全无关,将该规则列入待测试规则集,它将在下一轮匹配中再次被使用。

当匹配成功的规则多于一条时,需要从中选出一条加以执行。如果该规则的后件不是问题的目标,那么就将其加入数据库中。如果这些后件是一个或者多个操作,那么系统将根据一定的策略有选择有顺序地执行它。对要执行的规则,如果该规则的后件满足问题的结束条件则停止推理。

产生式系统的推理可采用正向或反向两种基本方式。正向推理是从初始事实数据出发,使用正向规则进行推理(即使用规则前提与动态数据库中的事实匹配,或使用动态数据库中的数据测试规则的前提条件,然后产生结论或执行动作),向目标方向前进;反向推理则是从目标出发,使用反向规则进行推理(即使用规则结论与目标匹配,产生新的目标,然后对新目标再做同样的处理),往初始事实或数据方向前进。

3. 产生式系统的运行过程

产生式系统的运行过程也是一个搜索过程。系统运行时,除了需要有规则库以外,还需要有初始事实(或数据)和目标条件。目标条件是系统正常结束的条件,也是系统的求解目标。系统启动后,推理机就开始推理,按所给的目标进行问题求解。

一个实际的产生式系统目标条件一般不会只经一步推理就得到满足,往往需要经过多步推理才能满足或者证明问题无解。所以,产生式系统的运行过程就是推理机不断将规则库中的规则作用于动态数据库,进行推理并检测目标条件是否满足的过程。当推理到某一步目标条件被满足时推理成功,系统运行结束;或者再无规则可用但目标条件仍未满足则推理失败,系统运行也结束。

4. 产生式系统的特点

1) 优点

（1）自然性：由于产生式系统采用了人类常用的表达因果关系的知识表示形式，故其既直观、自然，又便于推理。

（2）模块性：产生式是规则库中的最基本知识单元，形式相同，易于模块化管理。

（3）有效性：能表示确定性知识、不确定性知识、启发性知识、过程性知识等。

（4）清晰性：产生式有固定的格式，这既便于规则设计，又易于对规则库中的知识进行一致性和完整性检测。

2) 缺点

（1）效率不高：产生式系统求解问题的过程是一个反复进行"匹配-消解冲突-执行"的过程。由于规则库一般都比较庞大，而匹配又是一件十分费时的工作，因此，其工作效率不高。此外，在求解复杂问题时容易引起组合爆炸。

（2）不能表达具有结构性的知识：产生式系统对具有结构关系的知识无能为力，它不能将具有结构关系的事物间的区别与联系表示出来，因此，经常需要将它与其他知识表示方法（如框架表示法、语义网络表示法）相结合以表示知识。

3) 产生式系统的适用领域

（1）具有许多相对独立的知识元组成的领域知识，彼此之间关系不密切，不存在结构关系。

（2）具有经验性及不确定性的知识，而且相关领域中对这些知识没有严格、统一的理论。

（3）领域问题的求解过程可表示为一系列相对独立的操作，而且每个操作可表示为一条或多条产生式规则。

（4）如果产生式规则的前提得到满足，则可得出结论或者执行相应的动作，即后件由前件触发。

5.3.2　专家系统的基本结构

专家系统的基本结构如图 5-4 所示，通常由人机交互界面、推理机、解释器、知识库、综合数据库和知识获取 6 部分构成，其中箭头方向为信息流动的方向。专家系统各部分的基本功能说明如下。

1. 知识库

知识库具有结构化、易操作、易利用的特征，是全面而有组织的知识集群，是针对某一（或某些）领域问题求解的需要而采用某种（或若干）知识表示方式在计算机存储器中存储、组织、管理和使用的互相联系的知识片段的集合。这些知识片段包括与领域相关的理论知识、事实数据、由专家经验得到的启发式知识，例如，某领域内有关的定义、定理和运算法则以及常识性知识等。知识库是由人工智能和数据库技术有机结合发展的结果。

1) 知识库的特点

（1）知识库中的知识根据应用领域特征、背景特征（获取知识时的背景信息）、使用特征、属性特征等构成便于应用、有结构的组织形式，构建的知识片段呈现模块化的结构。

（2）知识库的知识是有层次的，最底层是事实知识，中间层是用来控制事实的知识（通常由规则、过程等表示），最高层次是策略，它以中间层知识为控制对象，是规则的规则。因

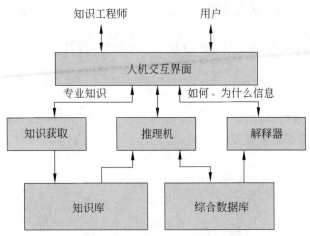

图 5-4 专家系统的基本结构

此知识库的基本结构是层次结构,是由其知识本身的特性所确定。在知识库中,各知识片段通常都存在相互依赖关系。规则是最典型的、最常用的一种知识片段。

(3) 知识库中可有一种不只属于某一层次(或者说在任一层次都存在)的特殊形式的知识,即可信度,或称信任度、置信测度等。对某一问题,有关事实、规则和策略都可标以可信度,这样就形成了增广知识库。在数据库中不存在不确定性度量,因为数据库处理的一切都属于确定型的。

(4) 知识库中还可存在一个通常称为典型方法库的特殊部分。如果对某些问题的解决途径是肯定和必然的,那么就可以将其作为一部分相当肯定的问题解决途径直接将之存储在典型方法库中,这种宏观的存储将构成了知识库的另一部分。在使用这部分时,机器推理将只限于选用典型方法库中的某一部分。

2) 知识库系统的功能

知识库系统由知识库和知识库管理系统组成,知识库是知识库系统的子集,而知识库系统主要功能如下。

(1) 有序化处理信息和知识。知识库系统建立了知识库,必定要对原有的信息和知识做一次大规模的收集和整理,按照一定的方法将之进行分类保存,并提供相应的检索手段。经过这样处理之后,大量隐含知识实现了编码化和数字化,信息和知识便从原来的混乱状态变得有序,方便了信息和知识参与检索,并为其有效使用打下了坚实的基础。

(2) 加快知识和信息的流动,有利于知识的共享与交流。知识和信息实现了有序化,其被寻找和利用时间显著减少,也便于流动。

(3) 有利于实现组织的协作与沟通。将知识装入知识库有利于实现组织的协作与沟通。

(4) 可以帮助企业实现对客户知识的有效管理。将客户的所有信息保存于知识库中可以方便使用人员随时利用。

3) 知识表示

为了使计算机能运用专家的领域知识,必须要采用一定的方式表示知识。常用的知识表示方式有产生式规则、语义网络、框架、状态空间、逻辑模式、脚本、过程、面向对象等。基于规则的产生式系统是实现知识运用最基本的方法。

例 5-2　事实和产生式规则的描述。

已有事实如下。

```
father(Laoli,Li)
father(Li,xiaoli)
```

产生式规则如下。

$$\mathrm{grandfather}(Z,X) = \mathrm{father}(Z,Y) \bigcap \mathrm{father}(Y,X)$$

知识库中的知识源于领域专家,是决定专家系统能力的关键,库中知识的质量和数量决定了专家系统的质量水平。知识库也是专家系统的核心组成部分。一般来说,专家系统中的知识库与专家系统程序相互独立,用户可以通过改变、完善知识库中的知识内容来提高专家系统的性能。

知识库是用来存放专家知识、经验、书本知识和常识的存储器。在知识库中,知识是以一定的形式表示的,此结构形式取决于所采用的知识表示方式,如框架、规则、语义网络等。产生式规则是专家系统中应用最普遍一种方法,它不仅可以表达事实,而且可以附上置信度因子以表示这种事实的可信程度,从而可以完成不确定推理。

对于程序语言中的 IF-THEN 条件语句,条件语句是逐条执行,条件被激活后,则立刻执行得出结论。但是,在专家系统中,例如,P_1,P_2,P_3 … → R_1,R_2,R_3 …,只有左边的规则都成立(合取运算),才会有右边的结论。

知识库是一个变动的数据库,根据下面将要提到的知识获取方法获取新的知识后,就可以升级该数据库,从而提高该规则的判断准确度。

2. 推理机

推理机包括推理方法和控制策略两部分,相当于人脑的信息处理部分,接收输入数据,从规则库选取规则,然后进行推理,直到得到结论为止。具体内容前文已述,此处不做赘言。

3. 知识获取

知识获取负责建立、修改和扩充知识库,在专家系统中其可将问题求解的各种专门知识从人类专家的头脑或其他知识源那里转换到知识库中。知识获取机构可以非自动获取,也可以采用半自动或自动获取方式,如图 5-5 所示。

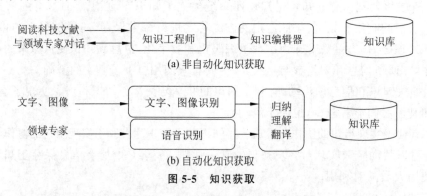

(a) 非自动化知识获取

(b) 自动化知识获取

图 5-5　知识获取

知识获取策略由知识的表示模式和知识库的存储结构决定,具体获取过程如下。

(1) 识别领域知识的基本结构和特点,进而寻找合适的知识表示方法。

(2) 确定适当的知识库存储结构。

（3）抽取领域知识，将之转换成计算机可识别的代码。

（4）调试精练知识库。

知识获取过程实际上是将知识从人类专家的脑子中提取和总结出来，并且保证所获取的知识的正确性和一致性，这是开发专家系统的关键。

构造专家系统时，要求领域专家和知识工程师密切合作，总结和提取专家的领域知识，将其形式化、编码并存入计算机中的知识库。但是，专业领域知识是启发式的，较难捕捉和描述，专业领域专家通常善于提供事例而不习惯提供知识，同时，建成的知识库经常发现有错误或不完整，因此，知识获取过程还包括对知识库的修改和扩充，知识获取是专家系统开发的瓶颈问题之一。

4. 人机交互界面

人机交互界面是专家系统与领域专家、知识工程师、一般用户进行交互的界面。通过该界面，用户输入基本信息、向系统提出问题；系统输出推理结果及相关的解释。

在输入与输出过程中，人机交互界面需要对信息进行内外表示形式的转换，在输入时，需要将领域专家、知识工程师、一般用户的输入信息转换成系统内部信息，然后分别交给相应机构处理。在输出时，系统需要将信息的内部表示形式转换成用户易于理解的外部表示形式输出。

5. 综合数据库

数据库是专家系统用于存放反映系统当前状态的事实数据的场所。事实数据包括用户输入的事实、已知的事实以及推理过程中得到的中间结果等。

综合数据库通常由动态数据库和静态数据库两部分构成。静态数据库用来存放相对稳定的参数，动态数据库则存放运行过程中的参数，这些数据都是推理过程中必不可少的依据。动态数据库或工作存储器则是反映当前问题求解状态的集合，用于存储系统运行过程中所产生的所有信息，以及所需要的原始数据，包括用户输入的信息、推理的中间结果、推理过程的记录等。综合数据库包含各种事实、命题和关系组成的状态，既是推理机选用知识的依据，也是解释机制获得推理路径的来源。

6. 解释器

解释器是人机交互的桥梁，其主要功能是将用户提供的信息转化成计算机能够理解的形式，同时将计算机得出的结果转化为用户易读的方式并将之呈现给用户。解释器可对求解过程做出说明，并回答用户的提问。解释机制涉及程序的透明性，它能让用户理解程序正在做什么和为什么这样做，向用户提供了一个关于系统的认识窗口。在很多情况下，解释机制是非常重要。为了回答为什么得到某个结论的询问，系统通常需要反向跟踪动态库中保存的推理路径，并将它翻译成用户能接受的自然语言形式。

透明性是衡量专家系统性能的指标之一，能告诉用户自己是如何得出此结论，根据是什么，目的是让用户相信自己。它可以随时回答用户提出的各种问题，包括与系统推理有关的问题和与系统推理无关的、系统自身的问题。它可对推理路线和提问的含义给出必要而清晰的解释，为用户了解推理过程以及维护提供方便的手段，方便用户使用和调试软件，并增强用户的信任感。

例 5-3 医疗专家系统。

医疗专家系统中的专家经验与医学常识被存储在知识库中，如图 5-6 所示。在为患者诊疗时,系统将从综合数据库中的患者症状和化验结果等初始证据出发,按照某种搜索策略在知识库中找到与之匹配的知识,推出某些中间结论,然后再以这些中间结论为依据在知识库中找到与之匹配的知识,推出进一步的中间结果,如此反复进行,直到最终推出结论,这个结论就是患者的病因和治疗方案。一般来说,专家系统是典型的基于知识的系统,专家系统=知识库+推理机。

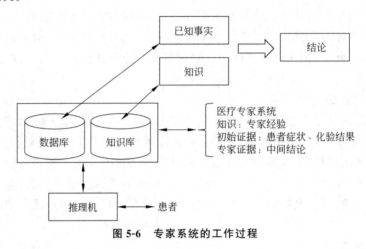

图 5-6　专家系统的工作过程

5.4　专家系统的构建与开发环境

5.4.1　基于骨架系统的专家系统构建

1. 骨架系统的概念

为了提高专家系统的设计和开发效率,需要使用专门的开发工具。专家系统的核心特点是知识库与其他部分分离,知识库与待求解问题的领域密切相关,但推理机却与具体领域独立,具有通用性。为此,可以将描述领域知识的规则从原系统中抽出,只保留与知识表示和领域无关的推理机等部分,这就获得了一个专家系统的骨架系统,它表示了原有系统的框架。

骨架系统是从原有的已成功运用的专家系统抽象而来的,它去除了原有系统中具体的领域知识,保留了原系统的体系结构和功能,并将领域的操作界面改为通用界面。

在骨架系统中,知识表示模式、推理机制都为确定的。如果利用骨架系统作为开发工具,只需要将新的领域知识用骨架系统规定的模式表示,并装入知识库中即可。

2. EMYCIN 骨架系统

EMYCIN 骨架系统是从 MYCIN 专家系统抽出原有的医学领域知识并保留剩余的骨架而形成的系统。MYCIN 专家系统是对细菌感染性疾病进行诊断和治疗的专家系统,专家系统可以帮助内科医生诊断细菌感染性疾病,并给出建设性诊断结果和处方。MYCIN 专家系统是将产生式规则从通用问题求解的研究转移到专门问题的一个成功典范,在专家系统的发展中占有重要地位,许多专家系统都是基于 EMYCIN 骨架系统而构建的。

1) MYCIN 专家系统的结构

MYCIN 专家系统的结构如图 5-7 所示,主要由咨询模块、解释模块、知识获取模块、知识库和综合数据库组成,采用了产生式规则表示知识、目标驱动的反向推理控制策略。

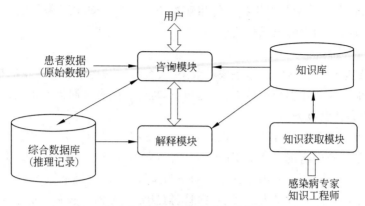

图 5-7　MYCIN 专家系统的结构

2）EMYCIN 骨架系统的功能

EMYCIN 骨架系统具有 MYCIN 专家系统的全部功能,简述如下。

（1）解释程序：解释程序可以完成对用户解释推理功能。

（2）知识编辑程序：EMYCIN 骨架系统提供了开发知识库的环境,使开发者能够以接近自然语言的规则表示知识。

（3）管理与维护知识库：EMYCIN 骨架系统提供了开发知识库的环境,可以在知识编辑及输入时进行语法、一致性、是否矛盾和包含等检查。

（4）跟踪和调试功能：EMYCIN 骨架系统提供了有价值的跟踪和调试功能,可以在实验过程中的状况被记录和保留。

3）EMYCIN 骨架系统的工作过程

（1）专家系统的建立过程：在建立过程中,首先由知识工程师输入专家知识,由知识获取模块完成知识表示的形式化,并对知识进行语法与语义检查,建立知识库。然后知识工程师调试和修改知识库。建立知识库之后,一个使用 EMYCIN 骨架系统构造的专家系统即可交付使用。

（2）咨询过程：在该过程,用户提出目标假设,推理机根据知识库中的知识进行推理,最后提出建议,做出决策,并通过解释模块向用户解释推理过程。

4）EMYCIN 骨架系统的应用

EMYCIN 骨架系统已用于构建医学、地质、农业等领域的诊断型专家系统。

（1）帮助工程师进行结构分析的专家系统。

（2）通过解释呼吸测试数据诊断肺病。

（3）分析并确定病人凝血机制中有无问题。

（4）预测麦田是否将受到黑鳞翅目幼虫危害。

（5）通过解释油井钻探以鉴定地下岩层。

5.4.2　专家系统的开发环境

专家系统的开发环境是指开发专家系统所采用的工具集。

1. 知识工程

知识工程可以将软件工程的思想与方法应用于设计基于知识的系统,是社会科学与自然科学的交集,是科学技术与工程技术的相互渗透的产物。知识工程完成了将人类知识用计算机表达并进行了知识的数学化建模。

1)知识工程的概念

知识工程是运用现代科学技术手段高效率、大容量地获得知识和信息的技术,目的是为了最大限度地提高人的才智和创造力、掌握知识和技能、提高人们借助现代化工具和利用信息的能力,为智力开发服务。

知识工程可以运用人工智能的原理和方法,为那些需要专家知识才能解决的应用难题提供求解的手段。恰当运用专家知识的获取、表达和推理过程的构成与解释是设计基于知识的系统的重要技术问题。知识工程是以知识为基础的系统,是通过智能软件而建立的专家系统。知识工程可以看成是人工智能在知识信息处理方面的发展,研究如何由计算机表示知识,以进行问题的自动求解。知识工程的研究使人工智能的研究从理论转向应用,从基于推理的模型转向基于知识的模型,包括了整个处理知识信息的研究。

知识工程是一门以知识为研究对象的学科,它将具体智能系统研究中那些共同的基本问题归纳抽取出来作为知识工程的核心内容,使之成为具体指导研制各类智能系统的一般方法和基本工具,成为一门具有方法论意义的科学。知识工程是研究知识信息处理的学科,提供开发智能系统的技术,是人工智能、数据库技术、数理逻辑、认知科学、心理学等学科交叉发展的结果。

2)知识工程过程

知识工程过程包括下述 5 个活动。

(1)知识获取:知识获取包括从人类专家、书籍、文件、传感器或计算机文件获取知识,知识可以是特定领域或特定问题的解决程序,也可以是一般知识或元知识解决问题的过程。

(2)知识验证:知识验证是指验证知识,例如,可以测试用例直到它的质量是可以接受为止。测试用例的结果通常被专家用于验证知识的准确性。

(3)知识表示:将获得的知识被组织在一起的活动称为知识表示。这个活动需要准备知识地图以及在知识库进行知识编码等。

(4)推论:推论活动包括软件的设计,使机器能够做出基于知识和细节问题的推论。之后系统可将推论结果提供给非专业用户。

(5)解释和理由:解释和理由包括设计和编程的解释功能。在知识工程的过程中,获取知识是一个瓶颈,它限制了专家系统和其他人工智能系统的发展。

3)知识工程学科的内容

知识工程的目标是构造高性能的、基于知识的系统以解决复杂的问题,主要内容如下。

(1)基础理论:知识的分类、结构和效用、知识的表示、知识的获取和机器学习、推理和知识的使用等。

(2)实用知识型系统:主要解决在建造系统过程中遇到的技术问题。

(3)解释与接口模型。

(4)知识工程环境:为实际知识型系统的开发提供一些良好的工具和手段。

(5)与智能计算机和自动化相关的课题。

4)知识工程构建专家系统的主要工作

(1)从领域专家那里获取系统所用的知识,完成知识获取。

（2）选择合适的知识表示形式，完成知识表示。

（3）进行专家系统的软件设计。

（4）以计算机程序设计语言实现。

2. 专家系统的开发工具集

专家系统的开发环境是指开发专家系统所采用的工具集，从专家系统开发所采用的编程语言和知识库的组织看，其开发环境可以分为以下 4 种形式。

（1）人工智能语言编程开发环境。随着专家系统的发展，开始出现专门编写专家系统的语言，如 LISP、PROLOG 等，LISP 和 PROLOG 语言本身具有回溯递归功能，能简化程序的逻辑结构，使程序在运行过程中可以自动实现知识的搜索、匹配和回溯，而且使知识和语言的关系更加密切。

（2）可视化开发环境。随着 GUI 操作系统的出现，尤其是可视化交互的出现和数据库技术的成熟，专家系统转向了 Python 语言等开发环境，程序各部分的链接和调试很方便，专家系统界面也很友好，非常适合于专家系统单机版的开发。

（3）二次开发环境。20 世纪 80 年代初，根据专家系统知识库和推理机分离的特点，人们将已建成的专家系统中的知识库换装入某一领域的专业知识，构成新的专家系统。在调试过程中，开发者只需检查知识库是否正确。这种思想指导产生了建立专家系统的工具，或称为专家系统开发工具、专家系统骨架技术。利用专家系统二次开发工具，某领域的专家无须懂计算机专业知识，只需将本领域的知识装入知识库，经调试修改即可得到本领域的专家系统。

（4）网络开发环境。网络技术的出现和发展，尤其是 B/S 架构的应用使专家系统的开发环境集中在服务器端。网络开发环境为专家系统的开发提供了更大的灵活性。

5.5 专家系统的案例

基于知识的系统技术应用广泛，业界先后出现了具有解释、预测、诊断、故障排除、设计、规划、监督、除错、修理、行程安排、教学、控制、分析、维护、架构设计、校准等功能的专家系统。

5.5.1 基于规则的动物识别专家系统

1. 问题描述

利用基于启发式规则的动物识别系统识别出：虎、豹、斑马、长颈鹿、鸵鸟、企鹅、海鸥等动物。以启发规则为例建造规则库和综合数据库，并能对它们进行添加、删除和修改操作。

2. 基于规则库和综合数据库进行推理

3. 可以使用任何语言，需要有推理结果的解释

（1）先验领域知识如下。

如果有毛发，那么是哺乳类。

如果产奶，那么是哺乳类。

如果有羽毛，那么是鸟。

如果能飞又能下蛋，那么是鸟类。

如果食肉，那么是食肉类。

如果有犬齿又有爪又能目视前方,那么是食肉类。

如果是哺乳类又有蹄,那么是蹄类。

如果是哺乳类又反刍,那么是蹄类。

如果是哺乳类又食肉又是黄褐色又有暗斑点,那么是豹。

如果是哺乳类又食肉又是黄褐色又有黑色条纹,那么是虎。

如果有蹄又有长脖子又是长腿又有暗斑点,那么是长颈鹿。

如果是蹄类又有黑色条纹,那么是斑马。

如果是鸟类又有长脖子又有长腿又不能飞又是黑白色,那么是鸵鸟。

如果是鸟类又会游泳又不能飞又是黑白色,那么是企鹅。

如果是鸟类又能飞,那么是海鸥。

（2）根据上述的先验领域知识将每一个前提条件编码,如表 5-2 所示。

表 5-2　前提条件编码

前提条件	编 码	前提条件	编 码	前提条件	编 码
有毛	A	有爪	H	长脖	O
产奶	B	目视前方	I	长腿	P
有羽毛	C	有蹄	J	不能飞	Q
能飞	D	反刍	K	会游泳	R
能下蛋	E	黄褐色	L	黑白色	S
食肉	F	有斑点	M	能飞	T
有犬齿	G	黑色条纹	N		

（3）中间结论编码如表 5-3 所示。

表 5-3　中间结论编码

中间结论	编码	中间结论	编码	中间结论	编码	中间结论	编码
哺乳类	V	鸟类	U	食肉类	W	蹄类	X

（4）最后结论编码如表 5-4 所示。

表 5-4　最后结论编码

结 论	编 码	结 论	编 码	结 论	编 码	结 论	编 码
豹	Leopard	长颈鹿	Giraffe	鸵鸟	Ostrich	海鸥	Seagull
虎	Tiger	斑马	Zebra	企鹅	Penguin		

（5）获得的产生式规则集及其规则解释如表 5-5 所示。

表 5-5　产生式规则集

序 号	规 则	规 则 解 释
1	A→V	有毛→哺乳类
2	B→V	产奶→哺乳类

续表

序　号	规　　则	规　则　解　释
3	C→U	有羽毛→鸟类
4	D∩E→U	能飞∩能下蛋→鸟类
5	V∩F→W	哺乳类∩食肉→食肉类
6	G∩H∩I→W	有犬齿∩有爪∩目视前方→食肉类
7	V∩J→U	哺乳类∩有蹄→鸟类
8	V∩K→X	哺乳类∩反刍→蹄类
9	V∩W∩L∩M→Leopard	哺乳类∩食肉类∩黄褐色∩有斑点→豹
10	V∩W∩L∩N→Tiger	哺乳类∩食肉类∩黄褐色∩黑色条纹→虎
11	X∩O∩P∩M→Giraffe	蹄类∩长脖∩长腿∩有斑点→长颈鹿
12	X∩N→Zebra	蹄类∩黑色条纹→斑马
13	U∩O∩P∩D→Ostrich	鸟类∩长脖∩长腿∩能飞→鸵鸟
14	U∩R∩S∩Q→Penguin	鸟类∩会游泳∩黑白色∩不能飞→企鹅
15	U∩T→Seagull	鸟类∩能飞→海鸥

从表 5-5 可以看出：

序号 5、6 的产生式规则推出结果为食肉类。

序号 10 的产生式规则推出的结果为虎。

序号 14 的产生式规则推出的结果为企鹅。

在基于规则的专家系统中，按照表 5-5 所提供的产生式规则进行推理，就可以识别出虎、豹、斑马、长颈鹿、鸵鸟、企鹅、海鸥等 7 种动物。不难看出，如果利用基于规则推理的专家系统的骨架构建专家系统，仅需改变规则编码内容就可构建出所需的专家系统。

5.5.2　基于模糊规则的专家控制系统

1. 专家控制系统的基本结构

要想将专家系统技术引入控制领域，首先必须将控制系统看作是一个基于知识的系统，而作为系统核心部件的控制器则要体现知识推理的机制和结构。虽然因应用场合和控制要求的不同专家控制系统的结构可能不一样，但几乎所有的专家控制系统都包含知识库、推理机和控制算法等。图 5-8 所示的为专家控制系统的基本结构。

与专家系统相似，整个控制问题领域的知识库和一个体现知识决策的推理机就构成了专家控制系统的主体。

2. 模糊逻辑与专家控制相结合

将模糊集和模糊推理引入专家控制系统中，就产生了基于模糊规则的专家控制系统，也称模糊专家控制系统。它运用模糊逻辑和人的经验知识及求解控制问题时的启发式规则构造控制策略。针对难以用准确的数字模型描述、也难以完全依靠确定性数据进行控制的情况，可使用模糊语言变量表示规则并进行模糊推理，这样更能模拟操作人员凭经验和直觉对

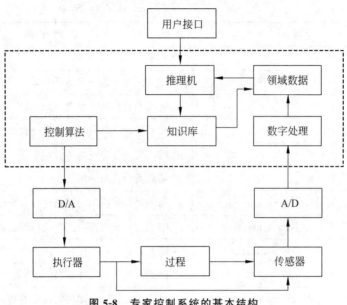

图 5-8　专家控制系统的基本结构

受控过程进行的手动控制,从而具有更高的智能。

模糊专家控制全部或部分地采用模糊技术获取知识、表示知识和运用知识,其核心是模糊推理机,它根据模糊知识库中的不确定性知识,按不确定性推理、策略解决系统问题域中的问题,给出较为合理的模糊控制规则。

3. 模糊时间控制专家系统案例

利用模糊综合评价法,通过时间模糊推理,可以根据污泥和油脂的量,设定洗涤时间。

1) 利用洗衣机清洗衣服设定时间的经验

- 污泥越多、油脂越多,则洗涤时间越长;
- 污泥适中,油脂适中,则洗涤时间适中;
- 污泥越少,油脂越少,则洗涤时间越短。

将污泥定义 3 种程度,SD:污泥少;MD:污泥中;LD:污泥多。

将油脂也定义 3 种程度,NG:油脂少;MG:油脂中;LG:油脂多。

将洗涤时间定义 5 个级别,A:洗涤时间很短;B:洗涤时间短;C:洗涤时间中等;D:洗涤时间长;E:洗涤时间很长。

2) 根据经验写出的模糊控制规则

$$\text{if SD} \cap \text{NG then } A$$
$$\text{if SD} \cap \text{MG then } C$$
$$\text{if SD} \cap \text{LG then } D$$
$$\text{if MD} \cap \text{NG then } B$$
$$\text{if MD} \cap \text{MG then } C$$
$$\text{if MD} \cap \text{LG then } D$$
$$\text{if LD} \cap \text{MG then } C$$

$$\text{if LD} \bigcap \text{MG then } D$$
$$\text{if LD} \bigcap \text{LG then } E$$

3）控制对象的论域与隶属函数

洗衣机的洗涤时间论域为[0,60]。

输入是被洗衣物的污泥和油脂论域[0,100]。

4）控制对象的隶属函数

污泥隶属函数如下。

$$U_1 = \begin{cases} Us_D(X) = (50-X)/50 & 0 \leqslant X \leqslant 50 \\ U_{MD}(X) = \begin{cases} X/50 & 0 \leqslant X \leqslant 50 \\ (100-X)/50 & 50 \leqslant X \leqslant 100 \end{cases} \\ U_{LD}(X) = (X-50)/50 & 50 \leqslant X \leqslant 100 \end{cases}$$

油脂隶属函数如下。

$$U_2 = \begin{cases} U_{NG}(X) = (50-X)/50 & 0 \leqslant X \leqslant 50 \\ U_{MG}(X) = \begin{cases} X/50 & 0 \leqslant X \leqslant 50 \\ (100-X)/50 & 50 \leqslant X \leqslant 100 \end{cases} \\ U_{LG}(X) = (X-50)/50 & 50 \leqslant X \leqslant 100 \end{cases}$$

洗涤时间隶属函数如下：用 z 表示洗衣机的洗涤时间论域变量，用 $U_{VS}(z)$ 表示"洗涤时间很短"的隶属函数，用 $U_S(z)$ 表示"洗涤时间短"的隶属函数，用 $U_M(z)$ 表示"洗涤时间中等"的隶属函数，用 $U_L(z)$ 表示"洗涤时间长"的隶属函数，用 $U_{VL}(z)$ 表示"洗涤时间很长"的隶属函数。

$$u_{\text{洗涤时间}} = \begin{cases} u_{VS}(z) = \dfrac{10-z}{10} & 0 \leqslant z \leqslant 10 \\[2mm] u_S(z) = -\begin{cases} \dfrac{z}{10} & 0 \leqslant z \leqslant 10 \\ \dfrac{25-z}{15} & 10 < z \leqslant 25 \end{cases} \\[4mm] u_M(z) = -\begin{cases} \dfrac{z-10}{15} & 10 \leqslant z \leqslant 25 \\ \dfrac{40-z}{15} & 25 < z \leqslant 40 \end{cases} \\[4mm] u_L(z) = -\begin{cases} \dfrac{z-25}{15} & 25 \leqslant z \leqslant 40 \\ \dfrac{60-z}{20} & 40 < z \leqslant 60 \end{cases} \\[4mm] u_{VL}(z) = \dfrac{z-40}{20} & 40 < z \leqslant 60 \end{cases}$$

5）规则表

从上述经验写出的 9 条模糊控制规则可以得出污泥度、油脂度与洗涤设定时间的规则，如表 5-6 所示。

表 5-6　设定时间的规则

污泥度\油脂度	NG	MG	LG
SD	A	C	D
MD	B	C	D
LD	C	D	E

6）应用规则

将设计出的 9 条模糊控制规则装入如图 5-8 所示的专家控制系统的知识库中。

本 章 小 结

专家系统是以知识为基础、以机器推理为核心技术的智能程序系统，这是一种新型的程序系统。本章主要介绍了专家系统的产生与发展、功能与特点、结构、构建方法、构建环境与工具，最后，通过两个基于知识的系统案例介绍了专家系统的构造与应用的基本方法。

第6章

机 器 学 习

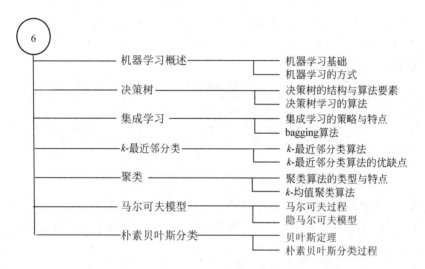

机器学习产生于 20 世纪 50 年代，是人工智能的一个重要分支，它涉及概率论、统计学、逼近论、凸分析、算法复杂度等多门学科及领域。机器学习方法已在数据挖掘、计算机视觉、自然语言处理、生物特征识别、搜索引擎、医学诊断、语音和手写识别、攻略游戏和智能机器人等领域成功应用。

6.1　机器学习概述

机器学习发展迅速，尤其是深度学习的出现与成功应用，进一步促进了机器学习的发展与应用。

6.1.1　机器学习基础

1. 机器学习的概念

学习是人类所具有的一种重要智能行为，著名的人工智能学者赫伯特·A. 西蒙（Herbert A. Simon）教授认为：机器学习就是系统在不断重复的工作中对本身能力的增强或者改进，它可使系统在下一次执行同样任务或类似任务时做得更好、效率更高。

机器学习是使用机器模拟人类学习活动的一门学科。更为严格地说，机器学习是一门研究机器获取新知识和新技能并识别现有知识的学科。演绎、归纳和类比是逻辑推理的三大基本手段，其中，演绎推理是从一般性的前提出发，通过推导演绎出具体陈述或个别结论的过程；归纳推理是从对个别事物的认识上升到对事物的一般规律性的认识，是从个别事物得出一般性结论的推理过程;类比推理是启发人们进行创新思维的重要形式,类比推理是根据两个或两类事物在某些属性上有相同或相似之处(而且已知其中一个事物具有某种属性),由此推知另一个事物也可能具有这种属性的推理过程。机器学习的基础是归纳逻辑,就是从已知案例数据中归纳出未知的规律,然后再预测未来。

对于简单的问题,机器学习可以让机器做一些单调的工作,如让机器掌握识别手写数字的技能之后就可分拣信件;让机器掌握识别并理解地址信息之后,就可分拣快递等。对于较复杂的问题,如根据用户信息为不同的用户推荐不同的广告。由于不同的用户具有不同的喜好,并且用户的喜好可能还会发生变化,所以从这些海量的用户中判断每一个用户的喜好是个很困难的问题,而且从海量的数据中人为总结规律也有很大的局限性,但使用机器学习的方式,在互联网环境下可以使这类问题变得简单。

2. 机器学习系统的基本结构

机器学习系统由环境、学习环节、知识库和执行环节四个部分组成,如图 6-1 所示。

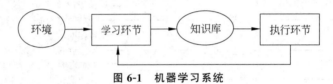

图 6-1　机器学习系统

在机器学习系统中,环境为学习环节提供信息;学习环节利用这些信息修改知识库,以增进系统执行环节完成任务的效能;执行环节根据知识库完成任务,同时将获得的信息反馈给学习环节。

1) 环境

任何一个学习系统都不能在全然没有任何知识的情况下凭空获取知识,环境为学习环节提供信息,影响机器学习系统设计的最重要因素就是环境为系统提供的信息。

2) 学习环节

学习环节接收环境提供的信息,并能够理解环境输入的信息,将其分析比较、做出假设、检验并修改这些假设。更确切地说,学习环节可对现有知识的扩展和改进。如果环境信息的质量比较高,则学习环节将能比较容易地处理这些信息;如果环境向学习系统提供的是杂乱无章的信息,则学习环节需要在获得足够数据之后删除不必要的细节,花费大量精力进行预处理,再获取知识,形成指导行为的规则,再载入知识库。

3) 执行环节

执行环节是整个学习系统的核心,执行部分的作为就是学习环节力求改进的作为。因为学习环节获得的信息往往不完全,所以学习环节所进行的推理也并不完全可靠,总结出来的规则不能保证完全正确。这就需要系统通过执行环节加以检验,使效能提高的规则应予保留,不正确的规则应予修改或从知识库中删除。

4) 知识库

知识库是学习系统存储知识的集合,是影响学习系统设计的重要因素。知识表示有多种形式,例如,一阶逻辑语句、产生式规则、语义网络和框架等。在选择知识表示方式时需要考虑以下四个主要方面。

(1) 知识表达能力强。

（2）易于推理。

（3）易于修改。

（4）易于扩展。

3. 机器学习基本要素

模型、策略和算法是机器学习三个基本要素。

1）模型

机器学习的目的是构造模型，模型可以是确定的，也可以是随机的。监督学习的任务是学习一个模型，使模型能够从任意给定的输入得到相应合理的输出。模型是输入空间到输出空间的映射的集合，这个集合被称为假设空间。这里也可以将学习过程看作在所有假设组成的空间中进行搜索的过程，搜索目标是找到与训练集匹配的假设，即能够对训练集判断正误的假设。当假设表示确定，则假设空间及其规模大小就可确定。

2）策略

这里的策略是指构造模型的策略，要使用一个正态分布描述一组数据，就需要构造正态分布，实际上就是预测这个分布的参数。并且，需要用标准证明一个模型比另一个模型好。不同的策略有不同的模型比较标准和模型选择标准，最终已确定的模型应与策略有关。

3）算法

算法是指模型的实现方法。有了数据和策略，然后就可构造模型。如果有了模型的基本形式，那么剩下的就是一个优化模型参数的问题。面对复杂的数学优化问题，通常很难以小的存储代价、较快的运算速度、更有效的参数优化其结果。

4. 相似性的度量

机器学习需要相似性的度量，相似性的度量可以通过样本距离计算实现。例如，计算不同样本之间的相似性，采用的方法就是计算样本间的距离。相似度越大，则其距离就越小。目前已有出多种距离计算方法，不同的方法适用于解决不同的问题。下面介绍几种常用的距离计算方法。

1）欧几里得距离

欧几里得距离是最常用且易于理解的一种距离计算方法，源自欧几里得空间中两点间的距离计算方法。

（1）二维平面上两点 $A(x_1, y_1)$ 与 $B(x_2, y_2)$ 间的欧几里得距离如下。

$$d_{AB} = \sqrt{(x_1 - x_2)^2 + (y_1 - y_2)^2}$$

（2）三维空间两点 $A(x_1, y_1, z_1)$ 与 $B(x_2, y_2, z_2)$ 间的欧几里得距离如下。

$$d_{AB} = \sqrt{(x_1 - x_2)^2 + (y_1 - y_2)^2 + (z_1 - z_2)^2}$$

（3）两个 n 维向量 $\boldsymbol{A}(x_{11}, x_{12}, \cdots, x_{1n})$ 与 $\boldsymbol{B}(x_{21}, x_{22}, \cdots, x_{2n})$ 间的欧几里得距离如下。

$$d_{AB} = \sqrt{\sum_{k=1}^{n} (x_{1k} - x_{2k})^2}$$

也可以表示成向量运算的形式如下。

$$d_{AB} = \sqrt{(\boldsymbol{a}, -\boldsymbol{b})(\boldsymbol{a} - \boldsymbol{b})^\top}$$

2）曼哈顿距离

曼哈顿距离又称为城市街区距离，它最早源自一个案例，在曼哈顿市要从一个十字路口开车到另外一个十字路口,实际的驾驶距离不是两点间的直线距离,而是曼哈顿距离,这也是曼哈顿距离名称的来源。此计算方法下 a 和 b 两点的距离如图 6-2 所示。

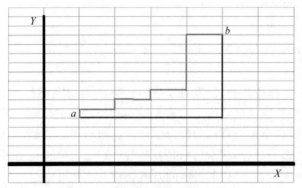

图 6-2 A 和 B 两点的曼哈顿距离

曼哈顿距离是两点在南北方向上的距离加上在东西方向上的距离,即为 $d_{ij} = |x_i - x_j| + |y_i - y_j|$。对于一个具有正南正北、正东正西方向规则布局的城市街道而言,从一点到达另一点的距离正是在南北方向上的距离加上在东西方向上的距离之和。在计算机图形学中,屏幕是由整数的像素构成,点的坐标也是整数,如果直接使用浮点计算 A 和 B 两点的欧几里得距离,则运算速度慢而且有误差;如果使用曼哈顿距离,则只需整数加减法计算即可,从而大大提高了运算速度,而且不论累计运算多少次都不会有误差。

计算曼哈顿距离的具体方法如下。

(1) 二维平面两点 $A(x_1, y_1)$ 与 $B(x_2, y_2)$ 间的曼哈顿距离如下。

$$d_{AB} = |x_1 - x_2| + |y_1 - y_2|$$

(2) 两个 n 维向量 $\boldsymbol{A}(x_{11}, x_{12}, \cdots, x_{1n})$ 与 $\boldsymbol{B}(x_{21}, x_{22}, \cdots, x_{2n})$ 间的曼哈顿距离如下。

$$d_{\boldsymbol{AB}} = \sum_{k=1}^{n} |x_{1k} - x_{2k}|$$

曼哈顿距离的数学性质如下。

(1) 非负性:$d_{AB} \geqslant 0$ 距离是一个非负的数值。

(2) 同一性:$d_{AA} = 0$ 对象到自身的距离为 0。

(3) 对称性:$d_{AB} = d_{BA}$ 距离是一个对称函数。

(4) 三角不等式:$d_{AB} \leqslant d_{Ak} + d_{kB}$ 从 A 到 B 的直接距离不大于途经任何 k 的距离之和。

3) 夹角余弦

机器学习可以使用夹角余弦概念衡量样本向量之间的差异。

(1) 两向量的夹角余弦计算。在二维空间中向量 $\boldsymbol{A}(x_1, y_1)$ 与向量 $\boldsymbol{B}(x_2, y_2)$ 的夹角余弦计算公式如下。

$$\cos\theta = \frac{x_1 x_2 + y_1 y_2}{\sqrt{y_1^2 + y_1^2} \sqrt{x_1^2 + y_1^2}}$$

(2) 两个 n 维样本点的夹角余弦计算。两个 n 维样本点 $\boldsymbol{A}(x_{11}, x_{12}, \cdots, x_{1n})$ 和 $\boldsymbol{B}(x_{21}, x_{22}, \cdots, x_{2n})$ 的夹角余弦计算公式如下。

类似地,对于两个 n 维样本点 $\boldsymbol{A}(x_{11}, x_{12}, \cdots, x_{1n})$ 和 $\boldsymbol{B}(x_{21}, x_{22}, \cdots, x_{2n})$,可以使用类似夹角余弦的概念来衡量它们间的相似程度。

$$\cos\theta = \frac{\boldsymbol{A}\cdot\boldsymbol{B}}{|\boldsymbol{A}||\boldsymbol{B}|}$$

即

$$\cos\theta = \frac{\sum\limits_{k=1}^{n} x_{1k}x_{2k}}{\sqrt{\sum\limits_{k=1}^{n} x_{1k}^2}\sqrt{\sum\limits_{k=1}^{n} x_{2k}^2}}$$

夹角余弦取值范围为[-1,1],夹角余弦值越大,夹角越小,表示两个向量越相似;夹角余弦值越小,表示两向量的夹角越大,表示两个向量越不相似。当两个向量的方向重合时夹角余弦值取最大值 1;当两个向量的方向完全相反夹角余弦取最小值-1。

4）汉明距离

汉明距离是指对于两个等长字符串 s_1 与 s_2,将其中一个变为另外一个所需要做的最小替换次数。例如,字符串 1111 与 1001 之间的汉明距离为 2。

5）杰卡德距离

两个集合 A 和 B 的交集元素在其并集中所占的比例称为两个集合的杰卡德(Jaccard)相似系数,用符号 $J(A,B)$ 表示如下。

$$J(A,B) = |A\cap B| / |A\cup B|$$

杰卡德相似系数是衡量两个集合的相似度一种指标,其值越大,则两个集合的相似度越大。也就是说,杰卡德相似系数只关心个体间共同具有的特征是否一致这个问题。例如,如果比较 X 与 Y 的杰卡德相似系数,可只比较 X_n 和 Y_n 中相同的个数,公式如下。

如集合 $X=\{1,2,3,4\}$,$Y=\{3,4,5,6\}$,那么其 $J(X,Y)=2/6=1/3$。

与杰卡德相似系数相反的概念是杰卡德距离,杰卡德距离越大,则杰卡德相似系数越小,例如,A 和 B 两个集合的杰卡德距离 $J_\delta(A,B)$ 为

$$J_\delta(A,B) = 1 - J(A,B) = (|A\cap B| - |A\cup B|) / |A\cup B|$$

如果 $J(A,B)=2/6=1/3$,则 $J_\delta(A,B)=1-1/3=2/3$。

杰卡德距离以两个集合中不同元素占所有元素的比例衡量两个集合的区分度,其值越大,则两个集合的相似度越小。

6）相关系数

相关系数是反映变量之间相关关系密切程度的统计指标,按积差方法计算,同样以两变量与各自平均值的离差为基础,通过两个离差相乘以反映两变量之间相关程度,着重研究线性的单相关系数。

依据相关现象之间的不同特征,其统计指标的名称有所不同。如反映两变量间线性相关关系的统计指标称为相关系数(相关系数的平方被称为判定系数);反映两变量间曲线相关关系的统计指标被称为非线性相关系数、非线性判定系数;反映多元线性相关关系的统计指标被称为复相关系数、复判定系数等。

两个变量的相关系数定义如下。

$$\mathrm{Cov}(x,y) = \frac{\sum\limits_{i=1}^{n}(x_i-\bar{x})(y_i-\bar{y})}{n}$$

相关系数是衡量随机变量 X 与 Y 相关程度的一种方法,其取值范围是 $[-1,1]$,绝对值越大,则表明 X 与 Y 相关度越高。当 X 与 Y 线性相关时,相关系数取值为 1(正线性相关)或 -1(负线性相关)。

在概率论中,两个随机变量 X 与 Y 之间的相互关系有下列 3 种情况。

(1) 正相关:如果 X 越大 Y 越大,X 越小 Y 也越小,也即相关系数 $\mathrm{Cov}(X,Y)>0$ 时,表明 X 与 Y 正相关。

(2) 负相关:如果 X 越大 Y 反而越小,X 越小则 Y 反而越大,即相关系数 $\mathrm{Cov}(X,Y)<0$ 时,表明 X 与 Y 负相关。

(3) 不相关:如果不是 X 越大 Y 越大,也不是 X 越大 Y 反而越小,当 $\mathrm{Cov}(X,Y)=0$ 时,表明 X 与 Y 不相关。

7) 编辑距离

编辑距离主要用来计算两个字符串的相似度,其定义如下。

设有字符串 A 和 B,其中 B 为模式串,现给定以下操作:从字符串中删除一个字符;往字符串中插入一个字符;从字符串中替换一个字符。通过以上 3 种操作,将字符串 A 编辑为模式串 B 所需的最小操作数称为 A 和 B 的最短编辑距离,记为 $\mathrm{ED}(A,B)$。例如,将 abc 转化为 acb,通过两次替换操作(即修改)即可将 abc 转化为 acb(使用删除和插入操作也可以实现),所以其最小编辑距离为 2。

8) 应用场景

文本相似度计算的常用场景如下。

(1) 欧几里得距离、曼哈顿距离用于估算不同样本之间的相似性。

(2) 夹角余弦用于衡量样本向量之间的差异。

(3) 汉明距离用于计算两个等长字符串的相似度。

(4) 相关系数是衡量随机变量 X 与 Y 相关程度的计算方法。

(5) 杰卡德距离用于衡量两个集合 A 和 B 的相似度。

(6) 编辑距离用于计算两个字符串的相似度。

5. 误差计算

在机器学习及应用中,尤其是深度学习及应用中,经常需要使用样本方差、标准差、极差和协方差等误差描述数据处理前后的特征。

1) 样本方差

样本方差是样本相对均值的偏差平方和的平均值,n 个测量值 $x_1,x_2,x_3,\cdots,x_n$ 的样本方差 s^2 的计算公式为

$$s^2=\frac{1}{n-1}\sum_{i=1}^{n}(x_i-\bar{x})^2$$

其中 $\bar{x}$ 是样本均值。

例如,$n=5$ 个样本观测值为 3、4、4、5、4,则样本均值(数学期望值)为

$$\bar{x}=(3+4+4+5+4)/5=4$$

样本方差为

$$s^2=((3-4)^2+(4-4)^2+(4-4)^2+(5-4)^2+(4-4)^2)/(5-1)=0.5$$

样本方差是描述一组数据变异程度或分散程度大小的指标。实际上,它可以被理解成

是对所给总体方差的一个无偏估计。

2）标准差

由于方差是数据的平方,与检测值本身相差太大,难以直观地被衡量,所以常用方差开根号的方式换算回来得到一个新值,这就是标准差。

3）变异系数

变异系数(coefficient of variance,CV)又称为标准差系数,是标准差与均值的比值。标准差是绝对指标,其值大小不仅取决于样本数据的分散程度,还取决于样本数据平均水平的高低。在进行两个或多个数据变异程度的比较时,如果度量单位和均值相同,则可以直接利用标准差来比较;如果单位或平均值不同,那么比较其变异程度就不能采用标准差。变异系数可以因消除单位和平均值不同而对比较两个或多个数据变异程度的影响。

变异系数的计算公式为

$$CV = (100s/\bar{x})\%$$

4）极差

极差是指一组观测值内最大值与最小值之差,又称为范围误差或全距,以 R 表示。其标识值变动的最大范围,是测定标识变动的最简单指标,计算公式为

$$R = x_{max} - x_{min}$$

其中,x_{max} 为最大值,x_{min} 为最小值。

极差是用来描述数据分散性的指标。数据越分散,则其极差越大。但由于极差取决于两个极值,容易受到异常值的影响,所以在实际中应用较少。虽然极差没有充分利用数据的信息,但其计算简单,仅适用样本容量较小($n<10$)情况。

例如,12、12、13、14、16、21 这组数的极差就是

$$R = 21 - 12 = 9$$

极差越大表示观测值分得越开,最大数和最小数之间的差越大;极差越小,表示数字就越紧密。

5）协方差

在概率论和统计学中,协方差用于衡量两个变量的总体误差,可表示两个变量变化是同方向还是反方向及变化程度。方差是协方差的一种特殊情况,如果两个变量相同,则协方差就是方差。当两个变量同向变化,其协方差为正值;当两个变量反向变化,其协方差为负值。当两个变量无关,其协方差为 0。协方差的值越大,两个变量同向程度也就越大,反之亦然。可以看出,协方差代表了两个变量之间是否同时偏离均值,以及偏离的方向是相同还是相反。

如果有 x 和 y 两个变量,每个时刻的 x 值与其均值 μ_x 之差乘以 y 值与其均值 μ_y 之差得到一个乘积,再对每时刻的乘积求和后,计算均值,即为协方差如下。

$$Cov(x,y) = E((x - \mu_x)(y - \mu_y))$$

上述公式简单解释为:如果有 x 和 y 两个变量,每个时刻的 x 值与其均值之差乘以 y 值与其均值之差得到一个乘积,再对这每时刻的乘积求和并求均值(数学期望)。

$$Cov(x,Y) = E((x - E(x)(y - E(y)))$$
$$Cov(x,y) = E(xy) - E(x)E(y)$$

$E(x)$ 为随机变量 x 的数学期望,同理,$E(xy)$ 是 xy 的数学期望。

例 6-1 协方差计算。

x_i 为 $1.1, 1.9, 3$

y_i 为 $5.0, 10.4, 14.6$

$E(x) = (1.1 + 1.9 + 3)/3 = 2$

$E(y) = (5.0 + 10.4 + 14.6)/3 = 10$

$E(xy) = (1.1 \times 5.0 + 1.9 \times 10.4 + 3 \times 14.6)/3 = 23.02$

$\text{Cov}(x, y) = E(xy) - E(x)E(y) = 23.02 - 2 \times 10 = 3.02$

6. 泛化能力

泛化能力是指学习后得到的模型对未知数据的准确预测能力。为了检测模型的泛化能力,测试集的数据不能出现在训练集中。通过记忆训练数据来学习预测模型,能够使训练集准确预测响应变量的值,但在处理新数据时,可能由于缺乏归纳能力而导致预测失败,输出的仅是简单的记忆结果。经过训练的模型对新样本数据做出正确预测的能力通常称为泛化能力。

1) 过拟合与欠拟合

在机器学习过程中,为了找到泛化能力最强的模型,需要考虑过拟合、好的拟合与欠拟合三个参数。对于监督学习模型,如果特征集合过小,则其可能使模型过于简单;如果特征集合过大,则将使模型过于复杂。

(1) 欠拟合:对于特征集过小的情况,称为欠拟合,模型没有很好地捕捉到数据特征,不能够很好地拟合数据,或者模型过于简单无法拟合或区分样本。

(2) 好的拟合:就是指这个曲线能很好地描述某些样本,并且泛化能力强。

(3) 过拟合:特征集过大,模型把数据学习得太彻底,以至于把噪声数据的特征也学习到了,这样就会导致后期测试时不能够很好地识别数据,即不能正确地分类,模型泛化能力太差。

从学习系统的学习能力来看,过拟合模型学习能力过于强大,而欠拟合模型学习能力太低。

在回归问题中,三种拟合结果如图 6-3 所示。

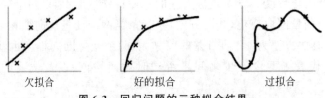

欠拟合　　　　好的拟合　　　　过拟合

图 6-3　回归问题的三种拟合结果

在分类问题中,欠拟合、好的拟合和过拟合三种拟合状态如图 6-4 所示。

2) 防止过拟合方法

(1) 正则化方法:正则化方法包括 L_0 正则、L_1 正则和 L_2 正则,这通常是在目标函数之后加上定义的范数,在机器学习中一般使用 L_2 正则。

(2) 数据增强:增大数据的训练量,过拟合产生的原因之一是用于训练的数据量太小,也就是说,训练数据占总数据的比例过小。

(3) 重新清洗数据:导致过拟合的原因也有可能是脏数据,如果出现了过拟合就需要

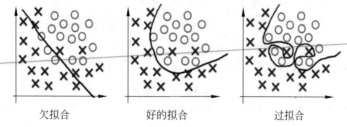

| 欠拟合 | 好的拟合 | 过拟合 |

图 6-4 分类问题的三种拟合结果

重新清洗数据。

(4) 提前终止法:对模型进行训练的过程就是对模型的参数学习更新的过程,这个参数学习的过程往往会用到一些迭代方法,如梯度下降学习算法等。提前终止法便是一种通过截断迭代次数的方式防止过拟合发生,即在模型对训练数据集迭代收敛之前停止迭代以防止过拟合。

(5) 丢弃法:在神经网络训练中经常使用,是在训练时让神经网中的神经元以一定的概率不工作,如图 6-5 所示,左侧为全连接网络,右侧的网络以 0.5 的概率丢弃神经元,黑色神经元就处于不工作的状态。

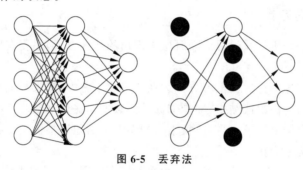

图 6-5 丢弃法

3) 超参数和验证集

在机器学习过程中,为了找到泛化能力最强的模型,需要确定两方面的参数,即假设函数参数和超参数,其中,函数参数可以通过各种最优化算法自动求得,例如后面将介绍的逻辑回归学习算法,而超参数则与模型密切相关。

(1) 模型超参数:超参数又称模型参数,大多数的机器学习算法都有超参数,这些参数用于控制算法的行为。超参数的值通常不是由学习算法本身学习而得,一般在模型训练之前由手工设定的,当然也可以采用网格法等算法寻优获取。确定模型超参数的过程称为模型选择。例如,多项式模型的阶就是超参数,当阶为 1 时的多项式模型为 $y = wx + b$,当阶为 2 时的多项式模型为 $y = w_1 x + w_2 x^2 + b$。

选定了超参数(如多项式模型的阶)后,再使用学习算法求得模型的参数 w 和 b。

(2) 验证集:使用训练集训练模型,可以使用测试集来评估模型超参数选择的优劣,但是通过测试集选择最优的超参数后,将无法再使用测试集评估模型的泛化能力,因此,可以从数据集中再划分出一部分数据子集用于选择超参数,这部分数据子集通常称为验证集。

① 训练集:用于训练模型,找出最佳的 w 和 b。

② 测试集:仅用于对训练好的最优函数进行性能测试评估。

③ 验证集：用以确定模型超参数，选出最优模型。

训练集、测试集和验证集的大小应由实际观测值的规模来定。一般将 50% 以上的数据作为训练集，25% 的数据作为测试集，剩下的作为验证集。训练集、测试集和验证集不可互相取代，尤其是不能混淆，测试集与验证集的主要区别如表 6-1 所示。

表 6-1　验证集与测试集的主要区别

区　别	验　证　集	测　试　集
作用	确定模型的超参数	仅用于对训练好的最优函数进行性能评估
是否用于训练	否（在选出最优模型后，需要将验证集也放入训练集一起训练最优函数）	否
使用次数	多次使用，每次更新超参数后都要用验证集对模型性能进行验证	仅在最后使用

对最终学习得到的模型进行性能评估的数据称为测试集，测试集必须保证完全独立，直到模型调整和参数训练全部完成前应该将测试集封存，不可以任何形式使用测试集中的数据。

6.1.2　机器学习的方式

机器学习方式是指机器在学习活动时所表现出的行为方式，主要有以下 4 种。

1. 监督式

监督式又称为有导师指导的学习方式。在监督式学习中，输入数据称为训练数据，每组训练数据有一个明确的标识或结果，即是带标签的数据。在建立预测模型时，将预测结果与训练数据的实际输出结果比较，根据比较结果的误差不断地调整模型参数，直到模型的预测结果达到预期的准确率为止。

监督学习是通过比较一个输入而产生的实际输出数据与一个带标签的数据来学习的过程。构成监督学习的经验数据集合称为训练集，评估程序效果的数据集称为测试集。

监督学习主要需要选择一个适合目标任务的数学模型，把一部分已知的问题和答案（训练集）给机器学习，在机器总结出了规律之后，即构造新的模型，将新的问题输入已训练好的模型则可获得结果。监督学习的具体过程如下。

（1）确定模型的一组超参数。

（2）用训练集训练该模型，找到使损失函数最小的最优模型。

（3）在验证集上测量最优模型的性能。

（4）重复（1）、（2）、（3）步，直到搜索完指定的超参数组合。

（5）选择在验证集上误差最小的模型，并合并训练集和验证集作为整体训练模型，进而找到最优函数模型。

（6）在测试集上检测最优模型的泛化能力。

由于同一模型在不同训练集上获得的模型往往不同，为了保证选出的模型最优而不是刚好符合当前数据划分的一个特例，在训练模型时人们经常采用交叉验证法，其基本过程是：将训练集划分为 K 份，每次采用其中 $K/2$ 份作为训练集，另外 1/4 份作为测试集、1/4 份作为验证集，以验证集上误差的平均值作为该模型的误差。当 $K=4$ 时，训练集为 2 份，测试集为 1 份,验证集为 1 份。交叉验证的好处就是能从有限的数据中挖掘尽可能多的信息,从各种角度学习现有的有限数据,避免出现局部的极值,在这个过程中无论是训练样本还是测试样本都得到了尽可能多的学习机会。交叉验证法的缺点就是,当数据集比较大时,训练模型的开销较大。

偏差描述的是学习算法的期望预测与真实结果的偏离程度,偏差越大则越偏离真实数据;方差描述的是预测值的变化范围;离散程度也就是离其期望值的距离;方差度量了同样大小的训练集的变动所导致的学习性能的变化(即刻画了数据扰动造成的影响,方差越大,数据的分布越分散)。

在评估监督学习的效果时,模型的偏差和方差是两种基本的预测误差。高方差的模型往往过度拟合了训练集数据,而高偏差的模型通常是欠拟合训练集数据所致。

例如,高偏差、低方差的模型期望预测与真实结果较接近,而且都集中在一个位置;高偏差、高方差的模型偏离程度大;低偏差、高方差的模型就是偏离程度小,但很分散;低偏差、低误差的模型偏离程度小但较集中,如图 6-6 所示。

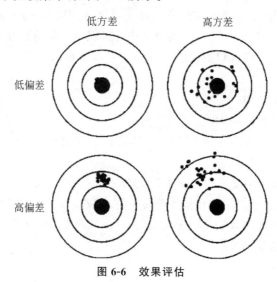

图 6-6　效果评估

学习 n 次,如果偏差小同时方差也小,那就相当于每次都几乎集中靶心,这样的结果最好。如果偏差大,即使方差再小,那么结果也还是离靶心有一段距离。反之,如果偏差小,但是方差很大,那么结果将散布在靶心四周。如果偏差大的话,那就是连基本值都错了。但认为减少偏差比减少方差更重要的想法是错误的,因为这种评估通常只有一组数据而不是 n 组,模型是依据已有的那组数据得出来的,因此,偏差和方差同样重要。

在理想情况下,模型具有低偏差和低方差,但两者具有背反特征,即要降低一个指标时,另一个指标就会增加。因此,需要找到一个折中的方案,即找到总误差最小的地方,这就称为偏差方差均衡,如图 6-7 所示。

确定模型偏差大还是方差大的方法如下。

(1)高偏差:训练集误差大,验证集误差和训练集误差相差不多。

(2)高方差:训练集误差小,验证集误差非常大。

解决高偏差问题时可以使用更复杂的模型,加入更多的特征。解决高方差问题时可以

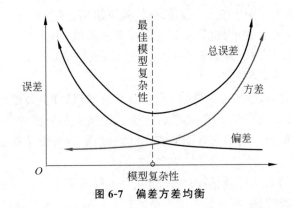

图 6-7　偏差方差均衡

获取更多的数据,减少特征,正则化。

2. 无监督式

1) 无监督式学习的概念

现实生活中常常遇到这样的问题:因为缺乏足够的先验知识,所以难以人工标注类别,或者进行人工类别标注的成本太高,自然地希望计算机自动完成这些工作,或至少提供一些帮助。将根据类别未知(没有被标签)的训练样本来解决模式识别中的各种问题,称为无监督学习。

2) 无监督式学习的分类

无监督学习的方法分为两大类。

(1) 基于概率密度函数估计的直接方法,其将设法找到各类别在特征空间的分布参数,再行分类。

(2) 基于样本间相似性度量的聚类方法,其原理是设法确定出不同类别的核心或初始内核,然后依据样本与核心之间的相似性度量将样本聚集成不同的类别。

利用聚类结果可以提取数据集中的隐藏信息,对未来数据进行分类和预测,可应用于数据挖掘、模式识别、图像处理等。

3) 监督学习和无监督学习的比较

(1) 监督学习方法必须有训练集与测试样本,需要在训练集中找规律,而对测试样本使用这种规律。无监督学习没有训练集,只有一组数据,在该组数据集内寻找规律。

(2) 监督学习方法通过识别给数据加上标签,因此训练样本集必须由带标签的样本组成。无监督学习方法只有要分析的数据集本身,预先没有标签。如果数据集呈现某种聚集性,则可按自然的聚集性分类。

4) 应用场景

简单的方法就是从定义入手:如有训练样本,则考虑采用监督学习方法;如无训练样本,则无法使用监督学习方法。但是,在现实问题中,即使没有训练样本也能够从待分类的数据中人工标注或自动标注一些样本,并将它们作为训练集而使用监督学习方法。

无监督学习适用于大型计算机集群,在对社交网络、天文等数据的分析方面应用广泛。

3. 半监督式

在传统的监督学习中,学习器以大量有标记的训练示例数据为学习样本,从而建立模型用于预测未见示例的标记。在分类问题中,标记就是示例的类别,而在回归问题中,标记就是示例所对应的实值输出。随着数据收集和存储技术的飞速发展,收集大量未标记的示例已相当容易,而获取大量有标记的示例则较为困难,因为获得带标记数据需要耗费大量的人力和物力。事实上,在真实世界问题中通常存在大量的未标记示例而带标记示例则比较少,尤其是在线应用中这一问题更为突出。

半监督学习方式有两个样本集,一个是带标记样本集,一个是无标记样本集,分别记作 $L=\{(x_i,y_i)\}$ 和 $U=\{(x_i)\}$,并且 $L\ll U$。

单独使用带标记样本能够生成有监督分类算法;单独使用无标记样本则能够生成无监督聚类算法;两者都使用就是半监督式学习,它希望在单独使用带标记样本中加入无标记样本,可以增强监督式学习的分类效果。同样,在无标记样本中加入带标记样本,可增强无监督式学习的聚类效果。一般而言,半监督学习方式侧重于在监督式学习的分类算法中加入无标记样本以实现半监督式的分类,可以增强分类效果。

半监督学习算法主要有自训练算法、生成模型、半监督支持向量机、图论方法、多视角算法等。

以自训练算法为例,如 $d(x_1,x_2)$ 为两个样本的欧几里得距离,则自训练的最近邻算法如下。

(1) 用 L 生成分类策略 F。

(2) 选择 $x=\min d(x,x_0)$,其中 $x\in U,x_0\in L$,也就是选择距离标记样本 x_0 最近的无标记样本。

(3) 用 F 为 x 定一个类别 $F(x)$。

(4) 把 $(x,F(x))$ 加入 L 中。

(5) 重复上述步骤,直到 U 为空集。

上面算法中定义了自训练的误差最小,也就是用欧几里得距离定义表现最好的无标记样本,再用 F 给予标记,加入 L 中,并且动态更新 F。

4. 强化学习

强化学习(reinforcement learning,RL)用于描述和解决智能体在与环境的交互过程中,通过学习策略达成回报最大化或实现特定目标的问题。强化学习理论受到行为主义心理学启发,侧重在线学习并试图在探索与利用之间保持平衡。不同于监督学习和无监督学习,强化学习不要求预先给定任何数据,而是通过接收环境对行为的奖励获得学习信息并更新模型参数。强化学习在信息论、博弈论、自动控制等领域用于解释有限理性条件下的平衡态、设计推荐系统和机器人交互系统,一些复杂的强化学习算法在一定程度上具备解决复杂问题的通用智能,在围棋和电子游戏中甚至可以达到人类水平。强化学习的常见模型是标准的马尔可夫决策过程。按给定条件,强化学习可分为基于模式的强化学习、无模式强化学习、主动强化学习和被动强化学习。

智能体是指寄宿主在复杂动态环境中能自治地感知环境信息、自主地采取行动并实现一系列预先设定的目标或任务的计算系统。强化学习的应用场景是一个智能体通过学习能够选择达到其目标的最优行为。不难看出,强化学习在智能机器人、对弈等方面应用广泛。

如图 6-8 所示,智能体的目标可被定义为一个回报函数,它对智能体从不同的状态中选择不同的行为赋予一个数值,并立即付诸行动。

图 6-8　强化学习

回报函数对智能体的每个动作给出回报值,智能体的任务是付诸一系列行为,使智能体随事件的累积获得的回报达到最大。

(1) 如果智能体的某个行为策略导致环境的正向反馈(强化信号),那么智能体在之后产生这个行为策略的趋势便会加强。

(2) 强化学习将学习看作试探评价的过程,智能体选择一个行为作用于环境,环境接受该行为后状态发生变化,同时产生一个强化信号(奖或惩)反馈给智能体,智能体根据强化信号和环境当前状态再选择下一个行为,选择的原则是使受到正反馈(奖)的概率增大。选择的行为不仅影响立即强化值,而且影响环境下一时刻的状态及最终的强化值。

(3) 强化学习不同于监督学习,其差异主要是:强化学习中由环境提供的强化信号是智能体对行为的"好""坏"做一种评价,而不是告诉智能体如何去产生正确的行为。由于外部环境提供了很少的信息,智能体必须靠自身的经历学习。通过这种方式,智能体在行为-评价的环境中获得知识,改进行为方案以适应环境。

(4) 强化学习的目标是动态地调整参数,以达到强化信号最大之目的。在这种学习模式下,输入数据仅作为一个检查模型对错的方式被直接反馈到模型,模型必须对此立刻做出调整。

强化学习常见的应用场景包括动态系统和机器人控制等,常见算法包括 Q-Learning 以及时间差学习。

5. 迁移学习方式

随着越来越多的机器学习应用场景出现,且因为现有表现比较好的监督学习需要大量地标注数据,同时标注数据又是一项枯燥无味且花费巨大的任务,所以迁移学习受到越来越多的关注。所谓迁移学习,是将某个领域或任务学习到的知识或模式应用到不同但相关的领域或问题中作为目标。

监督学习需要大量标注数据,然而实际使用过程中可能存在一些问题,例如,数据分布差异、标注数据过期、训练数据过期,也就是好不容易标定的数据要被丢弃,有些应用中数据的分布随着时间推移会有变化,充分利用之前标注好的数据(废物利用),同时又要保证在新的任务上的模型精度,这些问题在迁移学习中备受重视。

迁移学习的目标是将从某个领域或任务学习到的知识或模式应用到不同但相关的领域或问题中,其主要思想是从相关领域中迁移标注数据或者知识结构、完成或改进目标领域或任务的学习效果。人在实际生活中有很多迁移学习,例如,学会了骑自行车后,就比较容易学会摩托车。利用迁移学习方式,机器也能够像人类一样举一反三。

1)基于实例的迁移学习

基于实例的迁移学习是指从源域中挑选对训练目标域有用的实例,例如,对源域的带标记数据实例进行有效的权重分配,让源域实例分布接近目标域,从而在目标域建立一个分类精度较高的、可靠的学习模型。

2)基于特征的迁移

基于特征选择的迁移学习算法关注的是找出源域与目标域之间共同的特征,然后利用这些特征进行知识迁移。基于特征映射的迁移学习算法关注的是将源域和目标域的数据从原始特征空间映射到新的特征空间中。

3)基于共享参数的迁移

基于共享参数的迁移是指找到源数据和目标数据的空间模型之间的共同参数或者先验

分布,从而可以通过进一步的处理达到知识迁移的目的。

6.2 决 策 树

决策树采用了一种非参数的监督学习方式,通过归纳推理、离散函数逼近来学习,学习得到的结果就是一棵表示多个产生式规则的决策树。

6.2.1 决策树的结构与算法要素

1. 决策树的结构

决策树是一种树状结构的图,由结点和有向边组成。结点有内部结点和叶结点两种类型,每个内部结点表示对一个特征属性的测试,每个分支代表这一特征属性在某一值域上的输出,而每个叶结点代表类或类分布。树的最顶层结点是根结点。在分类时,从根结点开始,对实例的某一个特征进行测试。根据测试结果将实例分配到其子结点,此时每一个子结点对应该特征的一个取值。如此递归向下移动,直至达到叶结点,最后将实例分配到叶结点的类中。

决策树是若干 if-then 的规则集,由决策树根结点到叶结点的每一条路径构成一条规则集。路径上的内部结点的特征对应规则的条件,而叶结点对应分类的结论。决策树本质是通过一系列规则对数据进行分类的过程。

2. 决策树的算法要素

决策树算法主要应用于分类和回归问题。决策树模型利用 if-then 规则集将特征空间划分成有限个不相交的子区域,对于落在相同子区域的样本,决策树模型将给出相同的预测值。这些不相交的子区域与树结构的叶子结点一一对应。

例 6-2 假设空间示例。

if-then 规则集如下。

```
if  年收入>10万元  then  可以贷款
if  有房产  then  可以贷款  else  不可以贷款
```

对应的决策树与假设空间如图 6-9 所示。

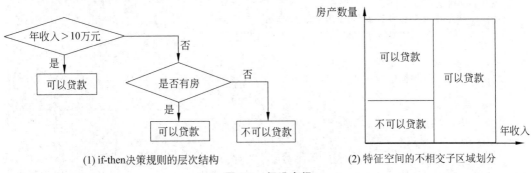

(1) if-then决策规则的层次结构　　　　(2) 特征空间的不相交子区域划分

图 6-9　假设空间

1) 假设空间

假设空间是对模型形式的先验假设,通过假设空间最终获得的模型必定符合先验假设。决策树模型的关键是将特征空间划分成不相交的子区域,落在相同子区域的样本具有相同的预测值。特征属性的所有可能取值组合成的假设集合就是假设空间。

确定一棵完备结构的决策树,需要明确如下两个问题。

(1) 如何划分子区域。

(2) 子区域的预测值取值。

2) 目标函数

目标函数是评价模型优劣的标准,决定了从假设空间中选择模型的特点。

3) 优化算法

优化算法是指通过某种方式调整模型的结构或超参数的取值,使模型的目标函数取值不断降低的算法。优化算法决定了使用什么样的步骤在假设空间中寻找合适的模型。决策树优化算法包括树的生成策略和剪枝策略。树的生成策略一般采用贪婪的方式不断选择特征以对特征空间进行切分;树的剪枝策略一般分为预剪枝和后剪枝两种策略,一般来说后剪枝策略生成的决策树效果较好,但计算量也更大。

决策树是一种从数据集中生成分类器的有效方法,这种方法是从一组无次序、无规则的事例中推演出以决策树表示形式的分类规则。决策树的形成过程就是学习过程,采用自顶向下的递归方式。在决策树的内部结点比较属性值并根据不同的属性值判断从该结点向下的分支,在决策树的叶结点得到结论。所以,从决策树的根到叶结点的一条路径就对应一条合取规则,整棵决策树就对应一组析取规则。

6.2.2 决策树生成算法

决策树的生成过程就是其学习过程,主要包括特征选择、决策树生成和剪枝三个部分。

决策树学习的算法主要有 ID3,C4.5 和 CART 三种,其中,ID3 算法使用的是信息熵增益;C4.5 算法使用的是信息熵增益率;CART 算法使用的是基尼(Gini)系数。

1. 决策树生成基本算法

决策树生成的 ID3 算法如下:

输入:训练集 $D=\{(x_1,y_1),(x_2,x_2),\cdots,(x_m,y_m)\}$;属性集 $A=\{(a_1,a_2,\cdots,a_d)\}$

输出:以 node 为根节点的一棵决策树。

```
(1)   创建结点 node;
(2)   if D 中所有样本都属于同一个类 C,then
(3)       将 node 标记为作为 C 类叶结点;return
(4)   end if
(5)   if A=∅ OR D 中样本在 A 上取值相同 then
(6)       将 node 标记为叶节点,其类别标记为 D 中样本类最多的类;
          return
(7)   end if
(8)   从 A 中选择最优划分属性 a*
(9)   for a* 的每一个值 a*v do
(10)      为 node 生成一个分支;令 Dv 表示 D 中在 a* 上取值为 a*v 样
          本子集;
(11)      if DV 为空,then 将分支节点标记为叶节点,其类别标记为 D
          中样本最多的类;return
(12)      else 以树生成(Dv,A\{a*})为分支点
(13)      end if
(14)  end for
```

2. 选择测试属性

构建决策树的关键在于选择测试属性或属性。对于同样一组数据集,可能有很多决策树能符合这组数据集。一般在较大概率的情况下,树越小则其预测能力越强。由于构建最小的树是 NP 问题,因此只能采取启发式策略挑选测试属性。选择属性依赖对规则子集的不纯度量方法,不纯度量方法包括信息增益、信息增益比、证据权重、最小描述长度、正交法、相关度等。不同的度量方法有不同的效果,特别是对于多值属性,度量方法对结果的影响很大。

在树的每个结点上使用信息增益度量以选择测试属性,并将这种度量称为属性选择度量。属性选择度量将选择具有最高信息增益的属性作为当前结点的测试属性。被选中的属性不但使划分结果的样本所需的信息量最小,而且反映了划分的最小随机性。这种信息论方法可以使分类对象所需的期望测试数目达到最小,并确保找到一棵简单树。

例 6-3　选择测试属性。

贷款申请的样本数据如表 6-2 所示。

表 6-2　贷款申请的样本数据

ID	A_1	A_2	A_3	A_4	A_5
01	S	N	N	C	N
02	S	N	N	B	N
03	S	Y	N	B	Y
04	S	Y	Y	C	Y
05	S	N	N	C	N
06	M	N	N	C	N
07	M	N	N	B	N
08	M	Y	Y	B	Y
09	M	N	Y	A	Y
10	M	N	Y	A	Y
11	L	N	Y	A	Y
12	L	N	Y	B	Y
13	L	Y	N	B	Y
14	L	Y	N	A	Y
15	L	N	N	C	N

利用表 6-2 的样本数据构建决策树,新的决策树用于在未来某个客户提出申请贷款时根据个人的属性数据决定是否给这个人贷款,分别使用 A_1、A_2、A_3、A_4 表示年龄、工作、房产、信贷四个测试属性,贷款属性是决策属性 A_5。

其中,年龄(也就是属性 A_1)一共有三个类别,分别是青年 S、中年 M 和老年 L。年龄是青年的数据在训练数据集出现的概率是 1/3;同理,年龄是中年和老年的数据在训练数据集出现的概率也都是 1/3。年龄是青年的数据一共有 5 个，最终得到贷款的概率为 2/5，因为在 5 个数据中，只有两个数据显示拿到了最终的贷款。同理，年龄是中年和老年的数据最终得到贷款的概率分别为 3/5 和 4/5。

工作属性(A_2)有两个取值：Y(有)和 N(无)；房产属性(A_3)有两个取值：Y(有)和 N(无)；信贷属性(A_4)有三个取值：A(非常好)、B(好)和 C(一般)；贷款属性(A_5)有两个取值：Y(是)和 N(否)。

构建一个决策树模型，首先要选择分类能力大的属性，使用表 6-2 的数据计算信息增益后就可以完成这一选择。在计算信息增益之前需要计算一个经验熵。经验熵是考虑该随机变量的所有可能取值，即所有可能发生事件所带来的信息量的期望。

经验熵(香农熵)计算公式如下。

$$H(D) = -\sum_{k=1}^{K} \frac{|c_k|}{|D|} \log_2 \frac{|c_k|}{|D|}$$

$H(D)$ 为数据集 D 的经验熵，最终分类结果只有两类，即 A_5 中的放贷(Y)和不放贷(N)。根据表中的数据统计可知，15 个数据中 9 个数据的结果为放贷(Y)，6 个数据的结果为不放贷(N)。数据集 D 的经验熵 $H(D)$ 为

$$H(D) = -\frac{9}{15}\log_2 \frac{9}{15} - \frac{6}{15}\log_2 \frac{6}{15} = 0.971$$

条件熵定义如下。

$$H(D \mid A) = -\sum_{i=1}^{n} \frac{|D_i|}{|D|} H(D_i) = -\sum_{i=1}^{n} \frac{|D_i|}{|D|} \sum_{k=1}^{K} \frac{|D_{ik}|}{|D_i|} \log_2 \frac{|D_{ik}|}{|D_i|}$$

特征 A_i 对训练数据集 D 的信息增益 $\mathrm{Gain}(D, A_i)$，其定义为集合 D 的经验熵 $H(D)$ 与特征 A_i 给定的条件下 D 的经验熵与条件熵 $H(D|A_i)$ 之差为

$$\mathrm{Gain}(D, A_i) = H(D) - H(D \mid A_i)$$

计算年龄的信息增益过程如下。

$$\mathrm{Gain}(D, A_i) = H(D) - \left[\frac{5}{15}H(D_1) + \frac{5}{15}H(D_2) + \frac{5}{15}H(D_3)\right]$$

$$= 0.97 - \left[\frac{5}{15}\left(-\frac{2}{15}\log_2\frac{2}{15} - \frac{3}{15}\log_2\frac{3}{15}\right) + \frac{5}{15}\left(-\frac{3}{5}\log_2\frac{3}{5} - \frac{2}{5}\log_2\frac{2}{5}\right) +$$

$$\frac{5}{15}\left(-\frac{4}{5}\log_2\frac{4}{5} - \frac{1}{5}\log_2\frac{1}{5}\right)\right] = 0.97 - 0.89 = 0.08$$

按同样方法，可以计算出 $\mathrm{Gain}(D, A_2)$、$\mathrm{Gain}(D, A_3)$ 和 $\mathrm{Gain}(D, A_4)$ 的值，最后得

$$\mathrm{Gain}(D, A_1) = 0.08$$
$$\mathrm{Gain}(D, A_2) = 0.32$$
$$\mathrm{Gain}(D, A_3) = 0.42$$
$$\mathrm{Gain}(D, A_4) = 0.36$$

可以看出，在 A_1、A_2、A_3、A_4 四个测试属性中，因为 A_3 特征的增益最高，所以 A_3 是最优先选择的特征。

例 6-4 生成决策树。

数据集有 4 个属性，前 3 个为条件属性，最后一个是决策属性，如表 6-3 所示。

表 6-3　样本数据集

ID	A_1	A_2	A_3	A_4
1	1	1	0	1
2	0	0	0	1
3	1	1	0	1
4	1	1	0	1
5	1	0	0	0
6	1	0	1	0

性别属性 A_1：1 表示男性，0 表示女性。

学生属性 A_2：1 表示是学生，0 表示不是学生。

专业属性 A_3：表示所学专业，1 表示非计算机专业，0 表示计算机专业。

决策属性 A_4：1 表示有笔记本电脑，0 表示没有笔记本电脑。

1）根结点及分支形成

笔记本电脑属性是需要分类的属性，它有 2 个不同值 1 和 0，其中 0 有 2 个样本、1 有 4 个样本，为了计算每个属性的信息增益，需要首先计算笔记本电脑样本所需的期望信息，即经验熵。

$$H(D) = -4/6 \times \log_2(4/6) - 2/6 \times \log_2(2/6) = 0.918$$

根据 $g(D, A_1) = H(D) - H(D|A_1)$ 计算信息增益如下。

$$\text{Gain}(A_1) = 0.109$$

$$\text{Gain}(A_2) = 0.459$$

$$\text{Gain}(A_3) = 0.316$$

由于学生属性 A_2 在所有属性中具有最高的信息增益，所以它被选为第一个测试属性，并以此创建一个结点，用学生标记并为每个属性值引出一个分支，数据集被划分两个子集，学生结点及其分支如图 6-10 所示。

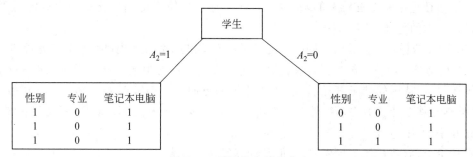

图 6-10　学生结点及其分支

根据学生的取值，数据集被分为两个子集，需要进一步生成决策树子树。

2）左子树生成

对于学生=1 的所有元组，其类别标记为 1，所以根据决策树生成算法的步骤(2)和步骤(3)，得到了一个叶子结点，类别标记为有笔记本电脑。

3）右子树生成

对于学生＝0的右子树中的所有元组，计算其他2个属性的信息增益如下。

$$Gain(A_1) = 0.918$$
$$Gain(A_3) = 0.318$$

因此，对于第1次划分后的右子树 T_2，选取最大熵的性别属性 A_1 予以扩展。以此类推，可以通过计算信息增益和选取最大的信息增益属性扩展树，最后得到如图6-11所示的决策树。

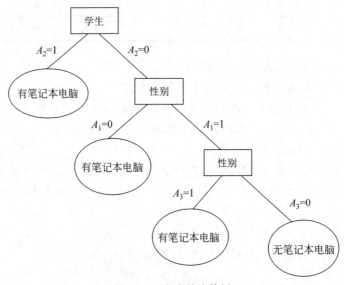

图 6-11　生成的决策树

3. 决策树修剪算法

现实世界的数据一般不可能完美，数据不完整、含有噪声和重复等是常见现象。基本的决策树构建算法没有考虑噪声，因此生成的决策树将完全与学习例子拟合。在有噪声情况下，完全拟合将导致过分拟合，即对学习数据的完全拟合反而会使对现实数据的分类预测性能下降。剪枝是一种克服噪声的基本技术，同时它也能使树得到简化而变得更容易理解。现有两种基本的剪枝策略。

（1）预先剪枝：在生成树的同时决定是继续对不纯的学习子集进行划分还是停机。

（2）后剪枝：是一种包含拟合和化简两阶段方法。首先生成一棵与学习数据完全拟合的决策树，然后从树的叶子开始剪枝，逐步往根的方向剪。剪枝时要用到一个测试数据集合，如果存在某个叶子剪去后能使测试集上的准确度或其他测度不被降低（不变得更坏），则剪去该叶子；否则停机。

在理论上，后剪枝优于预先剪枝，但其计算复杂度更大。

剪枝过程中一般要涉及一些统计参数或阈值，如停机阈值。值得注意的是，剪枝并不对所有的数据集都好，就像最小树并不是最好（具有最大的预测率）的树一样。当数据稀疏时，要防止过分剪枝带来的副作用。从某种意义上讲，剪枝也是一种偏向，对有些数据效果好，而对其他数据则效果差。

4. 决策树的特点

（1）优点：速度快，计算量相对较小，比较容易被转化成规则；便于理解，可以很清晰地显示出比较重要的属性。

（2）缺点：缺乏伸缩性，由于需要深度优先搜索，所以它非常消耗内存，难以处理大数据集；连续型字段也难以被处理；当类别太多时，错误可能会增加得比较快。

6.3　集　成　学　习

6.3.1　集成学习的策略与特点

1. 集成学习的策略

监督学习算法的目标是训练出一个稳定且在各个方面表现都较好的模型，但实际情况是，其有时只能得到在某些方面表现得比较好的弱监督模型（即弱学习器）。集成学习可以组合多个弱监督模型，以期获得一个更好、更全面的强监督模型，其潜在的思想是"即便某一个弱分类器得到了错误的预测，其他的弱分类器也可以将错误纠正回来"。

集成学习可将几种机器学习技术组合成一个预测模型的元算法，以达到减小方差、偏差或改进预测的效果，在各个规模的数据集上都有很好的策略。

若数据集较大，集成学习可以将之划分成多个小数据集，学习多个模型并进行组合。若数据集较小，则集成学习可以利用有放回的抽样方法进行抽样，得到多个数据集后分别训练多个模型再进行组合。

2. 集成学习的特点

（1）集成学习可以将多个分类方法聚集在一起，以提高分类的准确率。这些算法可以是不同的算法，也可以是相同的算法。

（2）集成学习法可以由训练数据构建一组基分类器，然后通过预测每个基分类器然后投票决定分类。

（3）严格来说，集成学习并不算是一种分类器，而是一种结合分类器的方法。

（4）一个集成分类器的分类性能通常好于单个分类器。

（5）如果把单个分类器比作一个决策者的话，集成学习的方法就相当于多个决策者共同进行一项决策。

集成学习的关键问题是训练基分类器和融合基分类器后的准确决策问题。常见的集成学习主要包括 Bagging 算法、随机森林（Rondoom Forest）算法、提升（Boosting）等算法。

6.3.2　Bagging 算法

Bagging 算法又被称为装袋算法，最初由雷奥·布雷曼（Leo Breiman）于 1996 年提出，是机器学习领域的一种集成学习算法。其原理是通过组合多个训练集的分类结果以提升分类效果。在提高准确率、稳定性的同时，还可通过降低结果的方差来避免过拟合现象的发生。

1. Bagging 学习框架

集成学习是一种技术框架，它本身不是一个单独的机器学习算法，而是通过构建并结合多个学习器完成学习任务的框架,也就是说,集成学习框架是先生成一组个体学习器(又称为基学习器),再用某种策略将它们结合起来的,由 T 个基学习器组成集成学习框架如图 6-12 所示。

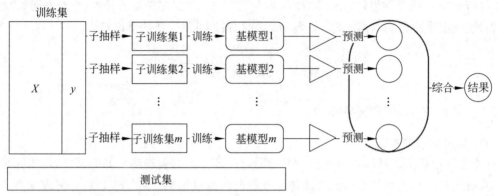

图 6-12　集成学习框架

集成学习主要解决两个问题,即得到若干个基学习器和选择一种结合策略,将这些基学习器集合成一个强学习器。如果目标是分类,集成学习可将若干弱分类器组合之后产生一个强分类器。强分类器的设计在于组合。集成学习算法的特点要求各个弱学习器之间关系独立无关,这样可以并行拟合。

Bagging 算法可与分类、回归算法结合,在提高其准确率、稳定性的同时,通过降低结果的方差避免过拟合的发生。

2. 有放回的随机采样

训练模型必然会以一个巨大的数据集入手,但如果数据量太过巨大,计算会非常缓慢,因此,可以对原始数据集进行有放回抽样。

1) 操作过程

有放回的抽样每次只能抽取一个样本,如果需要总共 N 个样本,就需要抽取 N 次。每次抽取样本的过程是独立的,这一次被抽到的样本会被放回数据集中,下一次还可能被抽到,因此在抽出的数据集中,可能有一些重复的数据。

例如,有放回的随机采样如下。

原数据集:['a', 'b', 'c','d']。

随机采样集 1:['c', 'd', 'c', 'a']。

随机采样集 2:['d', 'd', 'a','b']。

……

随机采样集 T:['d', 'c', 'a', 'b']。

以上随机采集 T 个随机采样集,每个随机采样集 4 个样本,原数据集有 4 个样本,即['a', 'b', 'c','d']。

下面给出更形象的有放回的随机采样过程,随机采集 3 个采样集,每个随机采样集包含 5 个样本,原数据集有 5 个样本,即①、③、⑤、⑨、⑩。

①③	①③	①③	⑤⑩	①③	⑨⑨
⑤⑨	③⑨	⑤⑨	⑤③	⑤⑨	⑤⑤
⑩	⑩	⑩	⑨	⑩	③
样本	有放回采样	样本	有放回采样	样本	有放回采样
$N=5$	$N=5$	$N=5$	$N=5$	$N=5$	$N=5$

在 Bagging 集成算法中,有放回抽样方式可以防止过拟合,是使单一弱分类器变得更轻量的必要操作。

2)有放回随机采样数据的使用

有放回随机采样可采样出 T 个含 m 个训练样本的采样集,然后基于每个采样集训练出一个基学习器,再集成这些基学习器。

取样本数 m 都相等的 T 个数据子集 $D_1,D_2,\cdots,D_t$ 作为训练集,使用 t 个训练子集训练一个分类器,最后可得到 T 个基分类器。将测试数据输入到这 T 个分类器,得到 T 个分类输出,并将这 T 个输出中占比最多的输出作为预测结果。

Bagging 算法采用了多次采样,可以使每个样本被选中的概率相同,因此噪声数据的影响将会下降。

3. Bagging 算法流程

Bagging 算法流程如下。

输入:样本集 $D_i=\{(x_1,y_1),(x_2,y_2),\cdots(x_m,y_m)\}$、弱分类器算法和弱分类器数 T。

输出:最终的强分类器输出 $f(x)$。

(1)对于 $t=1,2,\cdots,T$。

① 对训练集 D_t 进行第 T 次随机采样,每次有放回随机采样 m 个样本,进而得到包含 m 个样本的采样集 D_T。

② 用采样集 D_t 训练第 T 个基分类器 C_T。

(2)如果是分类算法预测,则 T 个弱分类器投出最多票数的类别或者类别之一为最终类别,如图 6-13 所示。

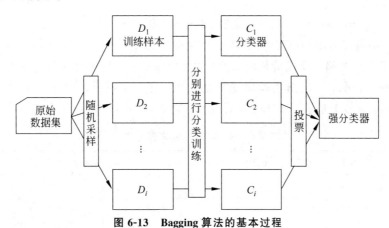

图 6-13 Bagging 算法的基本过程

例 6-5 Bagging 算法流程。

使用 x 表示一维属性,y 表示类标号(1 或 -1)。

已知：一维属性 x 对应的唯一正确的 y 类别（1或−1），测试条件为，当 $x \leqslant k$ 时 y 的值、当 $x > k$ 时 y 的值为最佳分裂点。

　　属性为 x 对应的唯一正确的 y 类别如下。

　　最佳分裂点 $k=0.3$，如果 $x \leqslant k$，$y=1$，否则 $y=-1$，准确率＝70％，数据如下。

x	0.1	0.2	0.3	0.4	0.5	0.6	0.7	0.8	0.9	1
y	1	1	1	−1	−1	−1	−1	−1	1	1

　　利用 Bagging 算法，每轮抽样后都生成一个基分类器，进行 5 轮随机抽样后分类器结果如下。

　　第 1 轮：$k=0.7$，如果 $x \leqslant k$，$y=-1$，否则 $y=1$，准确率＝70％。

y	−1	−1	−1	−1	−1	−1	−1	−1	1	1

　　第 2 轮：$k=0.6$，如果 $x \leqslant k$，$y=-1$，否则 $y=1$，准确率＝60％。

y	−1	−1	−1	−1	−1	−1	1	1	1	1

　　第 3 轮：$k=0.3$，如果 $x \leqslant k$，$y=1$，否则 $y=-1$，准确率＝80％。

y	1	1	1	−1	−1	−1	−1	−1	−1	−1

　　第 4 轮：$k=1$，如果 $x \leqslant k$，$y=1$，否则 $y=-1$，准确率＝50％。

y	1	1	1	1	1	1	1	1	1	1

　　第 5 轮：$k=0.4$，如果 $x \leqslant k$，$y=1$，否则 $y=-1$，准确率＝70％。

y	1	1	1	1	−1	−1	−1	−1	−1	−1

　　再将 5 个基分类器结合构成强分类器，如表 6-4 所示。

　　从表 6-4 中可以看出，其已经集合为一个准确度达到 90％的强分类器。模型预测值的期望与真实值之间的偏差反应的是模型的拟合能力，方差反应的是训练集的变化所导致的学习性能的变化，刻画了数据扰动所造成的影响，模型过拟合时将出现较大的方差。而 Bagging 算法是对多个基学习器求平均计算，可以减少模型的方差，从而提高模型稳定性。

表 6-4　基分类器结合成强分类器

轮	k	0.1	0.2	0.3	0.4	0.5	0.6	0.7	0.8	0.9	1
1	0.7	−1	−1	−1	−1	−1	−1	−1	1	1	1
2	0.6	−1	−1	−1	−1	−1	−1	1	1	1	1
3	0.3	1	1	1	−1	−1	−1	−1	−1	−1	−1
4	1	1	1	1	1	1	1	1	1	1	1
5	0.4	1	1	1	1	−1	−1	−1	−1	−1	−1

续表

轮	k	0.1	0.2	0.3	0.4	0.5	0.6	0.7	0.8	0.9	1
和	—	1	1	1	−1	−3	−3	−1	1	1	1
符号	—	1	1	1	−1	−1	−1	−1	1	1	1
实际类	—	1	1	1	−1	−1	−1	−1	−1	1	1

4. Bagging 算法特点

（1）通过降低弱分类器的方差，可以改善泛化误差。

（2）其性能依赖弱分类器的稳定性。如果弱分类器不稳定，Bagging 算法有助于降低训练数据的随机波动导致的误差。

（3）由于每个样本选中的概率相同，因此 Bagging 算法并不侧重训练数据集中的任何特定实例。

（4）Bagging 算法适合对偏差低、方差高的模型进行融合。

（5）由于 Bagging 算法每次都进行随机采样，因此模型泛化能力很强。

6.4　k-最近邻分类

6.4.1　k-最近邻分类算法

k-最近邻（k-Nearest Neighbors，k-NN）分类算法是一种经典的学习算法。使用 k-最近邻分类算法需要以一个样本数据集合为基础，此集合也称为训练样本集，此样本集中每个数据都具有标签，也就是每一个样本都有一个标签与之对应。输入不带标签的新数据之后，算法会将新数据的每个特征与样本集中数据对应的特征进行比较，然后提取样本集中特征最相似数据（最近邻）的分类标签，只选择样本数据集中前 k 个最相似的数据，最后选择 k 个最相似数据中出现次数最多的类别作为新数据的类别。上述内容举例说明如图 6-14 所示。

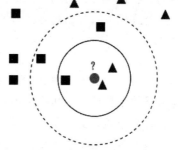

图 6-14　k-最近邻的分类方法

1. k-最近邻

在图 6-14 中，有两类不同的样本数据，分别用正方形和三角形表示，而图正中间的圆所表示的数据是待分类的数据，算法需要根据 k 最近邻的方法对圆进行分类，即确定其类别。

如果 $k=3$，圆点最邻近的 3 个点是 2 个三角形和 1 个正方形，基于少数从属于多数统计，可以判定这个待分类圆属于三角形一类。如果 $k=5$，圆的最邻近的 5 个邻居是 2 个三角形和 3 个正方形，基于少数从属于多数统计，可以判定这个待分类圆属于正方形一类。不难看出，找到离它最近的 k 个实例是 k-最近邻分类算法的核心。

2. 选取 k 值

从上面分析中可以看出，选取 $k=1$ 和 $k=5$ 得出了不同的结果，如果选取较小的 k 值，那么整体模型将变得复杂，容易发生过拟合。导致在训练集上准确率非常高，而在测试集上准确率则偏低。如果选取较大的 k 值，就相当于用较大邻域中的训练数据进行预测，这时与输入实例较远的（不相似）训练实例也会对预测起作用，导致预测发生错误。如果 $k = N$（N 为训练样本的个数），那么无论输入实例是什么，算法都将简单地预测它属于在训练实例中最多的类。这种简单的做法相当于没有训练模型，直接使用训练数据统计了各个数据的类别，相当于寻找最大值而已，因此，k 值的选择十分重要。

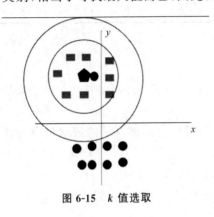

图 6-15　k 值选取

如图 6-15 所示，圆形是 9 个，长方形是 8 个，如果 $k = N = 17$，那么其结论是五边形属于圆形类，显然错误。因此，若模型过于简单，那么算法将完全忽略训练数据实例中的大量有用信息，这样的选择并不可取。k 值既不能过大，也不能过小，在这个例子中，k 值的选择在圆边界之间这个范围是最好的。

人们通常采取交叉验证法来选取最优的 k 值，可以首先取一个较小的 k 值，然后采用交叉验证法选取最优的 k 值，也就是通过调整超参数得到一个较好的结果。

3. 最近邻度量

既然要找到待分类样本在当前样本数据集中与自己距离最近的 k 个邻居，必然就要确定样本间的距离计算方法。样本间距离的计算方法与样本的向量表示方法有关，在建立样本的向量表示方法时，必须考虑其是否便于计算样本间的距离。因此，样本的向量表示与样本间距离的计算方法两者相辅相成。常用的距离计算方法有欧几里得距离、余弦距离、汉明距离、曼哈顿距离等。在 k-最近邻分类算法中一般采用的是欧几里得距离或曼哈顿距离，通用公式如下。

$$L(x_i, x_j) = \left(\sum_{l=1}^{m} |x_i^{(l)} - x_j^{(l)}|^p \right)^{\frac{1}{p}}$$

当 $p = 2$ 时，这个距离就为欧几里得距离，当 $p = 1$ 时，为曼哈顿距离。在实际应用中，应根据数据特性和分析的需要的不同选择不同的距离。

4. k-最近邻分类算法的描述

输入：训练数据、最近邻数目 k、待分类的元组 t。

输出：输出类别 c。

```
N={}
for each d∈T DO Begin
    if |N|≤k Then
        N=N∪{d}
    else
        if ∃u∈N such that sim(t, u)<sim(t,d) then
        begin
            N=N-{u};
            N=N∪{d};
        end
    end
end
```

应用 k-最近邻分类算法的工作过程如下。

收集数据→预处理数据→分析数据→训练算法→测试算法→使用算法。

6.4.2　k-最近邻分类算法的优缺点

1）优点

（1）简单,易于理解,易于实现,无须估计参数,无须训练。

（2）对异常值不敏感,因此个别噪声数据对结果的影响不是很大。

（3）适合对稀有事件进行分类。

（4）适合于多分类问题,k-最近邻分类算法要比支持向量机(Support Vector Machine,SVM)表现要好。

2）缺点

（1）对测试样本分类时的计算量大,内存开销大,因为需要计算每一个待分类的文本到全体已知样本的距离,才能求得它的 k 个最近邻点。目前常用的解决方法是事先对已知样本点进行剪辑,去除对分类作用不大的样本。

（2）可解释性差,无法说明哪个变量更重要,无法给出决策树那样的规则。

（3）k 值的选择：当样本不平衡时(如一个类的样本容量很大,而其他类样本容量很小时),有可能导致输入的新样本的 k 个邻居中大容量类的样本占多数。该算法只计算最近的邻居样本,某一类的样本数量很大的话那么或者这类样本并不接近目标样本,或者这类样本很靠近目标样本。为了使数量无法影响运行结果,可以采用权值的方法(和该样本距离小的邻居权值大)以改进。

6.5　聚　　类

聚类就是按照某个特定标准(如距离准则)将一个数据集分割成不同的类或簇,使同一个簇内的数据对象的相似性尽可能大,不同类对象之间的相似度尽可能地小。也就是说,不在同一个簇中的数据对象的差异性也尽可能地大。聚类后同一类的数据将尽可能聚集到一起,不同数据将尽量分离。

聚类采用无监督学习方式,在聚类中没有表示数据类别的分类或者分组信息。简单地说,聚类是将相似的东西分到一组,聚类的时候,系统并不关心某一类是什么,需要实现的目标只是将相似的东西聚到一起。因此,人们只需要知道如何计算相似度,就可以开始设计聚类算法。

6.5.1　聚类算法的类型与特点

1. 聚类算法的类型

聚类方法种类较多,主要的分类方法如下。

1）划分聚类法

划分聚类法是指给定一个含有 N 个数据的数据集,分裂出 k 个分组,每一个分组就代表一个聚类,其中 $k < N$。在这里介绍的 k-均值算法就是划分聚类法的典型代表。

2) 层次聚类法

层次聚类法可以对给定的数据集进行层分解,直到某种条件被满足为止,具体又可分为自底向上和自顶向下两种方案。在自底向上方案中,初始时每一个数据组成一组,在接下来的迭代中,它将那些相互邻近的组合并成一个组,直到所有的数据组成一个分组或某个条件被满足为止。

层次聚类方法可以是基于距离或基于密度的,其一些扩展也考虑了子空间聚类。层次方法的缺陷在于,一旦一个步骤(合并或分裂)完成就不能被撤销。利用这个严格规定,使用者可以不用担心不同选择的组合数目,计算开销较小。如今已经出现了一些提高层次聚类质量的方法。BIRCH 算法、CURE 算法等是层次聚类法的典型代表。

3) 密度聚类法

密度聚类方法能够克服基于距离的算法只能发现类圆形聚类的缺点,其指导思想是只要一个区域中的点的密度大过某个阈值,就将它加到与之相近的聚类中去。DBSCAN 算法和 OPTICS 算法是密度聚类法的典型代表。

4) 图论聚类法

图论聚类方法的第一步是建立与问题相适应的图,图的结点对应于被分析数据的最小单元,图的边(或边)对应于最小单元的数据之间的相似性度量。因此,每一个最小单元数据之间都会有一个度量表达,这就确保了数据的局部特性比较易于被处理。图论聚类法以样本数据的局域连接特征作为聚类的主要信息源,因而其主要优点是易于处理局部数据的特性。

5) 网格聚类法

网格聚类法首先将数据空间划分成为有限单元的网格结构,所有的处理都是以单个单元为对象。这种方法的一个突出优点就是处理速度很快,通常与目标数据库中的数据空间个数无关,只与将数据空间分为多少个单元有关。其代表算法有 STING 算法、CLIQUE 算法。

6) 模型聚类法

模型聚类方法可以为每一个聚类假定一个模型,然后寻找能够很好地满足这个模型的数据集。这样一个模型可能是数据点在空间中的密度分布函数。它的一个潜在的假定就是目标数据集是由一系列的概率分布所决定。通常有两种方案:统计方案和神经网络方案。

2. 聚类算法的特点

1) 可伸缩性

许多聚类算法在小数据集合上效果很好,但应用于大数据集样本上的聚类可能导致有偏差的结果。

2) 不同属性

许多聚类算法用于聚类数值类型的数据。但是,应用要求聚类其他类型的数据,例如,二元类型、分类/标称类型、序数型数据或者这些数据类型的混合。

3) 任意形状

许多聚类算法基于欧几里得或者曼哈顿距离度量以决定聚类,基于这样距离度量的算法趋向于发现具有相近尺度和密度的球状簇。但是,一个簇可能是任意形状的,需要能发现任意形状簇的算法。

4）领域最小化

许多聚类算法在聚类分析中要求用户输入一定的参数,例如,希望产生的簇的数目。若聚类结果对于输入参数十分敏感,特别是对于包含高维对象的数据集,那么参数通常很难被确定。这样不仅加重了用户的负担,也使得聚类的质量难以得到控制。

5）处理噪声

绝大多数现实中的数据库都包含了离群点、缺失或错误的数据。一些聚类算法对这样的数据敏感,可能导致低质量的聚类结果。

6）记录顺序

一些聚类算法对输入数据的顺序敏感。例如,同一个数据集合,当以不同的顺序交给同一个算法时,可能生成差别很大的聚类结果。开发对数据输入顺序不敏感的算法具有重要的意义。

7）高维度

一个数据库或数据仓库可能包含若干维或若干个属性。许多聚类算法擅长处理低维的数据,仅涉及两到三维。人类的眼睛在最多三维的情况下能够很好地判断聚类的质量,在高维空间中聚类则是一件具有挑战性的研究工作,特别需要研究数据分布非常稀疏而且数据分布高度不均匀的情况。

8）基于约束

现实世界的应用可能需要在各种约束条件下聚类,找到满足特定的约束又具有良好聚类特性的数据分组是一项具有挑战性的任务。

9）解释性

用户希望聚类结果是可解释、可理解和可用的。也就是说,聚类需要特定的语义解释及与应用相联系,应用目标如何影响聚类方法的选择也是一个重要的研究课题。

6.5.2　k-均值聚类算法

k-均值(k-mean)聚类算法,又称为 k-平均聚类算法,是基于距离的无监督学习方式的经典聚类算法,该算法所需数据的样本没有标签,然后根据某种规则进行分隔,将相同的或相近的对象放在一起。k-均值聚类算法采用数据之间的距离作为相似性的评价指标,也就是说,两个数据的距离越小,其相似度就越大。该算法是将距离靠近的数据对象组成类簇作为最终目标,最大的特点是简单、易理解、运算速度快,但只能应用于连续型的数据,并且需要在聚类前应手工指定要分成几类。k-均值聚类聚类算法流程如下。

首先随机地选择 k 个对象,每个对象初始代表了一个簇的平均值或中心。根据剩余的每个对象与各个簇中心的距离将它分配给最近的簇,然后重新计算每个簇的平均值。这个过程不断重复,直到准则函数 E 收敛,使生成的结果簇尽可能地紧凑和独立。准则如下。

$$E = \sum_{i=1}^{k} \sum_{x \in C_i} |x - \bar{x}_i|^2$$

其中,E 是所有数据对象的平方误差的总和,x 是空间中的点,表示给定的数据对象,$\bar{x}_i$ 是簇 C_i 的平均值。输入簇的数目 k 和包含 n 个对象的数据集,输出 k 个簇,使平方误差准则最小。

1. k-均值聚类算法描述

原始的 k-均值聚类算法首先会随机选取 k 个点作为初始聚类中心,然后计算各个数据对象到各聚类中心的距离,把数据对象归到离它最近的那个聚类中心所在的类;调整后的新类计算新的聚类中心,如果相邻两次的聚类中心没有任何变化,说明数据对象调整结束,聚类准则函数 f 已经收敛。每次迭代都要考察各样本的分类是否正确,若不正确,就要调整。在数据调整全部完后,再修改聚类中心进入下一次迭代。如果在一次迭代算法中所有数据对象被正确分类则不会有调整,聚类中心也不会有任何变化,这标志着 f 已经收敛,算法结束。其实这与普通的前馈神经网络使用逆向传播算法训练模型的原理类似,分析误差、修改模型直至达到要求的误差范围。k-均值聚类算法形式描述如下。

(1) assign initial value for means;　　　　/* 选择任意 k 个对象作为初始的簇中心 */

(2) REPEAT

(3) FOR $j=1$ to n DO assign each x_j to the cluster which has the closest mean;

　　/* 根据簇中对象的平均值,将每个对象赋给最类似的簇 */

(4) FOR $i=1$ to k DO $\bar{x_i}=|C_i|\sum_{x\in C_i}x$;

　　/* 更新簇的平均值,即计算每个对象簇中对象的平均值 */

(5) 计算 $E=\sum_{i=l}^{k}\sum_{x\in C_i}|x-\bar{x_i}|^2$　　　　/* 计算准则函数 E */

(6) UNTIL　E 不再明显地发生变化

例 6-6　k-均值聚类算法的数据聚类过程。

根据坐标 (x,y),应用 k-均值聚类算法,对数据点 $P_1\sim P_6$ 进行聚类。$P_1\sim P_6$ 点的坐标值如下。

	x	y
P_1	0	0
P_2	1	2
P_3	3	1
P_4	8	8
P_5	9	10
P_6	10	7

(1) 选取初值 $k=2$,也就是 P_1 和 P_2 两点。

(2) 计算距离结果如下。

	P_1	P_2
P_3	3.16228	2.23607
P_4	11.3127	9.21954
P_5	13.4536	11.3137
P_6	12.2066	10.2956

所有点距离 P_2 更近一些,于是重新分组。

$A:P_1$

$B:P_2$、P_3、P_4、P_5、P_6

在 B 组中找新的质心 P_7，A 组不用改变。

$$P_7((1+3+8+9+10)/5,(2+1+8+10+7)/5)=(6.2,5.6)$$

重新计算距离如下。

	P_1	P_7
P_2	3.24	6.32
P_3	3.16	6.60
P_4	11.3	3
P_5	13.5	5.22
P_6	12.2	4.05

根据距离重新分组如下。

$$A：P_1、P_2、P_3$$
$$B：P_4、P_5、P_6$$

重新计算质心 P_8、P_9。

$$P_8(1.33,1)，\quad P_9(9,8.33)$$

重新计算距离如下。

	P_8	P_9
P_1	1.4	12
P_2	0.6	10
P_3	1.4	9.5
P_4	47	1.1
P_5	70	1.7
P_6	56	1.7

根据距离重新分组。

$$A：P_1、P_2、P_3$$
$$B：P_4、P_5、P_6$$

聚类结果不再变化，结束。

6.6　马尔可夫模型

在 19 世纪，为了简化随机过程求解问题，安德列 A. 马尔可夫提出了马尔可夫模型（Markov model，MM）。对于一个随机系统，由一个状态转至另一个状态的转换过程中存在转移概率，并且转移概率可依据其紧接的前一种状态被推算出来，但与该系统的原始状态和此次转移前的过程无关。

6.6.1　马尔可夫过程

马尔可夫过程是一类随机过程，该过程特性为：在已知目前状态（现在）的条件下，它未来的演变不依赖于它以往的演变。在现实世界中，有很多过程都是马尔可夫过程，如液体中微粒的布朗运动、传染病受感染的人数等都为马尔可夫过程。

1. 马尔可夫假设

在马尔可夫假设下，每个状态的转移只依赖之前的 n 个状态，这个过程又称为 n 阶的模型，其中 n 是影响转移状态的数目。最简单的马尔可夫过程是每一个状态的转移只依赖其之前的那一个状态。应用马尔可夫假设可以简化这类过程，但也可能导致很多重要的信息丢失。马尔可夫假设中各个状态 S_t 的概率分布，只与它的前一个状态 S_{t-1} 有关。

$$P(S_t \mid S_1, S_2, S_3, \cdots, S_{t-1}) = P(S_t \mid S_{t-1})$$

应说明的是，马尔可夫假设未必适合所有的应用场景，但至少可为以前很多不能解决的问题提供一种近似的解决方法。

2. 马尔可夫链

时间和状态都是离散的马尔可夫过程称为马尔可夫链，记为：$X_n = X(n)(n = 0, 1, 2, \cdots, \infty)$，马尔可夫链是随机变量 $X_1, X_2, X_3 \cdots$ 的一个数列。一个马尔可夫链，如果从 u 时刻处于状态 i，转移到 $t+u$ 时刻处于状态 j 的转移概率与转移的起始时间 u 无关，这称为齐次马尔可夫链。马尔可夫链主要涉及下述几个关键概念。

1) 状态空间

马尔可夫链是随机变量 $X_1, X_2, X_3, \cdots, X_n$ 所组成的一个数列，每一个变量 X_i 都有几种不同的可能取值，所有可能取值的集合称为状态空间，而 X_n 的值则是指在时间 n 的状态。

2) 转移概率

马尔可夫链可以用条件概率模型描述，在前一时刻的某取值下，当前时刻取值的条件概率称为转移概率。

$$P_{st} = P(x_i = t \mid x_{i-1} = s \mid)$$

上面是一个条件概率，表示在前一个状态为 s 的条件下，当前状态为 t 的概率。

3) 转移概率矩阵

由前一个时刻的状态转移到当前的某一个状态可有多种情况，将所有的条件概率组成一个矩阵，这个矩阵就被称为转移概率矩阵。例如，每一个时刻的状态有 n 个，前一时刻的 n 个状态都有可能转移到当前时刻的 n 个状态中任意一种状态，则构成一个 $n \times n$ 转移概率矩阵。

X_{m+1} 状态

$$
\mathbf{X}_m \text{ 状态} \quad
\begin{array}{c}
\ \\
a_1 \\
a_2 \\
\ \\
a_i
\end{array}
\begin{array}{cccc}
a_1 & a_2 & \cdots\cdots & a_j \cdots \\
\left(\begin{array}{ccc}
p_{11} & p_{12} & p_{1j} \cdots \\
p_{21} & p_{22} & p_{2j} \cdots \\
\cdots\cdots\cdots\cdots & & \\
p_{i1} & p_{i2} & p_{ij} \cdots
\end{array}\right)
\end{array}
$$

3. 马尔可夫模型的应用

马尔可夫模型是一种统计模型，其被广泛应用在自然语言处理等领域。尤其在语音识别中的成功应用使它成为一种通用的统计工具。到目前为止，一直被认为是实现快速精确的语音识别系统的最成功方法之一。

例 6-7 基于马尔可夫模型的天气预报。

如果第 1 天是雨天，第 2 天还是雨天的概率是 0.8，是晴天的概率是 0.2；如果第 1 天是晴天,第 2 天还是晴天的概率是 0.6,是雨天的概率是 0.4。

提问：如果第 1 天是雨天,第 2 天仍然是雨天的概率是多少？第 10 天是晴天的概率是多少？经过很长一段时间后雨天与晴天的概率分别是多少？

首先构建转移概率矩阵,由于这里每天状态仅包括雨天或晴天两种情况,如下所示。

	雨天	晴天
雨天	0.8	0.4
晴天	0.2	0.6

每列和为 1,分别对应雨天和晴天,这样构建出来的 2×2 转移概率矩阵如下。

$$\boldsymbol{A} = \begin{bmatrix} 0.8 & 0.4 \\ 0.2 & 0.6 \end{bmatrix}$$

如果 1 和 0 分别对应雨天和晴天,假设初始状态第 1 天是雨天,记为

$$\boldsymbol{p}_0 = \begin{bmatrix} 1 \\ 0 \end{bmatrix}$$

初始条件：第 1 天是雨天,第 2 天仍然是雨天(记为 $P1$)的概率为

$$\boldsymbol{P}_1 = \boldsymbol{A} \times \boldsymbol{P}_0$$

得到 $\boldsymbol{P}_1 = [0.8, 0.2]$,正好满足雨天概率为 0.8,当然这是根据所给条件得到的。

计算第 10 天(记为 $\boldsymbol{P}_9$)是晴天的概率为

$$\boldsymbol{P}_9 = \boldsymbol{A} \times \boldsymbol{P}_8 = \cdots = \boldsymbol{A}^9 \times p$$

得到第 10 天为雨天的概率为 0.6668,为晴天的概率为 0.3332。

下面计算经过很长一段时间后雨天和晴天的概率,显然就是下面的递推公式了。

$$\boldsymbol{P}_n = \boldsymbol{A}^n \times \boldsymbol{P}_0$$

显然,当 n 趋于无穷,即很长一段时间以后,$\boldsymbol{P}_n = [0.67, 0.33]$,即雨天概率为 0.67,晴天概率为 0.33。可以计算：如果初始状态是 $\boldsymbol{P}_0 = [0, 1]$,最后结果仍然是 $\boldsymbol{P}_n = [0.67, 0.33]$。上述计算表明马尔可夫过程与初始状态无关,但与转移概率矩阵有关。

6.6.2　隐马尔可夫模型

隐马尔可夫模型(hidden Markov model,HMM)属于生成式统计模型,广泛用于序列标注问题。

1. 概念

隐马尔可夫模型是马尔可夫链的一种,其状态不能被直接观察到,仅可通过观测向量序列而观察到,每个观测向量都是通过某些概率密度分布以表现为各种状态,每一个观测向量由一个具有相应概率密度分布的状态序列产生。

相对马尔可夫模型,隐马尔可夫模型不知道模型经过的状态序列,只知道状态的概率函数,即观察到的事件是状态的随机函数,因此,该模型是一个双重的随机过程,不仅模型的隐状态之间过程是随机的、不可观察的,而且隐状态转换到可见状态也是随机的。隐马尔可夫模型可由五个元素描述,包括两个状态集合和三个概率矩阵。隐马尔可夫模型如图 6-18 所示。

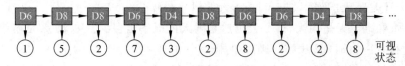

图 6-16 隐马尔可夫模型示意图

其中→是指隐状态到下一个隐状态的转换；↓是指从一个隐状态到下一个可视状态的输出。

1）隐状态

隐状态之间满足马尔可夫性质，是马尔可夫模型中实际所隐含的状态，只是这些状态无法由直接观测得到。

2）可视状态

可视状态与模型中的隐状态相关联，可视状态可以直接由观测而得，例如，O_1、O_2、O_3等可为可视状态，应说明的是，可视状态的数目不一定要与隐含状态一致。

3）初始状态概率矩阵 $\boldsymbol{\Pi}$

初始状态概率矩阵 $\boldsymbol{\Pi}$ 表示隐状态在初始时刻 $t=1$ 的概率矩阵，例如，$t=1$ 时，$(S_1)=P_1$，$P(S_2)=P_2$，$P(S_3)=P_3$，则初始状态概率矩阵

$$\boldsymbol{\Pi}=\begin{bmatrix}P_1 & P_2 & P_3\end{bmatrix}$$

4）隐状态转移概率矩阵 $\boldsymbol{A}$

隐状态转移概率矩阵 $\boldsymbol{A}$ 描述了隐马尔可夫模型中各个隐状态之间的转移概率。

$$\boldsymbol{A}_{ij}=\boldsymbol{P}(S_j \mid S_i), \quad 1\leqslant i, \quad j\leqslant N,$$

此概率表示在 t 时刻、状态为 S_i 的条件下，在 $t+1$ 时刻状态是 S_j 的概率。

5）可视状态转移概率矩阵 $\boldsymbol{B}$

可视状态转移概率矩阵 $\boldsymbol{B}$ 描述了隐状态到可视状态的转移概率，N 代表隐状态数目，M 代表可视状态数目，则 $\boldsymbol{B}_{ij}=\boldsymbol{P}(O_i|S_j)$，$1\leqslant i\leqslant M$，$1\leqslant j\leqslant N$ 表示在 t 时刻、隐状态是 S_j，可视状态为 O_i 的概率。其中，隐状态转移概率矩阵 $\boldsymbol{A}$、可视状态转移概率矩阵 $\boldsymbol{B}$ 和初始状态概率矩阵 $\boldsymbol{\Pi}$ 可以组成完整的隐马尔可夫模型 $\boldsymbol{\lambda}=(\boldsymbol{\Pi},\boldsymbol{A},\boldsymbol{B})$，也就是说，可以用 $\boldsymbol{\lambda}=(\boldsymbol{\Pi},\boldsymbol{A},\boldsymbol{B})$ 表示一个隐马尔可夫模型。

2. 隐马尔可夫模型的两个重要假设

齐次马尔可夫假设和观测独立性假设是隐马尔可夫模型的两个重要假设。

1）齐次马尔可夫假设

齐次马尔可夫假设是指隐马尔可夫链在任一时刻的隐状态只与上一时刻的隐状态有关，与其他时刻的隐状态和观测状态无关。公式描述就是 $P(S_t|S_1,S_2,\cdots S_t;O_1,O_2,\cdots O_T)=P(S_t|S_{t-1})$。

2）观测独立性假设

观测独立性假设是指任一时刻的观测概率只与当前时刻的隐状态有关。公式描述就是

$$P(O_t;S_1,S_2,\cdots S_T;O_1,O_2,\cdots,O_{t-1},O_{t+1},\cdots,O_T)=P(O_t \mid S_t)。$$

3. 隐马尔可夫的基本问题

隐马尔可夫的基本问题分为计算、解码和学习三部分，前两部分属于推理，第三部分属于学习，推理和学习都是概率图模型的基本问题。

1）概率计算问题

给定一个隐马尔可夫模型的 λ 和一个观测序列 O，计算产生观测序列 O 的概率，计算如下

$$P(O\mid\lambda)=\sum P(O,S\mid\lambda)$$
$$=\sum P(O\mid S,\lambda)P(S\mid\lambda)$$
$$=\sum \Pi_{s1}B_{s1}(O_1)A_{s1s2}B_{s2}(O_2)\cdots A_{sT-1sT}B_{sT}(O_T)$$

2）解码问题

解码问题也是预测问题，给定一个马尔可夫模型的 λ 和一个观测序列 O，计算最有可能的隐状态序列 S 有两种方法。

（1）近似算法

在每个时刻 t 都选择当前时刻下概率最大的状态，进而组成状态序列，但并不能保证这个状态序列整体上是概率最大的。这种方法还有个问题就是不能保证两个相邻时刻的状态间存在转移概率。也就是说，这种方法所得到的状态序列可能根本就不是合法序列。

（2）维特比算法

维特比算法（Viterbi algorithm）是一种动态规划方法。多级决策过程的最优策略有如下性质：不论初始状态和初始决策如何，其余的决策对初始决策所形成的状态来说必定也是一个最优策略。

维特比算法求解最优序列过程如下：从起始时刻 $t=1$ 开始递推地找出在时刻 t 的状态为 S_i 的各个可能的状态序列中的最大概率，一直求解到时刻 $t=T$ 的状态为 S_i 的最大概率，并得到时刻 T 的状态 S_j；然后往前回溯求得其他时刻的状态。

3）学习问题

学习是指根据一个可以观察到的状态序列集产生一个隐马尔可夫模型。隐马尔可夫模型参数 $\lambda=(A,B,\Pi)$ 未知，为了获得了观测序列，通常使用鲍姆-韦尔奇（Baum-Welch）算法（约等于 EM 算法）调整这些参数以使观测序列 $O=O_1,O_2,O_3\cdots O_t$ 的概率尽可能大。如果有标注数据，对应的状态序列为已知，此时，给定一个观测序列 O 和对应的状态序列 S，模型参数可以使用极大似然估计，这是监督学习方式。

EM 算法是一种迭代优化策略，由于它的计算方法中每一次迭代都分两步，其中一个为期望步（E 步），另一个为极大步（M 步），所以算法称为 EM 算法（Expectation Maximization Algorithm）。

隐马尔可夫模型需要根据观测序列直接训练模型，状态序列 S 作为隐变量的情况下，可以用 EM 算法训练隐马尔可夫，基本思路是首先将模型参数随机初始化为 $\lambda(0)=(\Pi(0),A(0),B(0))$，需要满足各自的限制条件（即三个求和式），然后在模型 λ_0 下得到该模型下的隐变量的期望值，将上面有监督学习的全部频数都替换为期望频数。用于隐马尔可夫训练的 EM 算法称为鲍姆-韦尔奇算法。

例 6-8　语音识别。

应用隐马尔可夫模型可以解决复杂的语音识别问题。例如，自然语言处理问题可等同于通信系统中的解码问题：根据接收到的信息，去猜测说话者要表达的意思。这其实就是分析、理解接收到的信号，还原发送端传送过来的信息。图 6-17 表示了一个典型的通信系

统,其中 S_1, S_2, S_3 ……表示信息源发出的信号。O_1, O_2, O_3 ……是接收端接收到的信号。通信中的解码就是根据接收到的信号还原已发送的信号。

$$S_1, S_2, S_3 \cdots\cdots \longrightarrow \boxed{\text{信道}} \longrightarrow O_1, O_2, O_3 \cdots\cdots$$

图 6-17　典型的通信系统

语音识别就是根据声学信号推测说话者的意思,如果接收端是一台计算机,那么此计算机要做的就是对语音的自动识别。同样,如果要根据接收到的英语信息推测说话者的汉语意思就是机器翻译;如果要根据带有拼写错误的语句推测说话者想表达的正确意思那就是自动纠错。

$P(O_1, O_2, O_3, \cdots | S_1, S_2, S_3 \cdots)$根据应用的不同而有不同的名称,在语音识别中称为声学模型,在机器翻译中称为翻译模型,而在拼写校正中称为纠错模型。解码问题是指给定观测序列 $O = O_1 O_2 O_3 \cdots O_t$ 和模型参数 $\lambda = (A, B, \Pi)$,寻找某种意义上最优的隐状态序列。在这类问题中,感兴趣的是隐马尔可夫模型中的隐含状态,这些状态不能被直接观测但却更具有价值,通常需要利用维特比算法来寻找。维特比算法是多步骤、每步多选择模型的最优选择问题,它在每一步的所有选择都保存了前续所有步骤到当前步骤当前选择的最小总代价(或者最大价值)以及当前代价的情况下后继步骤的选择。依次计算完所有步骤后,通过回溯的方法找到最优选择路径。符合这个模型的问题都可以用维特比算法解决。在语音识别问题中,隐性状态是语音信号对应的语音信号,而显性状态是文字序号,其关系如图6-18 所示。

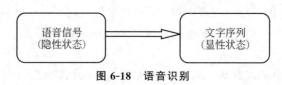

图 6-18　语音识别

语音识别的隐马尔可夫模型学习步骤如下。

(1) 统计文字的发音概率,建立隐性表现概率矩阵 $\boldsymbol{B}$。

(2) 统计字词之间的转换概率,这一步并不需要考虑到语音,可以直接统计字词之间的转移概率。

估计语音模型与计算和比较,得出最有可能出现的文字序列。

6.7　朴素贝叶斯分类

朴素贝叶斯(naive bayes)分类器是一种简单、功能强大的分类器,其在本质上是一种线性分类器,是建立在属性变量相互独立的基础上通过特征的线性组合做出分类决定的分类器。其朴素的含义是假设所有的变量相互独立,各特征之间相互独立,各特征属性条件独立。但在现实环境中,这种假设基本上是不成立的,即使假设不成立,在小规模样本的情况下这种假设的应用效果也很好。朴素贝叶斯分类器可以后验概率作为判定准则的分类器,在某些领域,朴素贝叶斯分类方法的性能与神经网络分类器、决策树处于同一水平。

6.7.1 贝叶斯定理

1. 贝叶斯定理内容

先验概率是指根据以往经验和分析得到的概率,通常把它作为因果问题中的原因出现的概率。利用过去历史数据计算得到的先验概率与后验概率有不可分割的联系,先验概率是计算后验概率的基础。

贝叶斯定理给出了计算 $P(H|X)$ 的简单而有效的方法为

$$P(H|X) = \frac{P(X|H)P(H)}{P(X)}$$

$P(H)$ 是先验概率,或称为 H 的先验概率。$P(X|H)$ 代表假设 H 成立的情况下观察到 X 的概率。$P(H|X)$ 是后验概率,或称为条件 X 下 H 的后验概率。例如,假定数据样本域由水果组成,用它们的颜色和形状来描述。假定 X 表示红色和圆的,H 表示假定 X 是苹果,则 $P(H|X)$ 的含义是:当看到 X 是红色并且是圆的时,$P(X|H)$ 为 X 是苹果的确信程度。

在直观上,$P(H|X)$ 随着 $P(H)$ 和 $P(X|H)$ 的增长而增长,同时 $P(H|X)$ 随着 $P(X)$ 的增加而减小。在理论上,与其他所有分类算法相比,贝叶斯分类具有最小的出错率。然而,实践中并非如此,这是由于对其应用的假设(如类条件独立假设)的不准确性以及缺乏可用的概率数据造成的。

(1) 联合概率:设 H,X 是两个随机事件,H 和 X 同时发生的概率被称为联合概率,记为:$P(HX)$。

(2) 条件概率:在 X 事件发生的条件下,H 事件发生的概率被称为条件概率,记为:$P(H|X)$。

(3) 乘法定理:$P(H|X) = P(HX)/P(X)$。

2. 朴素贝叶斯分类原理

朴素贝叶斯分类是一种简单的分类算法,其基本思想是对给定的待分类项,求解在此项出现的条件下各类别出现的概率,最大概率的就是此待分类项属于的那个类别。

朴素贝叶斯分类的定义如下。

(1) 设 $X = \{x_1, x_2, \cdots, x_m\}$ 为一个 m 维属性的数据对象,而每个 x_i 为 X 的一个特征属性。Y 含有 n 个类别,$Y = \{y_1, y_2, \cdots, y_n\}$。

(2) 给定某待分类对象 X,预测 X 的类别,计算 $P(y_1|X)P(y_2|X), \cdots, P(y_n|X)$。

(3) 如果 $P(y_k|X) = \max\{P(y_1|X), P(y_2|X), \cdots, P(y_n|X)\}$,则 y_k 为 X 所属类别,$X \in y_k$。

关于第(3)步中的各个条件概率有关计算如下。

① 找到一个已知分类的待分类项集合,这个集合称为训练样本集。

② 统计得到在各类别下各个特征属性的条件概率估计。即

$$P(x_1|y_1), P(x_2|y_1), \cdots, P(x_m|y_1);$$

$$P(x_1|y_2), P(x_2|y_2), \cdots, P(x_m|y_2); \cdots, (x_1|y_n); P(x_2|y_n), \cdots, P(x_m|y_n)$$

③ 如果各个特征属性的条件独立,则根据贝叶斯定理可得:

$$P(y_k|X) = P(X|y_k)P(y_k)/P(X)$$

因为分母 $P(X)$ 对于 $P(y_k|X)$ 都相等,故为了得到 $P(y_k|X)$ 最大值,只需计算 $P(X|y_k)P(y_k)$ 的最大值。如果类别的先验概率未知,即 $P(y_k)$ 未知,则通常假定这些类别是等概率的,即 $P(y_1)=P(y_2)=\cdots=P(y_K)$。

④ 如果各特征属性之间相互独立的,$P(X|y_k)P(y_k)$ 计算如下。

$$P(X\mid y_k)P(y_k)=P(y_k)\Pi P(x_j\mid y_k)$$

6.7.2　朴素贝叶斯分类流程

整个朴素贝叶斯分类分为三个阶段,如图 6-19 所示。

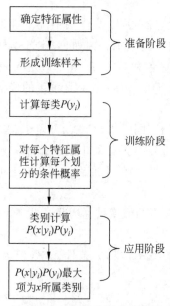

图 6-19　朴素贝叶斯分类流程

1. 准备阶段

准备阶段的任务是为朴素贝叶斯分类做必要准备,主要工作是根据具体情况确定特征属性,并适当划分每个特征属性,然后人工对一部分待分类项进行分类,形成训练样本集合。这一阶段的输入是所有待分类数据,输出是特征属性和训练样本,这是整个朴素贝叶斯分类中唯一需要人工完成的阶段,其质量对整个过程将有重要影响,分类器的质量很大程度上由特征属性、特征属性划分及训练样本质量决定。

2. 训练阶段

训练阶段的任务就是生成分类器,主要工作是计算每个类别在训练样本中的出现频率及划分每个特征属性对每个类别的条件概率估计,并将结果记录。其输入是特征属性和训练样本,输出是分类器。这一阶段由程序根据前面介绍的公式计算完成。

3. 应用阶段

这个阶段的任务是使用分类器对待分类项进行分类,其输入是分类器和待分类项,输出是待分类项与类别的映射关系。这一阶段也由程序完成。

例 6-9　朴素贝叶斯分类。

如表 6-5 所示,训练实例总计 14 个,每个训练实例有 4 个属性,分别为年龄、收入、学生、信用。类别有 2 个,会买计算机(用 1 代表)和不会买计算机(用 0 代表)。训练实例的结构为:待分类训练实例结构:年龄:--,收入:--,学生:--,信用:--,会买计算机:--,由 x_1、x_2、x_3、x_4、y_k 表示。

表 6-5　训练集

序号	x_1	x_2	x_3	x_4	y_k
1	S	H	N	M	0
2	S	H	N	H	0
3	M	H	N	M	1
4	L	M	N	M	1

序号	x_1	x_2	x_3	x_4	y_k
5	L	M	Y	H	0
6	S	L	N	H	0
7	M	L	Y	H	1
8	S	M	N	M	1
9	S	L	Y	M	1
10	L	M	Y	M	1
11	M	M	Y	H	1
12	M	H	N	H	1
13	M	H	Y	M	1
14	L	M	N	H	0

x_1 取值分别为 $x_{11}=$'S', $x_{12}=$'M', $x_{13}=$'L'。

x_2 取值分别为 $x_{21}=$'S', $x_{22}=$'M', $x_{23}=$'H'。

x_3 取值分别为 $x_{31}=$'Y', $x_{32}=$'N'。

x_4 取值分别为 $x_{41}=$'M', $x_{42}=$'H'。

y_k 类别属性为：$y_k=0$，没买计算机；$y_k=1$，已买计算机。

待分类实例：结构：年龄：--，收入：--，学生：--，信用：--，会买计算机吗？

利用 $P(y_i|X)=(X|y_i)P(y_i)/P(X)$ 概率公式获得问题的解。

(1) 计算 $P(y_i)$

$P(y_k=0)=5/14=0.357$

$P(y_k=1)=9/14=0.643$

(2) 计算 $P(X|y_k=0)$

$X=$（年龄 <30，收入中等，是学生，信用一般），即

$$X=(x_1=\text{'S'}, x_2=\text{'M'}, x_3=\text{'Y'}, x_4=\text{'M'})$$

$P(X\mid C_i)=P(X_0\mid C_i)P(X_1\mid C_i)P(X_2\mid C_i)P(X_3\mid C_i)$

$P(x_1=\text{'S'}\mid y_k=0)=3/5=0.600$

$P(x_2=\text{'M'}\mid y_k=0)=2/5=0.400$

$P(x_3=\text{'Y'}\mid y_k=0)=1/5=0.200$

$P(x_4=\text{'M'}\mid y_k=0)=2/5=0.400$

$P(X\mid y_k=0)=0.6\times0.4\times0.2\times0.4=0.019$

$P(X\mid y_k=0)P(y_k=0)=P(X\mid y_k=0)P(y_k=0)=0.019\times0.357=0.007$

(3) 计算 $P(X|y_k=1)$

$X=$（年龄 <30，收入中等，是学生，信用一般），即

$$X=(x_1=\text{'S'}, x_2=\text{'M'}, x_3=\text{'Y'}, x_4=\text{'M'})$$

$P(X\mid y_k=1)=P(x_0\mid y_k=1)P(x_1\mid y_k=1)P(x_2\mid y_k=1)P(x_3\mid y_k=1)$

$$P(x_1 = 'S' \mid y_k = 1) = 2/9 = 0.222$$

$$P(x_2 = 'M' \mid y_k = 1) = 4/9 = 0.444$$

$$P(x_3 = 'Y' \mid y_k = 1) = 6/9 = 0.667$$

$$P(x_4 = 'M' \mid y_k = 1) = 6/9 = 0.667$$

$$P(X \mid y_k = 1) = 0.222 \times 0.444 \times 0.667 \times 0.667 = 0.044$$

$$P(X \mid y_k = 0)P(y_k = 1) = P(X \mid y_k = 1) \, P(y_k = 1) = 0.044 \times 0.643 = 0.028$$

(4) 计算 $P(y_k = 0 \mid X)$ 和 $P(y_k = 1 \mid X)$

由(2)和(3)可知。

$$P(X \mid y_k = 0) \, P(y_k = 0) = P(X \mid y_k = 0) \, P(y_k = 0) = 0.019 \times 0.357 = 0.007$$

$$P(X \mid y_k = 1)P(y_k = 1) = P(X \mid y_k = 1) \, P(y_k = 1) = 0.044 \times 0.643 = 0.028$$

则

$$P(y_k = 0 \mid X) = P(y_k = 0 \mid X) = P(X \mid (y_k = 0) \, P(y_k = 0)/P(X) = 0.007/ \, P(X)$$

$$P(y_k = 1 \mid X) = P(y_k = 1 \mid X) = P(X \mid (y_k = 1) \, P(y_k = 1)/P(X) = 0.028/P(X)$$

由于 $P(y_k = 1 \mid X) > P(y_k = 0 \mid X)$，所以对于样本 X，朴素贝叶斯分类预测为：会买计算机。

本 章 小 结

机器学习是人工智能的重要研究领域，多年来，众多学者的努力研究推动了机器学习技术的发展，已出现了大量行之有效的算法。本章简单地介绍了机器学习的基本内容、基本概念和部分学习算法，主要包括决策树、集成学习、k-最近邻分类算法、k-均值聚类算法、隐马尔可夫模型和朴素贝叶斯分类算法。学习这部分内容，可为读者进一步学习和运用机器学习、深度学习建立基础。

第7章

神经网络模型

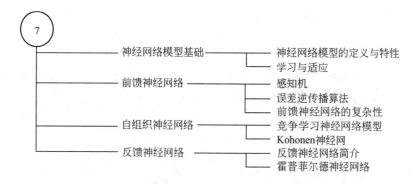

- 神经网络模型基础 ──── 神经网络模型的定义与特性
  - 学习与适应
- 前馈神经网络 ──── 感知机
  - 误差逆传播算法
  - 前馈神经网络的复杂性
- 自组织神经网络 ──── 竞争学习神经网络模型
  - Kohonen神经网
- 反馈神经网络 ──── 反馈神经网络简介
  - 霍普菲尔德神经网络

7.1 神经网络模型基础

神经网络模型属于连接主义学派,是一种基于生理学的智能仿生模型,是一种模拟人脑神经系统对复杂信息的处理机制的数学模型,是一个由大量简单元件相互连接而成的复杂网络,能够进行复杂的逻辑操作并实现非线性关系,具有自组织、自适应和自学习能力,且具有非线性、非局域性、非定常性和非凸性等特点。

7.1.1 神经网络模型的定义与特性

神经网络模型主要包括数学模型与认知模型。数学模型是对神经系统生理特征的数学抽象的描述,而认知模型是根据神经系统信息处理过程而建立的,利用它可以模拟感知、思维、求解问题等过程。

人脑处理信息的特点是大规模神经元并行处理、强大容错能力和自适应能力,可以说,人脑是最复杂、最完美、最有效的信息处理系统。

1. 神经元模型

神经元模型是组成神经网络模型的细胞,如图 7-1 所示。

神经元输出 O 为

$$O = f(W^T X)$$

$$= f\left(\sum_{i=1}^{n} w_i x_j\right)$$

其中 W 是权向量,其定义为

$$W = (w_1, w_2, \cdots, w_n)^T$$

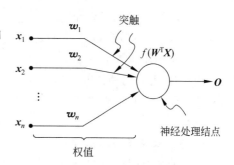

图 7-1 神经元模型

X 为输入向量,其定义为:

$$X = (x_1, x_2, \cdots, x_n)^{\mathrm{T}}$$

W 和 X 都被定义为列向量。函数 $f(W^{\mathrm{T}}X)$ 常被称为激活(或作用)函数,其定义域为神经元模型的净入值,常用 net 表示。变量 net 被定义为权和输入向量的标量积(点积),又被称为状态。

$$\mathrm{net} = W^{\mathrm{T}}X$$

net 是生物神经元潜力的模拟,其中 $x_1, x_2, \cdots, x_{n-1}$ 为实际的输入变量;而 $x_n = -1$ 且 $w_n = T$,T 为阈值,由于阈值对某些模型起了重要作用,因此有时需要明显地将 T 作为一个独立的神经元参数。神经元输出 O 为

$$O = f(W^{\mathrm{T}}X) = f\left(\sum_{i=1}^{n-1} w_i x_j - T\right)$$

f 为非线性作用函数,其形式是多样的,典型的有阶跃函数、阈值函数和 S(Sigmoid)形函数。其输入与输出的非线性关系如图 7-2 所示。

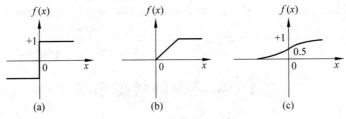

图 7-2　非线性作用函数

图 7-2(a)所示的为阶跃函数,图 7-2(b)所示的为阈值函数,图 7-3(c)所示的为 S 形函数。有时也采用双曲函数或其他函数。通常人们将阶跃函数和阈值函数等称为硬限函数,称 S 形函数为软限函数。

2. 神经网络模型的定义

关于神经网络模型,人们基于不同角度与背景提出了多种定义,下述两种典型的定义较为常用。

首先,神经网络模型是完成认知任务的算法,在数学上可将之定义为具有下述性质的有向图。

(1) 结点状态变量 net_i 与结点 i 有关。

(2) 权值 w_{ij} 与两结点 i 和 j 之间的连接有关。

(3) 阈值 θ_i 与结点 i 有关。

(4) 结点 i 的输出 $O_i = f_i(O_j, w_{ij}, \theta_i, (j \neq i))$ 取决于连接到结点 i 的那些结点输出 O_i、w_{ij} 以及作用函数 f_i。

其次,由著名的神经网络学者 T. 科霍嫩(Teuvo Kohonen)教授提出的神经网络模型的定义是由简单单元组成的广泛并行互联的网络,能够模拟生物神经系统对真实世界物体做出的交互反应。

3. 神经网络模型的属性

为了使神经网络模型能够模拟大脑的部分智能,可以归纳神经网络模型的基本属性如下。

1）非线性

非线性关系是自然界中各种规律的普遍特征,大脑的智能就是一种非线性现象。神经网络模型是用构造性方法提出的脑功能模型,它也具有非线性属性。

2）非局域性

非局域性是自然界中事物间普遍联系的一种表现,一个系统的许多整体行为不仅取决于系统单元的个性,而且还由单元之间的相互连接、相互作用所决定。智能是大脑的整体行为,取决于由神经细胞组成的整个神经网络,这就是大脑的非局域性含义。神经网络模型不是使用传统计算机的局域性记忆方式,而是以单元之间的大量连接模拟大脑的非局域性。这些连接被称为权,由于它是可塑的,故它可以使神经网络模型具有学习功能。

3）非定常性

自然界万物处于永恒的运动与变化之中,大脑的思维也在不断演化。为了使神经网络模型具有智能,能够学习、发现规律、发明创造,就不能使之处于定常状态,这就必须使神经网络模型在某种程度上成为一个能模拟思维运动的动力学系统。由于神经网络模型具有自适应、自组织和自学习能力,因此不但可以处理各种变化的信息,而且本身也在不断地演化。迭代是描述神经网络模型演化的基本方法。

4）非凸性

一个动力学系统的演化方向在一定条件下将取决于某个特定的状态函数。例如,能量函数就是一种状态函数。函数的极值对应系统的较稳定状态,非凸性是指这种函数具有多极值性,表明系统可以有多个较稳定的平衡态,这就导致了系统演化的多样性和复杂性。

神经网络模型的学习过程就是改变其内部连接权值的过程,允许定义某种评估函数以描述学习效果。但评估函数是多极值性的,这就导致了神经网络模型演化的非凸性。

上述关于神经网络模型的典型定义与基本特性只局限于当前背景下的认识结果。人类对大脑的结构与思维等问题的了解仍很肤浅,神经网络模型的发展仍处于相当初级的阶段,许多技术上的难点仍有待克服与突破,并需要在基本原理方面得到更深刻、更广阔的探索。

4. 神经网络模型的拓扑结构

1）层次网络模型

这种模型将大量神经元按层次结构分成若干层顺序连接,在输入层加上输入(刺激)信息,通过中间各层变换而到达输出层,以此完成一次信息处理。图 7-3 所示的是层次网络模型中的三种基本结合方式。

2）互连网络模型

在这种模型中,任意两个神经元之间都具有相互连接的关系,如图 7-4 所示。网络的行为采用动态分析方法,即由某一个初始状态出发,根据网络的结构和神经元的特性进行网络的能量最小化计算逼近,最后达到稳定状态。

5. 典型模型的基本结构

1）前馈神经网络模型

前馈神经网络模型是信息单向流动的神经网络模型,含有 m 个神经元,n 个输入端的单层,其结构如图 7-5 所示。

其输入向量为 $\boldsymbol{X}=(x_1,x_2,\cdots,x_n)^{\mathrm{T}}$,输出向量为 $\boldsymbol{O}=(o_1,o_2,\cdots,o_m)^{\mathrm{T}}$,$w_{ij}$ 表示为第 j 个神经元与第 i 个输入之间的连接权。其中第 j 个神经元的净入值为

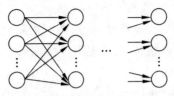

(a) 同层无连接的前馈方式

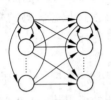

(b) 同层有连接的前馈方式

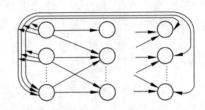

(c) 反馈连接方式

图 7-3　层次网络模型

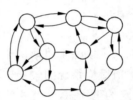

图 7-4　互连网络

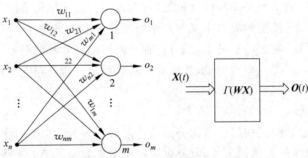

图 7-5　前馈神经网络

$$\text{net}_j = \sum_{i=1}^{n} w_{ij} x_i, \quad j = 1, 2, \cdots, m$$

在网络中每个神经元完成的转换是一个非常强烈的非线性映射,即

$$\boldsymbol{O}_j = f(\boldsymbol{W}_j^{\mathrm{T}} \boldsymbol{X}), \quad j = 1, 2, \cdots, m$$

其中,权向量 $\boldsymbol{W}_j$ 包含与第 j 个神经元相连接的所有权值,即

$$\boldsymbol{W}_j = (w_{1j}, w_{2j}, \cdots, w_{nj})^{\mathrm{T}}$$

引入非线性矩阵运算符 $\varGamma$,则输入空间 $\boldsymbol{X}$ 到输出空间 $\boldsymbol{O}$ 的映射为

$$\boldsymbol{O} = \varGamma(\boldsymbol{WX})$$

其中,权矩阵为

$$W = \begin{bmatrix} w_{11} & w_{21} & \cdots & w_{n1} \\ w_{12} & w_{22} & \cdots & w_{n2} \\ \vdots & \vdots & \cdots & \vdots \\ w_{1m} & w_{2m} & \cdots & w_{nm} \end{bmatrix}$$

$$r(\cdot) = \begin{bmatrix} f(\cdot) & 0 & \cdots & 0 \\ 0 & f(\cdot) & \cdots & 0 \\ \vdots & \vdots & \cdots & \vdots \\ 0 & 0 & & f(\cdot) \end{bmatrix}$$

输入向量 X 和输出向量 O 又称为输入模式和输出模式。上文所描述的映射关系是一种前馈瞬时模型，如果考虑到 X 与 O 之间的延迟，则可用包含时间 t 的形式重写上式为

$$O(t) = \Gamma(WX(t))$$

前馈神经网络的特点是无反馈，利用这种单层前馈神经网连接可以构成多层前馈神经网络。在这种多层网中，前一层的输出是下一层的输入。在 $X(t)$ 被映射成 $O(t)$ 时，虽然前馈神经网络中无反馈，但输出值要与监督的指导信息相比较，利用产生的误差信号调整网络中的权值。

2）反馈神经网络模型

将图 7-5 所示的前馈神经网络模型的输出与输入相连接就可以得到反馈神经网络模型，如图 7-6(a)所示。

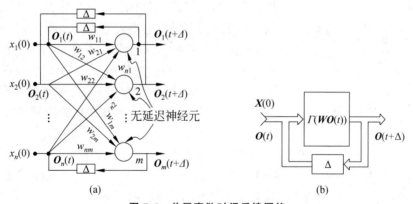

图 7-6　单层离散时间反馈网络

闭合反馈环能够使得输出 $O_j(t-\Delta)$ 对 $O_i(t)$ 进行控制，$i=1,2,\cdots,n$; $j=1,2,\cdots,m$。

如果当前的输出为 $O(t)$，控制下一时刻的输出为 $O(t+\Delta)$，则这样的控制是有意义的。在图 7-6(a)中，用延迟单元来表示 t 和 $t+\Delta$ 之间的时间间隔。它是对基本的生物神经元的模拟。$O(t)$ 到 $O(t+\Delta)$ 的映射可以写成

$$O(t+\Delta) = \Gamma(WO(t))$$

图 7-6(2)是这个公式的方框图表示，输入 $X(t)$ 仅用于初始化网络，使 $O(0)=X(0)$。当 $t>0$ 之后，$X(0)$ 被取消，系统开始自动工作。

在离散时间系统中，由于时间间隔 Δ 是确定的。因此，选择自然数表示时间更为简捷而方便。对于一个离散时间人工系统而言，有下式关系。

$$O^{k+1} = \Gamma(WO^k), \quad k=1,2,\cdots$$

其中，k 为表示时间的自然数。

由于在图 7-6 中的网络是反馈的，也就是说在 $k+1$ 时刻的输出依赖从 $k=0$ 时刻到 k 时刻的所有输出。因此，可以得到一系列迭代表达式，即

$$O^1 = \Gamma(WX^0)$$
$$O^1 = \Gamma(W\Gamma(WX^0))$$
$$\cdots$$
$$O^{k+1} = \Gamma(W\Gamma(W\Gamma(\cdots W\Gamma(WX^0)\cdots)))$$

显然，这类反馈神经网络可以由自动机描述。网络稳定输出状态被称为吸引子，一个吸引子可以是一个确定状态或在几个状态绕行（又称之为极限环）。

7.1.2 学习与适应

人类通过学习掌握技术与增强能力。对于心理学家来说，研究学习的方法是一个重要课题。在神经网络中，学习是一个更为直接的过程，神经网络需要从一组例子的输入输出映射中学习。设计一个联想器或分类器可根据学习将输入转换为输出。

1. 函数逼近

在近似理论中，主要通过一个函数 $H(W,X)$ 逼近另一个连续的多变量函数 $h(x)$，其中，$X=(x_1,x_2,\cdots,x_n)^T$ 为输入向量。$W=(w_1,w_2,\cdots,w_m)^T$ 为参数（权）向量。

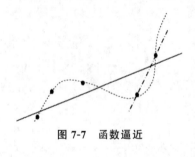

图 7-7 函数逼近

神经网络模型可以通过学习实现函数逼近。学习的任务是根据训练样本集 $\{X\}$ 找到能够提供最佳逼近的 W 值。此学习需要进行的重要选择是使用近似函数 $H(W,X)$，如图 7-7 所示，但不能使用过任意两点的直线逼近函数。为了表示 $h(x)$ 而进行函数 $H(W,X)$ 的选择被称为表象问题。一旦选择了 $H(W^*,X)$，网络学习算法便可以寻找最佳参数 W^*。关于学习的更精确描述可以用包含 W 的下述计算式来表示：

$$\rho[H(W^*,X),h(X)] \leqslant \rho[H(W,X),h(X)]$$

其中，$\rho[H(W,X),h(X)]$ 为距离函数，它是 $H(W,X)$ 和 $h(X)$ 之间近似程度的描述和度量，前馈神经网就是通过逼近以实现输入到输出关系的映射的。

2. 有监督学习与无监督学习

神经网络模型使用了有监督或无监督的学习方法，但是也有一些神经网络模型不需逐渐训练而只需要一次性学习，如霍普菲尔德神经网络。

当神经网络的权值仅需一次调整时，其需要输入、输出训练数据全集以决定权值。网络本身产生的反馈信息并不包含在网络运行过程中，这种技术也被称为译码。然而带有来自监督或者来自环境反馈的学习是神经网络更重要的学习，图 7-8 所示的是神经网络的有监督学习和无监督学习的示意图。

在有监督的学习方式中，当输入模式被加入神经网络后，将监督提供一个期望输出 d 给系统。将网络产生的实际输出值 O 和期望输出 d 间的距离 $\rho[d,O]$ 作为误差，并以之调整网络参数，即使用一个奖惩方案修改网络的权矩阵。这种学习方案需要训练例子集，对神经网络的训练是有效的，大部分有监督学习算法都能将多维空间误差减至最小。

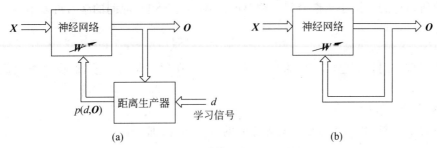

图 7-8 神经网络的学习方式

在无监督学习方式中,期望输出是未知的,因此没有直接的误差信息用来改善网络的行为。由于得不到正确输出指导信息,因此,学习必须根据对输入应答的观察来完成。有监督学习能够容易地找到如图 7-8(a) 所示的各类输入模式的边界,但无监督学习算法使用大量的未经处理的输入数据,这些数据没有标记它们的类型。神经网络本身能发现任何可能存在的模式、规律性等,在发现的同时,网络进行参数的变化,这个过程被称为神经网络模型的自组织。

无监督学习常被用于完成聚类问题,如不提供任何关于分类信息的无监督指导分类,然而在一些无监督环境中此类学习常常是不可能的。

3. 学习规则

一个神经元可以被看作一个适应单元。连接权可以根据神经元接收的输入信号(刺激)、输出值(响应)及相应的监督应答进行调整,图 7-9 所示的是监督学习的神经元 j 权向量 $\boldsymbol{W}_j$ 的调节示意图。著名神经网络学者 Amari 教授于 1990 年提出了神经网络的通用学习规则,即权向量 $\boldsymbol{W}_j$ 的增量 $\Delta\boldsymbol{W}_j$,与输入向量 $\boldsymbol{X}$ 和学习信号 r 的乘积成正比。学习信号通常是 $\boldsymbol{W}_j$、$\boldsymbol{X}$ 和信号 d_j 函数。对于图 7-9 所示的网络,$r=r(\boldsymbol{W}_j,\boldsymbol{X},d)$。

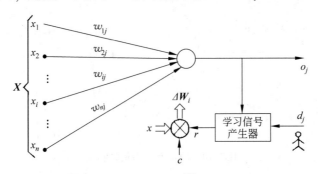

$$\boldsymbol{W}_j=(w_{1j},\ w_{2j},\cdots,w_{ij},\cdots,w_{nj})\mathrm{T}$$

图 7-9 权值调整

根据通用学习规则,在 z 时刻学习中产生的权向量的增量为

$$\Delta\boldsymbol{W}_j(t)=cr\boldsymbol{X}(t)$$

其中,c 为正数并被称为学习常量,其值决定学习速度。下一学习步骤 $t+1$ 时刻权向量为

$$\boldsymbol{W}_j(t+1)=\boldsymbol{W}_j(t)+cr[\boldsymbol{W}_j(t),\boldsymbol{X}(t),d_j(t)]\boldsymbol{X}(t)$$

如果用上角标表示离散时间学习步骤,则第 k 步可改写为

$$\boldsymbol{W}_j^{k+1}=\boldsymbol{W}_j^k+cr(\boldsymbol{W}_j^k,\boldsymbol{X}^k,d_j^k)\boldsymbol{X}^k$$

上面所讨论的是基于离散时间权调整的形式。基于连续时间的学习可表示为

$$\frac{\mathrm{d}\boldsymbol{W}_j(t)}{\mathrm{d}t}=cr\boldsymbol{X}(t)$$

基于离散时间权调整(学习)的基本规则如下。在每次学习之前,假设已对权值做了初始化。

1) 赫布学习规则

在赫布学习规则中,学习信号与神经元的输出相等,即

$$\gamma=f(\boldsymbol{W}_j^{\mathrm{T}}\boldsymbol{X})$$

权向量的增量为

$$\Delta\boldsymbol{W}_j=cf(\boldsymbol{W}_j^{\mathrm{T}}\boldsymbol{X})\boldsymbol{X}$$

权 w_{ij} 使用下述增量修改

$$\Delta w_{ij}=cf(\boldsymbol{W}_j^{\mathrm{T}}\boldsymbol{X})x_i$$

也可以写成

$$\Delta w_{ij}=co_jx_i \quad (i=1,2,\cdots,n)$$

这个学习规则要求在学习前将连接权初始化成很小的随机数(在 $\boldsymbol{W}_j=0$ 附近)。赫布学习规则代表了一种纯前馈、无监督学习,这个规则表明:如果 $\boldsymbol{O}_j\boldsymbol{X}_i$ 是正数,则使权 $\boldsymbol{W}_{ij}$ 增大;否则,权减小。

例 7-1　赫布学习规则。

图 7-10 所示的网络其权向量的初值为

$$\boldsymbol{W}^1=\begin{bmatrix}1\\-1\\0\\0.5\end{bmatrix}$$

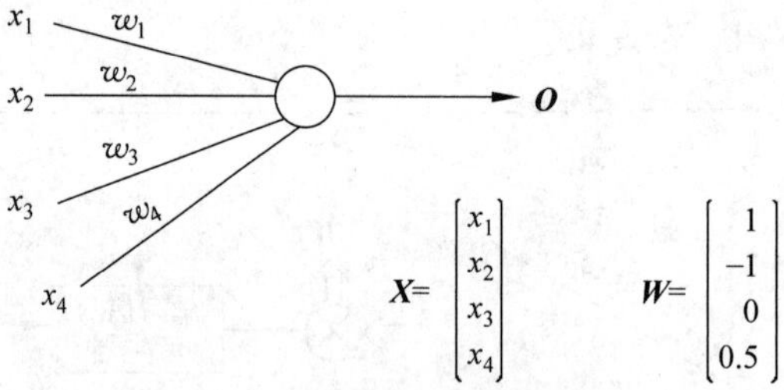

图 7-10　网络其权向量的初值

需要利用下面三个向量进行训练。

$$\boldsymbol{X}_1=\begin{bmatrix}1\\-2\\1.5\\0\end{bmatrix} \quad \boldsymbol{X}_2=\begin{bmatrix}1\\-0.5\\-2\\-1.5\end{bmatrix} \quad \boldsymbol{X}_3=\begin{bmatrix}0\\1\\-1\\1.5\end{bmatrix}$$

学习常量 c 选为 1,作用函数选为双向符号函数,即 $f\in\{-1,1\}$。

第 1 步:输入 $\boldsymbol{X}$,获得净入 net^1 为

$$\mathrm{net}^1 = \boldsymbol{W}^{1\mathrm{T}}\boldsymbol{X}_1 = [1, -1, 0, 0.5]\begin{bmatrix} 1 \\ -2 \\ 1.5 \\ 0 \end{bmatrix} = 3$$

$$\boldsymbol{W}^2 = \boldsymbol{W}^1 + \mathrm{sgn}(\mathrm{net}^1)\boldsymbol{X}_1 = \boldsymbol{W}^1 + \boldsymbol{X}_1$$

$$= \begin{bmatrix} 1 \\ -1 \\ 0 \\ 0.5 \end{bmatrix} + \begin{bmatrix} 1 \\ -2 \\ 1.5 \\ 0 \end{bmatrix} = \begin{bmatrix} 2 \\ -3 \\ 1.5 \\ 0.5 \end{bmatrix}$$

第 2 步：$\boldsymbol{X}_2$ 作为输入

$$\mathrm{net}^2 = \boldsymbol{W}^{2\mathrm{T}}\boldsymbol{X}_2 = [2, -3, 1.5, 0.5]\begin{bmatrix} 1 \\ -0.5 \\ -2 \\ -1.5 \end{bmatrix} = -0.25$$

$$\boldsymbol{W}^3 = \boldsymbol{W}^2 + \mathrm{sgn}(\mathrm{net}^2)\boldsymbol{X}_2 = \boldsymbol{W}^2 - \boldsymbol{X}_2 = \begin{bmatrix} 1 \\ -2.5 \\ 3.5 \\ 2 \end{bmatrix}$$

第 3 步：$\boldsymbol{X}_3$ 作为输入

$$\mathrm{net}^3 = \boldsymbol{W}^{3\mathrm{T}}\boldsymbol{X}_3 = [1, -2.5, 3.5, 2]\begin{bmatrix} 0 \\ 1 \\ -1 \\ -1.5 \end{bmatrix} = -3$$

$$\boldsymbol{W}^4 = \boldsymbol{W}^3 + \mathrm{sgn}(\mathrm{net}^3)\boldsymbol{X}_3 = \boldsymbol{W}^3 - \boldsymbol{X}_3 = \begin{bmatrix} 1 \\ -3.5 \\ 4.5 \\ -0.5 \end{bmatrix}$$

在上述的计算中，由于 $c=1$，则有 $f \cdot c \in (-1, 1)$，进而使输入模式加或减到权向量中。如果作用函数 f 选为 Sigmoid 形式，则可使权向量得到更细致的调节。

重新使用上述例子，作用函数 f 为

$$f = 1/(1 + e^{-\lambda x})$$

其中 $\lambda = 1$，则有

第 1 步：$f(\mathrm{net}^1) = 0.905$

$$\boldsymbol{W}^2 = \begin{bmatrix} 1.905 \\ -2.81 \\ 1.357 \\ 0.5 \end{bmatrix}$$

第 2 步：$f(\mathrm{net}^2) = -0.077$

$$\boldsymbol{W}^3 = \begin{bmatrix} 1.828 \\ -2.772 \\ 1.512 \\ 0.616 \end{bmatrix}$$

第 3 步：$f(\text{net}^3) = -0.932$

$$\boldsymbol{W}^4 = \begin{bmatrix} 1.828 \\ -3.70 \\ 2.44 \\ -0.783 \end{bmatrix}$$

2）感知机学习规则

感知机（Perceptron）学习规则的学习信号是神经元的期望输出和实际输出之间的差值，其学习信号为

$$\gamma = d_j - o_j$$

其中，$o_j = \text{sgn}(\boldsymbol{W}_j^T \boldsymbol{X})$；$d_j$ 是期望输出，参见图 7-11。

$$\Delta \boldsymbol{W}_j = c[d_j - \text{sgn}(\boldsymbol{W}_j^T \boldsymbol{X})] \boldsymbol{X}$$
$$\Delta \boldsymbol{W}_{ij} = c[d_j - \text{sgn}(\boldsymbol{W}_j^T \boldsymbol{X})] x_j \quad (i = 1, 2, \cdots, n)$$
$$\text{sgn}(\boldsymbol{W}_j^T \boldsymbol{X}) \in \{-1, 1\}$$

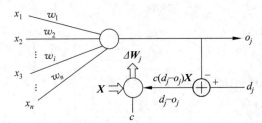

图 7-11　感知器学习规则

由于学习信号是期望输出 d_j 的函数，所以这种学习规则是一种有监督的学习规则。权可以被初始化成任何值，这种规则仅适用于二进制神经元。

例 7-2　输入样本向量为

$$\boldsymbol{X}_1 = \begin{bmatrix} 1 \\ -2 \\ 0 \\ -1 \end{bmatrix} \quad \boldsymbol{X}_2 = \begin{bmatrix} 0 \\ 1.5 \\ -0.5 \\ -1 \end{bmatrix} \quad \boldsymbol{X}_3 = \begin{bmatrix} -1 \\ 1 \\ 0.5 \\ -1 \end{bmatrix}$$

初始权向量为

$$\boldsymbol{W}_1 = \begin{bmatrix} 1 \\ -1 \\ 0 \\ 0.5 \end{bmatrix}$$

学习常数 $c = 0.1$，则与 $\boldsymbol{X}_1$、$\boldsymbol{X}_2$、$\boldsymbol{X}_3$ 相对应的期望输出为 $d_1 = -1, d_2 = -1, d_3 = 1$。

第 1 步：输入 $\boldsymbol{X}_1$、d_1，净入值 net 为

$$\mathrm{net}^1 = \boldsymbol{W}^{1\mathrm{T}}\boldsymbol{X}_1 = [1, -1, 0, 0.5]\begin{bmatrix} 1 \\ -2 \\ 6 \\ -1 \end{bmatrix} = 2.5$$

由于 $d_1 = -1 \neq \mathrm{sgn}(\mathrm{net}^1)$，所以

$$\boldsymbol{W}^2 = \boldsymbol{W}^1 + 0.1(-1-1)\boldsymbol{X}_1 = \begin{bmatrix} 1 \\ -1 \\ 0 \\ 0.5 \end{bmatrix} - 0.2 \begin{bmatrix} 1 \\ -2 \\ 0 \\ -1 \end{bmatrix} = \begin{bmatrix} 0.8 \\ -0.6 \\ 0 \\ 0.7 \end{bmatrix}$$

第 2 步：输入 $\boldsymbol{X}_2$、d_2。

$$\mathrm{net}^2 = \boldsymbol{W}^{2\mathrm{T}}\boldsymbol{X}_2 = [0, 1.5, -0.5, -1]\begin{bmatrix} 0.8 \\ -0.6 \\ 0 \\ 0.7 \end{bmatrix} = -1.6$$

由于 $d_2 = -1 = \mathrm{sgn}(-1, 6)$，所以在这一步不修正权值。

第 3 步：输入 $\boldsymbol{X}_3$、d_3。

$$\mathrm{net}^3 = \boldsymbol{W}^{3\mathrm{T}}\boldsymbol{X}_3 = [-1, 1, 0.5, -1]\begin{bmatrix} 0.8 \\ -0.6 \\ 0 \\ 0.7 \end{bmatrix} = -2.1$$

由于 $d_3 = 1$，所以

$$\boldsymbol{W}^4 = \boldsymbol{W}^3 + 0.1(1+1)\boldsymbol{X}_3$$

$$\boldsymbol{W}^4 = \begin{bmatrix} 0.8 \\ -0.6 \\ 0 \\ 0.7 \end{bmatrix} + 0.2 \begin{bmatrix} -1 \\ 1 \\ 0.5 \\ -1 \end{bmatrix} = \begin{bmatrix} 0.6 \\ -0.4 \\ 0.1 \\ 0.5 \end{bmatrix}$$

如果用同样的训练集重新对网络进行训练，则输出误差通常会比原来小。

3）Delta 学习规则

Delta 学习规则只适合于连续作用函数（Sigmoid）的情况，并用于有监督的学习方式。这个规则的学习信号被称为 Delta，其定义如下。

$$r = [d_j - f(\boldsymbol{W}_i^{\mathrm{T}}\boldsymbol{X})]f'(\boldsymbol{W}_i^{\mathrm{T}}\boldsymbol{X})$$

其中，$f'(\boldsymbol{W}_i^{\mathrm{T}}\boldsymbol{X})$ 是作用函数，是 $f(\mathrm{net})$ 的导数。Delta 学习规则的解释如图 7-12 所示。

其误差 $\boldsymbol{E}$ 定义为

$$\boldsymbol{E} = \frac{1}{2}(d_j - o_j)^2$$

$$= \frac{1}{2}[d_j - f(\boldsymbol{W}_j^{\mathrm{T}}\boldsymbol{X})]^2$$

可以得到误差的梯度向量值，即

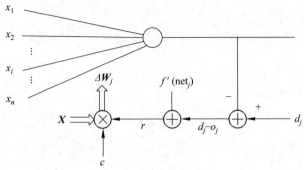

图 7-12　Delta 学习规则

$$\nabla \boldsymbol{E} = -(d_j - o_j)f'(\boldsymbol{W}_j^{\mathrm{T}}\boldsymbol{X})\boldsymbol{X}$$

$$\frac{\partial \boldsymbol{E}}{\partial w_{ji}} = -(d_j - o_j)f'(\boldsymbol{W}_j^{\mathrm{T}}\boldsymbol{X})\boldsymbol{X}_i, \quad i = 1, 2, \cdots, n$$

为了减小误差,权向负梯度方向变化,即

$$\Delta \boldsymbol{W}_j = -c\,\nabla \boldsymbol{E}$$

c 为正的常数。

$$\Delta \boldsymbol{W}_j = c(d_j - o_j)f'(\mathrm{net}_j)\boldsymbol{X}$$

$$\Delta w_{ji} = c(d_j - o_j)f'(\mathrm{net}_j)x_i$$

在 Delta 学习规则中,网络的初始权可为任意值。Delta 学习规则通常被称为连续感知器学习规则,其可被推广到多层网络。

4) Widrow-Hoff 学习规则

Widrow-Hoff 学习规则是一种有监督的学习规则,其与神经元所使用的作用函数无关。该学习规则的学习信号定义为

$$\gamma = d_j - \boldsymbol{W}_j^{\mathrm{T}}\boldsymbol{X}$$

权向量增量为

$$\Delta = c(d_j - \boldsymbol{W}_j^{\mathrm{T}}\boldsymbol{X})\boldsymbol{X}$$

$$\Delta w_{ji} = c(d_j \boldsymbol{W}_j^{\mathrm{T}}\boldsymbol{X})x_i$$

Widrow-Hoff 学习规则是 Delta 学习规则的特殊情况。如果在 Delta 学习规则中作用函数为单位函数,则 Delta 学习规则与 Widrow-Hoff 学习规则完全一致。Widrow-Hoff 学习规则也称为 LMS(Least Mean Square,最小二乘法)学习规则,在这种规则中,权可被初始化为任意值。

5) 相关学习规则

在相关(Correlation)学习规则中

$$\gamma = d_j$$

$$\Delta \boldsymbol{W}_j = cd_j\boldsymbol{X}$$

$$\Delta w_{ij} = cd_j x_i$$

这个规则说明,如果 d_j 是 x_i 的期望输出,则相应的权的增量与 $d_j x_i$ 呈正比。这个规则通常被用于双向输出神经元构成的记忆网络中,也可被解释为赫布规则的特殊情况,即具

有一个二进制作用函数 $o_i = d_i$。但是赫布学习规则是在无监督环境中完成的,而 Correlation 学习规则是有监督的学习规则,并且要求将权向量初始化为 $\boldsymbol{W} = \boldsymbol{0}$。

6) 胜者全取(Winner-Take-All)学习规则

胜者全取学习规则是一种竞争学习规则,其被用于无监督的网络训练。在网络的输出层中有 p 神经元,对于输入 $\boldsymbol{X}$ 第 m 个神经元有最大输出,可参阅图 7-13。这个神经元被称为胜利者,作为这个获胜事件的结果,其权向量 $\boldsymbol{W}_m = (w_{1m}, w_{2m}, \cdots, w_{mm})^{\mathrm{T}}$。

其增量为

$$\Delta \boldsymbol{W}_m = \alpha(\boldsymbol{X} - \boldsymbol{W}_m)$$
$$\Delta w_{ij} = \alpha(x_i - w_{im}) \quad i = 1, 2, \cdots, n$$

其中 $\alpha > 0$,一般随学习过程的进展而不断增加。选择胜利者的标准是:在所有参加竞赛的 p 个神经元中取最大的响应,即

$$\boldsymbol{W}_m^{\mathrm{T}} \boldsymbol{X} = \max_{i=1,2,\cdots,n} (\boldsymbol{W}_i^{\mathrm{T}} \boldsymbol{X})$$

显然,这个标准与寻找最接近输入 $\boldsymbol{X}$ 权向量是一致的。在这种规则中,除了获胜神经元连接权被调节之外,获胜神经元的相邻神经元也被补充调节。权通常被初始化为任意值并被归一化处理。

7) Outstar 学习规则

Outstar 学习规则被用于实现在输出层中 p 个神经元的期望输出 $\boldsymbol{D}$。参阅图 7-14,这个规则能够反复学习输入输出关系的特征。Outstar 学习规则与有监督学习有关,但是它被认为允许网络抽取输入和输出信号的统计特征,其权调节为

$$\Delta \boldsymbol{W}_j = \beta(d - \boldsymbol{W}_j)$$
$$\Delta \boldsymbol{W}_{ij} = \beta(d_j - \boldsymbol{W}_{ij}) \quad (j = 1, 2, \cdots, p, i = 1, 2, \cdots, n)$$

其中,$\boldsymbol{W}_j = (\boldsymbol{W}_{1j}, \boldsymbol{W}_{2j}, \cdots, \boldsymbol{W}_{nj})^{\mathrm{T}}$,$\beta$ 为在学习中逐渐减小的正的常量。

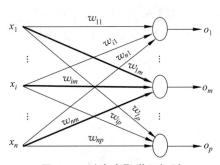

图 7-13　胜者全取学习规则

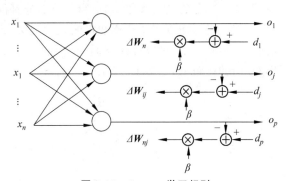

图 7-14　Outstar 学习规则

反复学习之后,输出模式与期望输出非常相似。

8) 学习规则总结

表 7-1 给出了上述几种学习规则的比较结果。除了胜者全取学习规则和 Outstar 学习规则之外,大多数学习规则适用单个的神经元学习。这里仅列举了几种较常使用的学习规则,并没有包括现存的所有学习规则。

表 7-1 学习规则比较

学习规则	权调节 $\Delta A w_{ij}$	初始权	学习	神经元特征
赫布	$co_j x_i$ $i=1,2,\cdots,n$	**0**	∪ (无监督)	任意
感知器	$c[d_j - \text{sgn}(\boldsymbol{W}_j^{\mathrm{T}}\boldsymbol{X})]\boldsymbol{X}_i$ $i=1,2,\cdots,n$	任意	S (有监督)	双态
Delta	$c(d_j - o_j)f'(\text{net}_j)x_i$ $i=1,2,\cdots,n$	任意	S (有监督)	连续
Widrow-Hoff	$c(d_j - \boldsymbol{W}_j^{\mathrm{T}}\boldsymbol{X})x_i$ $i=1,2,\cdots,n$	任意	S (有监督)	任意
Correlation	$cd_j x_i$ $i=1,2,\cdots,n$	**0**	S (有监督)	任意
胜者全取	$\Delta w_{im}=a(x_i - w_{im})$ $i=1,2,\cdots,n$	随机 规一化	∪ (无监督)	连续
Outstar	$\beta(d_j - w_{ij})$ $i=1,2,\cdots,p$	**0**	S (有监督)	连续

说明：c、α、β 是正的学习常数。

7.2 前馈神经网络

7.2.1 感知机

感知机是二分类的线性分类模型,其输入为实例的特征向量,输出为实例的类别。感知机对应输入空间中将实例划分为正负两类的分离超平面,属于判别模型。通过感知机,算法可以完成大部分的逻辑操作,如逻辑与、或,非都能通过感知机描述,因此大部分线性可分的关系都能通过感知机实现。感知机的数学定义为线性方程 $WX+b=0$,其中 $\boldsymbol{W}$、$\boldsymbol{X}$、$\boldsymbol{b}$ 均为行列向量的矩阵表示,对应特征空间 $\boldsymbol{R}^n$ 中的一个超平面 $\boldsymbol{S}$,其中,$\boldsymbol{W}$ 是从超平面的法向量,$\boldsymbol{b}$ 是超平面的截距,如图 7-15 所示。

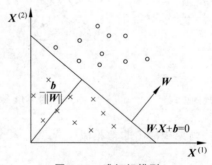

图 7-15 感知机模型

超平面将特征空间划分为两个部分,位于两部分的点(特征向量)分别被分为正、负两类。若假设训练数据集是线性可分,那么感知机学习的目的即为求得一个能够将训练集正实例点和负实例点完全正确分开的分离超平面。

为了找出超平面,需要确定感知机模型参数 W 和 b,需要定义损失函数并将损失函数极小化。而在面对较复杂的非线性分类的问题(如异或问题)时,单一的感知机模型已无法解决,需要引入多层前馈神经网络。

7.2.2 BP 学习算法

多层前馈神经网络又被称为 BP(back propagation)神经网络。图 7-16 为三层前馈神经网的拓扑结构,这种神经网络模型的特点是各层神经元间无反馈连接,各层神经元之间无任何连接,仅相邻层神经元之间有连接,仅相邻层神经元之间有连接。

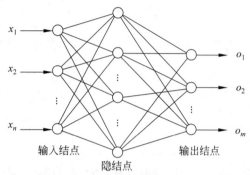

图 7-16 三层前馈神经网的拓扑结构

对于输入信号,要先向前传播到隐结点,经过隐结点之后再将隐结点的输出信息传播到输出结点,最后给出输出结果。结点的作用函数通常选取 Sigmoid 型函数。

前馈神经网络的输入与输出是一个高度非线性映射关系,如果输入结点数为 n,输出结点数为 m,则网络是从 n 维欧几里得空间到 m 维欧几里得空间的映射。调整前馈神经网络中的连接权值、网络的规模(包括 n 和 m 隐含层结点数)可以实现非线性分类等问题。

BP(Back Propagation)学习算法是一个非常重要但又经典的学习算法。利用它可以调节多层前馈神经网络的权。提出这种学习算法对人工神经网络的发展起到了推动作用。

为了使讨论的问题更为简单,可以认为整个网络只有一个输出,任何结点 z 的输出均为 q,如果有 N 个样本 (x_k, y_k),$k=1,2,\cdots,N$,某一输入 x_k,网络的输出为 o_k,结点 i 的输出为 o_{ik},节点 j 的输入为

$$\text{net}_{jk} = \sum_i w_{ij} o_{ik}$$

其平方型误差函数为

$$E = \frac{1}{2} \sum_{k=1}^{N} (o_k - \hat{o}_k)^2$$

其中,$\hat{o}$ 为 BP 网络的实际输出,样本 k 的误差为

$$E_k = (o_k - \hat{o}_k)^2$$

$$\text{net}_{jk} = \sum_i w_{ij} o_{ik}$$

$$\delta_{ik} = \frac{\partial E_k}{\partial \text{net}_{jk}}$$

其中

$$o_{jk} = f(\text{net}_{jk})$$

于是
$$\frac{\partial E_k}{\partial w_{ij}} = \frac{\partial E_k}{\partial \mathrm{net}_{jk}} = O_{ik} \frac{\partial E_k}{\partial \mathrm{net}_{jk}} \frac{\partial \mathrm{net}_{jk}}{\partial w_{kj}}$$

如果 j 为输出结点，$o_k - \hat{o}_k$，则有
$$\delta_{jk} = \frac{\partial E_k}{\partial \hat{o}_k} \frac{\partial \hat{o}_k}{\partial \mathrm{net}_{jk}} = -(o_k - \hat{o}_k) f'(\mathrm{net}_{jk})$$

如果 j 不为输出结点，则有
$$\delta_{jk} = f'(\mathrm{net}_{jk}) \sum_m \delta_{mk} \boldsymbol{w}_{mj}$$

$$\frac{\partial E_k}{\partial w_{ij}} = \delta_{jk} o_{ik}$$

如果 BP 神经网终分为 M 层，第一层为输入结点层，第 M 层为输出结点层，则 BP 学习算法描述如下。

首先，随机设置权值的初值为 $\boldsymbol{w}$。

然后，重复下述过程直到收敛。

1）对 $k = 1$ 到 N

(1) 计算 O_{ik}，net_{jk} 到 $\hat{o}_k$（正向过程）。

(2) 对各层 $m = M$ 到 2 反向计算（反向过程），对同一层各结点 $\forall j \in m$ 计算 δ_{jk}，其中输出结点与非输出结点用不同公式。

(3) 修正权值。
$$w_{ij} = w_{ij} + \mu \frac{\partial E}{\partial w_{ij}}, \quad (\mu > 0)$$

$$\frac{\partial E}{\partial w_{ij}} = \sum_{k=1}^{N} \frac{\partial E_k}{\partial w_{ij}}$$

BP 学习算法的流程图如图 7-17 所示。

例 7-3　BP 学习算法。

图 7-18 所示的是一个三层 BP 神经网络，其输入层含有两个结点，隐含层含有一个结点，输出层含有两个结点。

误差函数为
$$E = \sum_{k=1}^{N} E_k$$

其中，E_k 为第 k 个样本 $(\boldsymbol{X}^k, \boldsymbol{O}^k)$ 的误差函数。
$$\frac{\partial E}{\partial \boldsymbol{W}} = \sum_{k=1}^{N} \frac{\partial E_k}{\partial \boldsymbol{W}}$$

对第 k 个样本计算 $\partial E / \partial \boldsymbol{W}$，省略下标 k，则有
$$\mathrm{net}_h = w_1 x_1 + w_2 x_2 \quad o_h = f(\mathrm{net}_h)$$
$$\mathrm{net}_{y1} = w_3 o_k \quad \hat{o}_1 = f(\mathrm{net}_{y1})$$
$$\mathrm{net}_{y2} = w_4 o_k \quad \hat{o}_2 = f(\mathrm{net}_{y2})$$
$$E_k = \frac{1}{2}(o_1 - \hat{o}_1)^2 + \frac{1}{2}(o_2 - \hat{o}_2)^2$$

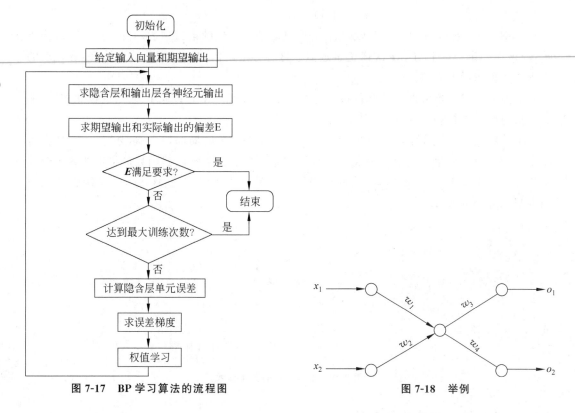

图 7-17 BP 学习算法的流程图　　　　　图 7-18 举例

2）逆传播过程

（1）计算 $\partial E/\partial W$。

$$\frac{\partial E_k}{\partial w_1} = \frac{\partial E_1}{\partial \text{net}_h} x_1 = \delta_h x_1$$

$$\frac{\partial E_k}{\partial w_2} = \frac{\partial E_1}{\partial \text{net}_h} x_2 = \delta_h x_2$$

$$\frac{\partial E_k}{\partial w_3} = \frac{\partial E_1}{\partial \text{net}_{o1}} o_h = \delta_{o1} o_h$$

$$\frac{\partial E_k}{\partial w_4} = \frac{\partial E_1}{\partial \text{net}_{o2}} o_h = \delta_{o2} o_h$$

（2）计算传播误差。

$$\delta_{o1} = -(o_1 - \hat{o}_1) f'(\text{net}_{o1})$$

$$\delta_{o2} = -(o_2 - \hat{o}_2) f'(\text{net}_{o2})$$

$$\delta_h = [\delta_{o1} w_3 + \delta_{o2} w_4] f'(\text{net}_h)$$

如果给定 W_1、W_2、W_3、W_4 就可以计算各个 $\partial E/\partial W$，再用最陡下降法修正 W

$$W \leftarrow W - \mu \frac{\partial E}{\partial W}, \quad \mu > 0$$

也可以采用共轭梯度、投影梯度的方法修正 W。

选择学习系数 η 值是一个技术问题。虽然加大 η 值可以提高学习速度，但也可能引起振荡效应。为此，可在权调节项中增加惯性项，即

$$\Delta w_{ij}(t+1) = \eta \delta_j o_i + \alpha \Delta w_{ij}(t)$$

其中，$t+l$ 表示第 $t+1$ 次迭代，a 为一比例因子。上式的第二项表示 w_{ij} 第 $t+1$ 次修正量，应该在一定程度上与第 t 次修正量近似。这种方法就像加入了变化的惯性，使变化率的惯性在某种程度上守恒。

选择初始权值不应取完全相同的一组值，人们已经证明，如果 w_{ij} 的初始值彼此相等，那么它们将始终保持相等。

另一问题是系统在学习过程中会不会停止在误差函数的局部最小值（某稳定点）或在这些点之间振荡。如果发生上述情况，不论经历多少次迭代，系统误差函数都将停留在某个较大值上。从图 7-19 可以看出，虽然期望得到全局最小值所对应的 $\{W\}_{\min}$，但系统也可能停留在局部最小值或 $\{W\}_{\text{LOCAL}}$。

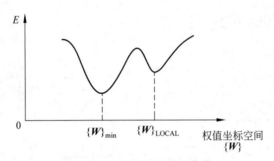

图 7-19 E 与 $\{W\}$ 的关系曲线

7.2.3 前馈神经网络的复杂性

针对具体要求解的问题，需考虑前馈神经网络的层数和每层内结点数的问题。在 1987 年理查德·P. 李普曼（Richard P. Lippman）提出：仅需含有 3 层的前馈神经网络就能构成所需要的任意复杂的判别函数。

当作用函数为 $f(\ ) = \text{sgn}(\ )$ 时，前馈神经网络一、二、三层的决策域如表 7-2 所示。表中第 2 列显示出各种网络的决策域形式，第 3、4 列是异或问题和网状域问题所形成的决策域例子。第 5 列是能形成的最一般的决策域例子。

表 7-2 前馈神经网络与分类区的关系

结　构	分划区域形状	"异或"问题	模式所在区域交错	最一般的区域
单层	由超平面分开有半空间			
双层	凸域			

续表

结　构	分划区域形状	"异或"问题	模式所在区域交错	最一般的区域
三层	任意形状（复杂性由结点数决定）	Ⓐ Ⓑ Ⓑ Ⓐ	B A	

1. 决策域

单层感知器形成一个半平面决策域，二层前馈网能形成无界的、由输入所张成的凸区域。例如，凸多边形或无界凸区域等。此处凸域指该区域中任意两点的连线上的一切点仍然在此区域之中。凸域是由多层前馈网中第 1 层各个结点所形成的半平面相互重叠而成。第 1 层中每个结点就像一个单层感知器一样，当输入点落在由权和阈值形成的超平面之上时，结点输出为 1，否则为 -1。如果从第 1 层的所有 N_1 个结点到一个输出结点的权均为 1，并且这个输出结点的阈值为 $N_{1-\varepsilon}(0<\varepsilon<1)$ 计算，那么只有当第 1 层中各结点都输出 1 时，该输出结点才输出 1。这等效于一个"逻辑与"运算，最后的决策域是由第一层所形成的所有半平面重叠而成，这些半平面重叠后就形成了上述的凸区域。并且此凸区域的边数不会超过第一层中的结点个数。

2. 顶点数

二层前馈网的结点个数至少能构成已知问题所需要的复杂的决策域。例如，表 7-2 中的第 2 行表明设置 2 个结点就能够解决异或问题。但对于二层前馈网络，无论设置多少结点都不可能将网状区域类分开。

一个三层前馈网可以形成任意复杂的决策域，可以分开网状区域类。将所希望的决策域分成若干个小的超立方体，每个超立方体在第 1 层中需 2N 个结点，第 2 层中的结点取值为第 1 层结点的逻辑与运算。只有当输入落在每个超立方体时，第 2 层结点输出才为 1，并按下述方法分配决策域：第 2 层结点的输出仅与某些特定的输出结点相连接，这些输出结点对应超立方体所在的决策域，并且在每个输出结点对其输入执行逻辑或运算。如果从第 2 隐含层到输出层的权值为 1，输出结点的阈值为 0.5，那么算法将执行一个逻辑或运算。上述的构造过程可以推广到用任意形状的凸区域而不是小的超立方体。

在讨论中，采用硬限作用函数 $f()=\mathrm{sgn}()$ 实际上如果 $f()$ 为 Sigmoid 形式且包含有多个输出结点时，三层前馈网也是大同小异的。不过这时网络的行为更为复杂，因为决策域大多数是由光滑曲线而非直线段所围成的连续区域。

7.3　自组织神经网络

自组织神经网络是基于无监督学习方法的神经网络中的一种重要类型，它经常作为基本的网络形式，构成其他一些具有自组织能力的网络，如自组织映射网络、自适应共振理论网络、学习向量量化网络等。

生物神经网络存在一种侧抑制的现象，当一个神经细胞兴奋后，通过它的分支会对周围其他神经细胞产生抑制，这种抑制使神经细胞之间出现竞争。在开始阶段，各神经元对相同的输入具有相同的响应机会,但产生的兴奋程度不同,其中兴奋最强的一个神经细胞对周围神经细胞的抑制作用也最强,从而使其他神经元的兴奋得到最大程度的抑制,而兴奋最强的神经细胞却战胜了其他神经元的抑制作用脱颖而出,成为竞争的胜利者,并因为胜利,其兴奋的程度将得到进一步加强。科霍嫩神经网络就是一种根据竞争机制构建的自组织神经网络。

7.3.1 竞争学习神经网络模型

竞争型神经网络只有两层(输入层和核心输出层),如图 7-20 所示。

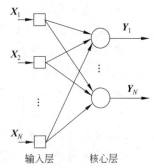

图 7-20 竞争型神经网络结构

在竞争神经网络中,输出层又称核心层。在一次计算中,只有一个输出神经元获胜,获胜的神经元将被标记为1,其余神经元被标记为0。起初,输入层到核心层的权值是随机给定的,因此每个核心层神经元获胜的概率相同,但最后会有一个兴奋最强的神经元。兴奋最强的神经元"战胜"了其他神经元,在权值调制中其兴奋程度将得到进一步加强,而其他神经元则保持不变。竞争神经网络通过这种竞争学习的方式获取训练样本的分布信息,每个训练样本都对应一个兴奋的核心层神经元,也就是对应一个类别,当有新样本输入时,就可以根据兴奋的神经元进行模式分类。

7.3.2 Kohonen 神经网络

1. Kohonen 权值学习规则

竞争型按 Kohonen 学习规则对获胜神经元的权值进行调整。假如第 i 个神经元获胜,则调整输入权值向量的第 i 行元素(即获胜神经元的各连接权),而其他神经元的权值不变。

Kohonen 学习规则通过输入向量调整神经元权值,因此在模式识别的应用中其是很有用的。通过学习,那些最靠近输入向量的神经元权值向量被修正,使之更靠近,其结果是获胜的神经元在下一次相似的输入向量出现时获胜的可能性会更大;而那些相差很远的输入向量获胜的可能性将变得很小。这样,在学习越来越多的训练样本后,每一个网络层中的神经元的权值向量很快被调整为最接近某一类输入向量的值。最终的结果是,如果神经元的数量足够多,则具有相似输入向量的各类模式被作为输入向量时,其对应的神经元输出为1;而其他模式的输入向量对应的神经元输出为0。所以竞争型网络具有对输入向量进行学习分类的能力。

2. 阈值学习规则

在竞争型神经网络中,某些神经元有可能始终无法赢得竞争,其初始值偏离所有样本向量,因此无论训练多久都无法成为获胜神经元。这种神经元被称为"死神经元"。为了解决死神经元的问题,可以给很少获胜的神经元以较大的阈值,使其在输入向量与权值相似性不太高的情况下也有可能获胜;而那些经常获胜的神经元则可被授以较小的阈值。在实现时,通过计算神经元输出为1的百分比,越经常获胜的神经元其输出向量的平均值就越大,而死神经元输出向量的平均值则为零。阈值学习规则有如下两点好处。

(1)有效解决了"死神经元"问题

（2）经常获胜的神经元其阈值将不断下降，获胜的概率逐渐降低。

由于系统强行降低这类神经元的输入响应空间，故输入向量必须与权值很相似时神经元才会响应，而对于从未获胜的神经元来说则不必如此相似。当输入空间的一个区域包含很多输入向量时，输入向量密度大的区域将吸引更多的神经元，导致更细的分类；而输入向量稀疏处则恰好相反。

3. Kohonen 神经网学习算法

有监督信息的学习算法需要提供学习样本。前馈神经网络在学习过程中采用了有监督的学习算法以达到自学习和自适应的目的，进而完成分类、识别和联想记忆等任务。科霍嫩自组织神经网络采用了无监督信息的学习算法。这种学习算法仅根据输入数据的属性而调整权值，进而完成向环境学习、自动分类和聚类等任务。

（1）网络初始化，$w_{ij}(t)$ 是从输入 i 到结点 j 在时刻 t 的权。初始化 $w_{ij}(0)$ 为一个小的随机值，围绕结点 j 建立初始邻域半径 $N_j(0)$。

（2）加入激励输入，加入输入向量 $\boldsymbol{X}(t)=[x_0(t),x_1(t),\cdots,x_{n-1}(t)]$，其中 $x_i(t)$ 为在时刻 t 对结点 i 的输入。

（3）计算距离。计算输入与任何输出结点 j 之间的距离 d。

$$d_j = \sum_{i=0}^{n-1}[x_i(t)-\boldsymbol{w}_{ij}(t)]^2$$

（4）选择最小距离（如选择具有最小 $d_{\min}$ 的输出结点 j^*）。

（5）调整权值，调整结点 j^* 和由其邻域 $N_{j^*}(t)$ 定义的结点的权值，新的权为

$$w_{ij}(t+1)=w_{ij}(t)+\eta(t)[x_i(t)-w_{ij}(t)]$$

其中，$\eta(t)$ 为一个增益项（$0<\eta(t)<1$）。

（6）转移到步骤（2）。

① 在科霍嫩学习算法中，权值的变化（调整值）与输入向量和权向量之差成正比。

$$w_{ij}(t+1)=w_{ij}(t)+\eta(t)[x_i(t)-w_{ij}(t)]$$

其中，w_{ij} 是指邻域 $N_{j^*}(t)$ 中的结点 j 与 i 之间的权值。

② 对 $N_{j^*}(t)$ 的选择通常凭借经验。初始 $N_{j^*}(t)$ 选得较大，乃至覆盖整个输出平面，然后逐步收缩，如图 7-21 所示。

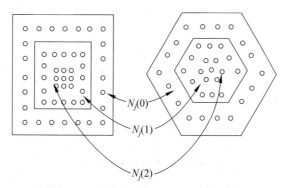

图 7-21　拓扑邻域 $N_{j^*}(t)$ 的单调收缩

③ $\eta(t)$ 是在时刻 f 的比例系数，$0<\eta(t)<1$，其随时间变长而逐渐减小。$\eta(t)$ 开始时下降速度较大，可以很快地捕捉到输入向量的大致概率结构，然后在较小的基值上缓降至 0

值。这样可以精细调整权值使之符合输入空间的概率分布结构。

④ 每次一个新的输入向量加入网络,获胜的对应结点必须先定位,并阐明权值调节的特征映射区,即 $N_{j*}(t)$。

⑤ 权向量要归一化。不管原向量长短,将之归一化为固定长度都可以加快训练速度。

4. 竞争型神经网络存在的问题

若模式样本本身具有较明显的分类特征,那么竞争型神经网络可以对其进行正确的分类,网络对同一类或相似的输入模式具有较稳定的输出响应,但其也存在一些问题。

(1) 当学习模式样本本身杂乱无章、没有明显的分类特征时,网络对输入模式的响应将呈现振荡的现象。

(2) 在权值和阈值的调整过程中,学习率的选择在学习速率和稳定性之间存在矛盾,竞争型神经网络在增加新的学习样本时,权值和阈值可能需要比前一次做出更大的调整。

(3) 网络的分类性能与权值和阈值的初始值、学习率、训练样本的顺序、训练时间的长短(训练次数)等都有关系,而又没有有效的方法对各种因素的影响加以评判。

(4) 竞争型神经网络的训练只能限定训练的最长时间或最大次数并以此终止训练,但终止训练时网络的分类性能究竟如何却没有明确的指标进行评判。

7.4　反馈神经网络

7.4.1　反馈神经网络简介

前馈神经网络是一种强有力的学习系统,其学习的类型是示例性学习,是非逻辑性归纳,其结构清晰且易于编程。从系统的观点看,前馈神经网络的输入输出关系是一种静态非线性映射,其通过简单非线性处理单元的复合映射可获得复杂的非线性处理能力。但是,它不是强有力的动力学系统,缺乏动力学特征与行为。而反馈神经网络是反馈动力学系统,在这种神经网络中,稳定性就是回忆。典型的反馈神经网络如图 7-22 所示。

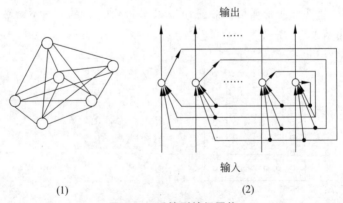

(1)　　　　　　　　　(2)

图 7-22　反馈型神经网络

在反馈神经网络中,每个结点都表示一个计算单元,其同时接受外加输入和其他各结点的反馈输入,每个结点也都直接向外部输出。霍普菲林德网络即属此种类型。在某些反馈网络中,各神经元除接受外加输入与其他各结点的反馈输入之外,还包括自身反馈。有时反馈神经网络也可被表示为一张完全的无向图。在此图中,每一个连接都是双向的。以图 7-22 所示为例,这里第 i 个神经元对第 j 个神经元的反馈与第 j 至 i 个神经元反馈之突触权重相等,即 $w_{ij} = w_{ji}$。

7.4.2　霍普菲尔德神经网络

霍普菲尔德神经网络比误差逆传播神经网络出现得还早,网络的权值不是训练出来的,而是按照一定规则计算出来的,霍普菲尔德神经网络的权值一旦被确定就不再改变,而网络中各神经元的状态在运行过程中不断更新,演变到稳定时各神经元的状态便是问题之解。因为深度学习算法来源于霍普菲尔德神经网络和误差逆传播神经网络,以后才引入了玻尔兹曼机、受限玻尔兹曼机、深度置信网络,径向基神经网络、卷积神经网络、递归神经网络等。

霍普菲尔德神经网络分为离散型和连续型两种网络模型,分别记为 DHNN(discrete hopfield neural network)和 CHNN(continues hopfield neural network),这里主要讨论离散型霍普菲尔德网络模型,下面默认都指离散型的模型。

离散型普菲尔德网络的拓扑结构图如图 7-23 所示,这是单层全反馈网络,共有 n 个神经元。任一神经元的输出 x_i 均由连接权接收所有神经元输出反馈而来的信息,其目的就在于任何一个神经元都受到所有神经元输出的控制,各神经元的输出相互制约,每个神经元均设有一个阈值 T_j,目的是反映对输入噪声的控制。

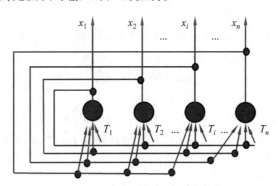

图 7-23　离散型网络的拓扑结构

1) 网络的状态

DHNN 网络中的每个神经元都有相同的功能,其输出被称为状态,由 x_j 表示,所有神经元状态构成的反馈网络的状态 $\boldsymbol{X} = [x_1, x_2, \cdots, x_n]^{\mathrm{T}}$ 反馈网络的初始状态输入可表示为

$$\boldsymbol{X}(0) = [x_1(0), x_2(0), \cdots, x_n(0)]^{\mathrm{T}}$$

一旦初始值给定后,网络就开始动态演变,网络中的每个神经元的状态在不断地变化,变化规律如下。

$$x_j = f(\mathrm{net}_j) \quad j = 1, 2, 3, \cdots, n$$

式中,$f()$ 为激活函数(转移函数),通常为符号函数

$$x_j = \mathrm{sgn}(\mathrm{net}_j) = \begin{cases} 1, & \mathrm{net}_j \geqslant 0 \\ -1, & \mathrm{net}_j < 0 \end{cases} \quad (j = 1, 2, 3, \cdots, n)$$

输入 net_j 为

$$\text{net}_j = \sum_{i=1}^{n} (w_{ij} x_i - T_j) \quad (j = 1, 2, 3, \cdots, n)$$

对于 DHNN 网络，一般有 $w_{ii} = 0, w_{ij} = w_{ji}$，当网络的每个神经元的状态都不再改变时，此时的状态就是网络的输出状态。

如果神经网络从 $t = 0$ 的任何一个初态开始就存在某一个有限时刻 t，从此刻以后神经网络状态不再发生变化，即 $X(t + \Delta t) = X(t), \Delta t > 0$，则可称网络是稳定的。异步方式下的稳定被称为异步稳定；同步方式下的稳定被称为同步稳定。反馈网络的一个重要特点和研究热点就是关于网络状态的稳定性，即系统的吸引子。经过理论证明，如果霍普菲尔德神经网络含有 n 个神经元，则其可具有 $0.15n$ 个稳定吸引子。

2）网络的异步工作方式

异步是针对权值更新来说的，网络运行时每次只有一个神经元的 i 的 x_j 按照上式进行状态的更新，其他神经元的状态权值不变，即

$$x_j(t+1) = \begin{cases} \text{sgn}[\text{net}_j(t)] & (j = i) \\ x_j(t), & j \neq i \end{cases}$$

调整神经元状态可以按照预先设定顺序进行，也可以随机选定。

3）网络的同步工作方式

和异步相对应，网络的同步工作方式是一种并行方式，所有神经元同时按下式调整状态。

$$x_j(t+1) = \text{sgn}(\text{net}_j(t))] \quad (j = 1, 2, \cdots, n)$$

本 章 小 结

人工神经网络是基于生理学的智能仿生模型，本章内容主要包括神经网络模型基础、学习规则、前馈神经网络、自组织神经网络和反馈神经网络，这些内容是深入学习复杂神经网络的基础。通过学习这部分内容，读者可以为后续的深度学习与应用建立基础。

第8章

深度学习

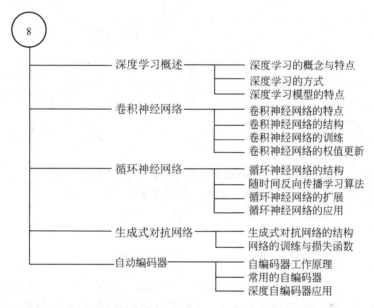

深度学习概述 —— 深度学习的概念与特点
                深度学习的方式
                深度学习模型的特点
卷积神经网络 —— 卷积神经网络的特点
                卷积神经网络的结构
                卷积神经网络的训练
                卷积神经网络的权值更新
循环神经网络 —— 循环神经网络的结构
                随时间反向传播学习算法
                循环神经网络的扩展
                循环神经网络的应用
生成式对抗网络 —— 生成式对抗网络的结构
                 网络的训练与损失函数
自动编码器 —— 自编码器工作原理
              常用的自编码器
              深度自编码器应用

　　深度学习技术可将语音识别的错误率降低 20%～30%，这是人们长期研究语音识别取得的重大突破。在图像识别应用方面将原来的错误率降低 9%。在 16 000 个处理器的大规模神经网络中，数十亿个网络结点经过充分的训练以后，机器系统开始学会自动识别猫的图像，这是深度学习的成功典型案例之一。

8.1　深度学习概述

　　深度学习是一个复杂的机器学习算法，在搜索技术、数据挖掘、机器学习、机器翻译、自然语言处理、多媒体学习、推荐和个性化技术等相关领域都取得了很多应用成果，尤其在语音和图像识别方面取得的成果远远超过先前相关技术。深度学习可以使机器模仿视听和思考等人类活动，解决了很多复杂的模式识别难题，已成为人工智能的主流技术。

　　机器学习是人工智能的分支，而深度学习是机器学习的一个子集，人工智能、机器学习与深度学习的包含关系如图 8-1 所示。

图 8-1　人工智能、机器学习与
深度学习的关系

2006 年,杰弗里·辛顿和他的学生鲁斯兰·萨拉赫丁诺夫正式提出了深度学习的概念。2012 年,在著名的 ImageNet 图像识别大赛中,杰弗里·辛顿领导的小组采用深度学习模型 AlexNet 一举夺冠。在 ImageNet 评测中,该模型成功地把错误率从 26% 降低到了 15%。2016 年,基于深度学习开发的 AlphaGo 以 4∶1 的比分战胜了国际顶尖围棋高手李世元,后来 AlphaGo 又接连与众多世界级围棋高手过招,均取得了完胜。这也证明了在围棋界,基于深度学习技术的机器人已经超越了人类。2017 年 Sebnet 神经网络图像分类能力超过了人类的图像识别能力。深度学习技术的发展历程如图 8-2 所示。

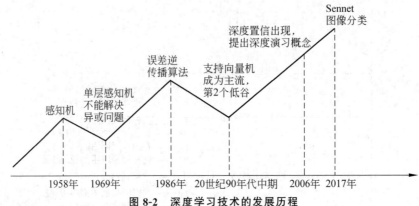

图 8-2 深度学习技术的发展历程

8.1.1 深度学习的概念与特点

1. 特征学习

特征是指一个事物不同于其他事物的特点,也就是某些突出性质的表现,是区分事物的关键,当需要对事物进行分类或者识别时,首先需要提取特征,然后再判断提取的特征以达到识别的目的。

图像由大量像素组成,像素是图像的最基本特征。特征是分有层次的,可以由多次抽取来获得多层次的特征,深度学习需要通过多层神经网络来获得更抽象的特征。任何一种方法都需要构建层次的特征,由浅入深,每一层特征越多,给出的参考信息就越多,准确性就会得到提升。但特征多则计算复杂,探索的空间大,可以用来训练的数据在每个特征上就会变得稀疏,带来各种问题,因此特征并不一定越多越好。

深度学习需要经多层获得更抽象的特征表达。假设系统 S 有 n 层$(S_1,\cdots,S_n)$,I 为输入,O 为输出,可形象地表示为

$$I \rightarrow S_1 \rightarrow S_2 \rightarrow \cdots \rightarrow S_n \rightarrow O$$

即输入 I 经过这个系统变化之后没有任何的信息损失就可以调整系统中的参数,这样就可以得到输入 I 的一系列层次特征 $S_1,S_2,\cdots,S_n$,自动地学习特征,其中一层的输出作为其下一层的输入,以实现对输入数据的分级表达,层次越多则深度越深,这就是深度学习的基本思想。深度学习通过堆叠多个层的方式实现对输入信息的分级表达。

2. 浅层学习与深度学习比较

深度学习的概念源于对人工神经网络的研究,含有多隐含层的多层感知机就是一种深度学习结构。多隐含层的人工神经网络具有优异的特征学习能力,其学习得到的特征对数

据有更本质的刻画,有利于可视化或分类,而学习方法为浅层结构算法,受限于有限样本和计算单元,对复杂函数的表示能力有限,对复杂分类问题的泛化能力受到一定制约。深度学习可通过学习一种深层非线性网络结构,实现复杂函数逼近,可以用较少的参数表示复杂的函数。例如,一个复杂函数包括 $\sin(\ )$、x^2、$\exp(\ )$、$\log(\ )$ 简单函数,可组合为 $\log(\exp(\sin(x^2)))$。深度学习的实质是通过构建多隐含层的机器学习模型和海量的训练数据以学习更有用的特征,从而最终提升分类或预测的准确性。因此,深度模型是手段,特征学习是目的。

浅层学习与深度学习的主要区别如下。

(1) 深度学习强调了模型结构的深度,通常有 5 层或 6 层甚至 10 层,多层结构可以用较少的参数表示复杂的函数。

(2) 深度学习突出了特征学习的重要性,也就是说,通过逐层特征变换,可以将样本在原空间的特征表示变换为一个新空间的特征,从而使分类或预测变得更加容易。与人工规则构造特征的方案相比,使用大数据来学习特征更能刻画数据的内在信息。

(3) 浅层学习受限于有限样本和计算单元,对复杂函数的表示能力有限,针对复杂分类问题的泛化能力也受到一定的制约。

(4) 深度学习可学习一种深层非线性网络结构,以此实现复杂函数逼近,并展现了从少数样本集中学习数据集本质特征的强大能力。深度神经网络在训练上的难度可以由逐层初始化实现有效克服,深度学习是机器学习的一个分支,它除了可以学习特征和任务之间的关联,还能自动从简单特征中提取更加复杂的特征。传统机器学习算法与深度学习算法的比较如图 8-3 所示。

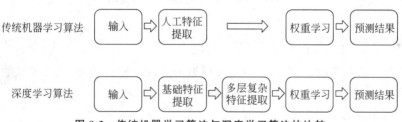

图 8-3　传统机器学习算法与深度学习算法的比较

3. 深度学习的特点

(1) 学习能力强:从结果来看,深度学习的学习能力强大,能够自动提取特征。

(2) 覆盖范围广,适应性好:深度学习的神经网络层数多、广度很大,网络连接层之间的方式更复杂,理论上可以完成任意函数的映射,所以能够解决复杂的问题。

(3) 数据量越大,学习效果越好:深度学习高度依赖数据,数据量越大,表现就越好。在图像识别、人脸识别、自然语言处理等部分任务甚至已经超过了人类的表现,同时其还可以通过调整参数进一步提高性能。

(4) 可移植性好:深度学习在很多框架中都可以使用,并且这些框架可以兼容很多平台,所以可移植性强大。

深度学习的主要缺点是计算量大、便携性差、硬件需求高和模型设计复杂。

4. 计算图

计算图是计算过程的图形化表示,是有向图,就是有方向和结点的图,方向代表有箭头

"→",每个箭头对应一个变量,有箭头对应有结点,接收箭头末端和传递数据,结点用于数学运算(＋、－、＊、／、等),在深度学习中经常被使用。

例如,$g=(x+y)*z$ 的计算图表示如图 8-4 所示。

以 a、b、c、d 代表某种映射关系,写成如下形式。

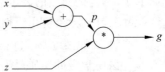

图 8-4 $g=(x+y)*z$ 的计算图

$$u=a(x)$$
$$v=b(u)$$
$$z=c(v)$$
$$y=d(z)$$

即 $y=d(c(b(a(x))))$,那么其计算如图 8-5(a)所示。结合链式法则可以对给定计算图表示微分,如图 8-5(b)所示。

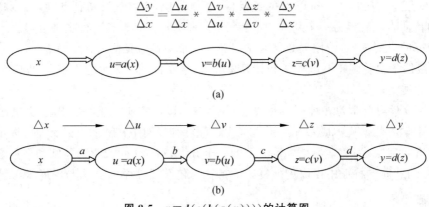

图 8-5 $y=d(c(b(a(x))))$ 的计算图

8.1.2 深度学习的方式

基于学习方式的不同,可以将深度学习模型分为深度监督学习、深度非监督学习、深度半监督学习、深度强化学习、深度元学习和深度迁移学习等。

1. 深度监督学习

监督学习的神经网络主要包括卷积神经网络、循环神经网络和递归神经网络等。监督学习的神经网络的应用场景是语音分析、文字分析、时间序列分析,其特点是数据之间存在前后依赖关系。

2. 深度无监督学习

深度无监督的神经网络主要包括深度生成模型、玻尔兹曼机和受限玻尔兹曼机、深度信念网络、生成式对抗网络、自编码器等。

3. 深度半监督学习

半监督在深度学习研究领域面临的情境大多是少量标签样本和大量无标签样本。其中无标签信息能提供一些关于数据分布结构的额外信息,以便更好地估计不同类别的决策边界。

4. 深度迁移学习

迁移学习是在一个很大数据集上对模型进行预训练,再将这个预训练过的模型应用于其他任务上。深度迁移学习可以直接提升算法在不同任务上的学习效果,由于深度学习直接对原始数据进行学习,所以在自动提取特征方面其比非深度方法更具有优势,能满足实际应用中的端到端学习需求。

5. 深度强化学习

深度强化学习是深度学习与强化学习的结合,具有感知能力和决策能力,两者的结合涵盖了算法、规则、框架,并广泛被应用于机器人控制、多智能体、推荐系统、多任务迁移等领域,具有极高的理论与应用价值。

6. 深度元学习

深度元学习可以使神经网络学会如何学习,它封装了能充分利用先验知识的所有系统,应用传统的算法选择和机器学习的超参数优化等技术,可以快速地学习新任务。深度元学习侧重于实现元学习的过程,以此提升学习深度神经网络的准确性。

8.1.3 深度学习模型的特点

在深度学习模型中,非线性操作的层数很多。传统学习模型依靠人工经验抽取样本特征,但学习后获得的是没有层次结构的单层特征。而深度学习可以对原始信号进行逐层特征变换,将样本在原空间的特征表示变换到新的特征空间,自动地学习得到层次化的特征表示,从而更有利于分类或特征的可视化。

深度学习算法打破了传统学习模型对层数的限制,用户可根据需要选择和设计层数,其训练方法与传统学习模型不同,简述如下。

(1)传统神经网络随机设定参数初始值,如误差逆传播算法利用梯度下降算法训练网络直至收敛。但是,传统浅层有效的方法对深度结构并无太大作用,不仅随机初始化权值极易使目标函数收敛到局部极小值,且由于层数较多,误差向前传播丢失严重,导致梯度扩散。

(2)深度学习可以采用无监督逐层训练方法,在深度学习过程中,各层被分开处理,并以贪婪方式进行训练。当前一层训练完后,新的一层将前一层的输出作为输入并编码用于训练;最后每层参数训练完后,再在整个网络中利用有监督学习进行参数微调。

对于神经网络,深度指的是网络学习得到的函数中非线性运算组合水平的数量,例如,一个输入层、三个隐含层和一个输出层的神经网络。因此深度网络就是深层次的神经网络。

8.2 卷积神经网络

20 世纪 60 年代,大卫·休伯尔(David Hubel)和托斯坦·维厄瑟尔(Torsten Wiesel)在研究猫脑皮层中用于局部敏感和方向选择的神经元时,发现其独特的网络结构可以有效地降低反馈神经网络的复杂性,继而提出了卷积神经网络。

8.2.1 卷积神经网络的特点

1. 卷积神经网络的诞生

多层前馈神经网络是传统神经网络的代表,在图像领域应用多层前馈神经网络会引发计算量巨大等问题。图像是由多个像素点构成,每个像素点有三条通道,分别代表 RGB 颜色(红、绿、蓝)。如果一个图像的尺寸是(28,28,1),则代表这个图像是一个长宽均为 28,通道为 1 的图像(通道又称宽度,此处 1 代表灰阶图像)。如果使用全连接的网络结构,则网络中的神经元与相邻层上的每个神经元均有连接,表明网络有 $28 \times 28 = 784$ 个神经元,隐含层采用了 15 个神经元,那么需要的参数个数(包括 W 和 b)为 $784 \times 15 \times 10 + 15 + 10 = 117\ 625$ 个,这个参数过多,进行一次逆向传播计算量巨大,从计算资源和调参的角度用传统的神经网络处理都不被推荐的。图 8-6 所示的是 8 个输入端、隐含层采用了 15 个神经元、10 个输出端的三层前馈神经网络,需要的参数个数(包括 W 和 b)为 $8 \times 15 \times 10 + 15 + 10 = 1225$。

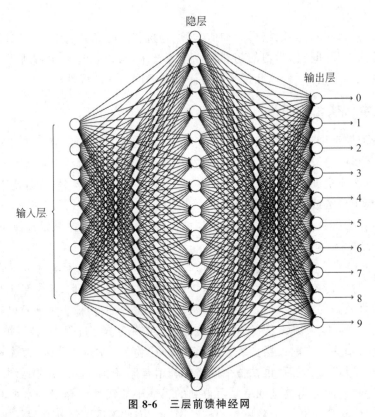

图 8-6　三层前馈神经网

2. 卷积神经网络的特点

卷积神经网络与视觉系统有相类似的模式,可在多个空间位置上共享参数。卷积神经网络可以处理大部分网格状结构化数据,图像的像素是二维的网格状数据,时间序列在等时间抽取相当于一维的网格状数据。卷积神经网络的应用主要包括图像分类、检索、目标定位检测、目标分割、人脸识别、骨骼识别等,能够将大数据量的图像有效地降维成小数据量,能够保留图像的特征,其类似人类的视觉原理。

在模式分类领域,由于卷积神经网避免了对图像的复杂前期预处理、可以直接输入原始图像,因而得到了更为广泛的应用,现已被成功应用于语音识别和计算机视觉等领域。

1) 逐层提取特征

卷积神经网络是一个多层的神经网络,其每层由多个二维平面组成,而每个平面又由多个独立神经元组成。

输入图像通过与三个可训练的滤波器和可加偏置进行卷积,滤波计算过程如图 8-7 所示,卷积后在 C_1 层产生三个特征映射图,然后特征映射图中每组的四个像素再求和、加权值、加偏置,通过一个激励函数得到三个 S_2 层的特征映射图。这些映射图再进过滤波得到 C_3 层。这个层级结构再和 S_2 一样产生 S_4。最终这些像素值连接成一个向量输入到传统的全连接神经网络,得到输出。

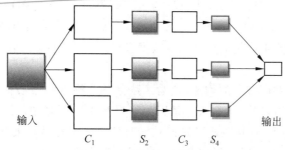

输入 C_1 S_2 C_3 S_4 输出

图 8-7 卷积神经网络逐层提取特征

其中 C_1 和 C_3 层为特征提取层,每个神经元的输入与前一层的局部感受器相连,并提取该局部的特征,一旦该局部特征被提取后,它与其他特征间的位置关系也将随之被确定下来,其实 S_2 和 S_4 层是特征映射层,网络的每个计算层由多个特征映射组成,每个特征映射为一个平面,平面上所有神经元的权值相等。卷积层的激励函数使用的是 ReLU 函数,它可使特征映射具有位移不变性。

此外,由于一个映射面上的神经元共享权值,因而减少了网络自由参数的个数,降低了网络参数选择的复杂度。卷积神经网络中的每一个特征提取层都紧跟着一个用来求局部平均与二次提取的计算层,这种特有的两次特征提取结构使网络在识别时对输入样本有较高的畸变容错能力。

2) 分类

由分类完成图像识别,分类由全连接神经网完成。最后输出应用 Softmax 函数将多分类输出以概率计算的方法实现。

8.2.2 卷积神经网络的结构

卷积神经网络的结构是由输入层、卷积层、池化层、全连接层和输出层构成。在卷积神经网络中,输入图像由多个卷积层和池化层提取特征,逐步由低层特征转变为高层特征;高层特征再经过全连接层和输出层进行特征分类以产生当前输入图像的类别。因此,根据每层的功能可将卷积神经网络划分为两个部分:一部分是由输入层、卷积层和池化层构成的特征提取器;另一部分是由全连接层和输出层构成的分类器,其系统结构如图 8-8 所示。

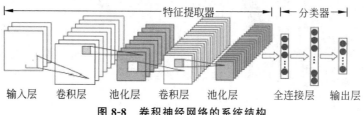

输入层   卷积层   池化层   卷积层   池化层   全连接层   输出层

图 8-8 卷积神经网络的系统结构

1. 输入层

在使用卷积神经网络识别图像时,输入为图像数据,一张宽为 w,高为 h,深度为 d 的图像,可被表示为 $h\ w\ d$。其中,深度为图像存储每个像素所用的位数,如彩色图像的一个像素有 RGB 三个分量,其深度为 3。从数学的角度来看,$h\ w\ d$ 的图像为 d 个 $h\ w$ 的矩阵。例如,$6\times16\times3$ 的图像,其对应 3 个 6×16 的矩阵。在大部分应用中,输入图像的 h 和 w 相等。数据输入层的主要工作是对原始图像数据进行预处理,主要包括下述内容。

1)去均值化

各维度都减去所对应维度的均值,使输入数据各个维度都中心化为 0,如图 8-9 所示。去均值的原因是可以更容易地拟合,这是因为如果在神经网络中,特征值 x 比较大时将导致 $wx+b$ 的结果也很大,这样输出激励函数时将使对应位置数值变化量太小,进行反向传播时因为要使用梯度进行计算,所以会出现梯度消散问题,导致参数改变量很小,也就不易于拟合,效果不好。

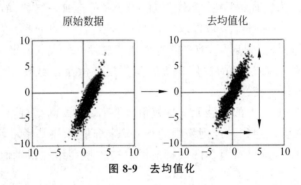

图 8-9　去均值化

2)归一化

一种归一化是指值归一化,例如,将最大值归一化成 1,最小值归一化成 −1;或把最大值归一化成 1,最小值归一化成 0,适用于分布在有限范围内的数据。另一种归一化是指均值方差归一化,一般是把均值归一化成 0,方差归一化成 1,使数据的每一个维度具有零均值和单位方差,如图 8-10 所示,这种归一化是最常见的归一化方法,并被广泛地使用,适用于分布没有明显边界的情况,可减少各维度数据取值范围的差异而带来的干扰,以便于找到最优解。

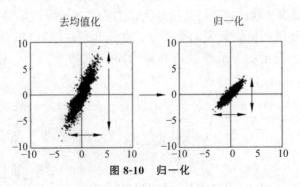

图 8-10　归一化

例 8-1　归一化。

有两个维度的特征 A 和 B,A 范围是 0~10,而 B 范围是 0~10 000,如果直接使用这两个特征是有问题的,好的做法就是进行归一化,即把 A 和 B 的数据都转换为[0,1]范围之间。

3）去相关

去相关后的矩阵保留了原矩阵的重要信息(特征值),而过滤了一些不相关的量,这对后续的处理(如量化、编码)都非常有意义,它能使矩阵变"瘦"一些而关键信息不变,这样一来可以对原关键信息进行一种增强,提高后续的图像还原质量。去相关如图 8-11 所示。

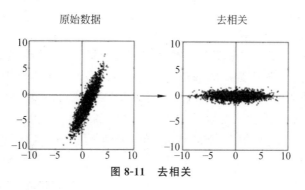

图 8-11　去相关

4）白化

白化的目的是去除输入数据的冗余信息。假设训练数据是图像,由于图像中相邻像素之间具有很强的相关性,这些相关性在训练时作为输入是冗余的。白化的目的就是降低输入的冗余度。输入数据集经过白化处理后,新的数据将满足两个性质:特征之间相关性较低;所有特征具有相同的方差。

PCA(Principal Component Analysis)是一种常用的数据分析方法。PCA 通过线性变换将原始数据变换为一组各维度线性无关的表示,可用于提取数据的主要特征分量,常用于高维数据的降维。数据降维是无监督学习的另外一个常见应用,PCA 算法不但可以去除特征之间的相关性,而且还可用于降维。如果 PCA 不被用于降维,而是仅被用于求特征向量,然后把数据映射到新的特征空间,那么这样的一个映射过程其实就是满足了白化的第一个性质。求出新特征空间中的新坐标之后,即可再对新的坐标进行方差归一化操作。**PCA 白化**是指为上述 PCA 算法处理后的新坐标每一维的特征做一个标准差归一化处理,其结果如图 8-12 所示。

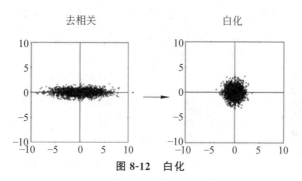

图 8-12　白化

2. 卷积层

卷积层的主要功能是接收输入层的输出数据以进行卷积运算,并将经激励函数作用后的数据输出到池化层。

1)卷积运算

人的大脑识别图像的过程并不是同时识别整幅图像,而是对图像中的每一个特征先进行局部感知,然后在更高层次对局部感知进行综合操作,从而得到全局信息。卷积运算就是基于这一思想,可分为一维卷积、二维卷积和三维卷积,其中二维卷积在图像处理中应用最为广泛。

(1)一维卷积如图 8-13 所示。

如果输入的数据维度为 8、卷积核的维度为 5,则卷积后输出的数据维度为 $8-5+1=4$。如果卷积核数量仍为 1、输入数据的通道数量变为 16,即输入数据维度为 8×16,在这种情况下,卷积核的维度由 5 变为 5×16,最终输出的数据维度仍为 4。不难看出,如果卷积核数量为 n,那么输出的数据维度就变为 $4\times n$。

一维卷积常常用于序列模型,例如,自然语言处理领域。

(2)二维卷积如图 8-14 所示。

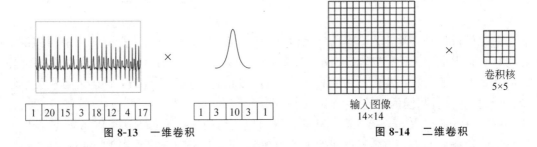

图 8-13　一维卷积　　　　　　　图 8-14　二维卷积

图 8-14 中输入的数据维度为 14×14,卷积核大小为 5×5,卷积输出的数据维度为 10×10,($14-5+1=10$)。如果将二维卷积中输入的通道数量变为 3,即输入的数据维度变为($14\times14\times3$),由于卷积核的通道数必须与输入数据的通道数相同,故卷积核大小也将变为 $5\times5\times3$。在卷积的过程中,卷积核与数据在通道方向分别卷积,之后将卷积后的数值相加,即执行 10×10 次 3 个数值相加的操作,最终输出的数据维度仍为 10×10。

以上都是在卷积核数量为 1 的情况下所进行的讨论。如果将卷积核的数量增加至 16,即 16 个大小为 $10\times10\times3$ 的卷积核,那么最终输出的数据维度就变为 $10\times10\times16$,也可以理解为分别执行每个卷积核的卷积操作,最后将每个卷积的输出在三个维度(通道维度)上拼接。二维卷积常用于计算机视觉,如图像处理领域。

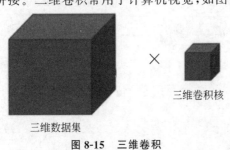

三维数据集

三维卷积核

图 8-15　三维卷积

(3)三维卷积如图 8-15 所示。

假设输入数据的大小为 $a_1\times a_2\times a_3$,通道数为 c,卷积核大小为 f,即卷积核维度为 $f\times f\times f\times c$(一般不写通道的维度),卷积核数量为 n。

基于上述情况,三维卷积最终的输出为(a_1-f+1)$\times(a_2-f+1)\times(a_3-f+1)\times n$。

该公式对一维卷积、二维卷积仍然有效,只

是需要去掉不相干的输入数据维度。

三维卷积常用于医学(CT影像)、视频处理、动作检测及人物行为检测等领域。

2) 二维卷积的计算过程

在计算机视觉领域,卷积核通常为较小尺寸的矩阵,如 3×3,5×5 等。数字图像是相对较大尺寸的二维(多维)矩阵(张量),图像卷积运算与相关运算的关系如图8-16所示,其中 $\boldsymbol{F}$ 为卷积核(又称滤波器),$\boldsymbol{X}$ 为图像,$\boldsymbol{O}$ 为结果。

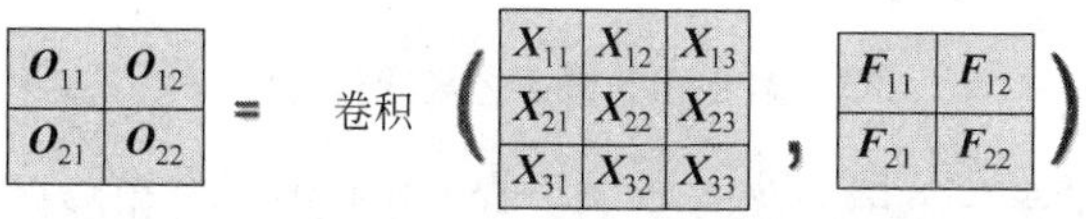

$$
\begin{array}{|c|c|}
\hline
O_{11} & O_{12} \\
\hline
O_{21} & O_{22} \\
\hline
\end{array}
= \text{卷积}
\left(
\begin{array}{|c|c|c|}
\hline
X_{11} & X_{12} & X_{13} \\
\hline
X_{21} & X_{22} & X_{23} \\
\hline
X_{31} & X_{32} & X_{33} \\
\hline
\end{array}
,
\begin{array}{|c|c|}
\hline
F_{11} & F_{12} \\
\hline
F_{21} & F_{22} \\
\hline
\end{array}
\right)
$$

图 8-16 图像卷积运算与相关运算的关系

$$O_{11} = F_{11}X_{11} + F_{12}X_{12} + F_{21}X_{21} + F_{22}X_{22}$$
$$O_{12} = F_{11}X_{12} + F_{12}X_{13} + F_{21}X_{22} + F_{22}X_{23}$$
$$O_{21} = F_{11}X_{21} + F_{12}X_{22} + F_{21}X_{31} + F_{22}X_{32}$$
$$O_{22} = F_{11}X_{22} + F_{12}X_{23} + F_{21}X_{32} + F_{22}X_{33}$$

将卷积核在图像上滑动,对应位置相乘求和,例如,在二维图像上使用卷积核进行卷积计算,其结果如图8-17所示。

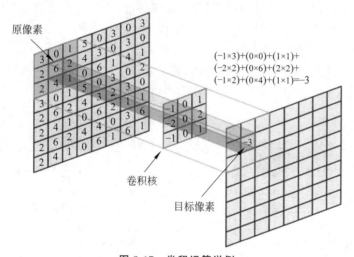

图 8-17 卷积运算举例

当输入为多通道特征图时,出现了多通道、多卷积核的卷积运算。如图8-18所示,如果输入图像尺寸为 6×6,卷积核有2个,每个尺寸为 3×3,通道数为3(与输入图像通道数一致),在卷积运算时,输入的数据维度变为 $(6\times6\times3)$,它仍以滑动窗口的形式,从左至右、从上至下3条通道的对应位置相乘求和,输出结果为2幅 4×4 的特征图,其数据维度为 $4\times4\times2$。一般地,当输入为 $m\times n\times c$ 时,每个卷积核为 $k\times k\times c$,即每个卷积核的通道数应与输入的通道数相同,这是由于多通道需同时卷积的缘故,输出的特征图数量与卷积核数量相同。

3) 填充

在卷积运算中,卷积核的大小通常选被为奇数之积,例如 3×3,5×5,其优点如下。

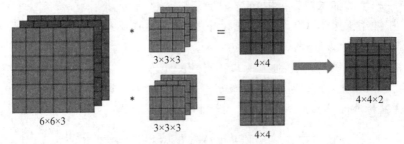

图 8-18　多通道卷积运算

（1）在特征图中存在一个中心像素点，其可以用于指明卷积核的位置。

（2）在没有填充的情况下，经过卷积操作后输出的数据维度将减少。以二维卷积为例，输入大小为 $n \times n$，卷积核大小为 $f \times f$，卷积后输出的大小为 $(n-f+1)(n-f+1)$。

为了避免经过卷积操作后输出数据维度减少的情况发生，可以采取填充操作，填充的长度为 p，由于在二维情况下，上下左右都添加长度为 p 的数据，构造的新输入大小将为 $(n+2p) \times (n+2p)$，卷积后的输出变为 $(n+2p-f+1) \times (n+2p-f+1)$。

如果卷积操作不缩减数据的维度，那么 p 的大小应为 $(f-1)/2$，其中 f 是卷积核的大小，如果卷积核的大小为奇数，算法将在原始数据上对称填充，否则，就会出现向上填充 1 个，向下填充 2 个，向左填充 1 个，向右填充 2 个的情况，破坏了原始数据结构。

例 8-2　有一幅 5×5 的图像（一个格子表示一个像素），滑动窗口取 2×2，步长取 2，那么还剩下 1 个像素没有被滑动取到，如图 8-19 所示。

此时，可以在原先的矩阵加一层填充值，使之变成 6×6 的矩阵，那么窗口就可以刚好将所有像素遍历完。这就是填充的作用，如图 8-20 所示。

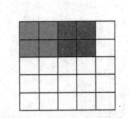

图 8-19　未被滑动到的像素

图 8-20　填充的作用

4）步长

步长是指窗口一次滑动卷积中的长度，指卷积核在输入数据水平/竖直方向上每次移动的步长，步长大小为 s，最终卷积输出的维度大小为

$$(n+2 \times p-f \times s+1)(n+2 \times p-f \times s+1)$$

5）通道

通道是数据的最后一个维度，在计算机视觉中，RGB 代表 3 个通道。例如，现在有一幅图像的大小为 $6 \times 6 \times 3$，卷积核的大小 $3 \times 3 \times nc$，这里 nc 是卷积核的通道数，该数值必须与输入的通道相同，在这里 $nc=3$。

如果有 k 个 $3 \times 3 \times nc$ 卷积核，那么卷积后的输出维度为 $4 \times 4 \times k$。此时 $p=0, s=1$，k 表示输出数据的通道大小。一般情况下，k 代表 k 个卷积核提取的 k 个特征图，如果 $k=128$，则表示 128 个 3×3 大小的卷积核,提取了 128 个特征图,且卷积后的输出维度为 4×4×128。

在多层卷积网络中,以计算机视觉为例,通常情况下,图像的长和宽会逐渐缩小,通道数量会逐渐增加。

6) 特征图

在每个卷积层中,数据都是以三维形式存在,可以将其看成许多二维图像叠在一起,其中每一个均称为一个**特征图**。在输入层,如果是灰度图像,那就只有一个**特征图**;如果是彩色图像,一般就是 3 个**特征图**(红绿蓝)。层与层之间可有若干个**卷积核**,上一层和每个**特征图**与每个卷积核做卷积,都将产生下一层的一个**特征图**。

卷积层中卷积核的个数,经过卷积就会产生多个**特征图**,随着网络的加深,特征图的尺寸不断缩小,本卷积层的每个图提取的特征将越来越具有代表性(精华部分),所以后一层卷积层需要增加特征图的数量,以更充分地提取前一层的特征,一般是成倍增加,用户可根据实际情况具体设置。

卷积网络在学习过程中保持了图像的空间结构,也就是最后一层的激励值(特征图)总与原始图像具有空间上的对应关系,具体对应的位置以及大小,可以用感受野度量。

一个训练成功的卷积神经网络特征图的值伴随网络深度的增加将越来越稀疏。这可以被理解为网络取精去燥。根据网络最后一层最强的激励值,利用感受野求出原始输入图像的区域,可以观察输入图像的哪些区域激励了网络,以此完成物体定位。

7) 激励函数

激励函数又称激活函数。卷积层的输出结果需要再使用激励函数做一次非线性映射,如果不使用激励函数,其实就相当于激励函数是 $f(x)=x$,这种情况下,每一层的输出都是上一层输入的线性函数,无论有多少层的神经网络,输出都是输入的线性组合,这与没有隐含层的效果是一样的,是最原始的感知机。卷积层常用的激励函数是 ReLU,ReLU 的特点是迭代速度快,而 Tanh 函数在文本和音频处理方面有比较好的效果。

激励函数在神经网络的作用是将多个线性输入转换为非线性关系。如果不使用激励函数,神经网络的每层都只是做线性变换,多层输入叠加后也还是线性变换,正是由于线性模型的表达能力不够,故使用激励函数可以引入非线性因素。

(1) ReLu 函数(rectified linear unit,ReLU)被广泛应用于卷积神经网络中,并且出现了一些变体。此函数的基本形式是 $f(x)=\ln(1+e^x)$,其输入输出关系如图 8-21 所示。

(2) 双曲正切函数的基本形式是 $\tanh(x)=\sinh(x)/\cosh(x)=(e^x-e^{-x})/(e^x+e^{-x})$,其输入输出关系如图 8-22 所示。

与 Sigmoid 函数相比,其输出值的范围变成了 0 中心化[-1, 1],但梯度消失现象依然存在。所以在实际应用中,tanh 激励函数比 Sigmoid 函数使用较多。

3. 池化层

池化(Pooling)也称为欠采样或下采样,其主要作用是特征降维,压缩数据和参数的数量,减小过拟合,同时提高模型的容错性,主要方法有最大池化(max pooling)和平均池化(average pooling)方法。

最大池化是选取最大值,定义一个空间邻域(如 2×2 的窗口),并从窗口内的特征图中取出最大的元素。最大池化被证明效果更好一些,如图 8-23 所示。

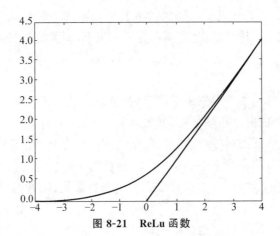

图 8-21　ReLu 函数

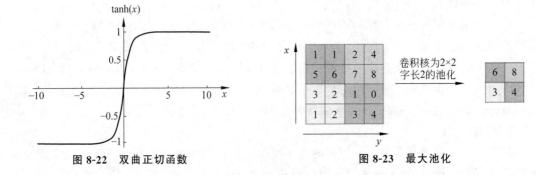

图 8-22　双曲正切函数　　　　　　　图 8-23　最大池化

平均池化是选取平均值,定义一个空间邻域(如 2×2 的窗口),并从窗口内的特征图中计算出平均值。

池化在不同的深度上是分开执行的,若深度为 5,则池化进行 5 次,产生 5 个池化后的矩阵。池化不需要参数控制,其操作将被分别应用到各个特征图,可以从 5 个输入图中得到 5 个输出图。

池化层可使原本 4×4 的特征图压缩成 2×2 的特征图,从而降低了特征维度,还可缩减数据的大小,提高计算速度。池化操作不需要对参数进行学习,它只是一种静态属性。在池化层中,数据的维度变化与卷积操作类似,池化后的通道数量与输入的通道数量相同,因为它是在每个通道上单独执行最大池化操作。$f=2,s=2$,相当于对数据维度的减半操作,f 指池化层卷积核大小,s 指池化步长。

在实际应用中,可重复设置多个卷积层、池化层,从输入层输出的预处理数据经过卷积层、池化层的处理完成特征抽取,然后输入到输出层。

4. 输出层

1) 输出层的结构。

经过前面若干次卷积、激励函数和池化后,特征输出到输出层的全连接层。全连接层是一个分类器,用于完成图像识别。在全连接层,如果神经元数目过大则其学习能力会较强,但有可能出现过拟合。因此,可以引入丢弃(Dropout)操作随机删除神经网络中的部分神经元以解决此问题,还可以进行局部归一化、数据增强等操作以增加鲁棒性。

全连接层可以是一个简单的多分类神经网络,通过 Softmax 函数得到最终的输出。两层之间所有神经元都有权重连接,通常全连接层在卷积神经网络尾部,如图 8-24 所示。

2) Softmax 函数

Softmax 函数又称为归一化指数函数,它是二分类函数 Sigmoid 在多分类上的推广,目的是将多分类的结果以概率的形式表现出来。概率有两个基本性质:预测的概率为非负数;各种预测结果概率之和等于 1。

Softmax 将多分类输出转换为概率计算的方法分为两步。

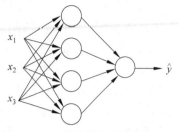

图 8-24　一个简单的全连接神经网

首先,计算分子:通过指数函数将实数输出映射到 $0 \sim +\infty$,如图 8-25 所示。

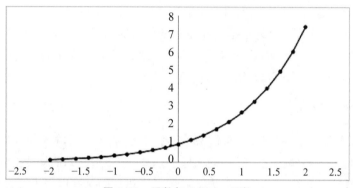

图 8-25　函数与 Softmax 函数

然后,计算分母:将所有结果相加,计算 Softmax 函数值,即进行归一化。

例 8-3　对一个三分类问题的预测结果为 -3、1.5、2.7,使用 Softmax 函数将模型结果转为概率。

步骤如下。

首先,将预测结果转化为非负数

$$y_1 = \exp(x_1) = \exp(-3) = 0.05$$
$$y_2 = \exp(x_2) = \exp(1.5) = 4.48$$
$$y_3 = \exp(x_3) = \exp(2.7) = 14.88$$

然后,各种预测结果概率之和等于 1。

$$z_1 = y_1/(y_1 + y_2 + y_3) = 0.05/(0.05 + 4.48 + 14.88) = 0.0026$$
$$z_2 = y_2/(y_1 + y_2 + y_3) = 4.48/(0.05 + 4.48 + 14.88) = 0.2308$$
$$z_3 = y_3/(y_1 + y_2 + y_3) = 14.88/(0.05 + 4.48 + 14.88) = 0.7666$$

3) dropout 方法。

在训练神经网络时,经常遇到过拟合问题,具体表现在:模型在训练数据上损失函数较小,预测准确率较高;但是在测试数据上损失函数比较大,预测准确率较低。

利用 dropout(丢弃)方法可以缓解过拟合的发生,在一定程度上达到正则化的效果。例如,训练一个原始前馈神经网络。

dropout 可以在每一批的训练当中随机减掉一些神经元,可以由用户设定每一层将神经元去除多少的概率,在设定之后就可以进行训练。训练步骤如下。

(1) 设定每一个神经网络层进行 dropout 的概率。

(2) 根据相应的概率去掉一部分神经元,然后开始训练,更新没有被去掉神经元以及权重的参数,并将其存储保留。

(3) 参数全部更新之后,再重新根据相应的概率去掉一部分神经元,然后开始训练,如果新用于训练的神经元已经在第一批中被训练过,那么继续更新它的参数。而第一次已经更新过参数但在第二批被去掉的神经元则可保留它的权重不做修改,直到第 n 批进行 dropout 时将其删除。

dropout 能够用于防止过拟合的原因是,越大的神经网络就越有可能产生过拟合,因此随机删除一些神经元就可以降低神经网络规模、防止其过拟合,也就是说,经过拟合,结果没那么准确。就如同机器学习中的 L_1/L_2 正则化一样的效果。

因为神经元较多的层更容易让整个神经网络预测的结果产生过拟合,且由于隐层的第一层和第二层神经元个数较多,容易产生过拟合,因此需要为其加上 dropout,而后面神经元个数较少的地方就可以不用加 dropout。

8.2.3　卷积神经网络的训练

卷积网络在本质上是一种输入到输出的映射,能够学习大量输入与输出之间的映射关系,而不需要任何输入和输出之间的精确数学表达式,只要用已知的模式对卷积网络加以训练,网络就具有输入输出之间的映射能力。卷积网络执行的是有监督训练,所以其样本集是由形如(输入向量,理想输出向量)的向量对构成的。所有这些向量对都应该是来源于网络即将模拟的系统的运行结果,它们可以是从实际运行系统中采集来的。在开始训练前,所有的权都应该用一些不同的小随机数进行初始化。“小随机数”用于保证网络不会因权值过大而进入饱和状态从而导致训练失败;“不同”用于保证网络可以正常地学习。实际上,如果用相同的数初始化权矩阵,则网络将无学习能力。

1. 卷积神经网络的训练过程

卷积神经网络的训练过程与误差逆传播神经网络的训练过程相类似,也分为两个阶段。第一个阶段是数据由低层次往高层次传播的阶段,即正向传播阶段。另外一个阶段是在正向传播得出的结果与预期不相符时,将误差从高层次往低层次进行反向传播的训练阶段。训练过程如图 8-26 所示,具体如下。

(1) 网络进行权值的初始化。

(2) 输入数据经过卷积层、下采样层、全连接层的正向传播,最后得到输出值。

(3) 计算网络的输出值与目标值的误差。

(4) 当误差大于设定的期望值时,将误差回传网络中,依次求得全连接层、下采样层、卷积层的误差。各层的误差可以理解为对网络的总误差各层应承担多少。当误差等于或小于期望值时,结束训练;否则,根据求得误差进行权值更新,然后再转至第(2)步。

在正向传播过程中,输入的图形数据经过多层卷积层的卷积和池化处理,被提取特征向量,最后将特征向量传入全连接层中,得出分类识别的结果。当输出的结果与期望值相符时,训练结束,输出最后结果。

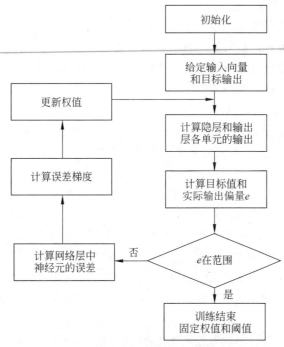

图 8-26　卷积神经网络的训练过程

2. 卷积神经网络的正向传播过程

正向传播过程主要经过卷积层、下采样层和全连接层,各部分简述如下。

1) 卷积层的正向传播过程

卷积层的正向传播过程由卷积核对输入数据进行卷积操作。数据在实际的网络中的计算过程如图 8-27 所示。其中一幅输入为 15 个神经元的图像之卷积核为 $2 \times 2 \times 1$ 的网络,即卷积核的权值为 W_1、W_2、W_3、W_4,那么卷积核对输入数据的卷积是采用步长为 1 的卷积方式卷积整个输入图像,形成了局部感受野,然后对其进行卷积运算,即权值矩阵与图像的特征值进行加权和(再加上一个偏置量),然后通过激励函数得到输出。

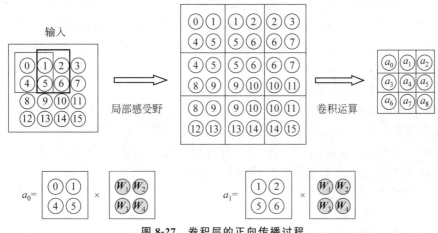

图 8-27　卷积层的正向传播过程

2）下采样层的正向传播过程

上一层（卷积层）提取的特征作为输入传到下采样层，通过下采样层的池化操作降低数据的维度可以避免过拟合。最大池化方法也就是选取特征图中的最大值。均值池化则是求出特征图的平均值。随机池化方法则是先求出所有的特征值出现在该特征图中的概率，然后随机选取其中的一个概率作为该特征图的特征值。

3）全连接层的正向传播过程

特征图经过卷积层和下采样层的特征提取之后将提取出来的特征传到全连接层中，通过全连接层进行分类，获得分类模型并得到最后的结果。

3. 卷积神经网络的反向传播过程

当卷积神经网络输出的结果与期望值不相符时，则需要进行反向传播过程以求出结果与期望值的误差，再将误差一层一层地返回，计算出每一层的误差，然后更新权值。该过程的主要目的是通过训练样本和期望值调整网络权值。误差的传递过程可以被理解为：首先，数据从输入层到输出层期间经过了卷积层、下采样层、全连接层，而数据在各层之间传递的过程中难免会受损失，也就导致了误差的产生。而每一层造成的误差值是不一样的，所以在求出网络的总误差之后，需要将误差传入网络中，求得各层对总误差应该承担的比重。

反向传播的训练过程第一步为计算网络的总误差：求出输出层 n 的输出 $a(n)$ 与目标值之间为误差，计算公式为

$$\delta(n) = -(y - a(n)) \times f'(z(n))$$

其中，$f'(z(n))$ 为激励函数的求导。

1）全连接层之间的误差传递

求出网络的总误差之后需进行反向传播过程，将误差传入输出层的上一层全连接层，求出在该层中产生的误差，而网络的误差又是由组成该网络的神经元所造成的，所以要求出每个神经元在网络中的误差。求上一层的误差需要找出上一层中与该输出层连接的结点，然后用误差乘以结点的权值，求得每个结点的误差。

2）当前层为下采样层，求上一层的误差

在下采样层中，算法将根据池化方法把误差传入到上一层。下采样层如果采用的是最大池化法，则直接把误差传到上一层连接的结点中；如果采用的是均值池化法，误差则是均匀地分布到上一层的网络中。另外下采样层是不需要更新权值的，只需要正确地传递所有的误差到上一层。

3）当前层为卷积层，求上一层的误差

卷积层采用的是局部连接的方式，与全连接层的误差传递方式不同，在卷积层中，误差的传递也依靠卷积核。误差传递的过程需要通过卷积核找到卷积层和上一层的连接结点。求卷积层上一层误差过程为：先对卷积层误差进行一层全零填充，然后将卷积层进行 $180°$ 旋转，再用旋转后的卷积核卷积填充过程的误差矩阵，并得到上一层的误差。

4. 卷积神经网络的权值更新

1）卷积层的权值更新

卷积层的误差更新过程为：以误差矩阵为卷积核，卷积输入的特征图，并得到权值的偏差矩阵，然后与原先的卷积核的权值相加，以此得到更新后的卷积核。

2) 全连接层的权值更新过程

全连接层中的权值更新过程如下。

(1) 求出权值的偏导数值：学习速率乘以激励函数的倒数乘以输入值。

(2) 原先的权值加上偏导值,得到新的权值矩阵。

8.3　循环神经网络

循环神经网络(recurrent neural network,RNN)适合处理序列问题,故其已经在自然语言处理中得以成功应用。其中,单向的循环神经网络仅考虑从过去的数据推断现在的建模,而双向循环网络的可依赖未来和过去的数据进行有效建模。

8.3.1　循环神经网络的结构

前馈神经网络不适合解决序列问题。但循环神经网路的一个序列的当前输出与其前面的输出有关,具体的表现形式是网络对前面的信息进行记忆并将之应用于当前输出的计算中,隐含层之间的结点之间也有连接,并且隐含层的输入不仅包括输入层的输出,还包括上一时刻隐含层的输出。在理论上,循环神经网络能够对任何长度的序列数据进行处理。但是在具体实现上,为了降低计算复杂性,通常假设当前的状态仅与前面的几个状态相关,按时间维度展开的循环神经网络结构如图 8-28 所示。

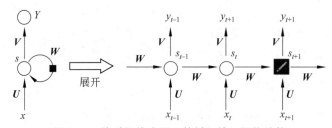

图 8-28　按时间维度展开的循环神经网络结构

循环神经网包含输入单元,输入集为 $\{x_0,x_1,\cdots,x_t,x_{t+1},\cdots\}$,输出单元的输出集为 $\{y_0,y_1,\cdots,y_t,y_{t+1},\cdots\}$,隐单元的输出集为 $\{s_0,s_1,\cdots,s_t,s_{t+1},\cdots\}$,其中隐单元完成了最为主要的工作。在图 8-28 中,有一条单向流动的信息流是从输入单元到达隐单元,与此同时另一条单向流动的信息流从隐单元到达输出单元。在某些情况下,循环神经网络打破了后者的限制,引导信息从输出单元返回隐单元,并且隐含层的输入还包括上一隐含层的状态,即隐含层内的结点可以自连也可以互连。

s_t 为隐含层第 t 步的状态,是网络的记忆单元,根据当前输入层的输出与上一步隐含层的状态进行计算。$s_t=f(\boldsymbol{U}x_t+\boldsymbol{W}s_{t-1})$,其中 f 是非线性的激励函数,如 tanh 函数或 ReLU 函数。在计算 s_0 时,第一个单词的隐含层状态需要用到 s_{-1},但它并不存在,在实现中一般置为 **0** 向量;y_t 是第 t 步的输出。需要注意的是:可以认为隐含层状态 s_t 是网络的记忆单元,它包含了前面所有步的隐含层状态,而输出层的输出 y_t 只与当前步的 s_t 有关。在实际中,为了降低网络的复杂度,通常 s_t 只包含前面若干步而不是所有步的隐含层状态。在传统神经网络中,每一个网络层的参数是不共享的,而在循环神经网中,每输入一步,每一层各自都共享参数 $\boldsymbol{U}$、$\boldsymbol{V}$、$\boldsymbol{W}$。循环神经网中的每一步都在做相同的操作,只是输入不同,因此大大地降低了网络中需要学习的参数。前馈神经网络的参数不共享,对于每个神经元的输入权有不同的参数,循环神经网是进行展开,形成了多层的网络。如果这是一个多层的前馈神经网络,那么 x_t 到 s_t 之间的 U 矩阵与 x_{t+1} 到 s_{t+1} 之间的 U 是不同的,而循环神经网中的却是一样的,对于 s 与 s 层之间的 W、s 层与 y 层之间的 V 也都是一样的。

这个网络在 t 时刻接收到输入 x_t 之后,隐含层的值是 s_t,输出值是 y_t。关键一点是,s_t 的值不仅取决于 x_t,还取决于 s_{t-1}。可以用下面的公式表示循环神经网络的计算方法。

$$y_t = g(\boldsymbol{V}s_t)$$
$$s_t = f(\boldsymbol{U}x_t + \boldsymbol{W}s_{t-1})$$

y_t 是输出层的计算公式,输出层是一个全连接层,也就是说它的每个结点都与隐含层的每个结点相连。$\boldsymbol{V}$ 是输出层的权重矩阵,g 是激励函数。s_t 是隐含层的计算公式,它是循环层。$\boldsymbol{U}$ 是输入 x 的权重矩阵,$\boldsymbol{W}$ 是上一次的值 s_{t-1} 作为这一次的输入的权重矩阵,f 是激励函数。从上面的公式可以看出,循环层和全连接层的明显区别就是循环层多了一个权重矩阵 $\boldsymbol{W}$。

如果反复将 s_t 带入到 y_t,可得到

$$y_t = g(\boldsymbol{V}s_t)$$
$$= g(\boldsymbol{V} f(\boldsymbol{U} + \boldsymbol{W}s_{t-1}))$$
$$= g(\boldsymbol{V} f(\boldsymbol{U}x_t + \boldsymbol{W}f(\boldsymbol{U}x_{t-1} + \boldsymbol{W}s_{t-2})))$$
$$= g(\boldsymbol{V} f(\boldsymbol{U}x_t + \boldsymbol{W}f(\boldsymbol{U}x_{t-1} + \boldsymbol{W}f(\boldsymbol{U}x_{t-2} + \boldsymbol{W}s_{t-3}))))$$
$$= g(\boldsymbol{V} f(\boldsymbol{U}x_t + \boldsymbol{W}f(\boldsymbol{U}x_{t-1} + \boldsymbol{W}f(\boldsymbol{U}x_{t-2} + \boldsymbol{W}f(\boldsymbol{U}x_{t-3} + \boldsymbol{W}s_{t-4})))))$$
$$\cdots$$

从上式可以看出,循环神经网络的输出值是受前面历次输入值 x_t、x_{t-1}、x_{t-2}、x_{t-3}、$\cdots$ 影响的,这就是循环神经网络可以往前看任意多个输入值的原因。

8.3.2　随时间反向传播学习算法

时序反向传播(back-propagation through time,BPTT)学习算法是循环神经网络的学习算法,但其本质是 BP 算法,只不过循环神经网络处理的是时间序列数据,需要基于时间逆向传播误差,所以称之为随时间反向传播算法。该算法的中心思想和 BP 算法相同,需要沿着优化参数的负梯度方向不断寻找更优的点直至收敛,求各个参数的梯度是该算法的核心。

在前馈神经网络的中间层称为隐含层,而在循环神经网络中称为状态层,其中 U 代表输入到隐含层的权值矩阵,W 代表返回的权值矩阵,V 代表隐含层输出到输出层的权值矩阵。循环神经网络的 BPTT 算法的任务是训练这三个矩阵。为了便于说明,可将循环神经网络描述为图 8-29 所示的计算图。

其中,$x(t)$:输入层,其下标变量为 i。

$s(t-1)$:前一个隐含层,表示前一时刻状态,其下标变量为 h。

$s(t)$:隐含(状态)层,表示当前时刻状态,其下标变量为 j。

$y(t)$:输出层,其下标变量为 k。

U:输入层→隐含层权值矩阵,下标变量为 i 和 j。

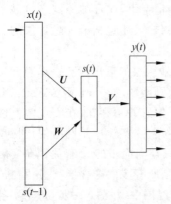

图 8-29　RNN 的计算图

W：前隐含层→隐含层权值矩阵，其下标变量为 h 和 j。

V：隐含层→输出层权值矩阵，其下标变量为 j 和 k。

1. 输入层→隐含层

当前隐含层的状态取决于激励函数 f 和输入的 $\mathrm{net}_j(t)$，而 $\mathrm{net}_j(t)$ 为当前输入以及前一时刻的隐含层输出再加上偏置值之和。

$$s_j(t) = f(\mathrm{net}_j(t))$$

$$\mathrm{net}_j(t) = \sum_i^l x_i(t)\boldsymbol{u}_{ji} + \sum_h^m s_h(t-1)\boldsymbol{W}_j h + \boldsymbol{b}_j$$

2. 隐含层→输出层

$$y_k(t) = g(\mathrm{net}_k(t))$$

$$\mathrm{net}_j(t) = \sum_j^m s_j(t)\boldsymbol{V}_{kj} + \boldsymbol{b}_j$$

这是输出层，输出由激励函数 g 以及 $\mathrm{net}_k(t)$ 决定，而 $\mathrm{net}_k(t)$ 和隐含层的多个神经元的和有关，同时加上偏置值 $\boldsymbol{b}_k$。上式中的 f 和 g 均为激励函数，而 $\boldsymbol{U}$、$\boldsymbol{V}$、$\boldsymbol{W}$ 就是待训练的三个权值矩阵。

3. 反向传播学习算法

1）代价函数

构建代价函数 C，以采样误差平方和为代价函数，如下。

$$C = \frac{1}{2}\sum_p^n \sum_k^o (d_{pk} - y_{pk})^2$$

其中 d 是期望值，y 是网络的输出值，下标 p 是代表的样本，下标 k 为输出下标变量，n 为样本总数。

2）反向传播的计算

$$\Delta(\boldsymbol{V}) = -\eta \frac{\partial(C)}{\partial(\boldsymbol{V})}$$

$$\Delta(\boldsymbol{V}) = -\eta \frac{\partial(C)}{\partial(\mathrm{net})}\eta \frac{\partial(\mathrm{net})}{\partial(\boldsymbol{V})}$$

$$\delta_{pk} = -\eta \frac{\partial(C)}{\partial(y_{pk})}\frac{\partial(y_{pk})}{\partial(\mathrm{net}_{pk})} = (d_{pk} - y_{pk})g'(\mathrm{net}_{pk})$$

$$\delta_{pj} = -\left(\sum_k^o \frac{\partial(C)}{\partial(y_{pk})}\frac{\partial(y_{pk})}{\partial(\mathrm{net}_{pk})}\frac{\partial(\mathrm{net}_{pk})}{\partial(s_{pj})}\frac{\partial(s_{pj})}{\partial(\mathrm{net}_{pj})}\right) = \sum_k^o \delta_{pk}V_{kj}f'(\mathrm{net}_{pj})$$

权 $\boldsymbol{W}$、$\boldsymbol{V}$、$\boldsymbol{U}$ 更新计算如下。

$$\Delta \boldsymbol{V}_{kj} = \eta \sum_p^n \delta_{pk}s_{pj}$$

$$\Delta \boldsymbol{U}_{ji} = \eta \sum_p^n \delta_{pj}x_{pi}$$

以上都是针对当前时间序列，$\boldsymbol{W}$ 权值的更新就是隐含层的 p 个样本对隐含层的第 j 个神经元的误差乘以上一个时刻隐含层的神经元的输出再乘以学习系数 η 就可完成 $\boldsymbol{W}$ 调整。

$$\Delta \boldsymbol{W}_{jh} = \eta \sum_p^n \delta_{pj}s_{ph}(t-1)$$

4. BPTT 算法的应用

BPTT 算法的工作过程如图 8-30 所示。

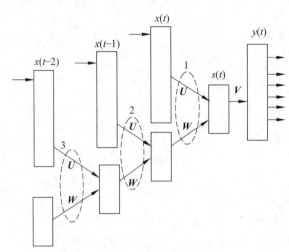

图 8-30　BPTT 算法的工作过程

从上式中可以看出,在更新 $\boldsymbol{W}$ 时,需要上一时刻 $s(t-1)$ 的值,类似地 $s(t-1)$ 的值依赖上一个 $s(t-2)$ 的值,这样会有很多层,为了更新这里的权值 $\boldsymbol{W}$ 和 $\boldsymbol{U}$,而引入了 BPTT 算法。

从输出得到误差信号,逆传播先更新 $\boldsymbol{V}$,更新完 $\boldsymbol{V}$ 后,误差继续向前传播,然后更新 $s(t)$ 的 $\boldsymbol{W}$、$\boldsymbol{U}$,即图 8-30 的 1 号标记层,然后误差继续沿着 1 号标记逆传播到 $s(t-1)$,更新 2 号位置的 $\boldsymbol{U}$、$\boldsymbol{W}$。如果更新 $\boldsymbol{U}$、$\boldsymbol{V}$,之前的 1 号位置的 $\boldsymbol{U}$、$\boldsymbol{W}$ 也需改变,因为它们的 $\boldsymbol{U}$、$\boldsymbol{W}$ 都是联动的,即改变它们任何一个就会改变结果,所有这里要求,只要改变 2 号的 $\boldsymbol{U}$、$\boldsymbol{W}$,那么 1、3 等都会以相同的方式改变,现在在 2 号位置,然后全部改变,误差继续逆传播到 3 的位置,开始改变 $\boldsymbol{U}$、$\boldsymbol{W}$,同时其他时序的 $\boldsymbol{U}$、$\boldsymbol{W}$ 随着相同的改变,然后继续往下传播,一直到最后一层后,此时训练结束了,权值也就被固定了,这就是 BPTT 的精髓,即时间不停地往前追溯直到刚开始的那个时间为止,每追溯一层,权值都统一根据本次追溯调节权值 $\boldsymbol{U}$、$\boldsymbol{W}$,直到追溯到刚开始的时间。每次训练都需要追溯到刚开始的时间,但通常情况是追溯 3~5 层就足够了,这是由于追溯时间越多说明层数越多,那么反向误差面临的梯度消失就会出现,越往后 $\boldsymbol{U}$、$\boldsymbol{W}$ 的改变量越小,因此一般 3~5 层就够了。BPTT 的表达式如下:

$$\delta_{pj}(t-1) = \sum_h^m \delta_{ph}(t) w_{hj} f'(s_{pj}(t-1))$$

使用矩阵形式给出 BPTT 的权值调整过程误差信号

$$\boldsymbol{e}_o(t) = \boldsymbol{d}(t) - \boldsymbol{y}(t)$$

输出权值调整

$$\boldsymbol{V}(t+1) = \boldsymbol{V}(t) + \eta \boldsymbol{s}(t) \boldsymbol{e}_o(t)^{\mathrm{T}}$$

误差从输出层传播到隐含层

$$\boldsymbol{e}_h(t) = d_h(\boldsymbol{e}_o(t)^{\mathrm{T}} \boldsymbol{U}, t)$$

上式中,d 表示误差信号按单元计算得出。

$$d_{h,j}(x,t) = x f'(\mathrm{net}_j)$$

权值 $\boldsymbol{U}$ 的更新

$$U(t+1) = U(t) + \eta x(t) + \boldsymbol{e}_h(t)^{\mathrm{T}}$$

权值 $\boldsymbol{V}$ 的更新

$$V(t+1) = V(t) + \eta s(t-1) \boldsymbol{e}_h(t)^{\mathrm{T}}$$

　　在随时间反向传播算法中,参数的梯度需要在一个完整的正向计算和反向计算后才能得出,并进行参数更新,因此需要保存所有时刻的中间梯度,空间复杂度较高。而实时循环学习算法在第 t 时刻可以实时计算损失关于参数的梯度,不需要梯度回传,空间复杂度低。为了克服 BPTT 算法的缺点,人们为之引入了长短期记忆网络。

　　在循环神经网络训练中,时序反向传播的方式无法解决长时依赖问题,这是由于当前的输出与前面很长的一段序列有关,一般超过 10 步就无能为力了,因为随时间反向传播方式带来了梯度消失或梯度爆炸问题。针对这些问题,人们提出了循环神经网络的扩展和改进模型,如双向循环神经网络等。

5. 循环神经网络的 dropout 方法

　　dropout 方法可以让卷积神经网络增加鲁棒性,在循环神经网络中使用 dropout 也有同样的功能。如果模型的参数太少而训练样本又太多,那么训练出来的模型很容易产生过拟合的现象。dropout 方法可以有效地防止过拟合发生,在一定程度上达到正则化的效果。dropout 方法可以作为训练深度神经网络的一种方法,在每个训练批次中忽略一半的特征检测器(让一半的隐含层结点值为 0)可以明显地减少过拟合现象。这种方式可以减少隐含层结点间的相互作用(隐含层结点的相互作用是指某些隐含层结点依赖其他隐含层结点才能发挥作用)。

　　dropout 方法在正向传播时可以让某个神经元的激励值以一定的概率 p 停止工作,这样可以使模型泛化性更强,因为它不会太依赖某些局部的特征,类似卷积神经网络只在全连接层中使用 dropout 方法,循环神经网络一般只在不同层循环体结构之间使用 dropout 方法,并不在同一层循环结构之间使用。即从时刻 $t-1$ 传递到时刻 t,循环神经网络不会进行状态的 dropout 方法;而在同一时刻 t 中,不同层循环体之间会使用 dropout 方法。如图 8-31 所示,在图中实线箭头表示不使用 dropout 方法,而虚线箭头表示使用 dropout 方法。

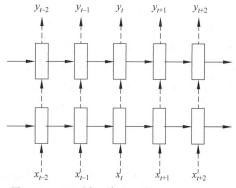

图 8-31　深层循环神经网使用 dropout 方法

8.3.3　循环神经网络的扩展

　　为了克服循环神经网络的缺点,人们基于循环神经网络扩展了许多新的模型与算法。

1. 双向循环神经网络

在某些应用场景中,当前时刻的输出不仅与过去的信息有关,还与后续时刻的信息有关。例如,给定一个句子(即单词序列),每个单词的词性与上下文有关,因此可以增加一个按照时间的逆序传递信息的网络层以增强网络的能力。这就是双向循环神经网络(bidirectional recurrent neural network,Bi-RNN),它由两层循环神经网络组成,这两层网络都输入序列 x,但是信息传递方向相反。

假设第 1 层按时间顺序传递信息,第 2 层按时间逆序传递信息,这两层在时刻 t 的隐状态分别为 $S_t^{(1)}$ 和 $S_t^{(2)}$。

$$S_t^{(1)} = f(U^{(1)} S_{t-1}^{(1)} + W^{(1)} x_t + b^{(1)})$$

$$S_t^{(2)} = f(U^{(2)} S_{t+1}^{(2)} + W^{(2)} x_t + b^{(2)})$$

$$y_t = S_t^{(1)} \oplus S_t^{(2)}$$

第三个式子表示将两个隐状态向量拼接起来。按时间展开的双向循环神经网络如图 8-32 所示。

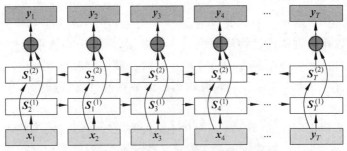

图 8-32　按时间展开的双向循环神经网络

双向循环神经网络中当前的输出(第 t 步的输出)不仅与前面的序列有关,并且还与后面的序列有关。例如,预测一个语句中缺失的词语需要根据上下文进行预测,进而补全。双向循环神经网络是由两个循环神经网络上下叠加在一起组成的,其输出是由这两个循环神经网络隐含层的状态所决定。

正向传播。

(1)沿着时刻 1 到时刻 T 正向计算一遍,得到并保存每个时刻向前隐含层的输出。

(2)沿着时刻 T 到时刻 1 逆向计算一遍,得到并保存每个时刻向后隐含层的输出。

(3)正向和逆向都计算完所有输入时刻后,每个时刻根据向前向后隐含层汇总计算得到最终输出。

逆向传播。

(1)计算所有时刻输出层的项。

(2)根据所有输出层的项,使用随时间逆向传播算法更新向前层。

(3)根据所有输出层的项,使用随时间逆向传播算法更新向后层。

2. 长短时记忆网络

当前预测位置和相关信息之间的间隔不断增大时,简单循环神经网络有可能丧失学习距离较远的信息的能力,或者在复杂语言场景中,有用信息的间隔有大有小、长短不一,循环神经网络的应用也将受到限制。针对这种情况,出现了长短时记忆网络(long short-term memory，LSTM）。长短时记忆网络是一种特殊的循环神经网络类型，其可以学习长期依赖信息。采用长短时记忆网络结构的循环神经网络比标准的循环神经网处理语言的能力更强。与单一循环体结构不同，长短时记忆网络是一种拥有三个门结构的特殊网络结构，该模型通常能够更好地表达长短时依赖，相对于一般的循环神经网络，只是在隐含层做了变化。长短时记忆网络通过特意的设计可以避免长期依赖问题。记住长期的信息是长短时记忆网络的默认行为，不需要付出很大代价才能获得。因此大多数循环神经网络都是可以通过长短时记忆网络结构实现。长短时记忆网络可用于识别文本、基因组、手写字迹、语音等序列数据的模式，或用于识别数值型时间序列数据，甚至可以将图像分解为一系列图像块，然后把它作为序列加以处理。

8.3.4 循环神经网络的应用

循环神经网络应用广泛，尤其在语言处理领域，如词向量表达、语句合法性检查和词性标注等。

1. 语言模型与文本生成

基于循环神经网络的语言模型首先将词依次输入到循环神经网络中，每输入一个词，循环神经网络就输出截止到目前的下一个最可能的词。神经网络的输入和输出都是向量，为了让语言模型能够被神经网络处理，必须将词表达为向量的形式。

2. 序列转换

循环神经网络可以完成序列到序列的转换，可以将序列从一个域转换到另一个域中。

例 8-4 序列到序列的转换。

（1）机器翻译：待翻译的文本序列→翻译文本序列。

（2）语音识别：声学特征序列→识别文本序列。

（3）问答系统：问题描述单词序列→生成答案单词序列。

（4）文本摘要：文本序列→摘要序列。

3. 序列分类

序列分类是指对序列数据的分类，也就是说，循环神经网络的输入是序列，输出是类别。常用的序列分类问题有文本分类、时间序列分类、音频分类等。例如，在文本分类中，输入数据为单词序列，输出数据为该文本的类别。

4. 图像描述生成

循环神经网络与卷积神经网络一样可对无标注图像描述，可在自动生成标注中得到应用。将卷积神经网与循环神经网络结合进行图像描述的自动生成这一组合模型能够根据图像的特征生成描述。

8.4 生成式对抗网络

对真实世界建模需要大量的先验知识，建模的优劣决定了生成模型的性能。真实世界的数据非常复杂，仅利用简单的函数很难对一些随机数据完成准确的转换，也就是说，获得复杂模型需要庞大的数据。生成式对抗网络是一种新的网络模型，其能够自动学习数据的分布规律，并创造出类似真实世界的图像和文本。

8.4.1   生成式对抗网络的结构

生成式对抗网络(generative adversarial networks,GAN)是一种无监督学习的深度学习模型,其结构如图 8-33 所示。生成式对抗网络主要包含了生成器和判别器两个互相独立的神经网络,其中,生成器的任务是随机采样噪声 z ,然后通过生成器 G 生成数据 $G(z)$ 。判别器 D 负责辨别数据的真伪,以真实数据 x 和生成数据 $G(z)$ 作为判别器的输入,判别器的输出则是这个样本为真的概率。在训练的过程中,生成器努力地欺骗判别器,而判别器则努力地学习如何正确区分真假样本,判断一个样本是否是真实的样本,这样两者就形成了对抗的关系,最终的目标就是令生成器生成足以以假乱真的伪样本。

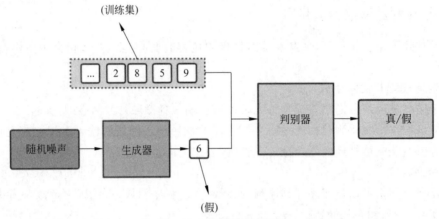

图 8-33   生成式对抗网络

生成式对抗网络的实现方法是制造生成器 D 与判别器 G 的博弈,在训练过程中使两者相互竞争以让判别器 D 和生成器 G 同时得到增强。由于判别器 D 的存在,生成器 G 在没有大量先验知识以及先验分布的前提下也能很好地学习并逼近真实数据,最终使模型生成的数据达到以假乱真的效果,也就是说,判别器 D 无法区分生成器 G 生成的样本与真实样本,两者达到某种纳什均衡。

(1)定义一个生成器,输入一组随机噪声向量,最好使之符合常见的分布,一般的数据分布都呈现常见分布规律,例如,输出为一幅图像。

(2)定义一个辨别器,用它来判断图像是否为训练集中的图像,是为真,否为假。

(3)生成器和辨别器可以是卷积神经网络、循环神经网络或者全连接前馈神经网络等。

8.4.2   网络的训练与损失函数

1. 生成式对抗网络

生成器和判别器相对独立,两者交替迭代训练,博弈的交替迭代训练过程如下。

(1)首先获得初始的真假数据集。给生成器一个随机的输入(初始化),令其输出一个假的样本集(未训练时效果非常差,也就是非常假),因已有真实的样本集(标签数据),于是现有真假数据集。

(2)有了真假数据集后,固定生成器的参数不变,对判别器进行训练。训练过程是一个有监督的二分类问题,即给定一个样本,训练判别器能判断其是真样本还是生成器生成的假样本。

（3）完成判别器的训练后，需要提升生成器的造假能力，将生成器与前一步训练好的判别器串接，固定判别器的参数不变，对生成器进行训练。给生成器一个随机输入，损失函数是判别器的输出是否为真，根据损失函数对生成器的参数进行更新。

（4）完成生成器的训练后，再次固定生成器的参数不变以对判别器进行训练。给生成器随机输入，得到新的假数据集（此时的假样本比第 1 步生成的假样本要真一些，因为生成器经过了一轮优化），将最新得到的真假样本输入给判别器进行训练，从而完成对判别器的再一次优化训练。

（5）多次更新迭代后，在理想状态下，最终判别器 D 无法区分图像到底是来自真实的训练样本集合还是来自生成器 G 生成的样本为止，此时辨别的概率为 0.5。

2. 生成式对抗网络的损失函数

生成式对抗网络中的生成器 G 和判别器 D 的选择并无强制限制，可先定义一个噪声 $p_z(x)$ 作为先验，用于生成器 G 在训练数据 x 上的概率分布 pg，$G(z)$ 表示将输入的噪声 z 映射成数据。$D(x)$ 代表 x 来自真实数据分布 pdata 而不是 p_g 的概率。优化的目标函数定义为如下 min max 的形式。

$$\min_{G} \max_{D} V(D,G) = E_{x \sim \text{pdata}(x)}\big[\log D(x)\big] + E_{z \sim p_z(z)}\big[\log(1 - D(G(z)))\big]$$

在参数的更新过程中，对判别器 D 更新 k 次后对生成器 G 更新 1 次。上式中的 min max 可理解为当更新判别器 D 时需要最大化上式，而当更新生成器 G 时需要最小化上式。

在对判别器 D 的参数进行更新时，对于来自真实数据分布 pdata 的样本 x 而言，希望 $D(x)$ 的输出越接近于 1 越好，即 $\log D(x)$ 越大越好。对于通过噪声 z 生成的数据 $G(z)$ 而言，希望 $D(G(z))$ 尽量接近于 0（即判别器 D 能够区分出真假数据），因此 $\log(1 - D(G(z)))$ 也是越大越好，所以需要 $\max(D)$。在对生成模型 G 的参数进行更新时，希望 $G(z)$ 尽可能和真实数据一样，即 $p_g = \text{pdata}$。因此希望 $D(G(z))$ 尽量接近于 1，即 $\log(1 - D(G(z)))$ 越小越好，所以需要 $\min(G)$。需要说明的是，$\log D(x)$ 是与 $G(z)$ 无关的项，在求导时直接为 0。

在生成式对抗网络的目标函数中，$D(x)$ 表示判别器认为 x 是真实样本的概率，而 $1 - D(G(z))$ 则是判别器认为合成样本为假的概率，取对数相加就能得到公式所示的形式。训练生成式对抗网络时判别器希望目标函数最大化，也就是使判别器判断真实样本为真，判断合成样本为假的概率最大化；与之相反，生成器希望该目标函数最小化，也就是降低判别器对数据来源判断正确的概率。

例 8-5　如图 8-34 所示的目标函数的优化过程。

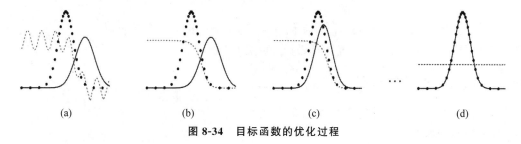

(a)　　　　　(b)　　　　　(c)　　　　　(d)

图 8-34　目标函数的优化过程

在图中,真实样本分布、生成样本分布以及判别模型分别由粗黑虚线、实线和细黑虚线表示。可以看出,在训练开始时,判别模型是无法很好地区分真实样本和生成样本的。接下来当固定生成模型而优化判别模型时,优化结果如图 8-34(b)所示,可以看出,这时判别模型已经可以较好地区分生成数据和真实数据了。第三步是固定判别模型、改进生成模型,试图让判别模型无法区分生成图像与真实图像,在这个过程中,可以看出由模型生成的图像分布与真实图像分布更加接近,这样的迭代不断进行,直到最终收敛,使生成分布和真实分布重合,如图 8-34(d)所示。

在实际应用中,生成式对抗网络模型凸显了许多优势,其数据生成的复杂度与维度线性相关,对于生成较大维度的样本,其仅需增加神经网络的输出维度,不会出现传统模型那样随指数上升、计算量增加的现象,具体如下。

(1) 对数据的分布不做显性限制,从而避免了人工设计模型分布的需要。

(2) 生成的结果更为清晰。

(3) 突出的生成能力应用更为广泛。

生成式对抗网络不仅可用于生成各类图像、文本、声音、音乐、结构化数据等自然语言数据,还在数据填报、图像翻译、数据合成、模仿学习等方面都取得了突破性的进展。

例 8-6　生成手写数字。

如图 8-35 所示,最初随机噪声将提供给生成器,生成器将生成一个手写数字,然后判别器将决定它接收到的输入是否是假的。在该过程开始时,由生成器生成的数字样本并不会很好,并且很容易被判别器轻易地丢弃,随着训练的继续,生成器和判别器不断被优化。当判别器无法正确区分数据来源时,可以认为网络捕捉到的是真实数据样本。

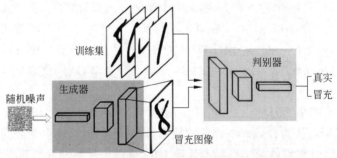

图 8-35　使用生成式对抗网络生成手写数字

8.5　自动编码器

自动编码器(auto-encoders,AE)简称自编码器,是一种无监督深度学习模型,主要应用于异常监测、数据去燥、数据降维、图像修复和信息检索等。

8.5.1　自编码器工作原理

自编码器是一个试图还原其原始输入的系统,其工作原理如图 8-36 所示。

自编码器主要由编码器和解码器两部分

图 8-36　自编码器

组成：

（1）编码器（encoder）：$y=f(x)$

（2）解码器（decoder）：$\bar{x}=g(y)=g(f(x))$

自编码器是对输入信号做某种变换，如果自编码器的只是单纯地将输入复制到输出中则无意义。人们希望通过训练自编码器将输入复制到输出中，使隐含层抽取有用的属性，这是其本质。从自编码器中获得有用特征的一种方法是约束隐含层的维度小于输入 x 的维度。在这种情况下，自编码器称为欠完备自编码器，如图 8-37 所示。通过训练不完整的表示，迫使自编码器学习训练数据中最有代表性的显著特征，如果隐含层表示的维度等于或大于输入维度，则其将处于过完备的情况下。在这些情况下，即使自编码器可以学习将输入复制到输出，但却没有学习有关数据分布的有用信息。在理论上，人们可以成功地训练任何自编码器架构，根据要分配的复杂度选择编码器和解码器的代码维数和容量然后建模，但自动学习原始数据的特征表达也是神经网络和深度学习的核心目的之一。

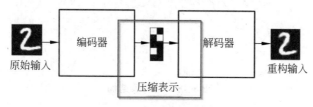

图 8-37 欠完备自编码器

1. 生成模型

生成模型是能够在给定某一些隐含参数的条件下随机生成观测数据的模型。生成模型将给观测值和标注数据系列制定一个概率分布。贝叶斯算法可以直接对概率分布 $P(x,y)$ 进行建模，然后利用贝叶斯公式求解 $P(y|x)$。

2. 生成模型的类型

生成模型有下述两种类型。

（1）完全表示出确切数据的分布函数。

（2）没有完全表示出确切数据的分布函数。

在机器学习中，不管是自编码器还是生成对抗网路都属于没有完全表示出确切数据的分布函数，生成大部分新数据是生成模型的核心目标。

3. 自编码器的结构

自编码器是利用神经网络进行表征学习的，也就是说，它需要设计一个在网络中施加瓶颈、迫使原始输入压缩知识表示的神经网络架构。如果输入特征彼此独立，则该压缩和随后的重构将是非常困难的任务。但是，如果数据中存在某种结构（输入特征之间存在相关性），则算法可以使机器学习这种结构，并在强制输入通过网络的瓶颈时使用之。

输入的特征 x_1、x_2、x_n 之间存在某种特殊的联系，但这些联系不需要人为地进行特征提取，而是将之放到网络中进行学习，最终浓缩为更精炼、数量更少的特征 h_1、h_2、h_m。其中 $m<n$，这里的 x_n 就是输入数据，h_m 就是编码，也就是瓶颈数据。

通常可以采取的未标记数据集和框架作为任务监督学习问题，负责输出新的 x（原始输入 x 的重构）。这个网络可以通过最小化重构误差（原始输入和重构之间差异的度量）训练,其瓶颈是网络设计的关键属性。输入维度为 6,隐含层维度为 3,如果没有信息瓶颈,那么将这些值通过网络传递并且只学会记住输入值。在图 8-38 中,向量和最开始的数据输入完全一样,要使算法能够重构输入数据,不需要做任何处理,只需要让每一个神经元对输入的数据不做处理,原样复制,死记硬背即可,但这样的编码器没有任何意义。瓶颈限制了完整网络可以传递的信息量,但却使网络学习可以压缩输入数据。

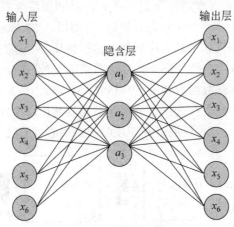

图 8-38　编码器结构

4. 自编码器的两个重要特征

(1) 压缩编码的数据维度一定要比原始输入数据更少。也就是要有一定的"瓶颈限制",如果压缩编码的数据维度更多,那就达不到数据降维的目的,编码就无意义。

(2) 编码器和解码器都是神经网络层,神经网络层必须要具有一定的容量,不应只有一个神经网络层,因为神经网络层数表明了对数据隐含特征的提取效果。如图 8-36 所示的只有一个中间的压缩编码数据层,如果在神经元结点上不使用非线性激励函数,则将得到与PCA 类似的降维效果。所以,需要添加多个网络层,以储存输入数据之间的那些隐含关系、存储潜在特征和关联。

5. 自编码器与前馈神经网络的比较

(1) 自编码器是前馈神经网络的一种,最开始主要用于数据的降维以及抽取特征,随着技术的不断发展,现也用于生成模型中,如生成图像等。

(2) 前馈神经网络是有监督学习,需要大量的标注数据。自编码器是无监督学习,数据不需要标注,因此较容易收集。

(3) 前馈神经网络在训练时主要关注的是输出层的数据以及错误率,而自编码器的应用更多地关注中间隐含层的结果。

6. 深度自编码采用了逐层编码

多层的神经网络一起训练,由于网络的权值更新依靠的是误差逆传播,那么越靠近尾端,误差越起作用,可以使靠近尾端的权值更新得比较大;越往前端,由于每一层往前,误差的作用就会消退一点,那么前面的网络权值基本上就更新小,这就是误差在逆传播的弥散作用用。为了克服误差弥散这一问题,深度自编码器采用的是逐层编码方法。

8.5.2　常用的自编码器

基于不同的需要,人们开发了多种自编码器类,主要有栈式自编码器、欠完备自编码器、稀疏自编码器和去噪自编码器等。下面仅介绍栈式自编码器、欠完备自编码器。

1. 栈式自编码器

栈式自编码器的特点如下。

(1) 增加隐含层可以学习更复杂的编码,每一层可以学习到不同的信息维度。

(2) 如果层数太深、编码器过于强大,那么可以将学习输入映射为任意数,然后由解码器学习其逆映射。深度神经网络的功能是能够逐层地学习原始数据的多种表达,每一层的都以低一层的表达为基础完成更抽象、更加复杂的分类任务。

栈式自编码器又称为深度自编码器,其训练过程和深度神经网络有所区别。基于栈式自编码器的分类问题,栈式自编码利用无监督预训练、有监督微调等方式训练深度网络模型,训练过程如下。

1) 无监督预训练

训练一个自编码器,得到特征表达,这就是将堆叠 h 再当作原始信息以训练一个新的自编码器,得到新的特征表达。当多个自编码器被堆积起来之后,可构成如下结构。

$$x \rightarrow AE_1 \rightarrow h_1 \rightarrow AE_2 \rightarrow h_2 \rightarrow \cdots \rightarrow h_{n-1} \rightarrow AE_n \rightarrow h_n$$

其中 x 表示输入向量、AE_j 表示编码器 j、h_i 为隐含层 i 的输出,整个网络的训练是逐层进行。先训练网络 $n \rightarrow m \rightarrow n$,得到 $n \rightarrow m$ 的变换,然后再训练 $m \rightarrow k \rightarrow m$,得到 $m \rightarrow k$ 的变换。最终为 $n \rightarrow m \rightarrow k$ 的结果,这正是深度学习的核心技术。

2) 接分类层

如接 softmax,用于多分类任务。

3) 有监督微调

利用上面的参数作为网络的初始值,继续进行神经网络的训练。

2. 欠完备的自编码器

1) 欠完备自编码器的原理

当隐含层单元数大于或等于输入维度时,网络将发生完全记忆的过拟合情况,为了避免这种现象,可限制隐含层的维度,使之比输入维度小,这样可以强制自编码器捕捉训练数据中最显著的特征,这种编码维度低于输入维度的自编码器通常称为欠完备自编码器。

欠完备自编码器的架构限制了网络隐含层中的结点数量,进而限制可以通过网络传输的信息量。根据重构误差训练网络模型可以学习输入数据最重要的属性以及最好地重构原始输入。理想情况下,这些属性将是学习和描述输入数据的潜在属性。

欠完备自编码器的训练目标是最小化一个损失函数,即最小化输入数据与经自编码器重构后的数据之间的误差。损失函数可以有多种,一般分为经验风险损失函数与结构风险损失函数。经验风险损失函数指损失的是预测结果与实际结果之间的差别,结构风险损失函数是在经验风险损失函数上添加一个正则项。

2) 欠完备自编码器的特点

(1) 防止过拟合,其隐含层编码维数小于输入维数,故可以学习数据分布中最显著的特征。

（2）如果中间隐含层单元数特别少，则其表达信息有限，将导致重构过程比较困难。

例 8-7 构建多层自编码器。

$784 \rightarrow 200 \rightarrow k \rightarrow 200 \rightarrow 784$，如图 8-39 所示。

自编码的网络经过两层编码层，然后再经过两层译码层最终使输出尽可能地等于输入。可以将其拆分成两个部分，每一部分组成一个 3 层网络的自编码。

$$784 \rightarrow 200 \rightarrow 784$$
$$200 \rightarrow k \rightarrow 200$$

其整体的效果是，$784 \rightarrow 200 \rightarrow k \rightarrow 200 \rightarrow 784$

如果第二层隐含层单元为 $k = 100$，那么第一个过程就是训练 $787 \rightarrow 200 \rightarrow 784$ 这个自编码，在训练完以后，将 200 得出的特征值再拿来训练一个 $200 \rightarrow 100 \rightarrow 200$ 的自编码层，这样两个过程合在一起就是 $784 \rightarrow 200 \rightarrow 100 \rightarrow 200 \rightarrow 784$。这是两层隐含层自编码，更多层的自编码无非是在后面继续训练自编码。那么这样做的好处是其可以使每一层网络的权值都能尽可能准确，因为只在一层进行误差逆传播是无损失的传播。

在自编码完成以后，可以用第 2 个隐含层出来的 k 个特征进行分类训练，如后接一个支撑向量机（SVM）分类器，如图 8-40 所示。

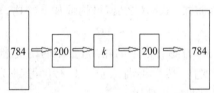

图 8-39　手写体识别深度自编码器

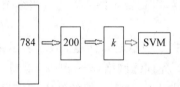

图 8-40　后接 SVM 分类器的深度自编码器

8.5.3　深度自编码器应用

自编码器主要的应用是去噪和数据降维。

1. 去噪

自编码器首先需要将数据压缩编码为低维向量，这个过程是有损压缩，在编码的过程中将损失一部分信息，但同时会保留数据的主要信息，因此算法恰好可以利用此原理将图像中的噪声过滤，只保留数据的主要信息，再借助解码过程还原图像信息。

2. 数据降维

在直观上，自动编码器可以用于特征降维，类似主成分分析 PCA，但它相比 PCA 性能更强，因为它可以学习到数据之间的非线性关系。作为特征提取器，自编码器在完成训练后可以去掉解码器只使用网络的编码器部分，然后编码器将原始数据转化为新的坐标系。另外，还可以用其替换缺失值，除了进行特征降维，自动编码器学习到的新特征可以送入有监督学习模型中，所以自动编码器可以起到特征提取器的作用。

例 8-8 对于一幅清晰图像，首先通过编码器压缩这幅图像，然后在需要解码时将其还原成清晰的图像。图像压缩的主要原因是：有时神经网络要接收大量的输入信息，尤其输入信息是高清图像时，信息量可能达到上千万。直接从上千万个信息源中学习是一件困难的工作，压缩可以提取出原图像中最具代表性的信息，缩减输入信息量，再把缩减后的信息放进神经网络学习可以使学习更简单轻松。所以也可以说自编码是一种非监督学习，其通常只用到自编码前半部分。

　　具体操作时,首先编码器将输入数据压缩到较低维度,然后解码器尝试使用较低维度的数据重新创建原始输入,换句话说,它试图反转编码过程。原始数据和输出数据的误差称为重构误差,如图 8-41 所示。

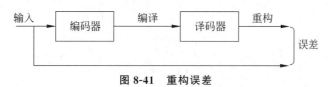

图 8-41　重构误差

　　通过训练网络最小化数据集上的重构误差,神经网络将学会利用数据中的自然结构,找到一个有效的低维表示。编码器如同 PCA 一样难免会迫使信息丢失,使解码器无法完美地获取信息并训练。为了整个网络以最小化重构错误,需要编码器和解码器一起工作以找到将输入数据压缩到较低维度的最有效方法。由于真实数据不是随机的,而是具有结构的,这种结构表明不需要完整输入空间的每个部分表示数据,编码器的工作是从中映射它,将完整的输入空间转化为有意义的较低维度。如果是随机选取,编码器将很难利用新坐标系下的输入还原原数据。

本 章 小 结

　　深度学习基于人脑结构,以多层互相连接的人工模拟神经元来模仿大脑的行为,处理视觉和语言等复杂问题。神经网络是深度学习的根基,人工神经网络可以收集信息,能对事物的外形和声音做出解释,还可以自主学习与工作。随着计算能力的提升和算法的改进,神经网络和深度学习已经成为人工智能领域最具吸引力的流派。本章主要介绍深度学习的方法和模型,具体包括卷积神经网络、循环神经网络、生成式对抗网络和自编码器等,并重点介绍了卷积神经网络,通过学习这些内容,读者可为计算机视觉、处理与理解自然语言以及学习与应用智能机器人建立基础。

第9章

计算机视觉

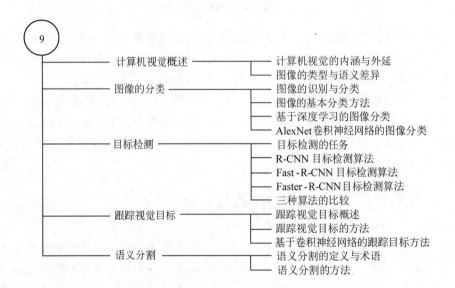

计算机视觉概述 —— 计算机视觉的内涵与外延
—— 图像的类型与语义差异

图像的分类 —— 图像的识别与分类
—— 图像的基本分类方法
—— 基于深度学习的图像分类
—— AlexNet卷积神经网络的图像分类

目标检测 —— 目标检测的任务
—— R-CNN目标检测算法
—— Fast-R-CNN目标检测算法
—— Faster-R-CNN目标检测算法
—— 三种算法的比较

跟踪视觉目标 —— 跟踪视觉目标概述
—— 跟踪视觉目标的方法
—— 基于卷积神经网络的跟踪目标方法

语义分割 —— 语义分割的定义与术语
—— 语义分割的方法

9.1 计算机视觉概述

计算机视觉(Computer Vision)是人工智能的重要领域之一,经过 70 多年发展,其已成为现今一个十分活跃的研究领域。互联网上超过 70% 的数据是图像/视频,全世界的监控摄像头数目已超过人口数,每天有超过八亿小时的监控视频数据生成。为了充分处理如此巨大量的数据,需要研究和发展计算机视觉的理解与分析技术。

9.1.1 计算机视觉的内涵与外延

1. 计算机视觉的内涵

计算机视觉是指使用计算机实现人的视觉功能,包括使用摄像机和计算机代替人眼对目标进行识别、跟踪和测量,并将所得数据处理成为更适合人眼观察或传送给仪器检测的图像。

计算机视觉主要是对客观世界三维场景的感知、识别和理解,这表明计算机视觉技术的目标是使计算机具有通过二维图像认知三维环境信息的能力。因此,实现计算机视觉不仅需要使机器能够感知三维环境中物体的形状、位置、姿态、动作等几何信息,而且还要能对它们进行描述、存储、识别与理解。可以看出,计算机视觉与人类或动物的视觉不同,它是借助几何、物理和学习技术构建模型、应用统计方法处理数据。

图像处理是计算机视觉的基础,计算机视觉的主要任务包括图像分类、目标检测、图像分割、风格迁移、图像重构、超分辨率、图像生成、人脸识别,以及对视频的分类、检测、生成和追踪等。

1) 图像分类

图像分类又称为图像识别,就是辨别图像是什么,或者确定图像中的物体属于何种类别。在图像分类过程中,给输入图像分配标签而找到目标物体位置的过程称为定位。

2) 目标检测

目标检测通常包含两方面的工作,首先是找到目标,然后就是识别目标,并标出目标的位置、给出物体的类别。目标检测又分为单物体检测和多物体检测。

3) 目标跟踪

目标跟踪是指在特定场景跟踪某一个或多个特定关注(感兴趣)对象的过程。

4) 图像分割

图像分割是检测目标物体,然后将目标物体从周边其他物体中分割出来,也就是将图像细分为多个图像子区的过程。

5) 风格迁移

风格迁移是指将一个领域或几幅图像的风格应用到其他领域或图像上,实现以图像的风格加图像的内容重新生成一幅目标图像。

6) 图像重构

图像重构也称为图像修复,其目的就是修复图像中缺失的地方,例如,应用图像重构技术可以修复一些旧的、有损坏的黑白照片和影片。

7) 图像生成

图像生成是根据一幅图像生成修改部分区域的图像或者是全新图像的任务。此应用最近几年发展快速,主要原因也是对抗式网络成为了最近几年热门的研究方向,而图像生成就是对抗式网络的一大应用。

8) 人脸方面的应用

人脸方面的应用主要包括人脸识别、人脸检测、人脸匹配、人脸对齐等,这是计算机视觉方面最热门也是发展最成熟的应用,而且已经比较广泛地应用于安全、身份认证等,例如,人脸支付、人脸解锁等。

2. 计算机视觉的外延

计算机视觉是一门综合性的交叉学科,包括计算机科学与技术、信号处理、物理学、应用数学、统计学、神经生理学和认知科学等,涉及生物,心理,物理,工程,数学,计算机科学等领域,与其他许多学科或研究方向之间相互渗透、相互支撑。

1) 计算机视觉与人工智能

人工智能技术主要研究智能系统的设计和有关智能的计算理论与方法。人工智能可分为感知、认知和动作执行三个阶段,计算机视觉是人工智能的一个分支。

2) 计算机视觉与图像处理

在图像处理中,人是最终的解释者,但在计算机视觉中,计算机是图像的解释者,计算机视觉系统必须具有图像处理能力,图像处理算法在机器视觉系统发展的初期起着很大的作用,它们通常用来增强特定信息并抑制噪声。

3）计算机视觉与模式识别

模式识别可以根据从图像中抽取的统计特性或结构信息将图像分为特定的类别。图像模式的分类是计算机视觉的一个重要问题,模式识别的许多方法可以应用于计算机视觉中。

4）计算机视觉与机器视觉

计算机视觉技术的目标是使计算机具有通过一幅或多幅图像认知周围环境的能力,即对客观世界三维环境的感知、识别与理解。这表明计算机不仅要模拟人眼的功能,更重要的是使计算机完成人眼所不能胜任的工作。而机器视觉则是建立在计算机视觉理论基础之上,其偏重计算机视觉技术的工程化,能够自动获取和分析特定的图像以控制相应的行为。与计算机视觉所研究的视觉模式识别、视觉理解等内容不同,机器视觉技术的重点在于感知环境中物体的形状、位置、姿态、运动等几何信息。两者基本理论框架、底层理论、算法相似,只是研究的终极目标不同。所以实际中并不被严格划分,对工业应用而言企业常使用机器视觉,而一般情况下人们则常用计算机视觉。

9.1.2 图像类型与语义差异

图像是对客观对象的一种相似性的、生动性的描述或写真,是最常用的信息载体之一。图像是客观对象的一种表示,它包含了被描述对象的有关信息,是人们最主要的信息源之一。统计结果表明,一个人获取的信息大约有 75% 来自视觉观察到的图像。

根据记录方式的不同,图像可分为模拟图像和数字图像两大类。模拟图像是通过某种物理量(如光、电等)的强弱变化记录图像的亮度信息,例如,模拟电视图像;而数字图像则是用计算机存储的数据记录图像各点的亮度信息。目前大多数的图像是以数字形式存储,因而图像处理很多情况下是指数字图像的处理。数字图像处理技术应用普遍、可靠和准确,比模拟方法也更容易实现。

1. 图像的类型

计算机视觉主要是对图像和视频进行处理,在计算机中,基于颜色和灰度的多少可将图像分为二值图像、灰度图像、索引图像和真彩色 RGB 图像四种基本类型。

1）二值图像

一幅二值图像的二维矩阵仅由 0、1 两个值构成,0 代表黑色,1 代白色。由于每一像素(矩阵中每一元素)取值仅有 0 或 1 两种可能,所以计算机中二值图像的数据类型通常为 1个二进制位。二值图像通常用于存储文字、线条图的扫描识别和掩膜图像。

2）灰度图像

灰度图像矩阵元素的取值范围通常为 [0,255],因此其数据类型一般为 8 位无符号整数,这就是人们经常提到的 256 灰度图像,其中,0 表示纯黑色,255 表示纯白色,中间的数字从小到大表示由黑到白的过渡色。在某些软件中,灰度图像也可以由双精度数据类型表示,像素的值域为 [0,1],0 代表黑色,1 代表白色,0 到 1 之间的小数表示不同的灰度等级,二值图像可以被看成是灰度图像的一个特例。灰度图像按行列存储。

3）索引图像

索引图像的图像像素由一个字节表示,它最多包含由 256 色的色表储存并索引其所用的颜色。索引图像的数据信息包括一个数据矩阵和一个双精度色图矩阵,其数据矩阵中的值直接指定该点在色图矩阵中的颜色,色图矩阵的每一行表示一种颜色,每行有三个数据,分别表示该种颜色中的红、绿、蓝的比例情况,所有元素值都在[0,1]内。索引图像占空间较少,图像质量不高,通常用于网络上的图像传输,适合对图像像素、大小有严格要求的地方。

4) 真彩色 RGB 图像

RGB 图像与索引图像一样都可以用来表示彩色图像。但与索引图像不同的是,RGB 图像的每一个像素的颜色值(由 RGB 三原色表示)直接存放在图像矩阵中,由于每一像素的颜色需由 R、G、B 三个分量来表示,且需要由 m、n 分别表示图像的行列数,以三个 $m \times n$ 的二维矩阵分别表示各个像素中 R、G、B 三个颜色分量。RGB 图像的数据类型一般为 8 位无符号整数,通常用于表示和存放真彩色图像,当然也可以存放灰度图像。

RGB 图像的存储方式如表 9-1 所示,其中每列含有三条通道,通道的顺序是 BGR(而不是RGB)。

表 9-1　RGB 图像存储方式

	列 0,B	列 0,G	列 0,R	列 1,B	列 1,G	列 1,B	···	···	···	列 m,B	列 m,G	列 m,B
行 0	0,0	0,0	0,0	0,1	0,1	0,1				0,m	0,m	0,m
行 1	1,0	1,0	1,0	1,1	1,1	1,1				1,m	1,m	1,m
···	--,0	--,0	--,0	--,1	--,1	--,1				--,m	--,m	--,m
行 n	n,0	n,0	n,0	n,1	n,1	n,1				n,m	n,m	n,m

2. ImageNet 数据集

ImageNet 图像数据集始于 2009 年,是根据 WordNet 层次结构而组织的图像数据集。在 ImageNet 中,每个同义词集平均包括 1000 幅图像,并且还在持续地扩展中。

目前 ImageNet 中共计 14 197 122 幅图像,分为 21 841 个同义词集类别,大类别包括amphibian、animal、appliance、bird、covering、device、fabric、fish、flower、food、fruit、fungus、furniture、geological formation、invertebrate、mammal、musical instrument、plant、reptile、sport、structure、tool、tree、utensil、vegetable、vehicle、person。

3. 图像语义差异与图像变化因素

1) 图像语义差异

人类看到的图像与计算机看到的图像显著不同,对于图 9-1 上部的图像,人类能够很容易地分辨出这里一只猫,但计算机所看到的则是图 9-1 下部所示的图像数据矩阵。语义差距是人对图像内容的感知方式与计算机能够理解图像过程的表现方式之间的差异。

人类可以轻松地从图像中识别出目标,而计算机看到的图像只是一组 0 到 255 之间的整数。语义差异不仅出现在计算机视觉领域,高级的推理只需要非常少的计算资源,而低级的感知却需要极大的计算资源。要让计算机像人一样地下棋是相对容易的,但要让计算机有如小孩般的感知和行动能力却是相当困难的。

图 9-1　人类认知图像的方式与计算机面对的图像矩阵

2）图像的变化因素

图像处理除了要考虑语义差异问题之外，还需要考虑图像或目标的变化因素。物体是在不同的视点、光照条件、遮挡和尺度等情况下出现的，计算机视觉任务的困难包括拍摄视角变化、目标占据图像的比例变化、光照变化、背景融合、目标形变、遮挡等。

（1）视角变化：视角变化是指收集同一个物体图像，获取的角度多变。

（2）缩放变化：缩放变化是指无论如何缩放，除了大小不同，它们都是同一个物体。图像分类方法必须适应这种变化。

（3）变形：变形是指所有图像都包含了图像的特性，但是它们都会因弹性、扭曲而动态变化。

（4）闭合变化：图像分类还应当处理闭合变化，如两幅图中都是猫，但是某图被隐藏在其他图像之下。

（5）光照变化：在像素层面上，光照的影响非常大。由于光照不同，看起来也不同。

（6）类内变化：类内变化是指一类物体的个体之间有许多不同，每个个体都有自己的外形，而图像分类算法必须能够正确识别之。

9.2 图 像 分 类

图像识别与分类是计算机经常需要处理的任务。

9.2.1 图像识别与分类

根据不同分类标准图像可以划分为很多子方向。

1. 基于类别标签的图像识别与分类

（1）二分类问题，例如，判断图像中是否包含人脸。

（2）多分类问题，例如，鸟类识别。

（3）多标签分类，每个类别都包含多种属性的标签，例如，对于服饰分类，可以加上衣服颜色、纹理、袖长等标签，输出的不只是单一的类别，还可以包括多个属性。

2. 基于目标的识别与图像分类

（1）通用分类，如简单划分鸟、车、猫、狗等类别。

（2）细粒度分类，更精细的类别之间非常相似，而同类别则可能由于遮挡、角度、光照等原因不易被分辨。

3. 基于类别数量的图像分类

（1）小样本学习，小样本学习的训练集中每个类别的数据量很少，包括只出现一次和不出现的情况。

（2）大样本学习，大样本学习也是现在主流的分类方法，尤其深度学习对数据集的要求是大样本。

9.2.2 图像分类的基本方法

图像分类是计算机视觉的核心，是对一个输入图像输出对该图像内容分类的描述。图像分类的传统方法是描述特征及通过特征描述来检测，但这类方法仅对于一些简单的图像分类有效。现在，人们转而使用机器学习的方法来处理图像分类问题。

例 9-1 将一幅图像分配给猫、狗、帽子和杯子(cat,dog,hat,mug)四个类别,标签的概率如图 9-2 所示,图像可被表示成一个大的三维数字矩阵。图像分类的最终目标就是转换这个数字矩阵到一个单独的标签,如 cat。

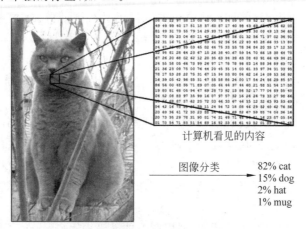

计算机看见的内容

图像分类 ⟶ 82% cat
15% dog
2% hat
1% mug

图 9-2 图像分类

对于人类而言,理解一幅图像的内容很容易,识别出猫特别简单,因为很多人之前就已经接触了大量这类图像,对其特征有深入的认识,所以人类识别这类图像是个简单的任务,但让计算机从一堆数据中识别出猫是很困难的事情,更何况猫还有不同种类、毛色、大小和姿态之分。

1. 图像分类的数据驱动方法

图像分类的数据驱动方法需要为模型提供很多图像数据,通过不断学习,让机器获得每个类的特征。第一步需要将已经做了分类标注的图像作为训练数据集,如图 9-3 所示,一共有 4 个类别的训练数据集。实际中可能有成千上万类别的物体,每个类别都有百万级的图像。

图 9-3 训练数据集

基于数据驱动的图像分类就是输入一个元素为像素值的数组,然后给它分配一个分类标签,其图像分类流程如下。

(1) 输入:输入是包含 N 个图像的集合,每个图像的标签是 K 种分类标签中的一种。这个集合称为训练集。

（2）学习：这一步的任务是使用训练集学习每个类。一般该步骤称为训练分类器或者学习一个模型。

（3）评价：让训练好的分类器预测它未曾见过的图像的分类标签，并以此评价分类器的质量。将分类器预测的标签和图像真正的分类标签对比，比较分类器预测的分类标签和图像真正的分类标签，一致的情况越多，分类器就越好。

2. k-最近邻分类器

k-最近邻分类器是最基本的经典分类器，实际中极少被使用，但通过学习它，读者可以对于解决图像分类问题的方法有个基本的认识。

k-最近邻是处理图像分类问题的一个较为简单的方法是：首先在系统中记住所有已经标注好类别的图像（这是训练集），当遇到一个要判断的、还未标注的图像（也就是测试集中的某个图像）时，就去比较这个图像与已记住的图像的相似性，找到那个最相似的已经标注好的图像，用那个图像的类别作为正在分类的图像的类别，这就是邻近名称的含义。

判断图像相似有多种方法。例如，利用图像的曼哈顿距离，也可以把图像的欧几里得距离作为图像相似性的比较对象。准确的表述为：如果图像分别为 I_1 和 I_2，I_1^k 表示图像 I_1 在 k 位置处的像素值，则两个图像 I_1 和 I_2 的曼哈顿距离和欧几里得距离可以分别表示为：

$$D_1(I_1, I_2) = \sum |I_1^k - I_2^k|$$

$$D_2(I_1, I_2) = \mathrm{SQR}\left(\sum (I_1^k - I_2^k)^2\right)$$

k-最近邻分类器的优点是容易实现，缺点是预测/测试的过程太慢。给定一个图像时，分类器需要逐个比较训练集中的图像，每次预测的计算量都很大，特别是图像的尺寸较大时，仍需要较大的空间去存储训练集，准确率不高。实验发现，该方法在 CIFAR-10 数据集上只能取得 38.59% 左右的正确率。

CIFAR-10 是一个非常流行的图像分类数据集，它包含了 60 000 幅 32×32 的小图像，每幅图像都包含 10 种分类标签中的一种。这 60 000 幅图像被分为包含 50 000 幅图像的训练集和包含 10 000 幅图像的测试集。图 9-4 所示的是 10 个类的 10 幅随机图像。

例 9-2　现有 CIFAR-10 的 50 000 幅图像（每种分类 5000 幅）作为训练集，希望将余下的 10 000 幅图像作为测试集并给它们加上标签。邻近算法将测试图像和训练集中每一幅图像比较，然后将最相似的训练集图像的标签赋给这幅测试图像。本例是比较 32×32×3 的像素块，最简单的方法就是逐个像素比较，最后将差异值全部加起来。换句话说，就是将两幅图像分别转化为两个向量，然后计算它们的曼哈顿距离，获得向量差异值。

9.2.3　基于深度学习的图像分类

常用的图像分类方法有 KNN、SVM、BPNN、CNN 等方法。分类的任务就是给定一个图像，希望计算机能够正确给出该图像所属的类别。假设图像的尺寸是 32 像素×32 像素，但计算机看到的就是一个尺寸为 32 像素×32 像素的矩阵，或者称其为张量（张量是高维的矩阵）。计算机的任务就是寻找一个函数关系，使这个函数关系能够将这些像素的数值映射到一个可以用某个数值表示的类别。

图 9-4　10 个类的 10 幅随机图像

1. 基于卷积神经网络的图像分类架构

如图 9-5 所示,在卷积神经网络的图像分类架构中,将图像载入网络,然后由网络对图像数据进行分类。

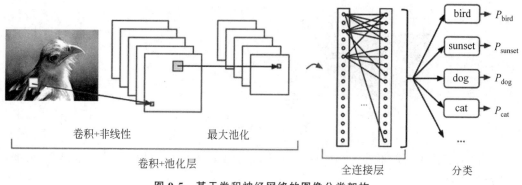

图 9-5　基于卷积神经网络的图像分类架构

例 9-3　输入一个大小为 100 像素×100 像素的图像,并不需要设计一个包含 10 000 个输入结点的输入层。利用滑动窗口技术,只需要创建一个大小为 10 像素×10 像素的输入层并输入 10×10 个像素,然后,向右移动一个像素,再输入下一个 10×10 的像素。

将输入数据送入卷积层,每个结点只需要处理离自己最近的邻近结点,卷积层也随着扫描的深入而趋于收缩。除了卷积层之外,还有池化层。池化是过滤细节的一种方法,常用的是最大池化方法,它用大小为 2 像素×2 像素的矩阵传递拥有最多特定属性的像素。左面输入的是一幅图像,全连接网络的输出是分类输出结果 P_{bird}。

增加训练数据能够提升算法的准确率。当训练数据有限的时候,可以通过一些变换来从已有的训练数据集中生成一些新的数据以扩大训练数据,主要有下述两种方法。

1）扩大训练数据方法

（1）水平翻转

如图 9-6 所示，水平翻转可以获得不同角度观测目标的训练数据。

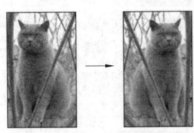

图 9-6　水平翻转

（2）随机裁剪

如果原始图像尺寸为 256 像素×256 像素，随机裁剪出一些 224 像素×224 像素的图像。例如，AlexNet 在训练时对左上、右上、左下、右下、中间做了 5 次裁剪，然后再翻转，得到 10 幅裁剪后的图片。

2）图像分类过程

深度学习通过计算输出值和正确值的误差，反向传播误差修改权值，直到误差达到需求为止。定位的过程也是类似的，通过卷积神经网络计算方框的位置，计算和正确方框位置的误差，反向传播误差修改权值，使误差越来越小、输出的方框和正确方框越来越接近。

分类和定位过程如图 9-7 所示，首先输入图像，通过卷积神经网络提取特征，得出最后一层的卷积特征图后再设置两个全连接神经网络，一个用于完成分类任务，利用分类全连接神经网络将图像的类别标出来；另一个则用于完成图像定位任务，利用全连接神经网络得出最优的物体边界框 (x,y,w,h)。

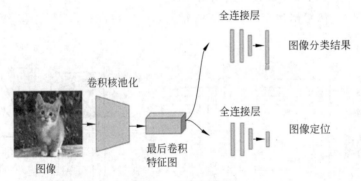

图 9-7　分类和定位

定位也可首先获取不同大小的框，并且让框出现在不同的位置，然后判定得分，根据得分的高低选择结果框。

2. AlexNet 卷积神经网络的图像分类

机器处理能力的大幅提升以及大数据和先进的算法是深度学习成功的基础。深度卷积神经网络已经在给定数据级上针对特定视觉识别任务的算法超过了人类视觉 5%～10% 的准确率水平，ILSVRC 比赛见证了神经网络性能的不断提升，从 2010 年接近 30% 的错误率改进到了 2017 年的 2.251% 的错误率。深度学习的图像分类主流模型在图像分类方面的出错率如图 9-8 所示。

第一届 ImageNet 竞赛的获奖者是 Alex Krizhevsky（NIPS 2012），他构造了一个深度卷积神经网络，该网络架构除了最大池化层之外还包含 7 个隐含层，前几层是卷积层，最后两层是全连接层。在每个隐含层内激励函数为线性的，要比逻辑单元的训练速度更快、性能更好。除此之外，当附近的单元有更强的活动时，其使用竞争性学习以压制隐藏活动，有助

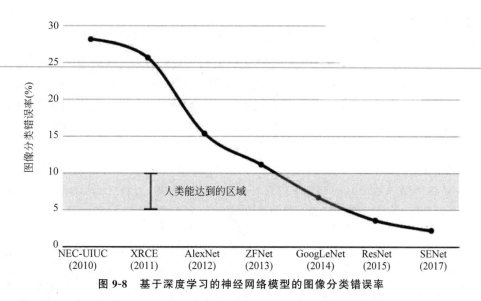

图 9-8 基于深度学习的神经网络模型的图像分类错误率

于促进强度的变化。

在硬件方面,Alex 在 2 个 nVidia GTX 580 GPU(速度超过 1000 个快速的小内核)上实现了非常高效的卷积网络。GPU 非常适合矩阵间的乘法且有非常高的内存带宽,训练速度快。随着内核功能越来越强、数据集越来越大,大型神经网络的速度要比传统的计算机视觉系统更快。在这之后出现了很多使用卷积神经网络作为核心、并取得优秀成果的模型。

1)AlexNet 的基本技术

(1)ReLU 函数

在训练时间的梯度衰减方面,这些非线性饱和函数要比非线性非饱和函数慢很多。AlexNet 使用的是非线性非饱和激励函数 ReLU。

(2)双 GPU 并行运行

在深度学习中,开发者经常需要在 ImageNet 上使用 Top-1 与 Top-5 技术之间做出选择。

例 9-4 当一个网络完成训练之后,可使用这个网络进行图像分类。如果需要分类的图像数目有 50 个类,在进行测试时输入一幅图像,训练成的网络将依次输出这幅图像属于这 50 个类别的概率,当所有图像测试完成后,Top-5 正确率=(所有测试图像中正确标签包含在前五个分类概率中的个数)/(总的测试图像数),Top-5 错误率=(所有测试图像中正确标签不在前五个概率中的个数)/(总的测试图像数)。同理,Top-1 错误率就是正确标记的样本数不是最佳概率的样本数/总的样本数。

为提高运行速度和网络运行规模,可采用双 GPU 的设计模式并规定 GPU 只能在特定的层进行通信交流。其实就是让每一个 GPU 负责一半的运算处理。实验数据表明,双 GPU 方案比单 GPU 方案在准确度上提高了 1.7% 的 Top-1 和 1.2% 的 Top-5。

(3)重叠池化

AlexNet 也带重叠池化,池化单元在提取特征时,其输入将受到相邻池化单元的输入影响,也就是提取出来的结果可能是有重复的(最大池化)。而且,实验表明使用重叠池化的效果比传统的要好,在 Top-1 和 Top-5 上准确度分别提高了 0.4% 和 0.3%,并在训练阶段具有避免过拟合的作用。

（4）多类别逻辑回归

在统计学中，多类别逻辑回归是一个将逻辑回归一般化成多类别问题的分类方法，是用来预测一个具有类别分布的因变量不同可能结果的概率模型。在多类别逻辑回归中，因变量是根据一系列自变量（特征、观测变量）预测而得到的，具体来说，就是将自变量和相应参数进行线性组合之后，使用某种概率模型计算预测因变量中得到某个结果的概率，而自变量对应的参数是由训练数据计算得到的，有时这些参数被称为回归系数。

（5）Softmax 函数

Softmax 函数可将多分类的结果以概率的形式表现出来。概率有两个基本性质：预测的概率为非负数、各种预测结果概率之和等于 1。

2）总体结构

（1）AlexNet 为 8 层结构，其中前 5 层为卷积层，后面 3 层为全连接层。卷积核大小数量（卷积核个数/长/宽/深度）如下。

- conv1：96 $11 \times 11 \times 3$
- conv2：256 $5 \times 5 \times 48$
- conv3：384 $3 \times 3 \times 256$
- conv4：384 $3 \times 3 \times 192$
- conv5：256 $3 \times 3 \times 192$

（2）ReLU、双 GPu 池化层：可提高精度，被应用在第一层，第二层及第五层之后。

（3）局部响应归一化层（LRN）：可提高精度，被应用在第一层和第二层之后。

（4）Dropout 方法被应用在两个全连接层，能够减少过拟合。

9.3 目 标 检 测

目标检测是机器视觉领域的核心问题之一。由于各类物体有不同的外观、形状、姿态，加上成像时光照、遮挡等因素的干扰，目标检测一直是机器视觉领域最具有挑战性的问题。

9.3.1 目标检测的任务

分类的任务是鉴别图像的类别和其位置定位，定位时常用的方式是添加目标的边界框。目标检测的任务主要解决两个问题，一是识别属于某个特定类的物体是否出现在图像中；二是如果目标在图像中则对该目标定位。分类和目标检测的共同之处是定位，而不同的是分类是给出被分类图像的类别，目标检测则是在被检测的环境中检出所给定类别的目标。目前几乎所有的先进目标检测算法都是基于深度学习的算法。深度学习的目标检测算法可以分为两类，一类是单阶段的目标检测算法，另一类是双阶段的目标检测算法。

单阶段的目标检测算法的特点是不用产生候选区，可以直接从图像中获得目标检测结果，只需要处理一次图像就可以同时得到目标物体的位置和类别。其优点是运行速度快，在这一方面，单阶段的目标检测算法相对双阶段的目标检测算法有明显优势。

双阶段的算法也称为基于候选区的算法，这种算法首先找到可能包含目标物体的候选区，然后再使用分类器在这些候选区内对目标物体进行分类识别。从应用角度来考虑，目标检测两阶段的算法在检测准确率和定位精度方面有优势,而单阶段的算法在运行效率方面更有优势。

目标检测的准确性和实时性是系统的重要指标,尤其是在较复杂场景中,算法需要对多个目标进行实时检测时,自动提取和识别目标就显得特别重要。目标检测是多物体识别的,需要定位多个物体。如图9-9所示,在汽车检测中,算法必须使用边框检测给定图像中的所有车辆,并通过边框表示汽车在图像中的具体位置。也就是说,目标检测需要从图像中输出单个目标的边框以及标签。

图 9-9 汽车目标的检测

9.3.2 R-CNN目标检测算法

基于区域的卷积神经网络算法(region-based CNN,R-CNN)是使用了区域推荐策略的卷积神经网络,其形成了自底向上的目标定位算法。要使用图像分类和定位图像的滑动窗口技术,则需要将卷积神经网络应用于图像中的很多不同物体上。由于卷积神经网络将图像中的每个物体识别为目标或背景,因此,需要在大量的位置和规模上使用卷积神经网络,但是这需要巨大的计算量。为了解决这一问题,人们提出了区域选择方法,这种方法需要先找到包含目标图像的候选区域,然后在候选区域上进行分类和定位,这样可显著地提高运行速度。

R-CNN方法的框架如图9-10所示,其中左列为所用的技术,右列为目标检测的基本步骤。

1. 选择性搜索算法

区域推荐就是推荐候选区域,常用的方法是选择搜索和定位边框。给定一幅图像,可以由选择性搜索算法产生1000~2000个候选区域(其形状和大小不相同),这些候选区域之间可以互相重叠、互相包含。利用图像中的纹理、边缘、颜色等信息,算法可以在选取较少窗口的情况下保持较高的召回率(召回率是指检索出的相关文档数与被检索的文档总数之比,用于衡

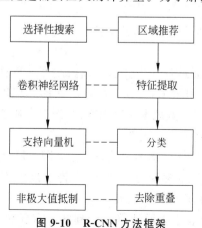

图 9-10 R-CNN方法框架

量检索系统的查准率)。

目标检测需要提供检测目标,检测结果不仅要检测物体的类别信息,还要提供其定位信

息。许多卷积神经网络模型采用滑动窗口提供候选区域,但 R-CNN 采用深层卷积神经网络,其拥有的五层卷积层可处理巨大的局部感受野和步长,但是,使用滑动窗口提取候选区域,定位的准确性将是个问题。为此,R-CNN 采用了选择性搜索算法以提供区域推荐。

选择性搜索算法是一种基于分层区域合并的图像分割方法,其平均可使每幅图像产生大约 2000 个尺寸不一样的候选区域,此算法的优点如下。

(1) 能够适应图像中不同尺寸的物体:选择性搜索采用图像分割和层次性算法,有效地解决了图像中不同尺寸物体的识别问题。

(2) 多元的区域合并策略:单一策略通常无法应对多种类别的图像,选择性搜索以颜色、纹理、大小等多种策略对分割好的区域进行合并。

(3) 计算速度快:与穷举搜索方法相比,基于区域合并的选择性搜索算法在速度方面占有绝对的优势。

选择性搜索首先使用区域分割算法获取原始分割区域,然后计算区域之间的相似度,不断地合并区域,最后形成候选区域边框。由于区域包含的信息比像素多,更能够有效地代表物体的特征,所以,越来越多的物体检测算法采用基于区域的方法,选择性搜索算法便是其中之一。选择性搜索中的区域合并方式采取的是层次式的合并方法,以计算相似度而合并区域划分算法获取的原始分割区域。

选择性搜索算法具体的工作过程如下。

(1) 根据图像分割算法获取原始分割区域的集合 $R=\{r_1, r_2, \cdots, r_n\}$。

(2) 初始化相似度集合 $S=\varnothing$。

(3) 计算两两相邻区域之间的相似度,并将其添加到相似度集合 S 中。

(4) 从相似度集合 S 中取出具有最大相似度的两个区域 r_i 和 r_j,将这两个区域合并为 r_t,并从集合 S 中清除掉 r_i 和 r_j 相关的数据。计算与区域 r_t 相邻的其他区域的相似度并将相似度添加到集合 S 中,同时更新区域集合 R,使 $R=R\cup r_t$。

(5) 重复步骤(4)直到相似度集合 S 为空。

2. 候选区域相似度计算

在选择性搜索中,算法可根据候选区域之间的相似度进行合并,其计算方法如下。

1) 颜色相似度

(1) RGB 颜色空间相对简单也最为普遍,三个颜色通道分别为红色、绿色、蓝色这三种基本色调,将这三个颜色融合在一起就成为一种颜色。但用 RGB 比较颜色之间的相似度时,往往一个通道的一点改变就可能导致最后融合在一起的颜色发生巨大变化,而三个通道同时改变却只会使最后的明暗发生变化,色调本身并不会产生巨大变化。

(2) HSV 空间计算距离时,存在的问题是接近顶点的颜色基本都接近黑色,不管 H 色调怎么改变,底面的中心或者 S 饱和度接近 0 时,颜色基本都接近灰色;而在饱和度 S 较大,且 V 亮度较大时,H 色调的一点改变将会让整体颜色产生巨大变化。

(3) LAB 颜色空间是基于人眼对颜色的感知,可以表示人眼所能感受到的所有颜色。L 表示明度,A 表示红绿色差,B 表示蓝黄色差,即两个颜色之见的色差。

实验表明,使用 LAB 颜色空间计算颜色相似度较为可靠有效。

2) 纹理相似度

纹理特征是从图像中计算得出的值,其用于对区域内部灰度级变化的特征进行量化。

由于纹理并不是基于像素点的特征,因此其需要在包含多个像素点的区域中统计计算。纹理具有旋转不变性,且对噪声有较强的抵抗能力。同时由于当图像分辨率变化时计算出来的纹理可能会有较大偏差,因此纹理相似度适用于检索具有粗细、疏密等方面较大差别的纹理图像。一般纹理特征有两种表示方法:共生矩阵和 Tamura 纹理特征。

3) 大小相似度

这里的大小由区域中像素点的个数表征,所谓大小相似度则由两区域共同占有的像素量表征。使用大小相似度计算主要是为了尽量让小的区域先行合并,防止一个区域不断将其余区域吞并,要合并的区越越小且合并后重叠度越高,则相似度越高;

4) 吻合相似度

主要是为了衡量两个区域是否重叠度更高,也就是合并后的区域边框越小其吻合度越高。

为了得到综合的相似度计算公式,可将以上四点进行加权求和。

3. 提取特征

提取特征是利用卷积神经网络提取每一个候选区域的深层特征,其将把原始特征转换成一组有明显物理意义的特征,使构建出的模型效果更好。在物体检测领域的实际应用中,特征数量较多,特征之间也可能存在相关性,深层特征便是从浅层特征中提取加工得来的。好的提取特征算法对构建好的物体检测模型至关重要。特征出现在物体检测的前后多个步骤中,也就是说图像特征是多层次的,而不应仅使用某一层次的特征。卷积神经网络便是基于特征层次传递的模型,它的特点是提取特征时逐层进行且逐步抽象。在提取特征时应首先将候选区归一化成同一尺寸,这将有利于提取特征。

4. 分类

支持向量机分类是线性支持向量机与卷积神经网络的结合,卷积神经网络在解决高维问题时容易陷入局部最优问题,而支持向量机通过使分类间隔最大化而得到最优的分类面,将算法转化成一个凸二次规划的问题,所以能得到全局最优解,这种卷积神经网络和支持向量机互补为最终效果提供了保证。

5. 去除重叠

去除重叠可以将抑制非极大值应用于处理重叠的候选区域边框,挑选出支持向量机得分较高的区域边框。抑制非极大值的目的是消除多余的区域边框,获得最佳的物体检测位置,其具体做法是:对于相邻的候选区域边框,R-CNN 将边框的位置和其深度图像特征输入到支持向量机接受分类,然后根据支持向量机的分类得分进行降序排列。最后,对每一种类别,从重叠比例超过设定阈值的候选区域边框中选取支持向量机分类得分最高的边框当作预测边框,而其他与之重叠的边框将因为得分较小而被舍弃。该方法对 R-CNN 至关重要,因为通过选择性搜索每幅图像将产生大约 2000 个候选区域边框,在实际应用中还将远超这个数值,且会存在大量的重叠边框,通过非极大值抑制消除多余的边框可使最终的检测结果更加简洁有效。

例 9-5 抑制非极大值。

先假设有 6 个矩形框,根据分类器类别的分类概率排序,从小到大属于车辆的概率分别为 A、B、C、D、E、F。

(1) 从最大概率矩形框 F 开始,分别判断 $A \sim E$ 与 F 的重叠度是否大于某个设定的阈值。

（2）假设 B、D 与 F 的重叠度超过阈值，那么就去掉 B、D；标记第一个矩形框 F 为保留状态。若表明 B、D 与 F 的重叠度很高就没必要保留。

（3）从剩下的矩形框 A、C、E 中选择概率最大的 E，然后判断 E 与 A、C 的重叠度，若重叠度大于一定的阈值，那么就扔掉，并标记 E 是保留下来的第二个矩形框。就这样一直重复，可获得所有被保留下来的矩形框。

基于候选区的卷积神经网络如图 9-11 所示。该网络将首先扫描图像并使用搜索算法生成候选区，之后对每个候选区运行卷积神经网络，最后将每个卷积神经网络的输出载入支持向量机分类，对候选区域（可能区域）进行分类和边框窗口回归（bounding box reg，Bbox reg）。前者是分类的输出，代表候选区域属于每个类别的得分，后者是回归的输出（x，y，w，h），代表每个候选区域边框的四个坐标，一个是 Softmax 的分类得分，一个是边框窗口回归。最后使用窗口得分分别抑制每一类物体的非极大值，最终得到每个类别中回归修正后的得分最高的窗口。

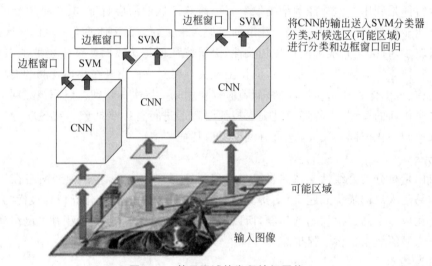

图 9-11　基于区域的卷积神经网络

9.3.3　Fast R-CNN 目标检测算法

1. 存在问题

基于区的卷积神经网络（R-CNN）是将物体检测转换成图像分类问题。但是该方法存在下述问题。

1）多步训练

R-CNN 的训练先要细致地调整一个预训练的网络，然后每个类别都需要训练一个分类器，最后还要用回归器对边框进行回归，另外候选区也要单独使用选择搜索的方式获得，步骤烦琐。

2）时间和内存消耗比较大

在训练分类器和回归器的时候需要使用特征作为输入，特征被保存在磁盘上，再读入消耗时间比较大。

3) 测试比较慢

每幅图像的每个候选区都要做卷积,重复操作太多。

2. Fast R-CNN 算法

为了解决上述这些问题,人们提出了基于候选区的快速卷积神经网络(Fast R-CNN)算法,其网络结构如图 9-12 所示。

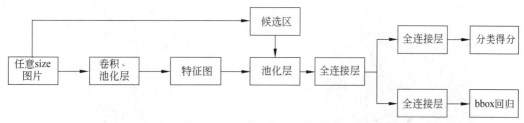

图 9-12 Fast R-CNN 网络结构

Fast R-CNN 工作流程如下。

(1) 将任意大小的图像输入 Fast R-CNN 网络,经过若干卷积层与池化层得到特征图。

(2) 在任意大小的图像上采用选择搜索算法提取约 2000 个候选区。

(3) 根据原图中候选区与特征图的映射关系,在特征图中找到每个候选区对应的特征框,并在池化层中将每个特征框池化到 $h \times w$ 大小。

(4) 固定 $h \times w$ 大小的特征框经过全连接层得到固定大小的特征向量。

(5) 计算第(4)步所得特征向量经由各自的全连接层,分别得到两个输出向量:一个是 softmax 的分类得分,一个是边框窗口回归。

(6) 利用窗口得分分别对每一类物体进行非极大值的抑制,剔除重叠候选区,最终得到每个类别中回归修正后的、得分最高的窗口。

3. Fast R-CNN 的主要改进

1) 整个测试过程只进行一次卷积神经网络特征提取操作

R-CNN 网络首先采用选择算法提取约 2000 个候选区,并对所有候选区都进行了卷积神经网络特征提取操作,重叠区将多次重复提取特征,这些操作非常耗时、耗空间。事实上并不需要对每个候选区都进行卷积神经网络特征提取操作,只需要对原始的整幅图像进行 1 次卷积神经网络特征提取操作,因为选择算法提取的候选区属于整幅图像,因此从整幅图像提取出特征图后,再找出相应候选区在特征图中对应的区,这样就可以避免冗余的特征提取操作,节省大量时间。

2) 将每个候选区对应的特征框池化到 $h \times w$ 的尺寸

用池化变换特征的尺寸,因为全连接层的输入要求尺寸大小一样,因此不能直接将候选区作为输入。

Fast R-CNN 可输入任意大小图像,并在全连接操作前加入 RoI 池化层,将候选区对应特征图中的特征框池化到 $h \times w$ 的大小,以便满足后续操作的要求。将各尺寸不一的特征框转化为尺寸统一的数据输入下一层。

3) 以 Softmax 代替原来的分类器

将递归器放进网络一起训练,每个类别对应一个递归器,同时用 Softmax 代替原来的分类器。由于 Softmax 在分类过程中引入了类间竞争,分类效果更好,而且去掉了分类器后,所有的特征都被暂存在显存中,不需要额外的磁盘空间。

Fast R-CNN 将 R-CNN 多个步骤整合在一起,不仅提高了检测速度,也提高了检测准确率。其对整幅图像卷积而不是对每个候选区卷积,RoI 池化、分类和回归都被在网络上一起训练。Fast R-CNN 的原理如图 9-13 所示。

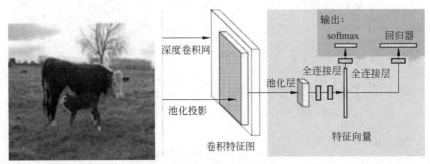

图 9-13　Fast R-CNN 的原理

9.3.4　Faster R-CNN 目标检测算法

虽然 Fast R-CNN 相较 R-CNN 在速度方面有所提高,然而,选择搜索算法仍然需要大量的时间生成候选区。为了提高速度,人们提出了基于区的快速卷积神经网(Faster R-CNN)模型,该模型使用候选区生成 RPN(region proposal network,区域生成网络)以代替选择搜索算法,其可将所有内容整合在一个网络中,这样可显著地提高目标检测速度和精度。

Faster R-CNN 与 Fast R-CNN 的主要区别在于,Fast R-CNN 使用选择性搜索算法生成候选区;Faster R-CNN 则在 RPN 中生成候选区,其时间成本要比选择性搜索小得多。RPN 将对候选区框(被称为锚)进行排名,并提出最有可能包含对象的框。Faster R-CNN 结构如图 9-14 所示。

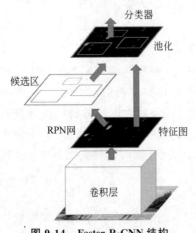

图 9-14　Faster R-CNN 结构

1. Faster R-CNN 网络的工作过程

Faster R-CNN 是由 Fast R-CNN 和 RPN 组成,其工作过程如下。

(1)首先向 CNN 输入任意尺寸的图像。

(2)经过 CNN 前向传播至最后共享的卷积层,一方面得到输入 RPN 的特征图,另一方面继续前向传播至特有卷积层,产生更高维特征图。

(3)输入 RPN 的特征图经过区域候选网络,得到候选区和得分,对区的得分采用非极大值抑制,并将 Top-n 得分输出到池化层。

(4)将第(2)步得到的高维特征图和第(3)步输出的候选区同时输入池化层,提取对应候选区的特征。

(5)在第(4)步得到的候选区特征通过全连接层后,输出该区的分类得分以及回归后的边界框。

2. 主要技术的解释

1) RPN

需要先使用一个 CNN 从原始图像提取特征。这个前置的 CNN 提取的特征为:高为 51,宽为 39,通道数为 256。对这个卷积特征再进行一次卷积计算,保持宽、高、通道数不变,再次得到一个特征。

2) 目标表达形式

目标在当前帧中的大概位置是运动模型中需要解决的主要问题,这个问题就是生成检测框。检测框是对目标包围盒的假设(此处的表达与特征模型中的特征表达有所区别,其关注的主要是如何在视频帧或图像中描绘目标)。

常见的表达形式如图 9-15 所示。目标可以使用矩形框(3)、骨架(6)或轮廓(8)等不同形式表达。其中,被广泛用于计算机视觉处理的是(3)中的矩形框(边框)表达。这种表达形式的优点是易生成(如最小外接矩形)、易表达(如左上角+右下角坐标,或中心点坐标+宽高)和易评估。

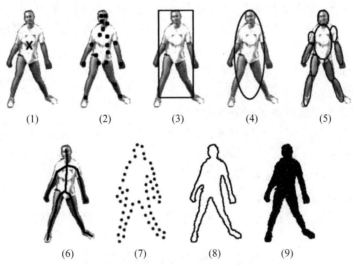

图 9-15 视觉目标跟踪常用的表示方式

3) 池化层

池化层负责收集所有的基础框,并计算每一个基础框的特征图,然后将之送入后续网络,从 Faster R-CNN 的结构图中可以看到池化层有两个输入:原始的特征图和 RPN 输出的检测框。

对于传统的 CNN,当网络训练好后输入的图像尺寸必须是固定值,同时网络输出也是固定的尺寸。通过池化处理后,大小不一样的候选区输出大小都将变得一样,实现了固定尺寸的输出。然后算法即可将 Top-n 个固定输出连接起来,组成特征向量。

4) 分类和框回归

通过池化层已经得到所有候选区组成的特征向量,然后将之送入全连接层和 Softmax,计算每个候选框具体属于哪个类别并输出类别的得分。同时,再次利用框回归获得每个候选区相对实际位置的偏移量预测值(其被用于对检测框进行修正),得到更精确的目标检测框。

5) 训练

Faster R-CNN 使用 RPN 生成候选区后,剩下的网络结构和 Fast R-CNN 中的结构相同。在训练过程中,需要训练两个网络,一个是 RPN,一个是在得到框之后使用的分类网络。通常的做法是在一个批量内,先训练 RPN 一次,再训练分类网络一次,交替训练,直到结束。

9.3.5 三种算法的比较

1. R-CNN 算法

R-CNN 算法缺陷如下。

(1) 训练分为多个阶段,步骤烦琐,需要微调网络、训练支持向量机,训练边框回归器。

(2) 训练耗时,占用磁盘空间大;5000 幅图像可能会产生几百 GB 的特征文件。

(3) 使用 GPU,VGG16(Visual Geometry Group)模型,16 是指 16 层网络,处理一张图像需要的时间较长。

(4) 测试速度慢,每个建议窗口需要整个前向卷积神经网络计算。

(5) 支持向量机和回归是事后操作,在支持向量机和回归过程中卷积神经网络特征没有被学习更新。

2. Fast R-CNN

与 R-CNN 相比,主要有两处不同。

(1) 最后一层卷积层后加了一个池化层。

(2) 损失函数使用了多任务损失函数,将检测框回归直接加入到 CNN 中训练。

3. Faster R-CNN

与 Fast R-CNN 相比,主要有两处不同。

(1) 使用 RPN 代替原来的选择搜索方法以产生候选区。

(2) 产生候选区的卷积神经网络和目标检测的卷积神经网络共享。

9.4 视觉目标跟踪

视觉目标跟踪是计算机视觉中的一个重要研究方向,有着广泛的应用,近年来利用深度学习的目标跟踪方法取得了令人满意的效果。

9.4.1 视觉目标跟踪概述

目标跟踪是指给定一个目标的初始状态,在视频序列中为目标进行定位。由于在跟踪过程中,目标会受到遮挡、背景、光照变化、低分辨率等干扰,在复杂环境下取得理想的跟踪效果一直是一个极具挑战性的问题。卷积神经网络以其强大的特征提取功能而被广泛应用在图像处理领域,但是其在目标跟踪领域的应用面临计算复杂度高、训练样本缺失、缺乏时空信息、在线学习困难等问题。

1. 视觉目标跟踪

视觉目标(单目标)跟踪任务就是在给定某视频序列初始帧的目标大小与位置的情况下,预测后续帧中该目标的大小与位置。跟踪是在一个视频的后续帧中找到在当前帧中定义的物体的过程。机器需要关注跟踪三方面的问题,即"找到""物体"和"后续帧"。当前帧可以是视频中的任意一帧。通常来说,第 1 帧用来标记目标的初始位置,跟踪是从视频的第 2 帧开始的。

视觉目标跟踪主要应用于一些需要目标空间位置以及外观(形状、颜色等)特性的视觉应用中。例如,3 幅图像分别是在同一个视频的第 1、20、50 帧。在第 1 帧给出一个跑步者的边框之后,后续的第 20 帧,50 帧需要边框依然准确圈出同一个跑步者目标。目标跟踪是特指单目标跟踪,在给定目标在跟踪视频第一帧中的初始状态(如位置、尺寸)之后,自动估计目标物体在后续帧中的状态。

2. 目标跟踪任务分类

目标跟踪可以分为以下几种任务。

(1) 单目标跟踪:给定一个目标,追踪这个目标的位置。

(2) 多目标跟踪:给定多个目标,追踪多个目标的位置。

(3) 特定目标重识别:利用计算机视觉技术判断图像或者视频序列中是否存在特定目标。

(4) 多目标多摄像头跟踪:跟踪多个摄像头拍摄的多个目标。

(5) 姿态跟踪:给定被追踪目标的姿态,追踪这个被追踪目标的位置。

按照任务计算类型又可以将之分为以下两类。

(1) 在线跟踪:在线跟踪需要实时处理任务,通过过去和现在的帧跟踪未来帧中物体的位置。

(2) 离线跟踪:离线跟踪是离线处理任务,可以通过过去、现在和未来的帧推断物体的位置,因此准确率比在线跟踪高。

3. 视觉目标跟踪基本流程

视觉目标(单目标)跟踪的基本流程如图 9-16 所示。

图 9-16　视觉目标跟踪的基本流程

以上过程即输入初始化目标框,在下一帧中将产生众多候选框,提取这些候选框的特征,然后对这些候选框评分,最后在这些评分中找一个得分最高的候选框作为预测的目标,或者对多个预测值进行融合得到更优的预测目标。

根据以上的框架可以将目标跟踪划分为以下主要内容。

1) 运动模型

运动模型解决了产生众多候选样本的问题。生成候选样本的速度与质量直接决定了跟踪系统的性能,常用的有两种方法:粒子滤波和滑动窗口。粒子滤波是一种序贯贝叶斯推断方法,其通过递归的方式推断目标的隐含状态;滑动窗口是一种穷举搜索方法,它列出目标附近的所有可能的样本作为候选样本。

2) 特征提取

特征提取解决的是利用何种特征表示目标的问题。表示鉴别性的特征是目标跟踪的关键之一。常用的特征被分为两种类型:手工设计的特征和深度特征。手工设计的特征有灰度特征、方向梯度直方图、哈尔特征(Haar-like)、尺度不变特征等;深度特征与人为设计的特征不同,它是由大量的训练样本学习出来的特征,比手工设计的特征更具有鉴别性,因此,利用深度特征的跟踪方法能够很轻松地获得一个不错的效果。

3)观测模型

观测模型解决的是为众多候选样本评分的问题,大多数的跟踪方法主要集中在这一块的设计上。根据不同的思路,观测模型可分为两类:生成式模型和判别式模型。生成式模型通常寻找与目标模板最相似的候选区作为跟踪结果,这一过程是模板匹配,常用的理论方法包括子空间、稀疏表示、字典学习等;判别式模型则需要训练一个分类器以区分目标与背景,选择置信度最高的候选样本作为预测结果。目前,判别式方法已经成为目标跟踪中的主流方法,因为其有大量的机器学习方法可以供利用,常用的理论方法包括:逻辑回归、岭回归、支持向量机、多示例学习、相关滤波等。

4)模型更新

模型更新解决的是更新观测模型使其适应目标变化的问题。模型更新主要是更新观测模型,以适应目标表观的变化,防止跟踪过程发生漂移,其并没有一个统一的标准,人们通常认为目标的表观将连续变化,所以常常为每一帧都更新一次模型。但也有人认为目标过去的表观对跟踪很重要,连续更新可能会丢失过去的表观信息并引入过多的噪音,因此他们利用长短期更新相结合的方式解决这一问题。

5)集成方法

集成方法解决的是融合多个决策获得一个更优决策结果的问题。集成方法有利于提高模型的预测精度,也常常被视为一种提高跟踪准确率的有效手段。因此可以把集成方法分为两类:一类是在多个预测结果中选一个最好的,另一类是利用所有的预测结果加权平均。

9.4.2 跟踪视觉目标的方法

目标跟踪基本任务在于给出一段视频序列,并在某一帧标定目标的初始状态(如位置、尺寸等),通过一系列的算法自动估计出目标在后续帧当中的状态。目前的跟踪算法可以分为生成式和判别式两种。生成式方法运用生成模型描述目标的表观特征,搜索候选目标以最小化重构误差,具有代表性的算法如稀疏编码、在线密度估计、主成分分析等;判别式方法由训练器区分目标和背景以实现对目标的实时跟踪,常见的算法包括多示例学习方法、结构支持向量机算法等。与生成式方法相比,判别式方法能够更加显著地区分图像中的前景和背景信息,表现出更为鲁棒的特征,因此其已成为了主流方法,绝大部分深度学习方法也使用了判别式框架。

1. 稀疏编码

稀疏编码是生成式跟踪方法,其给定一组过完备字典,用这组过完备字典线性表示输入信号,对线性表示的系数做一个稀疏性的约束(即使系数向量的分量尽可能多地为0),那么这一过程就被称为稀疏表示。基于稀疏表示的目标跟踪方法将跟踪问题转化为稀疏逼近问题以求解。

2. 相关滤波

相关滤波源于信号处理领域,是判别式方法,其相关性用于表示两个信号之间的相似程度,通常由卷积表示相关操作。基于相关滤波的跟踪方法的基本思想就是寻找一个滤波模板,让下一帧的图像与滤波模板做卷积操作,响应最大的区域就是预测的目标。根据这一思想人们先后提出了大量的基于相关滤波的方法。

3. 深度学习方法

因为深度特征对目标拥有强大的表示能力,故深度学习在计算机视觉的其他领域(如检测,人脸识别)中已经展现出巨大的应用潜力。跟踪任务与分类任务不同,分类任务关心的是区分类间差异,忽视类内的区别。目标跟踪任务关心的则是区分特定目标与背景,抑制同类目标。两种任务有着本质的区别,因此,在分类数据集上预训练的网络并不完全适用于目标跟踪任务,基于深度学习的目标跟踪算法的思想是将目标作为前景,将其从背景中提取出来。

一种基于卷积神经网络和相关滤波器的目标跟踪方法内容如下。

对于非视频序列的第一帧,首先,基于视频序列上一帧中目标的位置和尺寸从视频序列当前帧中提取一个目标区域,并以之作为预训练的卷积神经网络的输入提取深度特征,再利用位置相关滤波器对提取的深度特征进行处理,获得视频序列当前帧中目标的位置;然后,基于视频序列当前帧中目标的位置和视频序列上一帧中目标的尺寸,从视频序列当前帧中提取 i 个目标区域,并从提取的 i 个目标区域中手工提取特征,再利用尺寸相关滤波器对提取的手工特征进行处理,得到视频序列当前帧中目标的尺寸。

可以看出,将深度特征与手工特征进行有效地结合能显著提高跟踪算法的整体性能。

9.4.3 基于卷积神经网络的目标跟踪方法

因为图像跟踪过程的本质是语义的跟踪,所以深度学习用于图像跟踪就是利用了其深层特征中的语义信息。其中,全卷积网跟踪(Fully Convolutional Networks Tracking, FCNT)方法是基于卷积神经网络完成目标跟踪的典型算法。

1. FCNT 的主要特点

FCNT 的主要特点之一是利用 ImageNet 预训练卷积神经网络,得到目标跟踪任务的性能,可进行如下分析。

(1)卷积神经网的特征图可以作为跟踪目标的定位。

(2)卷积神经网的许多特征图存在噪声,但与区分目标和背景的关联较小。

(3)卷积神经网不同层提取的特征并不一样。高层特征更加抽象,适于区分不同类别的物体,而低层特征更加关注目标的局部细节。

目标跟踪以往的工作是将卷积神经网络看成一个黑盒,而不关注不同层的表现,但FCNT关注了不同层的功能,顶层编码了更多关于语义特征的信息并且可以作为类别检测器;而底层则关注了更多局部特征,这有助于将目标分离出来。

基于不同层(顶层和底层)之间提取特征的不同,人们可以利用两种特征相互补充辅助,以此处理剧烈的外观变化(顶层特征发挥的作用)和区分目标本身(底层特征发挥的作用)。

2. FCNT 模型的结构

FCNT 模型的结构如图 9-17 所示。

(1)对于 Conv4-3 和 Conv5-3 等采用 VGG 网络的结构,模型将选出与当前跟踪目标最相关的特征图通道,Conv5-3 结构由 5 层卷积层、3 层全连接层、Softmax 输出层构成,层与层之间使用最大池化分开,所有隐含层的激活单元都采用 ReLU 函数。

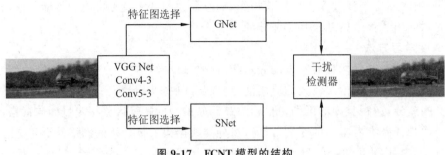

图 9-17　FCNT 模型的结构

（2）为了避免过拟合，应对筛选出的 Conv5-3 和 Conv4-3 特征分别构建捕捉类别信息的通用网络 GNet 和特定网络 SNet。

（3）在第 1 帧中使用给出的边框生成热度图回归训练 SNet 和 GNet。

（4）对于每一帧，其预测结果为中心裁剪区，将其分别输入 GNet 和 SNet 中，得到两个预测的热图，并根据是否有干扰决定使用哪个热图。

由于特征图本身是有内在结构的，有很多特征图对目标的表达并没有起到作用，因此人们设计了一种方法自动选择高维或者低维 CNN 上的特征图，同时忽略其余特征图和噪声。

3. 具体步骤

FCNT 的实现流程如下。

（1）根据给定的目标对 VGG 进行特征图选择，其目的是选出最相关的特征图。

（2）根据 Conv5-3 的筛选建立广义的通用网络，用于捕捉目标的类别信息。

（3）根据 Conv4-3 的筛选建立具有针对性的特定网络 SNet，用于将目标从背景中区分出来。

（4）利用第 1 帧图像初始化 GNet 和 SNet 并进行热力图回归，但要注意两个网络须采用不更新的方法。

（5）对于新 1 帧图像，在上一帧目标的位置搜寻 RoI，获取之后送入全卷积网络，全卷积网络会将卷积层最后的全连接层换成卷积层。

（6）GNet 和 SNet 各自产生一个前景热力图，然后通过最后的干扰检测器选择策略决定使用哪个热力图确定下一帧的目标位置。

4. 选择特征图

在选择特征图时仅用了一个 Dropout 层和一个卷积层，其目标就是使目标的屏蔽多智能体 k 和预测出来的目标热力图尽可能相近。将输入的特征图向量化，并用二阶泰勒展开表示特征图扰动（也就是特征图的变化（加入噪声）带来的损失的变化）。为了高效地在反向传播中计算，这里仅保留了黑塞矩阵（一个多元函数的二阶偏导数构成的方阵）中的对角线上的内容，而忽略了泰勒展开式中的其他导数项，也就是保留 h_{ii} 而忽略 h_{ij}，这在计算一阶导数和二阶导数时更加高效。多智能体 k 作用如下。

（1）提取目标区：用预先制作的多智能体 k 与待处理图像相乘，池化内图像值保持不变，而区外图像值都变为 0，如图 9-18 所示。

（2）屏蔽：用多智能体 k 对图像上某些区做屏蔽，使其不参加处理或不参加处理参数的计算，或仅对屏蔽区作处理或统计。

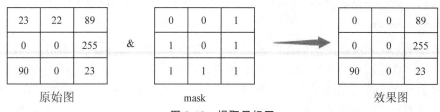

图 9-18　提取目标区

（3）提取结构特征：用相似性变量或图像匹配的方法检测和提取图像中与多智能体 k 相似的结构特征。

（4）制作特殊形状的图像：其实实现方法一样，只是目的不一。

5. 目标定位

FCNT 的定位过程分为下述两步。

1）默认使用通用网络

先将通用网络输出的热力图作为目标候选。这是因为通用网络使用的是顶层特征，能够更好地处理形变、旋转和遮挡等目标跟踪中的常见问题，例如，顶层特征对画面中同样类别的个体都有反应，即使目标发生变化，但顶层较为丰富的语义表达依旧能将它判断出来（可能认为是同一类的）。

2）判断是否使用特定网络

如果画面中出现同类物体时，通用网络不能很好地处理，因此还需要计算有没有出现目标漂移的情况，其方法是计算在目标候选区外出现相似目标的概率 P，定义一个阈值，如果 P 大于阈值则可以认为出现了同类目标，这时可利用特定网络定位目标的最终位置，其结果将更加准确。

9.5　语　义　分　割

计算机视觉的核心是分割过程，它将整个图像按像素分组，然后可以对其进行标记和分类，像素的集合又被称为超像素。

9.5.1　语义分割的定义与术语

1. 图像分割

图像分割可以分为下述三种。

（1）普通分割：将分属于不同物体的像素区分开，例如，前景区和后景区的分割。

（2）语义分割：在像素级别上的分类，属于同一类的像素都需要被归为同一类。

（3）实例分割：在语义分割的基础上分割每个实例物体。例如，对图像中的多个物体分割出来，识别出它们是不同的个体，不仅是判定它们属于哪个类别。

2. 语义分割的定义与步骤

语义分割其实就是细化的分类，将像素按照图像中表达语义的不同进行分组/分割。对于一幅图像来说，传统的图像分类是检测图像中出现的物体并识别其属于何类，也就是对一整幅图像进行分类。那么现在需要对于图中每一个像素点都进行分类。与分类不同的是，语义分割不仅需要在像素级别上进行区分,而且还需要一种机制将不同阶段学习到的区分特征投影到像素空间上。

语义分割就是为图像中的每个像素打上相应的标签,即将其所代表的语义具现化,呈现出的视觉效果就是图像中不同的目标有不同的颜色。当一幅图上某一个像素点都分类后,每一个像素点都会被标记属于某一个类别。当每一个像素都被标记不同的类别之后,再将每一个对应不同类别的像素点赋予新的颜色,之后再次将之重新组合成一幅图像。这个时候这幅图像就从像素级别上得到了区分,图像就表现出某个物体从这整幅图像上分割了出来,并且具备这物体的所有的语义信息。与图像识别相比,图像分割是图像分类的细推理过程。

语义分割是从粗推理到精推理的自然步骤。

(1)原点可以定位在分类,分类包括对整个输入进行的预测。

(2)本地化/检测,它不仅提供类,还提供关于这些类的空间位置的附加信息。

(3)语义分割通过对每个像素进行密集的预测、推断标签以实现细粒度的推理,从而使每个像素都被标记为其封闭对象区域的类别。

例 9-6　图 9-19(1)为原始图像,图 9-19(2)为语义分割结果,其不仅能识别图像中的摩托车和骑在摩托车上的人,还能勾画出每个类别的边界。因此,语义分割任务不同于分类任务,语义分割需要从模型中获取到像素级别的识别信息。

(1)
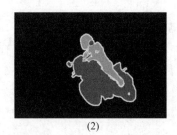
(2)

图 9-19　语义分割

3. 语义分割主要的问题

进行语义分割时面临许多需要解决问题,主要如下。

(1)如何恢复原有的分辨率。

(2)如何尽可能地增大感受野。

(3)如何处理多尺度问题。

9.5.2　语义分割的方法

一个通用的语义分割体系结构可以是一个自编码器-解码器结构。编码器通常是一个预先训练的分类网络,解码器的任务是将编码器学习到的识别特征(低分辨率)语义投影到高分辨率像素空间上,得到密集的分类。但是语义分割与分类不同,语义分割不仅需要在像素级别上进行区分,而且还需要一种机制将编码器不同阶段学习到的区分特征投影到像素空间上,所以其解码使用了不同的机制。

2014 年,加州大学伯克利分校的 Long 等人提出了全卷积网络(Fully Convolutional Networks,FCN),这使得卷积神经网络无须全连接层即可进行密集的像素预测。简单地说,FCN 与卷积神经网络的区别在于 FCN 将卷积神经网络最后的全连接层换成卷积层,输出了一幅已经贴标签的图。使用这种方法可生成任意大小的分割图像,且该方法比图像块分类法要快。现在几乎所有先进的语义分割方法都采用了 FCN。

除了全连接层,使用卷积神经网络进行语义分割存在的另一个大问题是池化层。池化层虽然扩大了感受野、聚合语境,但因此造成了位置信息的丢失。但是,语义分割要求类别图完全贴合,因此需要保留位置信息。对于这个问题,有两个不同解决方法。一是采用全卷积网络时编码器逐渐减少池化层的空间维度;二是使用空洞/带孔卷积结构,去除池化层。

1. 全卷积网络

U-Net 是全卷积神经网络的一种变形,其结构形似字母 U,因而得名 U-Net。整个神经网络主要由两部分组成:搜索路径和扩展路径。搜索路径主要是用来捕捉图片中的上下文信息,而与之相对称的扩展路径则是为了对图片中所需要分割出来的部分进行精准定位。U-Net 的出现是基于很多时候深度学习的结构需要大量的样本和计算资源,但是 U-Net 基于全卷积神经网络(Fully Convultional Neural Network,FCNN)的改进,并且利用数据增强可以对一些比较少样本的数据进行训练,特别是医学方面,数据获取成本比一般所看到的图片及其他文本数据的更大,这里的成本主要是指时间和资源的消耗等,所以 U-Net 的出现,对使用较少样本的医学影像的深度学习有很大帮助,其基本结构如图 9-20 所示。

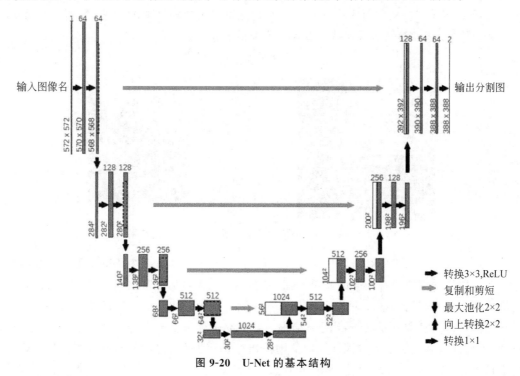

图 9-20　U-Net 的基本结构

U-Net 是基于医学图像分割而提出的一种轻量化的网络,是一个基于卷积神经网络的图像分割网络,主要用于医学图像分割,最初用于细胞壁的分割,之后在肺结节检测以及提取眼底视网膜上的血管等方面的应用效果显著。U-net 主要由卷积层、最大池化层(下采样)、反卷积层(上采样)以及 ReLU 非线性激活函数组成,其工作过程如下。

1) 最大池化层,下采样过程

假设最初输入的灰度图像大小为:572px×572px,经过 2 次 3×3×64(64 个卷积核,可以得到 64 个特征图)的卷积核进行卷积操作变为 $568 \times 568 \times 64$ 大小,然后进行 2×2 的最大池化操作变为 $248 \times 248 \times 64$(3×3 卷积之后的 ReLU 非线性变换为了描述方便所以没写出)。按照上述过程重复进行 4 次,即进行 (3×3 卷积+2×2 池化)$\times 4$ 次,每进行一次池化之后的第一个 3×3 卷积操作,3×3 卷积核数量成倍增加。达到最底层时即第 4 次最大池化之后,图像变为 $32 \times 32 \times 512$ 尺寸,然后再进行 2 次的 $3 \times 3 \times 1024$ 的卷积操作,最后变化为 $28 \times 28 \times 1024$ 的尺寸。

2)反卷积层,上采样过程

此时图像的尺寸为 $28 \times 28 \times 1024$,首先进行 2×2 的反卷积操作使图像变化为 $56 \times 56 \times 512$ 尺寸,然后对对应最大池化层之前的图像的复制和剪裁,与反卷积得到的图像拼接起来得到 $56 \times 56 \times 1024$ 尺寸的图像,然后再进行 $3 \times 3 \times 512$ 的卷积操作。

按照上述过程重复进行 4 次,即进行(2×2 反卷积+3×3 卷积)$\times 4$ 次,每进行一次拼接之后的第一个 3×3 卷积操作,3×3 卷积核数量成倍减少。达到最上层时即第 4 次反卷积之后,图像变为 $392 \times 392 \times 64$ 的尺寸,进行复制和剪裁然后拼接得到 $392 \times 392 \times 128$ 的尺寸,然后再进行两次 $3 \times 3 \times 64$ 的卷积操作,得到 $388 \times 388 \times 64$ 尺寸的图像,最后再进行一次 $1 \times 1 \times 2$ 的卷积操作。

利用 U-Net 解决从右边区域分割结果推断左边区域分割结果的问题,如图 9-21 所示。在实际应用中,基本都是选择保持图像尺寸不变的卷积。

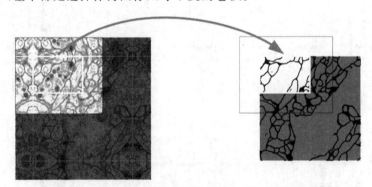

图 9-21　从右边区域分割结果推断左边区域分割结果

可以看到网络结构没有涉及任何全连接层,同时在上采样过程中用到了下采样的结果,这可使深层的卷积能够有浅层的简单特征,使卷积的输入更加丰富,自然得到的结果也更加能够反映图像的原始信息。CNN 从浅层卷积得到的是图像的简单特征,从深层卷积得到的是反映该图像的复杂特征,U-net 网络结构主要在靠近输入的较浅层提取相对小尺度的信息(简单特征),靠近输出的较深层提取的则是相对大尺度的信息(复杂特征),其仅在单一尺度上预测,不能很好地处理尺寸变化的问题。

2. 扩张卷积

感受野就是卷积神经网络每一层输出的特征图上像素点在原图像上映射的区域尺寸。图像分割全卷积网络中有两个关键,一个是池化减小图像尺寸增大感受野,另一个是上采样扩大图像尺寸。在先减小再增大尺寸的过程中,一些信息将遭受损失。为此,人们提出了扩张卷积(dilated conv),不通过池化操作也能有较大的感受野,可以看到更多的信息,其操作如图 9-22 所示。

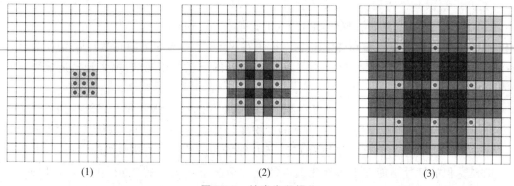

图 9-22　扩张卷积操作

从图中可以看出,在不改变特征图尺寸的同时增大感受野,摒弃了池化的做法(丢失信息)。设: kernel size$= k$,dilation rate $= d$, input size $=W_1$,output size $=W_2$, stride $= s$, padding $= p$; Dilation convolution(扩张卷积)的原理其实也比较简单,就是在卷积核各个像素点之间加入 0 值像素点,变相地增大核的尺寸从而增大感受野。

经过扩张放大后,核大小上升为: $d \times (k-1)+1$,扩张卷积的输入和输出特征图的尺寸关系如下。

$$W_2 = \frac{W_1 + 2p - d(k-1) - 1}{s} + 1$$

当 $s=1, k=3$ 时,令 $d = p$,则输出特征图尺寸不变。扩张卷积可用于图像分割、文本分析、语音识别等领域。

1) 扩张卷积 -1

首先,定义卷积层的下述参数。

(1) 卷积核尺寸:卷积核尺寸定义了卷积的尺寸范围,二维卷积核最常见的就是 3×3 的卷积核。

(2) 步长(Stride):步长定义了卷积核在图像上卷积操作时每次卷积跨越的长度。在默认情况下,步长通常为 1,但也可以采用步长是 2 的下采样过程,其类似最大池化操作。

扩张卷积 -1 与普通的卷积操作相同,等于普通 3×3 卷积,没有填充空洞 0,如图 9-22(1) 所示。

可以将扩张卷积 -1 看成 $d=1$ 的扩张卷积,核的尺寸为 3×3 ,感受野为 3×3 。

2) 扩张卷积 -2

即 $d=2$ 的扩张卷积,核的尺寸上升为 $2 \times (3-1)+1=5$,如果与扩张卷积 -1 叠加使用,感受野则为 7×7 。

扩张卷积 -2 实际的卷积核还是 3×3 ,但是空洞为 1,也就是说对于一个 7×7 的图像块,只有 9 个红色的点和 3×3 的卷积核发生卷积操作,其余的点将被略过。也可以将其理解为卷积核的尺寸为 7×7 ,但是只有图中的 9 个点的权重不为 0,其余都为 0。可以看到虽然卷积核的尺寸只有 3×3 ,但是这个卷积的感受野已经增大到了 7×7 。如果考虑到这个扩张卷积 -2 的前一层如果是一个扩张卷积 -1 ,那么每个红点就是扩张卷积 -1 的卷积输出,所以感受野为 3×3 ,扩张卷积 -1 和扩张卷积 -2 合起来就能达到感受野为 7×7 的卷积。也就是说,卷积核 3×3 ,扩张卷积 -1 +扩张卷积 $-2 = 7 \times 7$ 卷积大小的感受野。

3）扩张卷积－4

图 9-22(3)是扩张卷积－4 操作,是 $d=4$ 的扩张卷积,核的尺寸上升为 $4\times(k-1)+1=9$,卷积核 3×3。扩张卷积－1＋扩张卷积－2 ＋扩张卷积－4 ＝ 15×15,则感受野区域为 15×15。每个元素的感受野为 15×15,与每个层相关联的参数的数量是相同的,感受野呈指数级增长,而参数数量呈线性级增长。

也就是说,在扩张卷积－1 和扩张卷积－2 的后面再进行扩张卷积－4,能达到 15×15 的感受野。对比传统的卷积操作,3 层 3×3 的卷积加起来,步长为 1 的话,只能达到(核－1)×层数＋1＝7,也就是感受野和层数呈线性关系,而扩张卷积的感受野是指数级的增长。

扩张卷积的好处是能在不做池化损失信息的情况下加大了感受野,让每个卷积输出都包含较大范围的信息。在图像需要全局信息或者语音文本需要较长的序列信息依赖包含问题中,都能很好地应用扩张卷积。

具有混合扩张卷积的 ResNet-101 可用于语义分割,其结构包含混合扩张卷积(HDC)和密集的上采样卷积(DUC)。混合扩张卷积被应用于编码;密集的上采样卷积则被应用于解码,如图 9-23 所示。

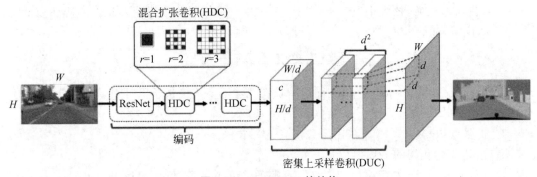

图 9-23　ResNet-101 的结构

本 章 小 结

计算机视觉是指使用计算机实现人的视觉功能,是人工智能的重要研究方向之一,主要内容包括图像分类、目标检测、目标追踪、图像分割、风格迁移、图像重构等。本章主要介绍了图像识别与分类、目标检测、目标跟踪和语义分割等内容。通过学习本章,读者可以掌握计算机视觉的基本原理、内容和方法,为构造与应用智能视觉系统和机器人系统建立基础。

第 10 章

自然语言处理

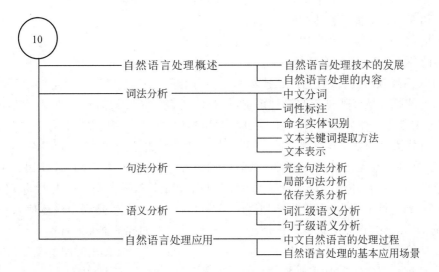

语言是思维的载体、是人际交流的工具,自然语言处理(natural language processing, NLP)是一门融合语言学、计算机科学、数学等于一体的科学,其目标是让计算机能够处理自然语言,以执行回答问题和翻译等基本任务。人类历史上以语言文字的形式记载和流传的知识占到知识总量的 80% 以上。就计算机应用而言,有 85% 左右的应用都被用于语言文字的信息处理。自然语言处理是人工智能中最为困难的问题之一,而对自然语言处理的研究也充满了魅力与挑战。

10.1 自然语言处理概述

自然语言处理是人工智能领域中的一个重要方向,主要研究人与计算机之间用自然语言进行通信的理论与方法。自然语言是人类日常使用的语言,如汉语、英语、俄语、法语、德语等都为自然语言。自然语言处理与语言学之间存在密切的联系,其核心是构建有效的、实现自然语言通信的计算机系统。

10.1.1 自然语言处理技术的发展

自然语言是随文化自然演化的语言。所有人类使用的语言都广义地被称为自然语言。自然语言是人类交流和思维的主要工具,也是人类智慧的结晶。

1. 自然语言的主要特点

(1) 自然语言是专门为传达人的意图而构建的系统。

（2）自然语言是离散的、符号化的高可靠性信号系统。

（3）语言的分类符号可以编码为通信信号，如声音、手势、文本和图像等。

（4）与其他形式语言不同，自然语言在表达、学习和使用等方面存在高度复杂性。

2. 自然语言的层次

自然语言是人类在社会生活中发展而来的用于互相交际的符号系统，人们现已发现数千种自然语言。在语言学上对语言划分为如下四个层次。

（1）语音和文字：由基本语言信号构成。

（2）词法和句法：合称语法，是语言基本单位组合形式规律。

（3）语义：语言所要表达的概念结构。

（4）语用：语言与语言使用环境的相互作用。

3. 自然语言处理技术的挑战

要理解不限领域的自然语言，在技术上还面临很多困难，主要表现下述几方面。

（1）自然语言是极其复杂的符号系统，传统的语言学是在没有计算机参照的条件下发展起来的，要使语言学知识在计算机上可操作，困难较大，需要多门学科的学者合作研究。

（2）自然语言的各个层次都存在不确定性。在语音和文字层次上，有一字多音、一音多字的问题；在词法和句法层次上，有词类词性、词边界、句法结构的不确定性问题；在语义和语用层次上，有内涵、外延、指代的不确定性，这些不确定性被称为歧义。人类具有依靠整体消除局部不确定性的能力和常识推理能力，其在语言上的体现就是利用语境信息和常识消除歧义的能力，理解自然语言的目标是使计算机获得与人同样的能力。

（3）自然语言不是一成不变的语言，一个词、一个说法可能在短时间里突然流行起来，这就要求理解自然语言的计算机软件具有对外界语言环境的应变能力。

（4）自然语言是人们交流思想的工具，在知识表示上的突破对理解自然语言的研究非常重要。

4. 自然语言处理的发展

自然语言处理的发展大致经历了 4 个时期：1956 年以前的萌芽期；1957—1970 年的快速发展期；1971—1993 年的低谷的发展期；1994 年至今的复苏融合期。

（1）在萌芽期（1956 年以前）：1948 年 Shannon 将离散马尔可夫过程的概率模型应用于描述语言的自动机。接着，又将热力学中"熵"（entropy）的概念引用于语言处理的概率算法中。20 世纪 50 年代初，Kleene 研究了有限自动机和正则表达式。1956 年，Chomsky 又提出了上下文无关语法，并把它运用到自然语言处理中。

（2）在快速发展期（1957—1970）：自然语言处理融入了人工智能的研究领域中。自然语言处理的研究在这一时期分为符号派和随机派。采用规则方法的是符号派（Symbolic），采用概率方法的是随机派（Stochastic）。

（3）在低速的发展期（1971—1993）：自然语言处理也同样取得了一些成果。20 世纪 70 年代，基于隐马尔可夫模型的统计方法在语音识别领域获得成功。20 世纪 80 年代初，话语分析也取得了重大进展，有限状态模型和经验主义研究方法也开始复苏。

（4）在复苏融合期（1994 年至今）：下述两件事从根本上促进了自然语言处理研究的复苏与发展：一件事是计算机的速度和存储量大幅增加，为自然语言处理改善了物质基础，使得语音和语言处理的商品化开发成为可能；另一件事是互联网商业化和网络技术的发展使得基于自然语言的信息检索和信息抽取的需求变得更加突出。

2000 年之后的自然语言处理技术重要里程碑事件如下:

- 神经语言模型(2001 年)。
- 多任务学习(2008 年)。
- 词嵌入(2013 年)。
- NLP 的神经网络(2013 年)。
- 序列到序列模型(2014 年)。
- 注意力机制(2015 年)。
- 基于记忆的神经网络(2015 年)。
- 预训练语言模型(2018 年)。
- 大模型 GPT-3(2020 年)。

10.1.2　自然语言处理的内容

自然语言处理是指利用计算机处理和加工自然语言的过程,是研究人与人以及人与计算机交际的一门学科,是人工智能的主要内容之一。自然语言处理是研究语言能力和语言应用的模型,建立计算机算法框架以实现这样功能的语言模型,并完善、评测、最终用于设计各种实用系统。

1. 自然语言理解与生成

自然语言处理就是用计算机处理人类的自然语言,主要内容是分析与理解、生成与应用、产生相应的动作,如图 10-1 所示。在听到别人问话之后,人类需要理解和思考所听到的内容,这个过程就是分析与理解过程。当听懂别人问话之后,人类需要产生动作,进行沟通,这就是互动与生成过程。自然语言处理指的是使计算机按照这种语言所表达的意义作出相应的反应机制。自然语言理解的关键是文字进入计算机以后的词法和句法分析、语义分析和语用分析。现在计算机已经可以在受限制的领域内懂得英语等自然语言,根据数据库的信息来回答问题或处理事务。

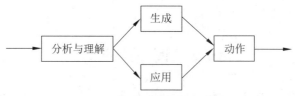

图 10-1　自然语言理解与生成

无论实现自然语言理解还是自然语言生成都是十分困难的工作。基于现有的理论和技术,构建通用的、高质量的自然语言处理系统仍然需要人们较长期的努力。

2. 歧义性或多义性

理解和生成自然语言的困难在自然语言文本与对话的各个层次上均有体现,这些具体层面都存在各种歧义性或多义性。在形式上,中文文本是由汉字(包括标点符号等)组成的字符串。由字符串可组成词,由词可组成词组,由词组可组成句子,进而由句子组成段、节、章、篇。在上述的各种层次中,无论字、词、词组、句子、段,还是在层次之间转变中都存在歧义性和多义性。也就是说,形式上一样的一段字符串在不同的场景或语境下,可以被理解成不同的词串、词组串等,并有着不同的意义。在一般情况下,大多数歧义性和多义性都可以根据相应的语境和场景的规定得到解决,在总体上达到较清晰的语义,这也就是人们并不感到自然语言歧义、能用自然语言正确交流的原因。

歧义现象广泛存在,消除歧义现象需要大量的知识和推理,这就给基于语言学的方法带来了巨大的困难。现存的问题有两个方面:一方面,迄今为止的语法都限于分析一个孤立的句子,面对上下文关系和谈话环境对本句的约束和影响缺乏系统的研究;另一方面,人理解一个句子不是单凭语法,还需要大量的知识,包括生活知识和专门知识,这些知识无法被全部储存在计算机中。

3. 自然语言处理的主要内容

自然语言处理的主要内容如图 10-2 所示。从图中可以看出几点。

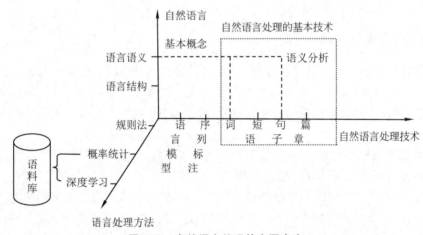

图 10-2　自然语言处理的主要内容

(1) 大规模真实文本的处理成为了自然语言处理的主要目标。

(2) 计算机系统需要通过机器学习获取语言知识。

(3) 统计方法越来越受到重视。

(4) 人们越来越重视词汇的作用。

10.2　词法分析

词是最小的能够独立运用的语言单位,所以词法分析是自然语言处理的基础。而词法分析的任务就是将输入的句子字符串转换成词序列并标记出各词的词性,包括以下内容。

- 原始语句:工程师详细调试设备。
- 分词结果:工程师/详细/调试/设备。
- 标注词性:工程师 NN/详细 AD/调试 VV/设备 NN。

这里的"字"并不仅限于汉字,也可以是标点符号、外文字母、注音符号和阿拉伯数字等任何可能出现在文本中的文字符号,所有这些字符都是构成词的基本单元。

不同语言的词法分析不同。因为英文特点是用空格隔开而无须分词、使用词形态变化来表示语法关系,所以英文的词法分析所完成的主要任务是识别单词、还原词形、未登录词识别和词性标注。中文特点是词与词紧密相连,没有明显的分界标志、词形态变化少、靠词序或虚词来表示语义,所以分析中文的词法所完成的主要任务是分词、未登录词识别和词性标注。本节仅介绍中文的词法分析。

10.2.1　中文分词

完整的中文自然语言处理过程包括下述核心技术:分词、词性标注、命名实体识别、句法分析、语义分析等。搜索引擎、文本挖掘、机器翻译、关键词提取、自动摘要生成、聊天机器人、分析文本相似性等技术都将用到中文分词技术,故分词技术是中文自然语言处理的基础。

中文分词就是将中文语句中的词汇按照使用时的含义切分出来的过程,也就是将一个汉字序列切分成一个个有单独含义的词语。分词主要有细粒度分词和粗粒度分词两种,不同的应用场景需要用到不同的粒度。细粒度分词是指将原始语句切分成最基本的词语,而粗粒度分词是指将原始语句中的多个基本词组合起来切成一个词,进而组成语义相对明确的实体。

例如,粗细粒度分词。

原始语句:计算机科学是算法科学

细粒度分词:计算机/科学/是/算法/科学/

粗粒度分词:计算机科学/是/算法科学/

中文中的词是承载语义的最小单元,由词构成语句,又由语句构成篇章。但是,中文文本是由连续的字序列构成,词与词之间是没有天然分隔符的。在处理自然语言时,需要准确识别中文中词与词之间的边界,这就是分词的任务。

1. 自动分词的问题

自动分词主要面临着切分歧义、未登录词和分词标准等问题。

1) 切分歧义

切分歧义是指同一个待切分字符串存在多个分词结果,总结归纳为交集型歧义、组合型歧义和混合歧义。

(1) 交集型歧义:字符串 abc 既可以切分成 a/bc,也可以切分成 ab/c。其中,a、bc、ab、c 都是词。

(2) 组合型歧义:如果 ab 为词,而 a 和 b 在句子中又可分别单独成词。

(3) 混合歧义:将交集型歧义和组合型歧义两种歧义通过嵌套、交叉组合等产生的歧义。

2) 未登录词

未登录词是分词错误的主要原因之一,其是指词典中没有收录过的人名、地名、机构名、专业术语、译名、新术语等。未登录词在文本中的出现频度远高于切分歧义,其类型有以下几种。

(1) 实体名称:汉语人名、汉语地名、机构名。

(2) 数字、日期、货币等。

(3) 商标字号。

(4) 专业术语。

（5）缩略语。

（6）新词语。

3）分词标准

缺乏统一的分词规范和标准。

2. 自动分词的基本方法

自动分词的基本方法有：基于词典分词、基于统计分词和基于深度学习分词等。

1）基于词典的分词方法

基于词典的分词方法是基于字符串匹配的机械分词方法，其按照一定策略将待分析的汉字字符串与存于计算机的词典中的词条进行匹配，如果在词典中找到，则匹配成功，识别出一个词。根据扫描方向的不同，其分有正向匹配法和逆向匹配法；根据长度的不同，其分有最大匹配法和最小匹配法等。

（1）最大正向匹配法。最大正向匹配法是基于字典、词库匹配的分词方法。这种方法按照一定策略将待分析的汉字字符串与一个充分大的机器词典中的词条进行匹配，根据词性标注过程又可以将之分为单纯分词方法和分词与标注相结合的一体化方法。

最大正向匹配法的基本过程：首先从左向右取出待切分汉语句的 m 个字作为匹配字段（m 为机器词典中最长词条个数）。然后查找机器词典并进行匹配，如果匹配成功，则将这个匹配字段作为一个词切分出来；如果匹配不成功，则将这个匹配字段的最后一个字去掉，剩下的字符串作为新的匹配字段再次匹配，重复以上过程，直到切分出所有词为止。基于词典的正向最大匹配算法可根据词典文件自动调整最大长度，算法流程如图 10-3 所示。

（2）逆向最大匹配法。逆向最大匹配法属于基于词典的分词方法，其原理与最大正向匹配法基本相同，不同的是其分词切分的方向与最大正向匹配法相反，而且使用的分词辞典也不同。基本过程如下：从被处理文档的末端开始匹配扫描，事先设置一个 k 值。每次取最末端的 k 个字作为匹配字段，如果匹配失败，则去掉匹配字段最左边的字，继续匹配。相应地，它使用的分词词典是逆序词典，其中的每个词条都将按逆序方式存放。在实际处理时，通常先将文档进行倒排处理，生成逆序文档。然后，根据逆序词典对逆序文档用正向最大匹配法处理。

由于汉语文本中偏正结构较多，如果从后向前匹配可以适当地提高精度，所以逆向最大匹配法比正向最大匹配法的误差要小。

（3）双向最大匹配法。最大匹配算法是一种基于词典的机械分词法，不能根据文档上下文的语义特征切分词语，而且对词典的依赖性较大，所以在实际使用时容易造成分词错误。为了提高系统分词的准确度，可以采用正向最大匹配法和逆向最大匹配法相结合的分词方法，即双向最大匹配法。

双向最大匹配法是将正向最大匹配法得到的分词结果和逆向最大匹配法得到的结果进行比较，从而决定正确的分词方法。研究表明中文中 90.0% 左右的句子下，正向最大匹配法和逆向最大匹配法完全重合且正确，双向最大匹配法已在中文信息处理中得以广泛使用。

基于词典分词的方法优点是速度快，都是 $O(n)$ 时间复杂度、实现简单、效果较好。其缺点是缺乏歧义切分处理，上面介绍的任何一种切分方法都只能解决有限类别的歧义问题，基于词典的切分方法也不能完成新词的切分。

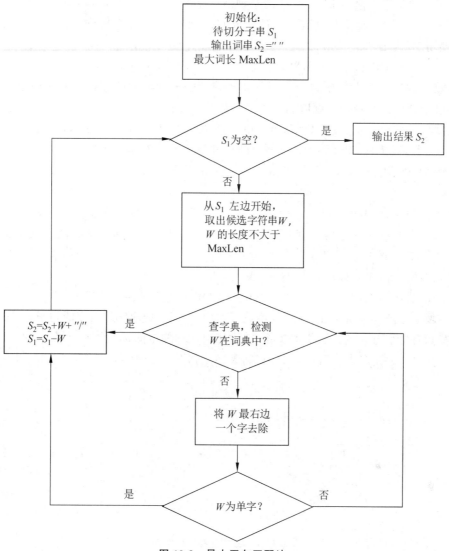

图 10-3　最大正向匹配法

2) 基于统计的分词方法

基于统计的分词方法是一种无字典分词方法,其主要思想是:在上下文中,相邻的字同时出现的次数越多,就越可能构成一个词。因此字与字相邻出现的概率能较好地反映词的可信度。此方法使用的主要统计模型为:n 元文法模型、隐马尔可夫模型等。

基于统计的分词是一种全切分方法,这种方法不依靠词典,而是统计文章中任意两个字同时出现的频率,频率越高就越可能是一个词。具体过程是:首先切分出与词表匹配的所有可能的词,然后运用统计语言模型和决策算法决定最优的切分结果。其优点是可以发现所有的切分歧义并且容易将新词提取出来。由于大规模语料的建立和统计机器学习方法的进展与应用,基于统计的中文分词逐渐成为了主流技术。

设待切分的汉字串:$C = C_1 C_2 \cdots C_m$

W 是切分的结果:$W = W_1 W_2 \cdots W_n$

$P(W|C)$是汉字串 C 切分为 W 的某种估计概率。

$W_a,W_b,\cdots,W_h$ 是 C 的所有可能的切分方案,则基于统计的切分模型能够找到目的词串 W,使得 W 满足

$$P(W\mid C)=\text{MAX}(P(W_a\mid C),P(W_b\mid C),\cdots,P(W_h\mid C))$$

其中函数 $P(W|C)$ 为评价函数。一般的基于统计的分词模型的评价函数都是根据贝叶斯公式同时结合系统本身的资源限制经过一定的简化而设计。

根据贝叶斯公式有: $P(W|C)=P(W)P(C|W)/P(C)$,对于 C 有多种切分方案,$P(C)$ 是一常数,而 $P(C|W)$ 是在给定词串的条件下出现字符串 C 的概率,故 $P(C|W)=1$。所以可用 $P(W)$ 代替 $P(W|C)$。可以利用词的 n 元语法(n-gram)最直接的估计 $P(W)$ 的值如下。

$$P(W)=P(W_1)\,P(W_2\mid W_1)\,P(W_3\mid W_1W_2)\cdots P(W_k\mid W_1,W_2,\cdots,W_{k-1})$$

n 元语法中的 n 可以是一个自然数,其含义是:假设一个词出现的概率只与前面 n 个词相关。例如以下两类。

二元语法: $P(W)=P(W_1)\,P(W_2|W_1)$。

三元语法: $P(W)=P(W_1)\,P(W_2|W_1)\,P(W_3|W_1W_2)$。

如果继续提升 n 的值,如四元、五元,则无实用性,因为处理任意长度的句子,无法选择 n;另外,模型的大小与 n 呈指数级的关系,将占用更大存储空间。

例 10-1 "北京冬奥会"的全切分有向无环图如图 10-4 所示。

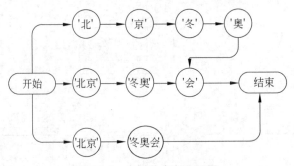

图 10-4　全切分有向无环图

构成有向无环图之后,使用 n 元语法模型可以找到一条概率最大的路径。其中,W 值是使用全切分方法切分出来的词语,全切分的实际使用过程由词典将所有成词的切分方式找出来构成有向无环图。它的确无法识别新词,但是可以基本解决歧义词。只是由于当前的计算机技术和现有的语料资源所限,使用 n 元语法模型存在的缺陷如下。

(1) 对于词典,仅词和词的二元模型需要的统计空间巨大。

(2) 需要与上述空间相当的熟语料(经过加工的语料),否则训练语料不足将引发数据稀疏问题。

(3) 由于不同领域的语料库的用词有所差异,某一个领域的语料库统计出来的 n 元语法被用于其他领域效果难以预料,所以大多数基于统计的分词模型都没有直接采用上述公式,而是采用估计方法,从不同的角度实现对 $P(W)$ 的近似求解。

3) 基于规则和基于统计相结合的分词方法

这种分词方法的过程是:首先使用最大匹配作初步切分,然后对切分的边界外进行歧

义探测,如发现歧义,再运用统计和规则相结合的方法判断正确的切分。运用规则与统计方法识别人名、地名、结构名称,运用词法结构规则生成复合词和衍生词。这种方法可以解决汉语中最常见的单字交集型歧义,并能对人名、地名、结构名称、后缀、动词/形容词重叠、衍生词等词法结构进行识别处理,基本解决了分词所面临的最关键问题。如果词典结构设计得优秀,其分词速度非常快。

10.2.2　词性标注

词性也被称为词类,是词汇基本的语法属性。词性标注是在给定句子中判定每个词的词性并加以标注的过程,是自然语言处理的预处理步骤,最简单的方法是利用语料库统计每个词所对应的高频词性,将其作为默认词性。词性标注遇到的最重要的问题就是词性兼类问题。词性兼类问题在任何一种语言中都普遍存在,在汉语中尤为明显。造成词性兼类问题的原因主要有以下几点。

(1)汉语缺乏词形态变化,无法通过词形变化判别词类。

(2)汉语中,常用词的兼类现象严重。

(3)汉语没有统一的词类划分标准。

在这样的情况下,词性标注的问题通常被转化为序列标注问题以期解决。除此之外,序列标注还可以解决很多问题,如分词、识别短语、抽取信息。序列标注常用的方法有隐马尔可夫模型、条件随机场模型等。

1. 词性标注规范

词性需要有一定的规范,如将词分为名词、形容词、动词等。常用的词性标注规范如下。

VV:动词。

NR:人名。

NN:常用名词。

ROOT:要处理文本的语句。

IP:简单从句。

NP:名词短语。

VP:动词短语。

PU:断句符,通常是句号、问号、感叹号等标点符号。

LCP:方位词短语。

\PP:介词短语。

CP:由“的”构成的表示修饰关系的短语。

DNP:由“的”构成的表示所属关系的短语。

ADVP:副词短语。

ADJP:形容词短语。

DP:限定词短语。

QP:量词短语。

NT:时间名词。

PN：代词。

VC：是。

CC：表示连词。

VE：有。

VA：表语形容词。

VRD：动补复合词。

CD：表示基数词。

DT：determiner 表示限定词。

EX：existential there 存在句。

FW：foreign word 外来词。

JJ：adjective or numeral，ordinal 形容词或序数词。

JJR：adjective，comparative 形容词比较级。

JJS：adjective，superlative 形容词最高级。

PRP：pronoun，personal 人称代词。

RB：adverb 副词。

RBR：adverb，comparative 副词比较级。

RBS：adverb，superlative 副词最高级。

SYM：symbol 符号。

2. 词性标注方法举例

（1）原始句子：工程师详细检测故障原因。

（2）分词结果：工程师/详细/检测/故障/原因。

（3）词性标注：工程师/NN 详细/ADVP 检测/VV 故障/NN 原因/NN。

10.2.3　命名实体识别

命名实体（Named Entity Recognition，NER）是指文本中具有特定意义或代性强的实体，例如人名、地名、组织机构名、日期时间、专有名词等。命名实体识别目的是识别语料中人名、地名、组织机构名等命名实体，也就是识别文本中具有特定意义的实体。在提取信息、分析句法、机器翻译等应用领域中具有重要的作用。识别命名实体一方面要识别实体边界，另一方面要识别实体类别（人名、地名、机构名或其他）。汉语系统中确定实体边界主要与分词相关。

发现命名实体一般首先要找一些与定义相关的特征词，例如，"什么是 XX"、"XX 是什么"、"这是 XX"。找到具有这样模式的查询串后，可以在查询日志中通过频率统计等方法找到命名实体。因为命名实体的类别并非是一个封闭集，而是一个不断变化的集合，所以其随着时间的变化通常具有不同的属性。例如，开始是一篇论文，然后又推出了专著，后来研制出实际系统，而这一过程是随时间变化的，也就是说，在不同时间段，这些类别在用户查询需求中受关注程度是不一样的。与自动分词、词性标注一样，识别命名实体也是自然语言处理的一个基础任务，是抽取信息、检索信息、机器翻译、问答系统等 NLP 技术的重要组成部分。

1. 命名实体识别技术发展

命名实体识别技术的发展过程如图 10-5 所示。

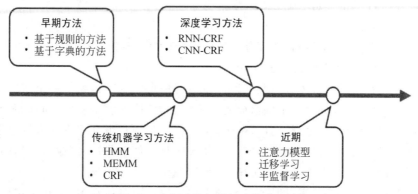

图 10-5　命名实体识别技术的发展过程

早期识别命名实体通常使用基于规则、字典的方法,目前使用最广泛的应该是基于统计的方法(对语料库的依赖比较大),利用大规模的语料学习标注模型,然后对各个位置进行标注。条件随机场(Conditional Random Fields,CRF)是命名实体识别的主流模型,它的目标函数不仅考虑了输入的状态特征函数,而且还包含了标签转移特征函数。在已知模型时,给出输入序列,然后预测输出序列,也就是,使目标函数最大化的最优序列是一个动态规划问题,可以使用维特比(Viterbi)算法解码获得最优标签序列。CRF 的优点是标注的过程中可以利用内部及上下文特征信息。CRF 的优点是标注的过程中可以利用丰富的内部及上下文特征信息。

2. 实体识别的关键问题

实体识别的两个关键问题是确认实体的边界和判断实体的类别。确认实体的边界是指对一个句子中的实体词进行正确的划分。例如,在句子"陈宣竹同学是个好学生"中,一个好的识别算法必须将实体词"陈宣竹"进行正确的标记,而不是在其他的位置划分。判断实体的类别,仍以上例说明,算法必须判定"陈宣竹"为人名实体而不是其他类型的实体。

一个好的算法应该能够对句子中每个字进行正确的标记以区分该字是否为实体,如果是实体,还需表明该词在实体词中的位置信息,是实体词的第一个字,还是中间位置的字,还是最后一个字。

1) B-I-O 表示法

最简单的表示法有 B-I-O 表示法,B 表示实体的起始字,I 表示实体的其他字,O 表示非实体字。按照这种方法,为上面的句子贴标签后表示如下(每个字均对应一个标签)。

李 × × 同 学 是 个 好 学 生
B I I O O O O O O O

这种方法最简单,但问题是实体的末尾字不容易得到区分。在实践中人们也发现,如果语料库采用上述方式标记,在识别机构实体时可能产生错误。

2) B-M-E-S-O 表示法

另外一种相对复杂的表示方法可以将实体表示为 B-M-E-S-O,类似地,B(begin)表示实体的开始字,M(middle)表示实体的中间字,E(end)表示实体的末尾字,S 为实体只有一个字时的标记(Single,在中文任务中并不常见),O 表示非实体字。上述句子采用这种表示方法得到的结果如下。

李 ×× 同 学 是 个 好 学 生
B M E O O O O O O

当然,还有其他的方法,但目的都是一致的,这里不作赘述。

3) 识别基于条件随机场的命名实体

由若干个位置组成的整体在按照某种分布给每一个位置随机赋予一个值之后,其整体被称为随机场。例如,有一个十个词组成的句子需要做词性标注,这十个词中每个词的词性都可以在已知的词性集合(名词,动词,……)中选择。在为每个词选择完词性之后,这就形成了一个随机场。条件随机场是指给定一组输入序列条件下,另一组输出序列的条件概率分布模型,在自然语言处理中条件随机场得到了广泛应用。

假设随机场中某一个位置的赋值仅与和它相邻位置的赋值有关,与其不相邻位置的赋值无关(如标注句子词性,假设所有词的词性只和它相邻的词的词性有关),这个随机场就是一个马尔可夫随机场。马尔可夫随机场是条件随机场的特例,假设马尔可夫随机场中只有 X 和 Y 两种变量,X 一般是给定的,而 Y 一般是在给定 X 的条件下输出。这样马尔可夫随机场就被特化成了条件随机场。以准确的数学语言描述:设 X 与 Y 是随机变量,$P(Y|X)$ 是给定 X 时 Y 的条件概率分布,如果随机变量 Y 构成的是一个马尔可夫随机场,则可称条件概率分布 $P(Y|X)$ 是条件随机场。

(1) 链式条件随机场:条件随机场的定义中并没有要求 X 和 Y 有相同的结构。而在实现中,一般都假设 X 和 Y 有相同的结构,即:$X=(X_1,X_2,\cdots,X_n),Y=(Y_1,Y_2,\cdots,Y_n)$。$X$ 和 Y 有相同的结构的随机场就构成了链式条件随机场,人们通常都默认随机场为链式条件随机场。

(2) 机器学习模型:在随机场中定义一个特征函数集合,然后即可使用这个特征函数集合为标注序列进行打分,据此选出最合适的标注序列。特征函数分为两类,一类是定义在 Y 结点上的结点特征函数(状态函数),这类特征函数只和当前结点有关。另一类是定义 Y 上下文的局部特征函数(转移函数),这类特征函数只和当前结点及上一个结点有关。同时,人们可以为每个特征函数赋予一个权值,用以表达对这个特征函数的信任度。假设在某一结点有 K_1 个局部特征函数和 K_2 个结点特征函数,总共有 $K=K_1+K_2$ 个特征函数。使用 CRF 来做命名实体识别时,与隐马尔可夫模型(hidden markov model,HMM)求解最大可能序列路径一样,也是采用维特比算法。在解决标注问题时,CRF 能够捕捉全局的信息,并能够进行灵活的特征设计,因此,其效果要比 HMM 好。当然,实现起来复杂度更高。

3. 关系抽取

信息抽取的作用使从海量的非结构文本中抽取出有用的信息,并将之结构化成后续工作的使用格式。信息抽取又可分为实体抽取(命名实体识别)、关系抽取以及事件抽取等。命名实体对应真实世界的实体,一般表现为一个词或一个短语。关系则为描述两个或多个命名实体的关系,关系抽取的主要方法如下。

(1) 监督方法。将关系抽取当作分类问题来看待,根据训练数据设计有效的特征学习各种分类模型。这种传统的分类方法需要大量的人工标注的训练语料,语料的标注非常耗时耗力。

（2）半监督方法。半监督方法是首先基于手工设定若干的种子的实例，然后迭代性地从数据当中抽取关系对应的关系模板和更多的实例。

（3）无监督方法。无监督方法是一种聚类的方法，其以拥有相同语义关系的实体，以相似上下文的信息为假设，因此它可以利用每个实体的上下文信息代表实体的语义关系，对实体进行语义关系的聚类。

这三种方法当中，监督方法能够抽取有效的特征，在准确率和召回率方面更有优势，半监督和无监督的方法一般情况下效果都不佳，现在用得比较多的还是有监督学习的方法。有监督学习方法的困难在于如何获取大量分类的训练样本。

还有一种方式是远程监督，典型的开源知识抽取工具 Deepdive，通过弱监督学习的方法从非结构化的文本当中抽取结构化的关系数据。只要在概念层次思考基本的特征就可以了，然后也可以使用已有的领域知识进行推理，也能够对用户的反馈进行处理，可以实时反馈，能够提高整个预测的质量。其背后用的也是一种远程监督技术，只要少量的训练数据就可以了。

10.2.4　文本关键词提取方法

关键词是用于表达文本主题内容的词，无论长短，文本都可以由几个关键词描述主题。提取关键词就是从文本中将与内容意义最相关的一些词语提取出来。由于无论基于文本的推荐还是基于文本的搜索都依赖文本关键词，所以关键词的准确程度将关系到推荐系统或搜索系统的最终效果。

1. 提取文本关键词的基本方法

提取文本关键词的方法采用机器学习方式，可分有监督、半监督和无监督三种基本方式。

1）有监督

有监督的关键词提取算法是将关键词提取算法看作二分类问题，判断文档中的词或短语是不是关键词。既然是分类问题，就需要提供已经标注好的训练语料，利用训练语料训练关键词提取模型，然后利用模型对需要提取关键词的文档提取关键词。

2）半监督

半监督的关键词提取算法只需要少量的训练数据，利用这些训练数据构建关键词提取模型，然后使用模型对新的文本提取关键词，对这些关键词进行人工过滤，将过滤得到的关键词加入训练集，重新训练模型。

3）无监督

有监督的文本关键词提取需要高人工成本，因此现有的文本关键词提取主要采用适用性较强的无监督关键词提取方式。无监督的方法不需要人工标注的语料，利用某些方法发现文本中比较重要的词作为关键词，进而提取之。无监督关键词提取流程如图 10-6 所示。

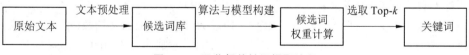

图 10-6　无监督关键词提取流程

无监督关键词提取算法可以分为基于统计特征的关键词提取、基于词图模型的关键词提取和基于主题模型的关键词提取等算法。

2. 基于统计特征的关键词提取方法

基于统计特征的关键词提取可利用文档中词语的统计信息提取关键词,其主要使用无监督算法,例如,基于统计特征的关键词提取(TF-IDF)、基于词图模型的关键词提取、基于主题模型的关键词提取等。因为无监督算法不需要人工标注数据,所以其更加方便、快速,但是其无法衡量提取关键词的准确与否,更多的是依靠人的主观判断关键词是否准确、是否能反映文本的中心内容。

词频-逆向文件频率(term frequency-inverse document frequency,TF-IDF)关键词提取算法是一种用于信息检索与文本挖掘的常用加权技术,是一种统计方法,用以评估一字词对一个文件集或一个语料库其中一份文件的重要程度。字词的重要性随着它在文件中出现的次数而增加,但同时又会在其他语料库中因出现的频率成反比下降。TF-IDF 的主要思想是:如果某个单词在一篇文章中出现的频率高,并且在其他文章中很少出现,则可以认为此词或者短语具有很好的类别区分能力,适合用来分类。

一个词在文本中出现得越频繁,那么这个词就越有可能作为文章的关键词。但是,只依靠词频所获得的关键词存在不确定性,而且对于比较长的文本,所含噪声也很大,这影响了关键词的准确性。

在获取关键词时,为了区分常用词(如:"是"、"的"等)和专有名词(如:"自然语言处理"、"NLP"等)对文本的重要性,人们提出了 TF_IDF 算法。

1) 词频

词频(term frequency,TF)是指一个词在文中出现的次数。显而易见,一个词在文章中可能出现很多次,此时这个词肯定对文章的作用大,但是如果统计出来的词频较大的词都是"的""是"这样的词,则其对分析和统计将毫无帮助,反而会干扰统计,因此需要将这些无用的词去掉,现在已有很多可以去除这些词的方法,例如,使用一些停用词的语料库存储这些词等。

词频定义:TF =某个词在文章中出现次数/文章的总词数。

例如,F={a,b,c,d,e,f,a,a},则 a 的词频值为 TF=3/8=0.375,b 的 TF 值为 1/8=0.125。

2) 逆文本频率

文本频率是指含有某个词的文本在整个语料库中所占的比例。逆文本频率(inverse document frequency,IDF)是文本频率的倒数。将停用词都过滤掉后,只考虑剩下的有实际意义的词,用统计学语言表达,就是在词频的基础上为每个词分配一个重要性权重。最常见的词("的""是""在"等)可给予最小的权重,较常见的词也给予较小的权重,较少见的词则给予较大的权重。这个权重的大小与一个词的常见程度成反比。

一个词越常见,那么分母就越大,逆文档频率就越小、越接近 0。反之,如果一个词越不常见,那么分母就越小,逆文档频率就越大。分母之所以要加 1 是为了避免分母为 0(即所有文档都不包含该词)的情况,用 log 表示对得到的值取对数计算。

逆文本频率定义:IDF=log(语料库的文档总数/包括该词的文档数+1)。

例如,F_1={a,b,c},F_2={a,e,f},F_3={m,n,p},则词 a 的 IDF=log(3/(2+1))=log1,词 b 的 IDF=log(3/(1+1))=log(3/2)。

3) TF_IDF 值

将 TF 和 IDF 相乘,其积就为一个词的 TF_IDF 值。某个词对文章的重要性越高,则它的 TF_IDF 值就越大。TF_IDF 的 Top-k 值就是文章的关键词。

TF_IDF 定义：TF_IDF = TF×IDF。

例 10-2 TF、IDF 和 TF_IDF 的计算。

假设有语料库一共只要 2 个文档 F_1 和 F_2，

其中 $F_1=(A,B,C,D,A)$，$F_2=(B,E,A,B)$，一共由 4 个单词组成。对于 F_1 和 F_2，每个文档中各词的 TF 值如表 10-1 所示。

表 10-1　TF 值

单词	F_1	F_2
A	2/5	1/4
B	1/5	2/4
C	1/5	0/4
D	1/5	0/4
E	0/5	1/4

IDF=文档总数/关键词 t 出现的文档数目，即 IDF=log(全部文档的数量/包含某字的文档 +1)。

$$IDF(t) = \log((|D|)/|D_t+1|)$$

$F_1=(A,B,C,D,E)$ 由 5 个单词组成，$F_2=(B,E,A,B)$ 由 4 个单词组成。计算语料库中每个关键词的 IDF 值如表 10-2 所示。

表 10-2　IDF 值

单词	F_1	F_2
A	log(2/(1+2))	log(2/(1+2))
B	log(2/(1+2))	log(2/(1+2))
C	log(2/(2))	log(2/(1))
D	log((2)/2)	log((2)/1)
E	log((2)/2)	log((2)/2)

TF_IDF = TF×IDF，TF_IDF 值如表 10-3 所示。

表 10-3　TF_IDF 值

单词	F_1	F_2
A	2/5×log(2/3)	1/4×log(2/3)
B	1/5×log(2/3)	2/5×log(2/3)
C	0	0
D	0	0
E	0	0

由语料库得到的字典长度为 5,所以最终文档向量化长度为 5。如果按 Top-1 选择关键词,文档 F_1 的关键词为 A,文档 F_2 的关键词为 B。

例 10-3 利用 TF_IDF 获取关键词。

假定该文长度为 1000 个词,词 1、词 2、词 3 各出现 20 次,则这三个词的词频(TF)都为 0.02。然后,搜索发现,假定已检索网页总数共有 250 亿张。包含词 1 的网页共有 62.2 亿张,包含词 2 的网页为 0.483 亿张,包含词 3 的网页为 0.972 亿张。则它们的逆文档频率(IDF)和 TF-IDF 如表 10-4 所示。

表 10-4 三个词的逆文档频率(IDF)和 TF-IDF

词	包含该词的文档数(亿)	IDF	TF-IDF
词 1	62.2	0.601	0.0122
词 2	0.483	2.712	0.0542
词 3	0.972	2.409	0.0483

从表 10-4 可见,词 2 的 TF_IDF 值最高,词 3 其次,词 1 最低。如果还计算"的"字的 TF_IDF,那么其将是一个极其接近 0 的值,所以,如果只选择 Top-1,词 2 就是这篇文章的关键词。除了自动提取关键词,TF_IDF 算法还有多种用处,例如,信息检索,对每个文档都可以分别计算一组搜索词的 TF_IDF,将它们相加就可以得到整个文档的 TF_IDF。这个值最高的文档就是与搜索词最相关的文档,也就是检索的内容。

从 IDF 的计算方法可以看出常用词(如"我""是""的"等)在语料库中的很多文章都会出现,故其 IDF 的值会很小;而关键词(如"自然语言处理"、NLP 等)只会在某领域的文章出现,其 IDF 的值会比较大。所以 TF-IDF 在保留文章重要词的同时可以过滤掉一些常见的、无关紧要的词。

4)TF-IDF 的优点

TF-IDF 的优点是实现简单,相对容易理解,其主要缺点是严重依赖语料库,需要选取质量较高且和所处理文本相符的语料库进行训练。另外,IDF 本身是一种试图抑制噪声的加权,其倾向于采纳文本中频率小的词,这使得 TF-IDF 算法的精度不高。TF-IDF 算法另一个缺点就是没有考虑词的位置信息,如文本的标题、文本的首句和尾句等含有较重要的信息,应具有较高的权重。

基于统计特征的关键词提取算法通过特征量化指标对关键词排序,以获取 Top-k 个词作为关键词。关键词提取的重点在于计算特征量化的指标,由于不同的量化指标得到的结果也不同,同时,不同的量化指标也有其各自的优缺点,所以在实际应用中,采用不同的量化指标相结合的方式可得到 Top-k 个词作为关键词。

3. 基于词图模型的关键词提取

基于词图模型的关键词提取过程是首先构建文档的语言网络图,然后对语言进行网络图分析,在这个图上寻找具有重要作用的词或者短语,也就是文档的关键词。语言网络图中的结点是词,根据词的链接方式不同,语言网络图的形式主要分为共现网络图、语法网络图、语义网络图和其他网络图四种。

构建语言网络图的过程中都是以预处理后的词作为结点,以词与词之间的关系作为边。

边与边之间的权重由词之间的关联度来表示。在获得关键词时,需要评估各个结点的重要性,然后根据重要性为结点排序,选取 Top-k 个结点所代表的词作为关键词。常用的结点算法有 TextRank 等。

TextRank 算法的核心思想是将文本中的词语当作图中的结点,通过边相互连接,不同的结点会有不同的权重,权重高的结点可以作为关键字。

当 TextRank 应用到关键字抽取时,每个词不是与文档中所有词都有链接。为了界定链接关系,提出了一个窗口的概念。在窗口中的词相互间都有链接关系。得到了链接关系,就可以对每个词的得分进行计算。最后选择得分最高的 n 个词作为文档的关键词。

TextRank 模型可以表示为一个有向有权图 $G = (V,E)$,由点集合 V 和边集合 E 组成,E 是 $V \times V$ 的子集。图中任两点 V_i 与 V_j 之间边的权重为 W_{ji},对于一个给定的点 V_i,$\text{In}(V_i)$ 为指向该点的点集合,$\text{Out}(V_i)$ 为点 V_i 指向的点集合。根据下面的 TextRank 公式计算,点 V_i 的得分 $WS(V_i)$ 如下:

$$WS(V_i) = (1-d) + d * \sum_{V_j \in \text{ln}(V_i)} \frac{W_{ji}}{\sum_{V_k \in \text{Out}(V_j)} W_{jk}} WS(V_j)$$

其中,d 为阻尼系数,取值范围为 0～1,代表从图中某一特定点指向其他任意点的概率,一般取值为 0.85。使用 TextRank 算法计算图中各点的得分时,需要给图中的点指定任意的初值,并递归计算直到收敛,即图中任意一点的误差率小于给定的极限值时就可以达到收敛,一般该极限值取 0.0001。

提取 TextRank 关键词的算法如下。

(1) 把给定的文本 T 按照完整句子进行分割。

$$T = [S_1, S_2, \cdots, S_m]$$

(2) 为每个句子进行分词和标注词性,并过滤掉停用词,只保留指定词性的单词,如名词、动词、形容词,其中 $t_{i,j}$ 是保留后的候选关键词。

$$S_i = [t_{i,1}, t_{i,2}, \cdots, t_{i,n}]$$

(3) 构建候选关键词图 $G = (V,E)$,其中 V 为结点集,由(2)生成的候选关键词组成,然后采用共现关系构造任两点之间的边,两个结点之间存在边(仅当它们对应的词汇在长度为 k 的窗口中共现),k 表示窗口大小,即最多共现 k 个单词。

(4) 根据 TextRank 的公式,迭代传播各结点的权重直至收敛。

(5) 对结点权重进行倒序排序,从而得到最重要的 T 个单词作为候选关键词。

(6) 由(5)得到最重要的 T 个单词,在原始文本中标记之,如果形成相邻词组则组合成多词关键词。

4. 基于主题模型的关键词提取

基于主题的关键词提取方法主要利用的是针对主题的分布的性质提取关键词,算法步骤如下。

(1) 从文章中获取候选关键词,即将文本分词,也可以再根据词性选取候选关键词。

(2) 根据大规模语料学习得到主题模型。

(3) 根据得到的主题模型计算文章的主题分布和候选关键词分布。

(4) 计算文档和候选关键词的主题相似度并排序,选取前 n 个词作为关键词。

主题模型是一种文档生成模型。撰写一篇文章首先需要确定几个主题,然后根据主题提出描述主题的词汇,再将词汇按照语法规则组成句子、段落,最后生成一篇文章。主题模型也是基于这个思想,文档是一些主题的混合分布,而主题又是词语的概率分布。同样地,反过来想,找到了文档的主题,然后主题中有代表性的词就能表示这篇文档的核心意思,也就是文档的关键词。

主题模型词语的计算公式为

$$P(词语 / 文档) = \sum_{主题} (P(词语 / 主题) \times P(主题 / 文档))$$

10.2.5　文本表示

文本表示是将字词处理成向量或矩阵,以便计算机能进行处理,是自然语言处理的开始环节。当语料预处理完成之后,需要将分词之后的字和词语表示成计算机能够计算与存储的数据结构(确切地说应该是将之向量化)。按照粒度划分可将文本表示分为字级、词语级和句子级。字级的表示是将一句话拆成一个个的字,如将"我想学习人工智能"这句话拆成一个个的字即"我,想,学,习,人,工,智,能",然后将每个字用一个向量表示,那么这句话就被转化为了由 8 个向量组成的张量(矩阵)。以此类推,即可完成词语级别和句子级别的文本表示。

文本表示分为离散表示和分布式表示,离散表示的代表就是词袋模型。One-Hot(又称独热编码)、TF-IDF、n-gram 都可以看作是词袋模型。分布式表示又称为词嵌入(word embedding),经典模型是 word2vec,还包括后来的 Glove、ELMO、GPT 和 BERT 等模型。

词袋模型(Bag of words model)是在自然语言处理和信息检索下被简化的表达模型。在这种模型中,文本(段落或者文档)被看作是无序的词汇集合,忽略了语法甚至是单词的顺序。词袋模型被广泛应用在文件分类中,词出现的频率可以被用来当作训练分类器的特征。文本中每个词的出现都是独立的,不依赖其他词的出现,或者说当这篇文章的作者任意一个位置选择一个词汇都不受前面句子的影响而可独立选择。

例如,现有 1000 篇新闻文档,把这些文档拆成一个个的字,去重后得到 3000 个字,然后将这 3000 个字作为字典进行文本的表示,词袋模型的特点是字典中的字没有特定的顺序,句子的总体结构也被舍弃了。

1. One-Hot 编码

One-Hot 编码又被称为独热编码,是最基础的词(或字)特征表示方法。这种编码将词(或字)表示成一个向量,该向量的维度是词典(或字典)的长度(该词典由语料库生成),在该向量中,当前词的位置的值为 1,其余的位置为 0。

例如,一个文档集如下。

> 小王喜欢编程。
> 小李也喜欢编程。
> 小王还喜欢学习人工智能。

将上面的几句话看作一个文档集,列出文档中出现的所有词。

"小王""喜欢""编程""小李""也""还""学习""人工智能"

将其构建为一个词典如下。

{"小王": 1,"喜欢": 2,"编程": 3,"小李": 4,"也": 5,"还": 6,"学习": 7,"人工智能": 8}

这是一个包含 12 个单词语料库中 8 个单词的词汇。因为已知道词汇表有 8 个单词,所以可以使用 8 的固定长度文档表示,在向量中有一个位置对每个单词评分。最简单的评分方法是将单词的存在标记为布尔值,0 表示缺席,1 表示存在。使用词汇表中上面列出的单词的任意排序,浏览第一个文档:"小王喜欢编程。小李也喜欢编程。小王还喜欢学习人工智能。"并将其转换为二进制向量如下。

小王喜欢编程:$[1,1,1,0,0,0,0,0]$。

小李也喜欢编程:$[0,1,1,1,1,0,0,0,0]$。

小王还喜欢学习人工智能:$[1,1,0,0,0,1,1,1]$。

该向量与原来文本中单词出现的顺序并无关系,而是词典中每个单词在文本中的出现频率。

又例如,有 4 个样本,每个样本有 3 种特征如表 10-5 所示。

表 10-5 样本的 3 种特征

样本	特征 1	特征 2	特征 3
1	1	4	3
2	2	3	2
3	1	2	2
4	2	1	1

表 10-5 用十进制数对每种特征进行了编码,特征 1 有两种可能的取值,特征 2 有 4 种可能的取值,特征 3 有 3 种可能的取值。独热编码用 N 位状态寄存器编码 N 个状态,每个状态都有独立的寄存器位,且这些寄存器位中只有一位有效,也就是只能有一个状态。如果寄存器编码有 3 种状态,则其可用 3 个状态位来表示,以保证每个样本中的每个特征只有 1 位处于状态 1,其他都是 0,即 001,010,100。其他的特征也都这么表示,如表 10-6 所示。

表 10-6 其他样本特征

样本	特征 1	特征 2	特征 3
1	01	1000	100
2	10	0100	010
3	01	0010	010
4	10	0001	001

4 个样本的特征向量表示如下。

样本 1:$[0,1,1,0,0,0,1,0,0]$。

样本 2:$[1,0,0,1,0,0,0,1,0]$。

样本 3:$[0,1,0,0,1,0,0,1,0]$。

样本 4:$[1,0,0,0,0,1,0,0,1]$。

One-Hot 编码的特点如下。

One-Hot 编码不考虑词与词之间的顺序问题,而在文本中,词的顺序是一个很重要的问题。One-Hot 基于词与词之间相互独立的情况,然而在多数情况下,词与词之间应该是相互影响的,One-Hot 得到的特征是离散的,稀疏的,其主要的特点如下。

(1) 词向量长度是词典长度,One-Hot 编码后长度都一样。

(2) 在向量中,该单词的索引位置的值为1,其余的值都是0。

(3) 得到的矩阵是稀疏矩阵,也就是向量的大部分元素为0。

One-Hot 编码的缺点如下。

(1) 不同词的向量表示互相正交,无法衡量不同词之间的关系。

(2) 该编码只能反映某个词是否在句中出现,无法衡量不同词的重要程度。

(3) 编码后得到的是高维稀疏矩阵,将浪费计算和存储资源。

2. n 元语法模型

上述 One-Hot 模型的两种表示方法是假设字与字之间相互独立,没有考虑字与字之间的顺序。为此,人们引入了 n 元语法(n-gram)的概念。n 元语法是指从一个句子中提取 n 个连续的字的集合,这样可以获取字的前后信息,其中 2 元语法或 3 元语法比较常用。

n 元语法模型是一种基于概率的判别式语言模型,就是计算某个句子出现的概率,例如"我今天上班迟到了"这句话在整个语言中的概率,一般可以由一个大的语料库统计。用数学语言描述,如果句子表示为 $s = w_1, w_2, \cdots, w_t$,则该句子的概率(也就是这些单词的联合概率)为

$$P(\mathbf{S}) = P(w_1, w_2, \cdots, w_t) = P(w_1)P(w_2 \mid w_1)P(w_3 \mid w_1, w_2), \cdots, P(w_t \mid w_1, w_2, w_3, \cdots w_{t-1})$$

其中 $P(w_1)$ 表示第一个词 w_1 出现的概率;$P(w_2 \mid w_1)$ 是第一个词出现的前提下第二个词出现的概率,以此类推。例如 $s =$ "我今天上班迟到了",那么 $P(s) = P(\text{我})P(\text{今天} \mid \text{我})P(\text{上班} \mid \text{我,今天})P(\text{迟到了} \mid \text{我,今天,上班})$。如果严格按照上述公式计算概率,当 N 较大句子长度也较长时,计算复杂性将增大。

n 元语法模型的参数空间太大,而且数据稀疏,这将导致其在实际中基本无法使用。因此,可以使用马尔可夫假设,定义某个词出现的概率只与它前面的一个或几个词有关,使问题变得简单。

(1) 当 $n=1$ 时,称之为一元语法,此时第 i 个词出现的概率完全独立。

(2) 当 $n=2$ 时,称之为二元语法,即一阶马尔可夫链,此时第 i 个词出现的概率与它的前一个词有关,如下。

$$P(\mathbf{S}) = P(w_1, w_2, \cdots, w_t) = P(w_1)P(w_2 \mid w_1)P(w_3 \mid w_2) \cdots P(w_t \mid w_{t-1})$$

(3) 当 $n=3$ 时,称之为三元语法,即二阶马尔可夫链,此时第 i 个词出现的概率与它的前两个词有关。

$$P(\mathbf{S}) = P(w_1, w_2, \cdots, w_t) = P(w_1)P(w_2 \mid w_1)P(w_3 \mid w_1, w_2) \cdots P(w_t \mid w_{t-2}, w_{t-1})$$

n 元语法模型中并不是 n 取值越大越好,一般取 $n=1$ 或 $n=2$。

例 10-4 "李喜欢编程""张喜欢滑雪"两个句子,将其分解为二元语法词汇表如下。

{"李","李喜","喜","喜欢","欢","欢编","编","编程","程","张","张喜","欢滑","滑雪","雪"}

于是原来只有 10 个字的 1-gram 字典(就是一个字一个字进行划分的方法)就成了 14 个元素的二元语法词汇表。

结合 One-Hot 对两个句子进行编码得到

```
[1.1,1,1,1,1,1,1,1,0,0,0,0,0]
[0,0,0,1,1,1,0,0,0,0,1,1,1,1,1]
```

上述表示方法的好处是可以获取更丰富的特征,提取字的前后信息,考虑了字之间的顺序性。但是 n 元语法没有解决数据稀疏和词表维度过高的问题,而且随着 n 的增大,词表维度将变得更高。

文本的离散表示存在着数据稀疏、向量维度过高、字词之间的关系无法度量的问题,仅适用于浅层的机器学习模型,不适用于深度学习模型。

3. skip-gram 模型

1954 年 Harris 提出分布式假说:"上下文相似的词其语义也相似";1957 年 Firth 对分布式假说做出进一步的阐述:"词的语义由其上下文决定"。不难看出,文本分布式表示的核心思想是利用一个词附近的其他词表示该词。

如前所述,文本离散表示存在数据稀疏问题,经常遇到维数灾难,并且其无法表示语义信息,无法揭示词之间的内部潜在联系。但是,如果采用低维空间表示法则不但解决了维数灾难问题,并且挖掘了词之间的关联属性,从而提高了向量语义上的准确度。

词嵌入是指将词映射到一个新的空间中,并以多维的连续实数向量表示之。word2vec 模型使用的词向量与 One-Hot 词向量不同,是分布表示词向量的表示方式,其基本思想是通过训练将每个词映射成 k 维实数向量,并且通过词之间的距离判断它们之间的语义相似度。

word2vec 模型主要优点是考虑到词语的上下文,学习到了语义和语法的信息;得到的词向量维度小,节省存储和计算资源;通用性强,可以被应用到各种自然语言处理任务中。主要缺点是词和向量是一对一的关系,无法解决多义词的问题。word2vec 是一种静态的模型,虽然通用性强,但无法为特定的任务做动态优化。

word2vec 模型有两种不同的方法:连续词袋(continuous bag-of-words,CBOW)模型和 skip-gram 模型。连续词袋的目标是根据上下文预测当前词语的概率。skip-gram 则刚好相反,是根据当前词语预测上下文的概率。这两种方法都利用了人工神经网络作为它们的分类算法,原先的每个单词都是一个随机 N 维向量,但经过训练之后,它们可以获得每个单词的最优向量。

在自然语言处理中,skip-gram 是根据给定输入词来预测上下文。如图 10-7 所示,输入是一个词 $w(t)$,其输出是 $w(t-1)$、$w(t-2)$、$w(t+1)$、$w(t+2)$。

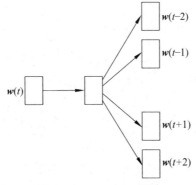

图 10-7 skip-gram 模型

例如,句子"我开车到大楼前"。如果将"车"作为输入数据,单词组{"我","开","到",

"大楼","前"}就是输出数据。

skip-gram 模型可分为两个部分,第一部分为建立模型,第二部分是通过模型获取嵌入词向量。skip-gram 的整个建模过程实际上与自编码器的思想相似,即先基于训练数据构建一个神经网络,当这个模型被训练好以后,并不用这个训练好的模型处理新的任务,真正需要的是这个模型通过训练数据所学得的参数,如隐含层的权重矩阵,这些权重实际上就是试图去学习的词向量。

这种方法实际上在无监督特征学习中经常可以见到,最常见的就是自编码器:通过在隐含层将输入进行编码压缩,继而在输出层将数据解码恢复初始状态,训练完成后,将输出层去掉,仅保留隐含层。

如果先用一组数据训练神经网络,那么模型通过学习这个训练样本就可得到词汇表中每个单词是输出词的概率。

4. CBOW 模型

CBOW 模型又称连续词袋模型,CBOW 模型与 skip-gram 模型相反,CBOW 模型是给定上下文预测输入词。CBOW 模型与 skip-gram 模型的原理相同,只不过输入的是预测词周围的词向量。CBOW 模型通过一个词的上下文(n 个词)预测当前词。具体来说,不考虑上下文的词语输入顺序,而是用上下文词语的词向量的均值预测当前词。CBOW 模型的好处是对上下文词语的分布在词向量上进行了平滑,去掉了噪声,因此在小数据集上简单有效。

当 $n=2$ 时,CBOW 模型如图 10-8 所示。

CBOW 模型的神经网络模型如图 10-9 所示。

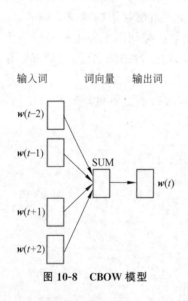

图 10-8　CBOW 模型

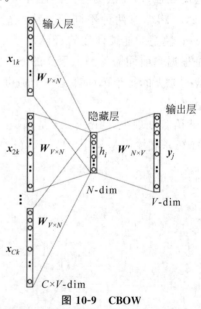

图 10-9　CBOW

CBOW 的神经网络模型与 skip-gram 的神经网络模型互为镜像,该模型的输入输出与 skip-gram 模型的输入输出相反,其输入层是由 One-Hot 编码的输入上下文 $\{x_1,\cdots,x_C\}$ 组成,其中窗口大小为 C,词汇表大小为 V。隐含层是 N 维的向量,最后输出层是也被 One-Hot 编码的输出单词 y。被 One-Hot 编码的输入向量通过一个 $V\times N$ 维的权重矩阵 W 连接到隐含层;隐含层通过一个 $N \times V$ 的权重矩阵 $\boldsymbol{W'}$ 连接到输出层。接下来,假设已知输入与输出权重矩阵的大小。

1) 正向传播

(1) 计算隐含层的输出。

(2) 计算在输出层每个结点的输入。

(3) 最后计算输出层的输出。

2) 逆传播

通过误差逆传播算法及随机梯度下降以学习权重,在学习权重矩阵 $\boldsymbol{W}$ 与 $\boldsymbol{W'}$ 过程中可以给这些权重赋一个随机值以初始化。然后按序训练样本,逐个观察输出与真实值之间的误差,并计算这些误差的梯度,在梯度方向纠正权重矩阵。

(1) 首先定义损失函数,这个损失函数就是给定输入上下文的输出单词的条件概率。

(2) 更新矩阵 $\boldsymbol{W'}$。

(3) 更新权重 $\boldsymbol{W}$。

例 10-5　CBOW 的三层结构:输入层,中间层,输出层。假设语料库有 10 个词如下。

$$[今天,我,你,他,小明,玩,香山,去,和,好]$$

现在有这样一句话:今天我和小明去香山玩。

很显然,对这个句子分词后应该是"今天,我,和,小明,去,香山,玩"

对于小明而言,选择他的前三个词和后三个词作为这个词的上下文,接下来,将这些分别表示成一个 One-Hot 向量(向量中只有一个元素值为 1,其他都是 0),则"今天我和小明去香山玩"一句话向量的 One-Hot 编码如下。

今天:$[1,0,0,0,0,0,0,0,0,0]$ 记为 x_1。

我:$[0,1,0,0,0,0,0,0,0,0]$ 记为 x_2。

和:$[0,0,0,0,0,0,0,0,1,0]$ 记为 x_3。

去:$[0,0,0,0,0,0,0,1,0,0]$ 记为 x_4。

香山:$[0,0,0,0,0,0,1,0,0,0]$ 记为 x_5。

玩:$[0,0,0,0,0,1,0,0,0,0]$ 记为 x_6。

另外,小明的向量表示如下。

小明:$[0,0,0,0,1,0,0,0,0,0]$

可以看出,向量的维度就是语料库中词的个数。接下来将这 6 个向量求和并将之作为神经网络模型的输入,即

$$\boldsymbol{X} = \boldsymbol{x}_1 + \boldsymbol{x}_2 + \boldsymbol{x}_3 + \boldsymbol{x}_4 + \boldsymbol{x}_5 + \boldsymbol{x}_6 = [1,1,0,0,0,1,1,1,1,0]$$

则 $\boldsymbol{X}$ 就是输入层,即输入层是由小明的前后三个词生成的一个向量,为 1×10 维(这里的 10 是语料库中词语的个数)。

这个例子根据一个词语的上下文预测这个词,就是根据"小明"这个词的前后三个词预测"小明"这个位置出现各个词的概率。因为训练数据中这个词就是"小明",所以"小明"出现的概率应该是最大的,希望输出层的结果就是"小明"对应的向量。所以本例中,输出层期望的数据实际就是"小明"这个词构成的向量,因此,可以认为其是训练数据的标签。

小明:$[0,0,0,0,1,0,0,0,0,0]$。

10.3　句 法 分 析

句法分析的任务是确定句子的句法结构或句子中各词之间的依存关系,主要包括完全句法分析、局部句法分析和依存关系分析。其中,前两种分析是对句子的句法结构进行分析,也被称为短语结构分析,主要是分析句子的"主、谓、宾、定、状、补"句法结构,而后一种是对句子中的词之间的依存关系进行分析,主要是分析词汇间的依存关系,如并列关系、从属关系、比较关系和递进关系等。

10.3.1　完全句法分析

完全句法分析的任务是输入词法分析后已分词并被标注过的句子,再利用层次分析法分析,最后得到短语结构树。

1. 层次分析法

层次分析法就是利用语言学从句子结构层面对句子进行分析。

(1) 将句子分为主语、谓语、宾语、定语、状语、补语六种成分。

(2) 以词或词组作为划分成分的基本单位。

(3) 根据六种成分的搭配排列按层次顺序确定句子的格局。

可将分析句子各成分间关系的推导过程用句法分析树表示出来,句法分析树也就是短语结构树,其以主语和谓语作为句子的主干,以其他成分作为枝叶描述整个句子的结构。

例 10-6　对于"我同学已经准备好了所需数据"句子,使用层次分析法的过程(表 10-7)和结果(图 10-10)如下。

表 10-7　层次分析过程

我同学 (主语)		已经准备好了所需数据 (谓语)		。句号 (断句符)	
我 (定语)	同学 (主语)	已经准备 (谓语)	好了 (补语)	所需数据 (宾语)	
		已经 (状语)	准备 (谓语)	所需 (定语)	数据 (宾语)

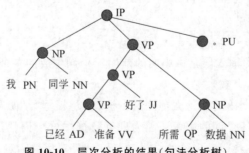

图 10-10　层次分析的结果(句法分析树)

图 10-10 所示的句法分析树中,IP 表示简单从句,NP 表示名词短语,VP 表示动词短

语,PU 表示断句符,而 NN 表示常用名词,JJ 表示形容词或序数词,AD 表示副词,VV 表示动词,QP 表示量词短语,ART 表示冠词。

名词短语是指中心词为名词的短语,其语法功能相当于名词性成分,一般可以在句子中充当主语、宾语、定语等。从语法的角度来看,该结构具有两种含义:其一是指按句法成分构成的短语,如组块在句子中充当主语、宾语等。

由此可见,虽然层次分析法枝干分明、便于归纳句型。但是这种方法会可能遇到大量的歧义,出现歧义的原因是:汉语的词类与句法成分之间的关系比较复杂,除了副词只能作状语(一对一)之外,其余的都是一对多关系,即一种词类可以作为多种句法成分、词存在兼类、短语存在多义性等。

2. 乔姆斯基(Chomsky)文法体系

在完全句法分析中,乔姆斯基形式文法是一个重要的理论。乔姆斯基形式语言历经古典理论、标准理论、扩充式标准理论、管辖约束理论和最简理论阶段的发展,对语言学界产生了重大影响并得以广泛应用。

形式文法描述形式语言的基本方法是从一个特殊的初始符号出发,不断地应用一些产生式规则,进而生成出一个字符串的集合。产生式规则指定了某些符号组合被另外一些符号组合替换的过程。

短语结构文法 G 的形式化定义为如下四元组。

$$G = (T, N, S, P)$$

四元组中的符号是专门用来描述文法的,不能出现在最终生成的句子中。

- T 是终结符的集合,N 是非终结符的集合,显然,T 和 N 不相交,T 和 N 共同组成符号集 V,因此有 $V = T \cup N, T \cap N = 0$。
- S 是起始符,它是集合 N 中的一个成员。
- P 是产生式规则集,每条产生式规则都具有如下形式:$a \rightarrow b, a \in V^+, b \in V^*, a \neq b$,$V^*$ 表示由 V^* 中的符号所构成的全部符号串(包含空符号串)一切符号的集合,V^+ 表示 V^* 中除空符号串外的一切符号的集合。

在短语结构文法中,基本运算就是将一个符号串重写为另一个符号串。如果 ab 是一条产生式规则,那么就可以通过 b 置换 a,重写任何一个包含子串 a 的符号串,将这一过程记为 $\rightarrow$。如果 u、$v \in V^*$,则有 $uav \rightarrow ubv$,也就是说,uav 直接产生 ubv,或 ubv 由 uav 直接推导得出。通过以不同的顺序使用产生式规则,就可以从同一符号产生许多不同的符号串。一部短语结构文法定义的语言 $L(G)$ 就是可以从起始符 S 推导出符号串 W 的集合,一个符号串要属于 $L(G)$,必须满足下述两个条件:该符号串只包含终止符;该符号串能根据文法 G 从起始符 S 推导出来。

由上面的定义可以看出,采用短语结构文法定义的某种语言由一系列产生式规则组成。

例 10-7 一个简单的短语结构文法。

$$G = (T, N, S, P)$$
$$T = \{the, student, bought, a, computer, likes\}$$
$$N = \{S, NP, VP, N, ART, V, Prep, PP\}$$
$$S = S$$

$$P:$$
$$S \rightarrow NP + VP$$
$$NP \rightarrow N$$
$$NP \rightarrow ART + N$$
$$VP \rightarrow V$$
$$VP \rightarrow V + NP$$
$$ART \rightarrow the \mid a$$
$$N \rightarrow student \mid computer$$
$$V \rightarrow bought \mid likes$$

乔姆斯基定义了下列 4 种典型形式文法：

- 无约束短语结构文法，又称 0 型文法；
- 上下文有关文法，又称 1 型文法；
- 上下文无关文法，又称 2 型文法；
- 正规文法，又称 3 型文法。

可以看出，型号越高，则所受约束就越多、生成能力则越弱、生成的语言集也越小。四类文法的真包含关系如图 10-11 所示。多数程序设计语言的单词语法都能用 3 型文法来描述。一般的文法至少都是 0 型文法，也就是说 0 型文法限制最少。对 0 型文法产生式规则的形式作某些限制后，出现了 1 型，2 型和 3 型文法。

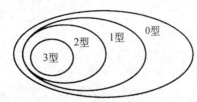

图 10-11　类文法的真包含关系

1）0 型文法

如果不对短语结构文法的产生式规则做更多的限制，而仅要求 x 中至少有一个非终结符，那么其就成为了乔姆斯基体系中生成能力最强的一种形式文法，即无约束短语结构文法。

$$x \rightarrow y (x \in V^{+}, y \in V^{*})$$

0 型文法是这几类文法中限制最少的一个，所以在乔姆斯基文法体系的形式文法至少是 0 型文法，平时常见的文法几乎都属于 0 型文法。0 型文法是非递归文法，无法在读入一个字符串后，最终判断出这个字符串是否由这种文法所定义的语言中的一个句子，因此，很少用于自然语言处理。

2）1 型文法

1 型文法又称上下文有关文法，可以被上下文有关文法描述的形式语言称为上下文有关语言。上下文有关文法是其中任何产生式规则的左端和右端都可以被终结符和非终结符的上下文所围绕的形式文法。形式文法 $G = (T, N, P, S)$ 是上下文有关的，如果在 P 中所有的规则都有如下形式：

$$aAb \rightarrow aYb$$

它是在 0 型文法的基础上，如果文法 G 中的每一个产生式 $x \rightarrow y$ 均满足 $|y| \geqslant |x|$，则文法 G 是 1 型文法或上下文有关的文法。上下文有关文法是一种满足约束的短语结构文法，对于每一条形式为 $x \rightarrow y$ 的产生式，y 的长度总是大于或等于 x 的长度，而且 $x, y \in V^{*}$，这一约束可以保证上下文有关文法的递归性，可以利用这一约束来判断某字符串是否

为上下文有关文法所定义的语言中的一个句子。

- 式子左边可以有多个字符,但必须有一个终结符以指示上下文相关性;
- 式子右边可以有多个字符,可以是终结符,也可以是非终结符,但必须是式子右边字符不少于左边字符。

自然语言是一种上下文有关的语言,需要使用 1 型文法描述。文法规则允许其左部有多个符号,但是至少包括一个非终结符,即上下文有关指的是对非终结符进行替换时需要考虑改符号所处上下文环境,但要求规则的右部分符号的个数不少于左部,以确保语言的递归性。对于产生式:

$$aAb \rightarrow ayb, \quad A \in N, \quad y \neq 0, \quad a 和 b 不能同时为 0。$$

在 0 型文法的基础上每一个 $x \rightarrow y$,都有 $|y| \geqslant |x|$,$|y|$ 表示的是 y 的长度。虽然要求 $|y| \geqslant |x|$,但是,有一特例:$x \rightarrow \varepsilon$ 也满足 1 型文法。假定 x 不出现在任何规则的右端。

上下文有关这个名称来源自 a 和 b 形成了 A 的上下文并且决定 A 是否可以被 Y 所替代。这不同于不考虑非终结符上下文的上下文无关文法。例如:

$$aSb \rightarrow aaSbb$$
$$S \rightarrow ab$$

是上下文有关文法的句子。

3) 2 型文法

2 型文法又称上下文无关文法。在上下文无关文法中,每一条规则都采用如下形式:

$$A \rightarrow x$$

其中,$A \in N$,$x \in V^*$,表明每条产生式规则的左侧必须是一个单独的非终止符。

- 式子左边只能有一个字符,而且必须是非终结符;
- 式子右边可以有多个字符,可以是终结符,也可以是非终结符,但必须是有限个字符。

在这种体系中,应用规则时不依赖于符号 A 所处的上下文,因此,称为上下文无关文法。

4) 3 型文法

3 型文法又称正规文法,其只能生成非常简单的句子。正规文法有两种形式,即左线性文法和右线性文法,在左线性文法中,所有规则都必须采用如下形式。

$$A \rightarrow Bt \ 或 A \rightarrow t$$

其中,A、$B \in N$,$t \in T$,即 A、B 都是单独的非终结符,t 是单独的终结符。而在右线性文法中,所有规则都必须书写如下:

$$A \rightarrow tB \ 或 A \rightarrow t$$

- 式子左边只能有一个字符,而且必须是非终结符;
- 式子右边最多有两个字符,而且如果有两个字符必须是一个终结符和一个非终结符。

递归可枚举文法的生成能力强于上下文有无关文法生成能力;上下文有有关文法的生成能力强于上下文有无关文法生成能力;上下文无关文法的生成能力强于正规文法。

上述四种类型的文法的主要特点如表 10-8 所示。

表 10-8　四种类型文法的主要特点

文　法	语　　言	产生式规则
0-型	递归可枚举语言	$a \rightarrow$ (无限制)
1-型	上下文有关语言	$aAb \rightarrow ayb$
2-型	上下文无关语言	$A \rightarrow y$
3-型	正规语言	$A \rightarrow Bt$ 或 $A \rightarrow t$ $A \rightarrow tB$ 或 $A \rightarrow t$

3. 四类文法判断

四种文法主要区别是规定产生式的左边和右边的字符的组成规则不同,可以严格根据左边和右边规则的不同来完成四类文法判断。

四种文法从 0 型~3 型,其规则和约定越来越多,限制条件也越来越多,所以应该按照 3 型→2 型→1 型→0 型的顺序去判断,一旦满足前面的规则,就不用去判断后面的了。

(1) 3 型文法的判断规则:

- 左边必须只有一个字符,且必须是非终结符;
- 其右边最多只能有两个字符,要么是一个非终结符+终结符(终结符+非终结符),要么是一个终结符;
- 对于 3 型文法中的所有产生式,若其右边有两个字符的产生式,这些产生式右边两个字符中终结符和非终结符的相对位置一定要固定,也就是说如果一个产生式右边的两个字符的排列是:终结符+非终结符,那么所有产生式右边只要有两个字符的,都必须满足终结符+非终结符。反之亦然。

(2) 2 型文法判断规则:

- 与 3 型文法的第一点相同,即:左边必须有且仅有一个非终结符;
- 2 型文法所有产生式的右边可以含有若干个终结符和非终结符(只要是有限的就行,没有个数限制)。

(3) 1 型文法判断规则:

- 1 型文法所有产生式左边可以含有一个、两个或两个以上的字符,但其中必须至少有一个非终结符;
- 与 2 型文法第二点相同,但需要满足 $|a| \leqslant |b|$。

例 10-8　例 10-5 的文法结构属于上下文无关文法(2 型文法),利用该文法对下面的句子进行分析:

The student has a computer.

由重写规则 1 开始得到下面的分析过程。

$$S \rightarrow NP + VP$$
$$\rightarrow ART + N + VP$$
$$\rightarrow \text{'The student'} + VP$$
$$\rightarrow \text{'The student'} + V + NP$$
$$\rightarrow \text{'The student has'} + NP$$
$$\rightarrow \text{'The student has'} + ART + N$$

→ 'The student has a computer'

上述例子描述了一个自上而下的推导过程,该过程开始于初始符号 S,然后不断地选择合适的重写规则,用该规则的右部代替左部,最后得到完整的句子。

另一种形式的推导被称为自下而上的过程,该过程开始于所要分析的句子,然后用重写规则的左部代替右部,直到达到初始符号 S。对应的句法分析树如图 10-12 所示,在句法分析树中,初始符号总是出现在树根上,终止符总是出现在树叶上。

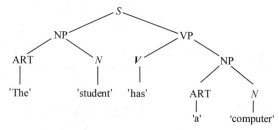

图 10-12 句法分析树

语法分析树是推导的图形表示形式,其中过滤掉了推导过程中对非终结符号应用产生式的顺序。每一个语法分析树的每个内部节点表示一个产生式的应用。该内部节点的标号是此产生式中非终结符号。这些节点的子节点的标号从左到右组成了在推导过程中替换这个表达式的产生式体。

在对句子分析过程中,可将分析句子各成分间关系的推导过程用属性图表示出来,则将这种图称为句法分析树。

4. 完全句法分析解决方法

完成完全句法分析的基本方法是:规则法、概率统计法、深度学习法。

1)规则句法分析算法

从句法分析树的生成过程可以看出,句法分析算法有自底向上、自顶向下、自底向上与自顶向下相结合三种策略。自底向上的方法从句子中的词语出发,基本操作是将一个符号序列匹配归约为其产生式规则的左部(用每条产生式规则左边的符号来改写右边的符号),逐渐减少符号序列直到只剩下开始符 S 为止。自顶向下的方法从符号 S 开始搜索,用每条产生式规则右边的符号改写左边的符号,然后通过不同的方式搜索并改写非终结符,直到生成了输入的句子或者遍历了所有可能的句子为止。

2)概率统计句法分析算法

使用概率统计法进行句法分析主要采用概率上下文无关文法,其可以直接统计语言学中词与词、词与词组以及词组与词组之间的规约信息,并且可以由语法规则生成给定句子的概率。

在自然语言处理领域中,如果引入了概率,那么这种方法的作用很有可能是消歧,因为其可以根据概率的大小对可能出现的情况进行选择。

而概率上下文无关文法的主要任务有两个:一个是句法分析树的消歧,另一个是求最佳分析树,二者之间有很大的相似之处。

3)神经网络句法分析

在句法分析中,将句子按照结构进行分解可以得到分析树。以此为目标,神经网络句法分析的基本思想是希望将问题在结构上分解为一系列相同的单元,单元的神经网络可以在结构上展开,且能沿展开方向传递信息。

10.3.2　局部句法分析

完全句法分析要求为整个句子构建句法分析树,而局部句法分析是浅层句法分析、语块分析,仅要求识别句子中某些结构相对简单的独立成分,如非递归的名词短语、动词短语等。

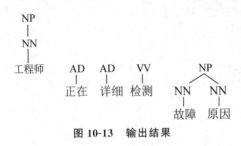

图 10-13　输出结果

这些识别出来的结构通常被称为语块,其中语块、短语这两个概念可以换用。

例如,工程师正在检测故障原因。

输入:工程师/NN/正在/AD 详细/AD 检测/VV 故障/NN 原因/NN。

输出:三部分独立成分,两个名词短语,一个动词短语,如图 10-13 所示。

由此可见,在局部句法分析中,可以将语块的分析转化成序列标注问题,完成了序列标注就完成了对语块的分析。

10.3.3　依存句法分析

依存句法分析的主要任务是分析出词与词之间的依存关系。现代依存语法理论认为句法关系和词义体现在词之间的依存关系中,而且词在组成一个结构词之间是有方向的,一些成分从属于另一些成分,每个成分只能从属于一个成分。而且,两个词之间的依存关系将由句法规则和词义定义。

1. 依存关系树

在依存句法理论中,依存是指词与词之间支配与被支配的关系,显然这种关系并不对等,具有方向性。确切地说,处于支配地位的成分被称之为支配者,而处于被支配地位的成分被称为从属者。依存树的特点是每个结点只有一个父结点,(其中只有一个结点的父结点是 root 结点),标点符号不参与依存树分析。依存关系的出边是控制词,入边是依存词。

图 10-14　由句子推出的
依存关系树

例如,"人工智能是计算机科学的前沿"这个句子的依存关系可以推出的依存关系树如图 10-14 所示。

在一句话中动词是句子的中心,它支配其他成分,但不受其他成分支配。上面句子中动词"是"是句子的中心,其他成分依存于它。以有向图和依存树的形式表示依存语法是可行的,依存语法本身没有规定要对依存关系进行分类,但为了丰富依存结构传达的句法信息,在实际应用中,一般需要给依存树的边加上不同的标记。句子"人工智能是计算机科学的前沿"就可用有向图表示,如图 10-15 所示。

ATT、SBV、VOB、DE 等表示词与词之间的依存关系。

(1) 定中关系 ATT
定中关系就是定语和中心词之间的关系,定语对中心词起修饰或限制作用。

(2) 主谓关系 SBV(subject-verb)
主谓关系是指名词和动作之间的关系。

（3）动宾关系 VOB(verb-object)

对于动词和宾语之间的关系定义了两个层次，一个是句子的谓语动词及其宾语之间的关系，定为 OBJ；另一个是非谓语动词及其宾语的关系，定为 VOB。这两种关系在结构上无区别，只是在语法功能上，OBJ 中的两个词充当句子的谓语动词和宾语，VOB 中的两个词构成动宾短语，作为句子的其他修饰成分。

（4）"的"字结构 DE

"的"字结构是指结构助词"的"和其前面的修饰语以及后面的中心词之间的关系。

例 10-9　输入：工程师/NN/ /AD 详细/AD 检测/VV 故障/NN 原因/NN。

输出：利用依存文法分析，可得依存结构树，如图 10-16 所示。

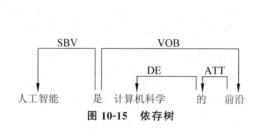

图 10-15　依存树

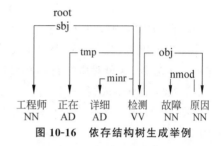

图 10-16　依存结构树生成举例

2. 依存句法的分析方法

依存句法分析主要在大规模训练语料的基础上使用机器学习方法（数据驱动方法）。数据驱动的依存句法分析方法主要包含基于图和基于转移两种方法。基于图的依存句法分析方法是将依存句法分析问题转换成从完全有向图中寻找最大生成树的问题；基于转移的依存句法分析方法是将依存树的构成过程看作一个行为序列，这样就可以将依存分析问题转化为寻找最优行为序列的问题。

1）基于图的生成式分析方法基本过程

（1）生成所有结点的完全有向图。

（2）用各种概率统计法（如最大似然估计）计算各边的概率。

（3）取权值最大的边加入有向图中。

（4）使用 Prim 最大生成树算法计算最大生成树，然后格式化输出。

很明显，此分析方法可以转化为传统最小生成树问题，将边概率取负对数。不难看出，上述过程中最重要的部分是计算各边的概率值。

2）方法举例

以分析句子"他玩排球"的依存关系为例说明基于图的依存句法分析过程。

（1）输入要词法分析的句子：他/PN 玩/VV 排球/NN。

（2）生成完全有向图。

由于依存句方法树中含有虚根，因此，需要为完全有向图加入一个虚结点，这样图中将一共有 n+1 个结点，n 为句子中的词数。具体如下。

"他/PN /玩 VV 排球/NN"

变换成以下形式。

"核心"/ROOT/他/PN 玩/VV 排球/NN

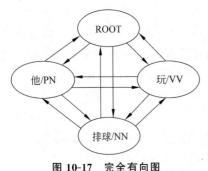

图 10-17　完全有向图

句子结点由 3 变换为 4,每个结点都与另外三个结点构成一条有向边,总计 4×3＝12 条,如图 10-17 所示。

（3）计算各边权值。

假设用 wordA 表示词 A、wordB 表示词 B、tagA 表示 A 的词性、tagB 表示 B 的词性,那么各边权值为:

$$W_{A\,\text{to}\,B}=-\log(\text{wordA to wordB 依存关系数 / 总数})$$

$$W_{A\,\text{to}\,B}=-\log(\text{wordA to tagB 依存关系数 / 总数})\times 10$$

$$W_{A\,\text{to}\,B}=-\log(\text{tagA to wordB 依存关系数 / 总数})\times 10$$

$$W_{A\,\text{to}\,B}=-\log(\text{tagA to tagB 依存关系数 / 总数})\times 100$$

对数函数中的内容可从语料中利用最大似然估计统计获得,以词到词(第一行)的转移概率作为主要因素,其余转移概率主要为平滑操作使用,防止零概率问题。此外,为了各种权重的公平起见,这里对后三行的转移概率进行了加权操作(×10,×100)。

（4）获取最小生成树。

对图 10-17 所示的完全有向图,可以通过最小生成树算法处理之,获得的最小生成树如图 10-18 所示。

（5）格式化输出,根据最小生成树得到依存关系树并输出可视化结果,如图 10-19 所示。

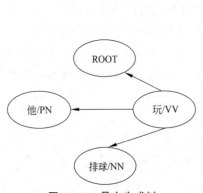

图 10-18　最小生成树

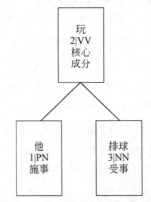

图 10-19　依存关系树输出的可视化结果

基于图的依存句法分析方法准确率较高,但是算法的复杂度也较高,难度一般为 $O(n^3)$ 或 $O(n^5)$,而且不易加入语言特征。基于转移的依存句法分析的基本思想如下:模仿人的认知过程,按照特定方向,每读入一个词都根据当前状态做出决策,判断其是否与前一个词存在依存关系,一旦做出决策,将不再改变。

10.4　语义分析

语义分析分为词汇级语义分析以及句子级语义分析两个部分。语义分析指运用各种方法,学习与理解一段文本所表示的语义内容,任何对语言的理解都可以被归为语义分析的范畴。一段文本通常由词、句子和段落构成,根据理解对象的语言单位不同,语义分析又可进一步被分解为词汇级语义分析、句子级语义分析以及篇章级语义分析。一般来说,词汇级语义分析关注的是如何获取或区别单词的语义,句子级语义分析则试图分析整个句子所表达的语义,而篇章级语义分析旨在研究自然语言文本的内在结构并理解文本单元(可以是句子、从句或段落)间的语义关系。简单地讲,语义分析的目标就是通过建立有效的模型和系统,在各个语言单位(包括词汇、句子和篇章等)下实现自动语义分析,从而理解整个文本表达的真实语义。

10.4.1　词汇级语义分析

词汇级语义分析的内容主要包括词义消歧和词语语义相似度计算两部分,词义消歧是自然语言处理的基本问题之一,其在机器翻译、文本分类、信息检索、语音识别、语义网络构建等方面都具有重要意义;而词语语义相似度计算则在信息检索、信息提取、词义排歧、机器翻译、句法分析等处理中有重要作用。

1. 词义消歧

词汇的歧义性是自然语言的固有特征。词义消歧可以根据一个多义词在文本中出现的上下文环境确定其词义。

在自然语言中,一词多义的现象普遍存在。主要自动获悉某个词的多种含义,或者已知某个词有多种含义,根据上下文确认其是何种含义。词义消歧的任务就是通过机器学习方法根据词语的上下文对词语的意思进行判断。语义消歧的基本方法分为基于背景知识的语义消歧、监督的语义消歧和无监督的语义消歧等。基于背景知识的词义消歧方法是以词典中词条本身的定义作为判断其语义的条件,使用此方法需要每个词所有可能的语义项都为已知。监督的语义消歧方法是通过一个已标注的语料库学习得到一个分类模型,然后根据分类模型实现分类,进而消除歧义。无监督的语义消歧方法按照消歧数据源不同可分为基于知识方法和基于统计方法两大类。

例 10-10　有下述义项。

(1) 能打家具。

(2) 打鼓很在行。

(3) 打碎碗。

(4) 很会与人打交道。

(5) 打车回家。

于是,基于这样的现状,词义消歧的任务就是给定输入,根据词语的上下文对词语的意思进行判断。

给定输入:善与外界打交道。

期望的输出:很会与人打交道。

给定输入:打车票回家。

期望的输出:打车回家。

2. 词语相似度

词语相似度是指两个词语在不同的上下文中可以互相替换使用而不改变文本的句法语义结构的程度。在不同的上下文中可以互相替换且不改变文本句法语义结构的可能性越大,二者的相似度就越高,否则相似度就越低。相似度以一个数值表示,一般取值范围在[0,1]上。一个词语与其本身的语义相似度为1;如果两个词语在任何上下文中都不可互相替换,那么其相似度为 0。值得注意的是，相似度涉及词语的词法、句法、语义甚至语用等方面的特点，显然，对词语相似度影响最大的应该是词的语义。

1）词语距离

词语距离是度量两个词语关系的另一个重要指标，由一个 $[0, \infty]$ 之间的实数表示。词语距离和词语相似度之间一定是存在某种关系的。

（1）两个词语距离为 0 时，其相似度为 1，一个词语与其本身的距离为 0。

（2）两个词语距离为无穷大时，其相似度为 0。

（3）两个词语的距离越大，其相似度越小，单调下降。

2）词语相关性

词语相关性是指两个词语相关的程度，其可以由这两个词语在同一个语境中共现的可能性来衡量。词语相关性和词语相似度不同，词语相似性反映的是词语之间的聚合特点，而词语相关性反映的是词语之间的组合特点。例如，学生和教师这两个词之间的相似度很低，但是相关性很高，因为这两个词经常在同一语境中出现。词语相关性也可以一个数值表示，一般取范围在 $[0,1]$ 上的实数。虽然相关性与相似性不同，但实际上，词语相关性和词语相似性存在密切的联系。如果两个词语非常相似，那么这两个词语与其他词语的相关性也非常接近。反之，如果两个词语与其他词语的相关性特点很接近，那么这两个词一般相似程度也会很高。

语义相似度与词向量相关，根据词向量的性质，语义相似词的词向量空间距离更相近，训练后，词义相近的词向量具有聚簇的语言学特性。

10.4.2 句子级语义分析

句子级语义分析可以根据句子的句法结构和句中词的词义等信息推导出能够反映一个句子意义的某种形式化表示。根据句子级语义分析的深浅，又可以进一步将之划分为浅层语义分析和深层语义分析。

1. 格文法

美国语言学家查理斯·菲尔莫尔（Charles Fillmore）于 1968 年提出格文法，该法从语义的角度出发，也就是从句子的深层结构研究句子的结构，是研究句法结构与语义之间关系的文法理论。在分析句子的过程中，人们经常需要找出句子中的主语、宾语等语法关系。格文法认为这仅是句子表层结构上的概念。在语言的底层，人们所需要的不是表层的语法关系，而是用施事、受事、工具、受益等概念所表示的句法语义关系，这些句法语义关系经过变换之后才在表层结构中成为主语或宾语，如图 10-20 所示。

在格文法中，格是指句子中的体词（名词、代词等）和谓词（动词、形容词等）之间的及物性关系。例如，动作和施事者的关系、动作和受事者的关系等，这些关系是语义的关系。底层格由底层结构中名词与动词之间的句法语义关系确定，不管表层句法结构如何变化，底层格语法不变。底层的格与任何具体语言中的表层结构上的语法概念（如主语、宾语等）没有对应关系。

例 10-11 格文法。

我吃了一个苹果。

一个苹果被我吃了。

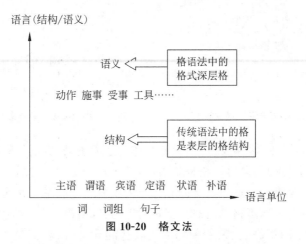

图 10-20　格文法

在语义上都表示为吃(我,苹果)的意思,但句子结构却有不同。

格文法如下。

(1) 谓词:吃(主动格)。

(2) 施事:我(实事格),施事是事件中自发动作行为或状态的主体。

(3) 受事:苹果(受事格),受事是施事是事件中自发动作行为所涉及的已存在的直接客体。

又如,"王教授昨晚在科学报告厅讲授人工智能。"

这个句子中包括以下元素。

(1) 谓词:"讲授"。

(2) 施事:"王教授"。

(3) 受事:"人工智能"。

(4) 时间:"昨晚"。

(5) 地点:"在科学报告厅"。

又如,表层结构与深层语义。

(1) 语料。

① 小明打坏玻璃。

② 锤子打坏玻璃。

③ 玻璃打坏。

④ 小明用锤子打坏了玻璃。

⑤ 玻璃被小明打坏。

(2) 格文法。

句子深层语义如下。

① 谓词:打(主动格)。

② 施事:小明(实事格)。

③ 受事:玻璃:(受事格)。

④ 受事:锤子:(工具格)。

(3) 表层结构与深层语义的区别如图 10-21 所示。

深层语义如图 10-22 所示。

图 10-21　表层结构与深层语义的区别

图 10-22　深层语义

由这个例子可以看出,在格文法中,无论具体句子的主语、宾语等如何改变,其深层语义不变。利用格文法分析的结果可用格框架表示,一个格框架由一个主要概念和一组辅助概念组成,这些辅助概念以一种适当定义的方式与主要概念相联系。在实际应用中,主要概念一般是动词,辅助概念为施事格、方位格、工具格等语义深层格。具体地说,要将格框架中的格映射到输入句子中的短语上、识别一句话所表达的含义,需要清楚"干了什么""谁干的""行为结果是什么"以及发生行为的时间、地点和所用工具等。

2. 语义角色标注

语义角色标注是浅层语义分析的主要内容,语义角色标注需要分析和描述句中各成分与谓词之间的结构关系,即以句子为单位分析句子的谓词-论元结构,但不对句子所包含的语义信息进行深入分析。具体来说,语义角色标注的任务就是以句子的谓词为中心研究句子中各成分与谓词之间的关系,并且用语义角色描述它们之间的关系,针对句子中的谓词确定其他论元以及其他论元的角色。

1)句子成分

主要成分包括三种。

(1)谓词是整个句子的核心词,一般是动词或者形容词。

(2)核心论元表示与这个谓词直接相关的论元,由 ArgN 表示。

(3)语义修饰语是不与谓词直接相关的论元,可独立存在,由 ArgM-XXX 来表示,如时间、地点、目的、程度、范围等。

语义角色标签和含义如表 10-9 所示。

表 10-9　语义角色标签和含义

标　签	含　义	标　签	含　义
Arg0	施事	ArgM-DIS	标记语
Arg1	受事	ArgM-DGR	程度
Arg2	范围	ArgM-EXT	范围
Arg3	动作开始	ArgM-FRQ	频率
Arg4	动作结束	ArgM-LOC	地点
Arg5	与其他动物相关	ArgM-MNR	方式
ArgM-ADV	状语	ArgM-PRP	目的
ArgM-BNF	受益人	ArgM-TMP	时间
ArgM-CND	条件	ArgM-TPC	主题
ArgM-DIR	方向		

正如分析句法需要基于词法分析的结果一样,标注语义角色需要依赖句法分析的结果。

2)语义角色标注的方法

语义角色标注的方法分为如下三种。

(1)基于完全句法分析的语义角色标注

(2)基于局部句法分析的语义角色标注

(3)基于依存句法分析的语义角色标注

语义角色标注的方法过程如图 10-23 所示。

图中步骤如下。

(1)剪除候选论元:指从句子中剪除掉不可能成为论元的词,通常采用基于规则的方法,如遍历语法树、句法依存树等方法。

(2)论元识别:采用 SVM 或者最大熵分类等方法。

(3)论元标注:指对识别出的论元赋予语义角色,一般将之看作多值分类问题。

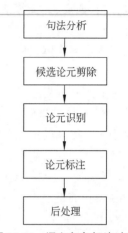

图 10-23　语义角色标注过程

(4)后处理:指对标注结果进行进一步处理,如删除语义重复的论元等,或者加上一些更加丰富的信息。

10.5　自然语言处理的应用

中文自然语言处理过程与应用场景总结归纳如下。

10.5.1　中文自然语言的处理过程

中文自然语言的处理过程包括获取语料、语料预处理、特征工程、模型训练和评价指标等。

1. 获取语料

语料是指语言材料,是语言学研究的内容,也是构成语料库的基本单元。语料可以由文本替代,此时文本中的上下文关系等同自然语言的上下文关系。文本集又被称为语料库,多个这样的文本集被称为语料库集合。按来源划分可以将语料分为已有语料和网上下载、抓取的语料两种类型。

1)已有语料

很多业务部门都积累有大量的纸质或者电子文本资料,这些纸质的资料在允许的条件下稍加整合即可被转为电子化文档,成为语料库。

2)网上下载、抓取语料

标准开放数据集,如国内的中文汉语搜狗语料、人民日报语料以及通过网络爬虫抓取的数据也可以作为语料。

2. 语料预处理

在中文自然语言处理过程中,语料预处理占到整个工作量的 $50\%\sim70\%$,所以开发人员需要花费大量时间预处理语料,需要通过清洗数据、分词、标注词性、去停用词等步骤完成语料的预处理工作。

1）清洗数据

清洗数据是将语料中的脏数据去除，找到满足质量要求的数据的过程，包括从原始文本提取标题、摘要、正文等信息，从爬取的网页内容中去除广告、标签、HTML、JS 等代码和注释等。常用的清洗方式有：去重、对齐、删除和标注、按规则提取内容、正则表达式匹配、根据词性和命名实体提取、编写脚本或者代码批处理等。

2）分词

中文语料数据通常是一批短文本或者长文本，如句子、文章摘要、段落或者整篇文章组成的集合。一般句子、段落之间的字、词语是连续的，具有一定含义。而挖掘分析文本时往往希望文本处理的最小单位粒度是词或者词语，所以需要将文本全部进行分词处理。

常用的分词算法有：基于字符串匹配的分词方法、基于理解的分词方法、基于统计的分词方法和基于规则的分词方法，每种方法都包括许多算法。中文分词算法的主要难点是歧义识别和新词识别。

3）标注词性

标注词性就是给每个词或者词语加上词类标签，表明其是形容词、动词、名词等。这样可以使文本在后面的处理中融入更多有用的语言信息。标注词性是一个经典的序列标注问题，不过处理有些中文自然语言时，标注词性不是必需。例如，文本分类就不用标注词性，但是，类似情感分析、知识推理等都需要标注词性。

（4）去除停用词

停用词一般指对文本特征没有任何贡献作用的字词，如标点符号、语气、人称等。在分词之后，下一步就是去除停用词。但是对中文来说，去停用词操作不是静止不变的，这是由于停用词词典是由具体场景决定，如在情感分析中，语气词、感叹号是应该保留的，因为它们对表示语气程度、感情色彩有一定的贡献和意义。

3. 特征工程

当预处理语料完成之后，接下来需要考虑如何将分词之后的字和词语表示成计算机能够处理的类型。显然，处理这些数据至少需要将中文分词的字符串向量化，最初步骤就是将文本中的句子表示成计算机能够处理的数字矩阵，而句子是由多个单词组成的，所以表达句子的任务就变成了如何表达单词。常用表达单词的方法有词袋模型和词向量模型。

在文本挖掘相关问题中，提取特征也必不可少。在一个实际问题中，构造特征向量需要选择合适的、表达能力强的特征。文本特征一般都是词语，具有语义信息，使用特征选择能够找出一个特征子集，其仍然可以保留语义信息，但提取特征找到的特征子空间将丢失部分语义信息。

4. 模型训练

在选择特征向量完成之后需要训练模型，不同的应用可使用不同的模型，学习方式可为监督、无监督和半监督学习等方式，如 k-最近邻分类器、支持向量机、朴素贝叶斯分类、决策树、梯度提升决策树、k 均值等模型；深度学习模型如 CNN、RNN、LSTM、Seq2Seq、FastText、TextCNN 等。这些模型已在分类、聚类、序列、情感分析等方面被广泛应用。在模型训练时需要注意避免过拟合、欠拟合问题，不断提高模型的泛化能力。对于神经网络，需要注意梯度消失、梯度爆炸和局部最小等问题。

5. 评价指标

1）主要评价指标

训练好的模型上线之前要经过必要的评估，其目的是使模型对语料具备较好的泛化归纳能力。主要评价指标有：错误率、精度、准确率、精确度、召回率等。

2）经常使用的曲线

（1）ROC 曲线。ROC 曲线全称是受试者工作特征曲线。评价语义分析结果时，可以根据学习器的预测结果将阈值从 0 变到最大，刚开始时可以将每个样本作为正例进行预测，随着阈值的增大，学习器预测正样例数将越来越少，直到最后没有一个样本是正样例（正样例是指属于某一类别的样例，反样例是指不属于某一类别的样例，例如，在做字母 A 的图像识别时，字母 A 的样本就属于正样本，不是字母 A 的样本就属于负样本）。在这一过程中，每次计算出两个重要量的值，分别以它们为横、纵坐标作图就可画出 ROC 曲线。ROC 曲线能很容易地查出任意阈值对学习器的泛化性能影响，有助于选择最佳的阈值；ROC 曲线越靠近左上角，模型的查全率就越高；最靠近左上角的 ROC 曲线上的点是分类错误最少的最好阈值，其假正例和假反例总数最少；用户可以对不同的学习器比较性能，将各个学习器的 ROC 曲线绘制到同一坐标中，直观地鉴别优劣，靠近左上角的 ROC 曲线所代表的学习器准确性最高。

（2）AUC 曲线。随机给定一个正样本和一个负样本，用一个分类器进行分类和预测该正样本的得分比该负样本的得分要大的概率。根据这一含义，可以确定，AUC 越大（越接近 1），模型的分类效果越好。

10.5.2　自然语言处理的基本应用场景

（1）机器翻译：将一种语言自动翻译成另外一种语言。

（2）信息检索：利用计算机系统从大量文档中找到符合用户需要的信息。

（3）信息提取：从指定文档或者海量文本中提取出用户感兴趣的信息。

（4）自动文摘：将原文档的主要内容或某方面的信息自动提取出来，并形成原文档的摘要。

（5）问答系统：计算机系统利用自动推理等手段，在有关知识资源中自动求解答案并做出相应的回答。

（6）阅读理解：类似英语考试中的阅读理解问题，要求系统回答一些非事实性的、高度抽象的问题，通常要求信息源被限定于给定的一篇文章。

（7）文档分类：利用计算机系统按照一定的分类标准对大量的文档自动归类。

（8）情感分类：利用计算机对文本数据的观点、情感、态度、情绪等进行分析挖掘。

本 章 小 结

自然语言处理是人工智能的重要研究领域。经过多年的研究，过去人们仅在弱智能方面取得了进展，对强智能方面研究还方兴未艾。本章介绍了自然语言处理的基本内容，主要包括分析词法、句法、语义和自然语言处理的应用场景等方面的内容。学习这部分内容，读者可以了解和掌握处理自然语言的基本方法和基本过程，为应用自然语言处理建立必备的理论基础。

第 11 章

知 识 图 谱

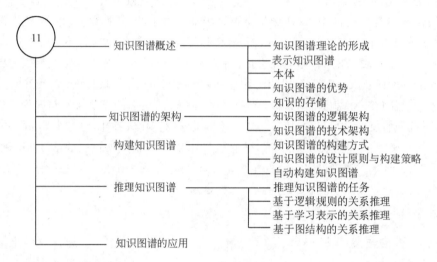

在 2006 年出现语义网之后,人们开始使用本体模型以形式化地表达数据中的隐含语义,资源描述框架(resource description framework,RDF)模式和万维网本体语言(Web ontology language,OWL)随之产生。在 2012 年,人们提出了知识图谱(Knowledge Graph)的概念,对语义网标准与技术进行了一次升华,其初衷是优化搜索引擎返回的结果,提高用户搜索质量。随着智能信息服务应用的不断发展,知识图谱已被广泛应用于智能搜索、智能问答、个性化推荐等诸多领域。

11.1 知识图谱概述

知识图谱蕴含丰富的人类先验知识,具有重要的学术价值和广泛的应用前景,能够极大地扩展人类现有知识的边界,有力地辅助人类进行智能决策。

知识是人工智能的基础。计算机可以模仿人类的视觉、听觉等感知能力,但这种感知能力不是人类的专属,动物也具备感知能力,甚至某些感知能力比人类更强。而认知是人类有别于其他动物的标志。同时,知识也使人不断地进步,不断地凝练,其传承是推动人类不断进步的重要基础,对于人工智能的价值是让计算机具备认知能力。构建知识图谱这个过程的本质就是让计算机形成认知能力,去理解客观世界。

知识图谱是最为重要的知识表示形式之一,是实现认知智能的核心技术,其脱胎于符号主义,相对传统知识表示具有规模巨大、语义丰富、质量精良和结构友好等特点。知识图谱的构建和基于知识图谱数据结构的应用是知识图谱核心问题。

11.1.1　知识图谱理论的形成

知识图谱的发展经历了一个缓慢的演进过程,多个方面技术进步推动了知识图谱的产生,如开放链接数据、知识表示、知识推理和知识存储等。随着人工智能的发展,知识图谱不断融合新的技术而变得更加完善。

1. 信息机器 Memex

1945 年,美国科学家范内瓦·布什(Vannevar Bush)提出了一种信息机器的构想,如图 11-1 所示。

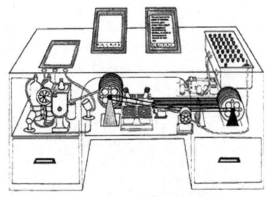

图 11-1　信息机器的构想

这种机器可以与图书馆联网,通过某种机制将图书馆收藏的胶卷自动装载到本地机器上。因此,只通过这一个机器就可以实现海量的信息检索。布什将这种机器命名为 Memex,也就是 memory extender 这两个单词词首的组合,意思是记忆的延伸。布什关于信息切换的描述直接启发了超文本协议的出现。以超文本为核心的 Web 比利用层级结构的方式更容易令人接受和传播。

2. 以超链接为主的 Web

1) 以链接数据为核心的语义网

语义网的核心是通过给万维网上的文档(如 HTML 文档、XML 文档)添加能够被计算机所理解的语义元数据,从而使整个互联网成为一个通用的信息交换媒介。其不同于万维网,万维网是面向文档,而语义网则面向文档所表示的数据。语义网更重视计算机的理解与处理,并且具有一定的判断和推理能力。

2) 知识图谱的提出

随着链接数据不断积累,万维网的数据以几何量级增长。为了更好地使用这些数据,人们提出了知识图谱的概念。知识图谱的提出目的在于帮助人类更好地利用开放链接数据,将搜索字符串变为搜索真实世界中事物的工具,将一个事物通过内部特征(属性)和外部联系(关系)立体地呈现在人们面前。这里可将知识图谱看作一张以关联关系构成的巨大图谱,图谱中的点代表客观事物,边代表了事物的属性或关系。

3) 链接数据

在语义网的技术中,数据的表示占了很大比重,按照语义网技术标准要求,所有的实体或属性除了用文本描述之外都应该有一个统一的标识,标识的形式可以是 XML、RDF、

RDFS 或者本体语言 OWL,这表明数据的表示是整个语义网的基础。

11.1.2 知识图谱表示

知识工程的核心内容是建立专家系统与智能系统,其目的是让计算机能够利用专家知识以及推理能力解决实际问题。知识图谱是一个重要的知识表示形式,其侧重于用关联方式表达实体与概念之间的语义关系,也就是将所有不同种类的信息连接在一起而得到一个关系网络。知识图谱提供了从关系的角度分析问题的能力,故其又被称为多关系图,由多种类型的结点和多种类型的边组成。

知识表示、语义网、本体、三元组等概念是知识图谱产生与应用的基础。知识图谱是知识表示的一种形式,其本质上是一种大型的语义网络,可以对现实世界的事物及其相互关系进行形式化地描述。知识图谱也可泛指各种大规模的知识库,是传统知识工程在大数据时代的延续,其可视化表示如图 11-2 所示,其中圆点表示实体(可触知的、有形的实际存在的物体),连线表示关系。

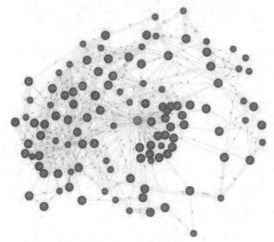

图 11-2 知识图谱的可视化表示

知识图谱的基本组成单位是<实体,关系,实体>三元组或者<实体,属性,属性的值>三元组,实体间通过关系相互联结,构成网状的知识结构。

例如,动物概念之间的关联描述如图 11-3 所示,如果输入鱼这个名词,可以得知它是一种生活在水中的动物。

为了人机自然地交互和计算机可以智能决策,人们需要将足够多的知识输入计算机。向计算机输入知识的核心技术就是知识图谱,其将人类掌握的不同知识进行关联并存储于计算机中,形成网状结构并持续动态地将之完善,可使计算机不断汲取知识,加深对客观世界的认知。知识图谱的形成过程本质是在建立认知,理解世界。

11.1.3 本体

1. 本体的定义与分类

本体(Ontology)的概念源自哲学领域,其在哲学中定义为世界上客观事物的系统描述,即存在论。哲学中的本体关心的是客观现实的抽象本质,而在计算机科学领域,本体可以在

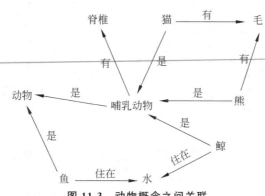

图 11-3　动物概念之间关联

语义层次上描述知识,可以被看成描述某个学科领域知识的通用概念模型。本体是共享概念模型的形式化规范说明,这个定义包含共享、概念化、明确性和形式化。

(1) 共享:指本体中体现的知识是被人们共同认可的,反映了领域中公认的术语集合。

(2) 概念化:指本体对事物的描述被表示成一组概念,概念模型所表现的含义将独立于具体环境。

(3) 明确性:指本体中全部的术语、属性及公理都应有明确的定义,其所使用的概念及使用这些概念的约束也都应有明确的定义。

(4) 形式化:指本体能够被计算机所处理。

本体通常用来描述领域知识,其是从客观世界中抽象出来的一个概念模型,这个模型包含了某个学科领域内的基本术语和术语之间的关系(或者称之为概念以及概念之间的关系)。本体不等同于个体,它是群体的共识,是相应领域内公认的概念集合。

本体主要分为 4 类:顶层本体、领域本体、任务本体和应用本体,如图 11-4 所示。

(1) 顶层本体:通用的概念以及概念之间的关系,如空间、时间、事件、行为等,与具体的应用无关,完全独立于限定的领域,因此可以在较大范围内得以共享。

(2) 领域本体:特定领域内概念及概念之间的关系。

(3) 任务本体:一些通用任务或者相关的推理活动,用来表达具体任务内的概念及概念之间的关系。

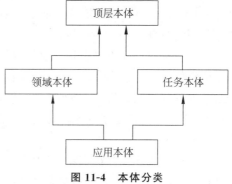

图 11-4　本体分类

(4) 应用本体:描述一些特定的应用,既可以引用领域本体中特定的概念,又可以引用任务本体中出现的概念。

2. 本体的元素

一个本体可以由类、关系、函数、公理和实例 5 种元素组成,其中类也被称为概念。

(1) 类:描述领域内的实际概念,既可以是实际存在的事物,也可以是抽象的概念,如大学、公司、医院等。

(2) 关系:用于描述类(概念)之间的关系,如 part-of、kind-of 等。本体类(概念)之间的基本关系如下。

① part-of：局部与整体的关系。

② kind-of：父类与子类之间的关系。

③ Instance-of：在类中填充实例，类与实例之间的关系。

④ Attribute-of：类的属性，有对象属性和数据属性。

（3）函数：函数是一类特殊的关系，在这种关系中前 $n-1$ 个元素可以唯一决定第 n 个元素，如 farther-of 关系就是一个函数，farther-of(x,y) 表示 y 是 x 的父级，x 可以唯一确定它的父级 y。

（4）公理：公理是经过人类长期反复实践的考验，不需再加证明的命题。公理代表本体内存在的事实，其可以对本体内类或者关系进行约束，如概念 B 属于概念 A 的范围。

（5）实例：表示具体某个类的实际存在，如 xx 大学是大学的一个实例。

3. 本体的描述语言

本体的描述语言众多，常用的有 RDF、RDFS 和 OWL。

1）RDF

客观世界中任何一种关系都可以由一个三元组（主体/主语、谓语、客体/宾语）表达。资源描述框架（Resource Description Framework，RDF）就是用于描述 Web 资源的语言，其由 XML 语言编写、计算机可读。RDF 使用 Web 标识符（主体/主语）标记资源，使用属性（谓语）和属性值（客体/宾语）描述资源。这里的资源、属性和属性值就构成了一个陈述（或者被称为陈述中的主体、谓语和客体），如图 11-5 所示。

图 11-5　RDF 三元组

例如，The author is Liming. 这句话是一个陈述。这里陈述的主体是 author，谓语是 is，客体是 Liming。

本体中的类（概念）就是 RDF 三元组中的主体/客体，类的属性就是 RDF 三元组中的谓语。RDF 数据也可以被表示为一个带有标记的有向图，图上的结点对应三元组中的主体和客体，边对应谓语。在 RDF 中，知识总是以三元组的形式出现，每一条知识都可以分解为主语、谓语和宾语的三元组来表示。

根据现存的三元组可以推导出新的关系，这对构建知识图谱非常重要。知识图谱要有丰富的实体关系才能真正达到它的实用价值。为了克服人工操作的弊端，可在内部设定一个自动推理的机制，可以不断地通过推理得出新的关系数据，也就是说，可以不断地丰富知识图谱。例如，由＜翅膀，part-of，鸟＞＜麻雀，kind-of，鸟＞可以推导出＜翅膀，part-of，麻雀＞。

三元组是人和计算机都易于理解的结构，人可以理解，计算机也可以通过三元组处理之，所以三元组是一个既容易被人类理解，又容易被计算机来处理和加工的结构。

2）RDFS 词汇描述语言

词汇描述语言（RDF Schem，RDFS）是在 RDF 基础上扩展而形成的本体语言，是用于定义元数据属性元素以描述资源的一种定义语言。RDFS 解决了 RDF 模型原有的缺点，定义了类、属性、属性值以描述客观世界，并且可以通过定义域和值域约束资源，更加形象化表达了知识。

3）Web 本体语言

Web 本体语言是由 W3C 开发的网络本体语言，其被用来对本体进行语义描述，保持了原有 RDF、RDFS 的兼容性,由保证率较好的语义表达能力,根据表达能力的增强顺序 OWL 分为三种子语言:OWL-Lite、OWL-DL 和 OWL-Full。OWL 本体中有 3 种基本元素:类、属性和实例。

11.1.4 知识图谱的优势

知识图谱可以最有效、最直观地表达实体间的关系,简单地说,就是把大量不同种类的信息连接在一起而得到一个关系网络,为人们提供从关系的角度分析问题的能力。知识图谱本质上是一种揭示实体之间关系的语义网络,可以对现实世界的事物及其相互关系进行形式化的描述。使用结点和关系所组成的图谱为真实世界的各个场景直观地建模,运用图的基础性、通用性高保真地表达客观世界的各种关系,并且直观、自然、直接和高效,不需要中间过程的转换和处理,避免复杂化及遗漏很多有价值的信息。凡是有关系的地方都可以用到知识图谱,与传统数据存储和计算方式比较,知识图谱的优势如下。

1. 规模巨大

知识图谱规模巨大,包含信息量巨大。数据是以(实体、属性、值),(实体、关系、实体)混合的形式组织的,其采用 CSV 数据格式,总计可达到数亿个三元组。

2. 语义丰富

知识图谱包含各类语义关系,建模多样、表达能力强;可以处理复杂多样的关联分析,满足各种角色关系的分析和管理需要。

3. 质量精良

大数据多源特性使得知识图谱可以通过多个来源验证简单事实。

4. 结构友好

知识图谱通常可以表示为三元组,这是典型的图结构。

5. 能像人类一样思考与分析

基于知识图谱的交互探索式分析,机器可以模拟人的思考过程去发现、求证、推理等。

6. 方便使用

业务人员自己就可以完成全部知识构建过程,不需要专业人员的协助。

7. 知识学习

利用交互式计算机学习技术,知识图谱支持推理、纠错、标注等交互动作的学习功能,可以不断沉淀知识逻辑和模型,提高系统智能性。

8. 高速反馈

图式的数据存储方式调取数据速度快,可计算超过百万潜在的实体属性分布,可实现秒级返回结果,真正实现人机互动的实时响应,可以帮助用户即时决策。

11.1.5 知识存储

知识图谱的基本单位便是由"实体-关系-实体"构成的三元组,这是知识图谱的核心。

1. 知识图谱存储方式

知识图谱主要有两种存储方式:一种是基于资源描述框架 RDF 的存储;另一种是基于图数据库的存储。RDF 的一个重要设计原则是数据的易发布以及共享,图数据库则将重点放在了高效的图查询和搜索上。其次,RDF 以三元组的方式存储数据,但其并不包含属性信息,但图数据库一般以属性图为基本的表示形式,所以实体和关系可以包含属性,这就表明其更容易表达现实的业务场景。知识图谱是结构化的语义知识库,用于迅速描述物理世界中的概念及其相互关系,通过将数据粒度从文档级别降到数据级别而聚合大量知识,从而实现知识的快速响应和推理。

2. 数据类型

知识图谱的原始数据类型分为三种。

1) 结构化数据

结构化数据可以在结构数据库中存储与管理,并可用二维表表达实现的数据。这类数据是先有结构然后才有数据。例如,关系数据库系统存储的是结构化数据。

2) 非结构化数据

非结构化数据是指在获得之前无法预知其结构的数据,目前 Web 服务所获得的数据 85% 以上是非结构化数据,而不再是纯粹的结构化数据,如图像、音频、视频等都是非结构化数据。

3) 半结构化数据

半结构化数据具有一定的结构性,这样的数据与结构化数据、非结构化数据都不一样,例如,网页数据是一种典型的半结构化数据,包括 HTML、XML、JSON 等均为半结构化数据。

表 11-1 给出了结构化数据、非结构化数据、半结构化数据的比较结果。

表 11-1　结构化数据、非结构化数据、半结构化数据的比较

对 比 项	结构化数据	非结构化数据	半结构化数据
定义	具有数据结构描述信息的数据	不方便由固定结构表现的数据	处于结构化数据和非结构化数据之间的数据
结构与内容的关系	先有结构,再有数据	只有数据,无结构	先有数据,再有结构
示例	各类表格	图形、图像、音频、视频信息	HTML 文档,它一般是自描述的,数据的内容与结构混在一起

11.2　知识图谱的架构

架构是抽象的顶层结构描述,知识图谱的架构主要包括其自身的逻辑架构以及构建知识图谱所采用的技术体系架构。

11.2.1　知识图谱的逻辑架构

知识图谱的逻辑架构可分为模式层与数据层两个层次。模式层建立在数据层之上,是知识图谱的核心。

1. 数据层

数据层存储真实的数据,即具体的数据信息,故数据层主要是由一系列的事实组成,而将知识以事实为单位进行存储,用(实体1,关系,实体2)、(实体、属性,属性值)三元组来表

达事实,以图数据库作为存储介质。

2. 模式层

模式层在数据层之上,是知识图谱的核心,在模式层存储的是经过提炼的知识,且通常采用本体库管理知识图谱的模式层。模式层主要通过本体库规范数据层的一系列事实表达。本体是结构化知识库的概念模板,通过本体库形成的知识库不仅层次结构强,并且冗余程度小。

11.2.2　知识图谱的技术架构

知识图谱的技术架构如图 11-6 所示,其中虚线框内所示的是知识图谱构建与更新的部分。

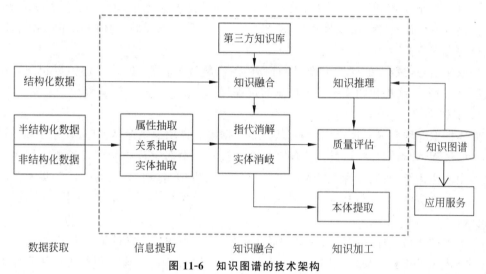

图 11-6　知识图谱的技术架构

在图 11-6 中,知识图谱的构建与更新过程是输入原始的数据(结构化数据、半结构化数据、非结构化数据),采用一系列自动或者半自动的技术处理之。从原始数据库和第三方数据库中获取数据、提取知识事实,并将其存入知识库的数据层和模式层。这一过程主要包括信息抽取、知识表示、知识融合、知识加工 4 个阶段。在这一节所涉及的内容在第 3 章机器推理、第 10 章自然语言处理中有系统的介绍,这里仅从知识图谱应用角度作一说明,对其原理不再赘述。

1. 信息提取

信息提取是从不同数据源、不同结构的数据中提取知识,形成知识(结构化数据)并将之存入到知识图谱的过程,提取不同类型数据的知识与对应的技术如图 11-7 所示。

构建知识图谱的第一步是信息提取,这一步的任务是从半结构化或无结构的数据源中自动抽取实体、关系、实体属性等信息,主要技术包括实体抽取、关系抽取和属性抽取等。根据不同的数据类型应采用不同的抽取和处理方法。对于结构化数据,其数据结构清晰,故若需将关系型数据库中的数据转换为 RDF 数据,普遍采用的技术是图映射和 D2R(将数据库转换为 RDF)技术。半结构化数据主要是指那些具有一定的数据结构,但需要进一步提取整理的数据,如百科的数据、网页中的数据等。处理这类数据,主要采用包装器的处理方式。

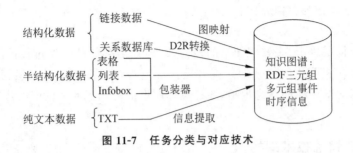

图 11-7　任务分类与对应技术

包装器是一个能够将数据从 HTML 网页中抽取出来,并且将其转换为结构化的数据的程序。对于非结构化的文本数据,实体抽取是指概念,人物,组织,地名,时间等的抽取。关系抽取也就是抽取实体和实体之间的关系,需要采用一定的技术手段将关系信息提取出来。属性抽取也就是抽取实体的属性信息,其与关系相类似,关系反映实体的外部联系,属性体现实体的内部特征。

抽取非结构化数据的问题复杂,针对具体的语料环境,采用的技术也不尽相同。在这里,仅介绍抽取非结构化的文本数据信息的过程与方法。

1) 实体抽取

实体抽取又称命名实体识别,是指从文本数据集中自动识别命名实体,并标注其位置以及类型的过程,即将实体抽取转化为序列标注的过程。命名实体识别就是需要识别出待处理文本中的实体类、时间类和数字类三大类别,人名、机构名、地名、时间、日期、货币和百分比七小类命名实体,主要包括实体边界识别和确定实体类别(人名、地名、机构名或其他)两部分。

英语中的命名实体具有比较明显的形式标志,实体中的每个词的第一个字母要大写,所以识别实体边界相对容易。识别汉语命名实体的任务更加复杂,而且相对于标注实体类别子任务,实体边界的识别更加困难。

命名实体识别是一个分类问题。给定一个单词,需要根据上下文判断它属于 n 类中的哪一个类,如果属于则类别为 1,表示是实体;如果都不属于则类别为 0,表示不是实体,所以这是一个 $n+1$ 分类的问题。

2) 关系抽取

文本语料经过实体抽取之后得到的是一系列离散的命名实体,为了得到语义信息,还需要从相关语料中提取出实体之间的关联关系,通过关系将实体联系起来后,才能够形成网状的知识结构。根据关系抽取方法的不同可以将其分为:基于模板的方法(触发词的模式、依存句法分析的模式)、基于监督学习的方法、弱监督学习的方法(远程监督、Bootstrapping)。基于模板的方法在小规模数据集上容易实现且构建简单,缺点为维护困难、可移植性差、模板需要专家构建;基于监督学习的方法的优点为准确率高,标注的数据越多越准确,缺点为标注数据的成本太高,不能扩展新的关系;弱监督学习的方法主要有远程监督、Bootstrapping 等,远程监督可以利用知识库的丰富信息减少一定的人工标注工作,但其假设过于肯定,因此会引入大量的噪声,同时由于是在知识库中抽取存在的实体关系对,因此不易发现新的关系,Bootstrapping 方法的优点为构建成本低,适合大规模的构建,同时还可以发现新的关系,缺点为对初始给定的种子集敏感,容易出现语义漂移现象,所获的结果准确率较低等。

（1）基于触发词的模式：首先定义一套种子模板，根据触发词找出关系，同时通过命名实体识别给出关系的参与方。

（2）基于依存分析的模式：以动词为起点构建规则，对结点上的词性和边上的依存关系进行限定，一般情况下是形容词＋名字或动宾短语等，因此相当于以动词为中心结构的模式，其执行流程如图 11-8 所示。

（3）监督学习

在给定实体对的情况下根据句子上下文对实体关系进行预测，执行流程如下。

预先定义好关系的类别→人工标注部分数据→设计特征表示→选择一个分类方法（支持向量机、神经网络、朴素贝叶斯）→评估方法。

（4）远程监督方法

监督学习效果好，但获取标注数据集困难。因此可以借助半监督学习的方法，而远程监督学习是半监督方法。

远程监督方法可以将知识库与非结构化文本对齐以自动构建大量训练数据以减少模型对人工标注数据的依赖，增强模型跨领域适应能力。远程监督方法认为如果两个实体在知识库中存在某种关系，则包含该两个实体的非结构化句子均能表示出这种关系，远程监督流程如下。

从知识库中抽取存在关系的实体对→从非结构化文本中抽取含有实体对的句子作为训练样例。Bootstrapping 方法可以在文本中匹配实体对和表达关系短语模式，寻找和发现新的潜在关系三元组，这个方法执行流程如下。

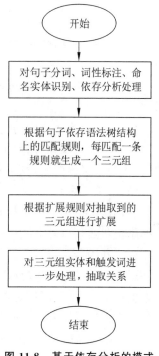

图 11-8 基于依存分析的模式

从文档中抽取包含种子实体的新闻→将抽取出的模式到文档集中匹配→根据模式抽取出的新文档（如种子库）→迭代多轮直到不符合条件为止。

3）属性抽取

属性抽取的目标是从不同信息源中采集特定实体的属性信息，例如，针对某个公众人物，可以从网络公开信息中得到其昵称、生日、国籍、教育背景等信息。该方法将实体的属性视作实体与属性值之间的一种名词性关系，可将属性抽取任务转化为关系抽取任务。具体方法如下。

基于规则和启发式算法等方式抽取结构化数据、基于百科类网站的半结构化数据，然后自动生成训练语料，用于训练实体属性标注模型，然后将其应用于对非结构化数据的实体属性抽取。通过数据挖掘方法直接从文本中挖掘实体属性和属性值之间的关系模式，据此实现对属性名和属性值在文本中所示的定位。

2. 知识融合

通过信息抽取所获的结果中可能含有大量的冗余和错误的信息，而且数据之间的关系也是扁平化的，缺乏层次性和逻辑性，因此需要对其进行知识融合，通过融合知识可以消除概念歧义，剔除冗余和错误，从而确保知识的质量。

融合知识是指将多个知识库中的知识整合形成一个知识库的过程,在融合知识过程中,主要解决的问题是对齐实体。不同的知识库收集知识的侧重点不同,对于同一个实体,有知识库的可能侧重于其本身某个方面的描述,有的知识库可能侧重于描述实体与其他实体的关系。融合知识的日的就是将不同知识库对实体的描述整合,形成全面、准确、完整的统一实体描述,其主要包含链接实体与合并知识两部分内容。

　　1) 实体链接

　　实体链接的具体流程是首先从文本中实体抽取得到实体指称项;然后进行实体消歧和共指消解,最后再确认知识库中对应的正确实体对象,将该实体指称项链接到知识库中的对应实体。

　　(1) 实体消歧是解决同名实体产生歧义问题的技术,通过消歧可以根据当前的语境准确建立实体链接,其主要采用聚类法,类似词性消歧和词义消歧。

　　(2) 共指消解技术用于解决多个指称对应同一实体对象的问题。这多个指称可能指向的是同一实体对象,利用共指消解技术可以将这些指称项关联(合并)到正确的统一实体对象,共指消解又称对象对齐、实体匹配和实体同义。

　　2) 知识合并

　　实体链接的是从半结构化数据和非结构化数据中抽取出来的数据,除了半结构化数据和非结构化数据以外,还有结构化数据源,如外部知识库和关系数据库。处理这部分结构化数据就是知识合并过程。知识合并主要分为下述两种。

　　(1) 数据层的融合,包括实体的指称、属性、关系以及所属类别等,主要是避免实例以及关系的冲突、冗余等问题。通过融合模式层可以将新得到的本体融入已有的本体库中。合并外部知识库主要处理的是各数据层、模式层的冲突。

　　(2) 在合并关系数据库时,知识图谱构建的一个重要的高质量知识来源是企业或者机构自己的关系数据库。为了将这些结构化的历史数据融入知识图谱中,可以采用资源描述框架(RDF)作为数据模型。这一过程就是将关系数据库的数据转换成 RDF 的三元组数据。

　　3) 知识融合的基本技术流程

　　知识融合一般分为两步,实体对齐和实体匹配,它们的基本流程相似,如图 11-9 所示。

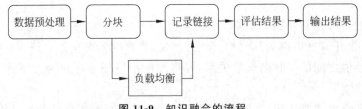

图 11-9　知识融合的流程

　　(1) 数据预处理阶段,原始数据的质量直接影响最终链接的结果,不同的数据集对同一实体的描述方式往往不同。进行归一化处理是提高后续链接精确度的重要步骤,其主要包括语法正规化和数据正规标准化。

　　(2) 记录链接。假设有两个实体的记录 x 和 y,x 和 y 在第 i 个属性上的值是 x_i、y_i,那么可通过如下两步进行记录链接:首先可以综合单个属性相似度得到属性相似度向量,然后根据属性相似度向量得到一个实体的相似度。

（3）分块

分块是从给定的知识库中的所有实体对中选出潜在匹配的记录以作为候选项，并将候选项的大小尽可能地缩小。为了使数据可以分而治之，应在每一块较小的同时要保证覆盖率，使不需要链接的、不相关的实体排除在块外。为了在保证覆盖率的情况下来减少精确匹配的必要性。

（4）负载均衡

负载均衡可以保证所有块中的实体数目相当，从而保证分块对性能的提升程度。最简单的方法是执行多次 Map Reduce 操作。

（5）结果评估

结果评估主要包括评估准确率、召回率、运行时间等。

3. 知识加工

知识抽取可以从原始语料中提取实体、关系和属性等知识要素，再经过融合知识消除实体指称项与实体之间的歧义，可得到一系列基本的事实描述。为了最终获得结构化的知识体系，还需要再加工知识，加工知识的基本过程是：构建本体、推理知识、评估质量。

1）本体构建

本体是对概念进行建模的规范，是描述客观世界的抽象模型，其以形式化的方式对概念及其之间的关系给出明确的定义。本体可以借助编辑软件采用人工编辑的方式手动构建，也可以数据驱动的自动化方式构建。因为人工方式工作量巨大，所以当前技术主流都是从一些面向特定领域的现有本体库出发，采用自动构建技术逐步扩展而完成。基于数据驱动的自动构建本体过程分为三个阶段：计算实体并列关系相似度、抽取实体上下位关系、生成本体。

例 11-1　当知识图谱刚得到公司 A、公司 B、手机这三个实体的时候，认为它们三个之间无差别。

刚开始时，这三个实体实际上还是没有上下层的概念，还不知道公司 A 和手机根本就不隶属于一个类型，无法比较。但当它去计算三个实体之间的相似度之后，通过抽取实体上下位关系确立实体的上下位关系，可以发现公司 A 和公司 B 之间可能更相似，但与手机差别更大一些，最后生成本体如图 11-10 所示。

图 11-10　本体构建举例

2）推理知识

在完成了构建本体这一步之后，一个知识图谱的雏形已经被构建起来。但可能这个知识图谱之间大多数关系都是残缺的，这时可以使用知识推理技术发现这些关系，进一步地完善知识图谱。

推理知识是指从知识库中已有的实体关系数据出发,经过计算机自动推理而建立实体之间的新关联,从而拓展和丰富网络知识。推理知识图谱的主要方法有基于规则的关系推理、基于表示学习的推理和基于图结构关系的推理。更详细的推理知识图谱的说明见11.4节。

3) 评估质量

基于技术的限制,采用开放域信息抽取技术得到的元素有可能存在实体识别错误、关系抽取错误,因此,需要评估质量。评估质量就是对最后的结果数据进行评估,将合格的数据放入知识图谱中。评估质量的方法根据知识图谱的不同而不同,其目的是获得合乎要求的知识图谱数据,标准根据具体情况而确定。例如,对于行业的知识图谱,因为只有行业专家能够给出权威正确的答案,所以可采用知识的评估质量方法。

评估质量也是构建知识库技术的重要组成部分,可以通过对知识的可信度进行量化,通过舍弃置信度较低的知识以保障知识库的高质量。

4. 更新知识

人类所拥有的信息和知识量都是随时间而单调递增,因此知识图谱的内容也需要及时更新,进而使知识图谱的构建过程变成一个不断迭代更新的过程。只有更新知识才可使知识图谱不断完善,并能够使之反映现代知识体系。

1) 更新知识层面

在逻辑上,知识库更新包括概念层更新和数据层更新。

(1) 概念层更新:概念层的更新是指新增数据后获得了新的概念,需要自动将新的概念添加到知识库的概念层中。

(2) 数据层更新:数据层的更新主要是新增或更新实体、关系、属性值,其需要考虑数据源的可靠性、数据的一致性等问题,并将各数据源中出现频率高的事实和属性加入知识库。

2) 内容更新的方式

知识图谱的内容更新有两种方式。

(1) 全面更新:指以更新后的全部数据为输入重新开始构建知识图谱。这种方法比较简单,但资源消耗大,而且需要耗费大量人力资源进行系统维护。

(2) 增量更新:以当前新增数据为输入向现有知识图谱中添加新增知识。这种方式资源消耗小,但目前仍需要大量人工干预(定义规则等问题),因此实施较为困难。

11.3　知识图谱构建

构建知识图谱主要关注整合结构化、非结构化的数据,使之符合用统一的语义数据结构。基于知识图谱的应用主要关注从这种语义数据结构中挖掘、发现、推演出相关的隐藏知识、新知识或者实现更高层的应用,如搜索、问答、决策、推荐等。因为数据来源、数据类型以及需求的多样性要求规模和支撑的业务范围大,以及数据稀疏与质量低下、知识分布不均匀、资源有限等因素是知识图谱构建的主要困难。

11.3.1　知识图谱的构建方式

知识图谱主要有自顶向下与自底向上两种构建方式。知识图谱技术在发展初期主要采用自顶向下的方式构建。随着自动知识抽取与加工技术的不断成熟与日益完善,当前的知识图谱大多采用自底向上的方式构建。

1. 自顶向下的构建方式

自顶向下的知识图谱构建方式是先为知识图谱定义本体与数据模式,然后再将实体加入到知识库。也就是说,自顶向下的构建方式是先确定知识图谱的数据模型,再根据模型填充具体数据,最终形成知识图谱。该方式需要利用一些现有的结构化知识库作为基础知识库,其的流程如图 11-11 所示。

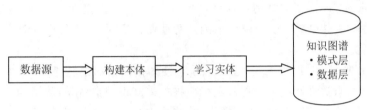

图 11-11　自顶向下的知识图谱构建过程

数据模型是知识图谱的顶层,知识图谱的特点确定了数据模型,也就确定了知识图谱收集数据的范围以及数据的组织方式。自顶向下的构建方式适用于构建知识内容比较明确、关系比较清晰的领域知识图谱。因为行业的数据内容、数据组织方式比较容易确定,所以自顶向下的构建方式适用于构建行业知识图谱。

2. 自底向上的构建方式

与自顶向下的知识图谱构建方式相反,自底向上的知识图谱构建方式是指从一些开放链接数据中提取实体,选择其中置信度较高的实体加入到知识库,然后再构建顶层本体的模式,其过程如图 11-12 所示。目前,大多数知识图谱都采用自底向上的方式构建,其也符合互联网数据内容知识产生的特点。

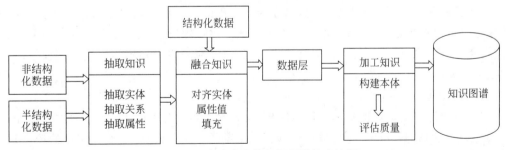

图 11-12　自底向上的知识图谱构建流程

自底向上的知识图谱构建方式首先以三元组的方式收集具体数据,然后根据数据内容提炼数据模型。采用这种方式的原因是人们在开始构建时还不清楚收集数据的范围,也不清楚数据应如何使用,只得首先将所有的数据收集起来形成一个庞大的数据集,然后再根据数据内容总结数据的特点,将数据整理、分析、归纳、总结,形成一个框架结构(也就是数据模型)。公共领域的知识图谱都采用这种方式构建,这是由于公共领域的知识图谱涉及大量数据,并且包括多方面的知识,数据模型大而全,在构建知识图谱初期很难确定这些数据的整体架构,只能是根据数据的内容总结提炼特征,形成数据框架模型。

在实际的应用场景下,两种构建方式也可以混合使用。自顶向下的构建方式将随着数据量不断积累使得原来的数据模型并不完整,还有很多数据没有被包含在数据模型中,这时就需要根据数据的特点完善数据模型。同样,在自下向上的构建方式中,慢慢形成的数据模型对后期的数据收集也有参考和指导作用。

11.3.2 知识图谱的设计原则与构建策略

1. 知识图谱的设计原则

设计知识图谱时需要考虑业务、效率、分析和冗余等原则。

(1)业务原则:设计图谱结构需要结合自身设计的业务,避免掺杂干扰数据,一切从业务逻辑出发,通过观察知识图谱的设计推测其背后业务的逻辑,并且设计时也需要预测未来业务可能的变化。

(2)效率原则:设计小而轻的知识库系统可使知识图谱尽量轻量化(减少其存贮空间和计算资源的占用)、有选择性地决定哪些数据应被放入知识图谱,哪些数据不需要被放入知识图谱。例如,将常用的信息存放在知识图谱中,将访问频率不高、对分析关系无关紧要的信息放在传统的关系型数据库当中。效率原则的核心是将知识图谱设计成小而轻的存储载体。

(3)分析原则:分析图谱主要应用的业务,考虑设计一个逻辑清晰的图谱。不需要将与分析关系无关的实体放在知识图谱当中。

(4)冗余原则:那些重复性信息、高频信息可以放到传统数据库中。

2. 知识图谱构建的策略

1)端到端的技术

使用流水线的方法,如果每一步都有可能出错,则会传播和累计错误。而使用端到端技术可以避免错误积累和传播。深度学习是端到端的框架,在达到同样效果的前提下,显然端到端模型在避免错误积累和传播方面优势明显。

2)无监督方法

由于无监督方法可以降低成本,所以在构建知识图谱过程中大量地采用了无监督的方法,现在基本上有足量文本,就可以从文本中把词汇、缩略词、同义词、上位词、下义词以及一些定义都抽取出来,但这依赖大量的统计特征,还需要充分应用外部的领域知识校正,这是一种综合的办法,可以避免人工标注数据。

3)用户数据

很多领域除了文本数据外还有很多用户数据,用户数据对于构建图谱很重要。例如,首先是基于搜索的数据,很多企业有知识管理平台,有用户的搜索日志,通过用户的搜索日志就能构建很多图谱。

4)复合模型

统计模型与符号的复合模型优于单一的统计模型。如果能将统计模型结合符号知识,可有效提升纯统计模型的准确率。

5)间接引导知识

选用间接知识引导以前的关系获取或者关系分类,间接知识将先从舆论上挖掘知识,将关系的主题词挖掘出来,利用这个关系的主题词增强关系的描述,再将之输入到深度模型中。以前就是将所有的数据输进去,现在是先挖掘一下这些有用的知识,甚至还可以做一些筛选,选择高质量的知识输入,可增强和提升效率。

6)图模型

图模型表达能力强、普适、可解释,所以是常用的方法。图模型还可以应用于精化领域知识图谱,区分细粒度的主题需要很多很精细的模型,图模型可以完成这种很细粒度的划分。

7)利用专家构建的知识图谱自动构建样本

很多知识图谱在自动化构建时都已经有了一个专家构建的小规模图谱,此时,可以利用专家构建的小规模图谱做自动样本标注,也就是利用小规模知识图谱构建样本。

8)复合架构

当需要更多数据时,可以在生成阶段把更多内容吸纳进来,然后再紧跟一个非常精细的验证以表示它的准确率,这就是生成结合验证的复合框架。

11.3.3 知识图谱的自动构建

知识图谱是一个大型知识库,其以自动获取知识为根本特征。算力、大数据、算法、互联网的出现也为大规模自动获取知识提供了机遇和条件,自下而上的构建过程就是从集中自动挖掘数据中得到知识图谱的过程。

自动构建高质量大型知识图谱的三个核心要素是规模、质量、成本。自动构建知识图谱的过程中,如果数据是结构化的,已知属性名称、属性间的层次结构等,那么构建知识图谱相对较为容易;如果缺乏以上信息,则只能从文本信息等非结构化数据中提炼知识构建知识图谱,技术上将面临很多困难与挑战。

自动构建知识图谱的总体架构的两个核心要素是后台的领域知识库和强化学习配合人机交互,如图 11-13 所示。

图 11-13 知识图谱自动构建的总体设计框架

1. 数据自动获取

通过使用较为流行的网络数据获取工具(例如:网络爬虫)可以获取多源异构数据。

2. 三元组自动抽取

结合自然语言处理工具和领域知识库可以初步识别和抽取文本中的三元组信息。在自动构建图谱的过程中,由领域专家和专业组织提供的领域知识库能够有效提高实体、关系的识别和抽取精度。

3. 自动纠错和自主学习

结合智能模型和强化学习方法,通过人机交互接口对代表性错误三元组进行人工纠正,并以此对强化学习模型进行训练和提高,以此可以实现自动纠错和自主学习。为保证图谱构建质量,需要通过人机交互接口对错误信息进行人工纠正,并以此作为种子案例,通过强化学习加强模型的识别精度和鲁棒性,其中,强化学习与人机交互是构建要素。

11.4 知识图谱推理

知识图谱推理的主要任务是完成知识图谱的补全、去噪、加载业务模型等更高层次的应用,其主要方法有基于规则的关系推理、基于表示学习的推理和基于图结构关系推理。

11.4.1 知识图谱推理的任务

1. 知识图谱的补全

大量数据表被转化到知识图谱的时候,有部分数据是没有直接关联的,需要通过推理算法标注类别/补全关系连接。补全知识图谱是利用已有的、完整的三元组,以此补全已经确定的实体或者关系的三元组,也就是在给定三元组中两个元素的情况下利用已有的三元组推理出缺少的部分。例如,给定头实体和关系,利用知识图谱上的其他三元组推理出尾实体,或者给定头尾实体,利用知识图谱上的三元组推导头尾实体的关系。

2. 知识图谱的去噪

知识图的去噪是指识别知识图谱中错误的三元组并将其删除。在知识图谱上存在三元组数量规模巨大,并且知识图谱是自动构建的,这难免在知识图谱中的三元组存在着一定的误差。为此,需要获知当前知识图谱中哪些三元组是无效的。然后将这些无效的三元组从整个知识图谱中删除。这也需要应用知识图谱的推理技术。

加载业务模型时,需要使用一些业务规则(或逻辑规则)推理,这些业务规则是常用人机交互流程的固化,也可以是用户编辑的业务规则。

使用分布式表示学习方法时,可以利用表示学习后的向量做一些更高层次的应用,如计算相似度搜索、推荐或输入其他机器学习算法中,完成相关的分类、聚类和推荐等。

11.4.2 基于规则的关系推理

知识图谱本质上是大型语义网络,是一种基于图的数据结构,由结点(实体)和边(关系)组成。在知识图谱中,每个结点表示现实世界中存在的实体,每条边为实体与实体之间的关系。知识图谱是关系的有效表示方式,就是将所有不同种类的信息连接在一起而得到的一个关系网络,因此,知识图谱提供了从关系的角度分析问题的环境。

最常用的知识图谱表示方式是三元组的表示方式,通过三元组可以表示不同事物之间的语义关系。在获取知识图谱的表示之后,就拥有了一部分的事实,而对知识图谱的推理就是基于已有的知识图谱的事实,推理出知识图谱上新的知识或者识别出知识图谱上已有知识的错误。

推理知识图谱的前提都是关系判断,而结论也是对关系判断的推理。关系推理的前提是至少有一个关系判断,并是按其关系的逻辑性质而进行推演的演绎推理。

1. 逻辑规则关系的推理形式

在知识图谱上可以运用规则进行推理,一条规则的形式如下:

规则：head←body。

此规则可以根据规则的主体推理规则的头部，其中规则头由一个二元原子构成，而规则的主体则由一个或者多个一元原子或者二元原子构成（原子是指包含了变量的元组）。例如，位置(x)是一个一元原子，表示实体变量 x 是一个位置实体，而父级(x,y)是一个二元原子，表示的是实体变量 x 的父级是实体变量 y。

如果规则主体中仅包含肯定的原子，则可称这样的规则为霍恩规则，此规则可以表示为如下形式：$a_0 \leftarrow a_1 \cap a_2 \cap \cdots \cap a_n$。

其中每一个 a_i 是一个原子，利用霍恩规则进行知识图谱推理时，如果利用三元组，可以表述为如下的形式。

$$r_0(e_1, e_{n+1}) \leftarrow r_1(e_1, e_2) \cap r_2(e_2, e_3) \cap \cdots \cap r_n(e_n, e_{n+1})$$

其中，r_i 为关系，e_i 为实体。这种规则在推理知识图谱时被称为路径规则。其中，规则主体中的原子都为含有两个变量的二元原子，并且在规则主体中，所有的二元原子构成两个实体之间的路径，整个规则在知识图谱中形成一个闭环路径。

知识图谱中已存在非常多的实体对和关系事实，但是，数据的更新迭代以及不完整性导致了知识图谱的不完整，其中也隐藏了难以被轻易发现的信息。如果路径简单，那将很容易被猜到，但是，要从多条这样的路径得出信息并对信息的选择进行预判，得出的信息又将是对错等问题，这些问题是关系推理需要完成的工作。

2. 基于规则推理的评价

基于规则推理的评价主要有三种，即支持度、置信度和规则头覆盖度。

1）支持度

支持度指的是满足规则主体和规则头的实例的个数，规则的实例化是指将规则中的变量替换成知识图谱中真实实体后的结果。所以支持度一般是一个大于等于 0 的整数。规则的支持度越大，说明这个规则的实例在知识图谱中存在得越多。

2）置信度

置信度的计算公式为

置信度＝满足规则的实例数量/满足规则主体的实例个数

置信度是满足规则的实例数与只满足规则主体的实例个数的比值。一个规则的置信度越高，其质量也就越高。

3）规则头覆盖度

规则头覆盖度的计算公式为

规则头覆盖度＝满足规则的实例数量/满足规则头部的实例数量

基于逻辑规则的关系推理能够模拟人类的逻辑推理能力，可以引入人类的先验知识辅助推理。发展趋势是逐渐摒弃对人工规则的依赖、转而借助模式识别的方式发现规则（模式特征），采用机器学习方法进行特征建模。

11.4.3　基于表示学习的推理

1. 表示学习

为了提高机器学习系统的准确率，需要将输入信息转换为有效的特征，其又被称为表示。如果有一种算法可以自动地学习出有效的特征，并提高最终机器学习模型的性能，那么这就是表示。知识表示学习主要是对知识图谱中的实体和关系进行学习。使用建模方法将实体和关系在低维稠密向量空间中表示,然后进行计算和推理。简单来说,表示学习就是学习将三元组表示成向量的建模学习过程。

知识表示的代表模型有:翻译模型、距离模型、单层神经网络模型、能量模型、双线性模型、张量神经网络模型、矩阵分解模型等。

2. TransE 模型

在基于表示学习中,TransE 模型属于翻译模型,其核心作用就是将知识图谱中的三元组翻译成嵌入向量,其模型已经成为知识图谱向量化表示的基准,并衍生出不同的变体。

TransE 模型假设:如果一个三元组不满足"尾实体向量＝头实体向量＋关系向量"关系,即不满足 $t=h+r$ 关系,就可以认为这是一个错误的三元组,如图 11-14 所示。

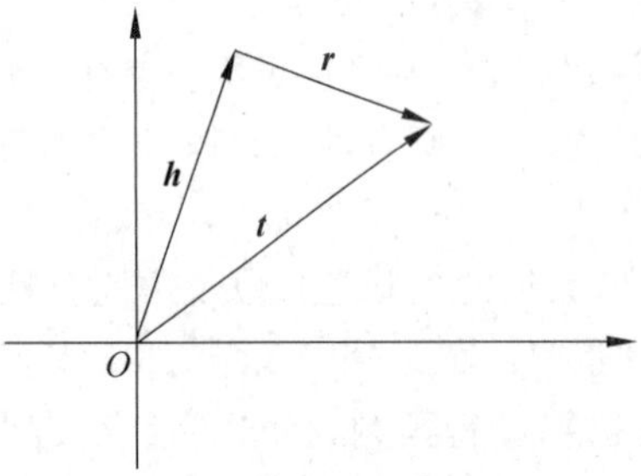

其中,h 表示知识图谱中的头实体的向量。

t 表示知识图谱中的尾实体的向量。

r 表示知识图谱中的关系的向量。

对于一个三元组而言,头实体向量和关系向量之和与尾实体向量越接近,则该三元组越接近一个正确的三元组,差距越大,则三元组越不正常。可以选择 L_1 或者 L_2 范数衡量 $h+r$ 和 t 的差距,而目标就是使正确的三元组的此差距越小越好,使错误的三元组这个差距越大越好。

图 11-14 错误的三元组

一个三元组(主体,关系,客体),前者是主体,中间是关系,后者是客体。主体和客体被统称为实体,关系有一个不可逆属性,也就是说主体和客体不能颠倒过来。

基于表示学习的推理需要将实体以及实体之间的关系映射到向量空间,然后通过向量空间的操作建模逻辑关系。虽然这种方式易于捕获隐含的信息,但却丢失了可解释性。

定义一个函数,希望三元组映射到向量空间后,头实体＋关系的向量表示尽量接近尾实体的向量表示。$f(h,r,t)$ 函数可以是 Loss 函数,也可以是打分函数。打分函数在某种程度上是三元组为真的置信度,如下例中,可以通过打分值确定"x 大于 y"。

例 11.2 关系推理。

已知$(x,>,y)$三元组的 $f(x,>,y)=0.98$

$(x,=,y)$三元组的 $f(y,=,x)=0.25$

$(x,<,y)$三元组的 $f(x,<,y)=0.16$

提问:$(x,?,y)$

由于三元组的 $f(x,=,y)=0.98$,是上述元组的 $f(x,=,y)$ 值最高,所以关系推理得出的结论是:$(x,>,y)$,即 $x>y$。

3. TransE 训练算法

TransE 训练算法的目标是学习实体和关系的低维向量表示。对于一个三元组 (h,r,t),希望嵌入表示 (h,r,t) 有关系:$t \approx h+r$,也就是说 t 要和 $h+r$ 尽可能接近,反之如果这三者不构成三元组则要尽可能远离。

d 表示向量之间的距离,一般取 L_1 或者 L_2,期望正确的三元组的距离越小越好,而错误的三元组的距离越大越好。为此给出目标函数为

$$d(h+r,t)=|h+r-t|L_1/L_2$$

公式中的 L_1/L_2 指的是 L_1 或 L_2 距离,或者称为 L_1 或 L_2 范数,其可用于优化正则化项,可以避免过拟合。需要最小化这个损失函数,但为了增强区分度,TransE 算法构造了一些反例三元组,希望反例的距离尽可能地大,这样最终的优化目标(损失函数)为

$$\min \sum_{(h,r,t)\in S} \sum_{(h',r',t')\in S'} [\gamma + d(h+r,t) - d(h'+r,t')]$$

上式中的 γ 为超参数,其应被事先设定,表示正负样本之间的间距,是一个常数。(h', r',t') 是构造的反例三元组,其构造方法是将正例三元组的头实体或尾实体替换成一个随机的实体,但二者不能同时被替换。

最终的优化目标(损失函数)的说明如下。

(1) 需要找到一个向量以表示对应的实体、关系。

(2) 当表示后的向量能构成 $t \approx h+r$ 这样一个等式关系,就说明这三个向量可以表示对应的对象。

(3) 在确定向量维度的情况下,构造一个损失函数可以训练生成的向量使之满足 $t \approx h+r$ 关系,使损失函数值最小,否则调整向量。

(4) 调整向量,获得第 i 个维度上的 $t-h-r$,其理论上应该接近于零,如果不等于零,则可以通过学习率以修改 $t/h/r$ 在该维度上的值,等整个维度都学习一遍,则 $t/h/r$ 分别对应的向量完成了一次整体的学习。

(5) 预测:固定头/尾实体和关系,对计算的尾/头实体与真实的尾/头实体进行比较(遍历所有的实体,代入距离评分函数),利用 Top-k 准则对于给定的 k 值,预测算法会给出基于每个实体计算某种评分的排序以输出前 k 个答案。评估的方法:排名的平均值(越小越好);排名在前 k 位所占的比例(越大越好)。

(6) 训练/测试过程

① 训练过程:初始化 k 维的实体向量和关系向量,对于每一个训练的三元组,从初始化的向量中获得对应的表示向量,通过计算损失函数以不断调整实体向量和关系向量(在每一个维度上根据学习率修改之)。

② 测试过程:如果是预测关系,对于输入的每一个测试三元组,用所有的关系向量依次替代原关系向量,分别计算 L_1 或 L_2 距离作为评估分数,根据分数计算原关系的排名。

(7) 算法能完成的任务如下。

① 链接预测:对头/尾实体缺失的三元组进行实体预测,对每一个测试的三元组,用知识库中的所有实体以代替首/尾实体,并对实体进行降序排序。

② 三元组分类:判断一个给定的三元组是否正确这是个二分类问题。可以设定一个阈值,通过该三元组的分数与阈值进行比较以确定三元组的正负。

③ 关系抽取:对抽取的三元组进行分类,判断抽取的关系是否正确。

4. 推理

基于学习表示的知识图谱推理又分为简单推理和复杂推理两类。

1) 简单推理

简单推理类似链接预测,其根据知识图谱中已有实体和关系推理两个给定实体的关系,难点是机器难以理解已有实体和关系的语义。输入形如 $(h,r,?)$ 的查询语句,补齐训练集

中缺失的链接。直观理解简单推理。

例如,有一个头实体和一个尾实体,然后希望补齐与之对应关系,从而最大可能地让三元组成立。

又如,老虎是哺乳动物,老虎和狮子语义相近,就可以推理出狮子是哺乳动物;狮子属于猫科动物,猫科动物属于哺乳动物,根据语义分层现象可以推理出狮子是哺乳动物;语义融合是指结合知识图谱以及非知识图谱的非结构化文本描述,从而捕捉实体的潜在语义。

2)复杂推理

复杂推理相对于简单推理其输入更加复杂。根据输入的不同,出现下述难点。

(1)建模关系间的语义结构,给定实体关系未在训练模型中出现过。

(2)建模复杂的结构化问题,包含若干个一阶逻辑。

(3)建模非结构化问题,输入数据包含人类口头语等。

复杂推理主要集中在归纳式推理、多步推理、查询自然语言这三方面的工作。

11.4.4 基于图结构的关系推理

在知识图谱中,如果是自下而上的构建知识图谱,那么知识图谱将以一个有向图的形式被呈现。图中的结点表示的是实体或者实体的属性值,有向图的边表示的是不同实体之间的关系,或者实体和其属性值之间的属性关系。

1. 有向图的结构

有向图的结构能够很好地反应知识图谱的语义信息。在当进行推理的时候,可以从知识图谱中的一个点出发,沿着有向边到达其他结点,从而形成一条推理路径。

例如,小明→(同学)→老李→(孩子)→小李。这是一条从小明到小李的路径。所表示的信息是"小明的同学是老李","老李的孩子是小李"。从语义关系的角度出发,可以推理出小明的同学是老李的孩子小李。

又如,老刘→(儿子)→刘→(儿子)→小刘。通过这条路径也可以推理出老刘和小刘是爷孙关系。由个体到一般化可以总结在图谱中有 A→(儿子)→B→(儿子)→C,其中 A、B、C 是三个实体变量。

例 11-3 已知: A 是 B 的配偶,B 是 C 的主任,C 坐落于 D,那么就可以认为,A 生活在 D 这个城市。也就是说,根据这一条规则可以挖掘图中是否有路径满足这个条件,如果满足,那么就可以将 A、D 两个变量关联起来。

上述的例子表明知识图谱中路径是进行推理的一种重要的信息。除了路径之外,邻结点也是一个进行推理的重要信息,在上例的推理中,要求的是 A、B 是相邻结点,B、C 是相邻结点,这样才能对 A、C 的关系进行推理。

当整个图谱被视为一个有向图的时候,通常图谱中的事实三元组被使用较多,这对实体上层的本体和概念关注得较少,但是本体和概念中通常包含了更多的语义信息。

2. 路径排序算法

路径排序算法(path ranking algorithm,PRA)是经典的基于图结构的推理算法,PRA算法利用了实体之间的路径作为特征进行链接的预测推理,处理的推理问题是关系推理,在推理过程中主要有两个任务,第一个任务是给定头实体 h 和关系 r 以预测尾实体 t。第二个任务是利用尾实体 t 和关系 r 预测头实体 h。PRA算法是自底向上构建的知识图谱算法,构建的知识图谱中存在较多的噪声。

PRA 算法将关系推理问题转换成了一个排序的问题,对每个关系的头实体和尾实体的预测都单独训练一个排序模型。PRA 将知识图谱中的路径作为特征,并且通过图上的计算对每个路径赋予相应的特征值,然后利用这些特征学习一个逻辑回归模型。

11.5 知识图谱的应用

知识图谱为互联网上大量、异构、动态的大数据的表达、组织、管理以及应用提供了一种更为有效的方式,使网络的智能化水平更高、更加接近人类的认知思维。知识图谱的应用广泛,下面仅介绍几种比较成熟的应用场景。

1. 推荐系统

知识图谱与推荐系统的结合可以丰富对用户和物品的描述、增强推荐算法的挖掘能力,能有效地弥补交互信息的稀疏或缺失。更具体地说,将知识图谱作为推荐系统的动态数据库以提升推荐系统的功能。

1)知识图谱与推荐系统结合的特性

(1)精确性:知识图谱为推荐算法引入了更多的语义关系,可以深层次地发现用户和物品之间的关系。

(2)多样性:通过知识图谱中不同的关系链接种类有利于推荐结果的扩散。

(3)可解释性:知识图谱具有丰富的用户和物品的语义关系,能够提高用户对推荐结果的满意度和接受度,增强用户对推荐系统的信任。

2)处理方式

将知识图谱引入推荐系统主要有下述两种不同的处理方式。

(1)基于特征的知识图谱辅助推荐,核心是知识图谱特征学习的引入。一般而言,知识图谱是一个由三元组<头结点,关系,尾结点>组成的异构网络。由于知识图谱天然的高维性和异构性,首先使用知识图谱特征学习对其进行处理,从而获得实体和关系的低维稠密向量的表示。这些低维的向量表示可以较为自然地与推荐系统结合和交互。在这种处理框架下,推荐系统和知识图谱特征学习成为两个相关的任务。

(2)基于结构的推荐模型,则更加直接地使用知识图谱的结构特征。具体来说,对知识图谱中的每一个实体进行广度或者深度优先搜索,获取其在知识图谱中的多条关联实体并从中得到推荐结果。

图 11-15 所示的就是基于知识图谱与推荐系统结合的智能推荐系统架构。

2. 互联网金融

1)反欺诈

反欺诈是风控中非常重要的一个环节。基于大数据的反欺诈的难点是将不同来源的数据(结构化及非结构化的)整合在一起并构建反欺诈引擎,从而有效地识别欺诈案件,比如身份造假、团体欺诈、代办包装等。而且不少欺诈案件涉及复杂的关系网络,这也给审核欺诈带来了新的挑战。作为关系的直接表示方式,知识图谱可以很好地解决这两个问题。首先,知识图谱提供了非常便捷的方式以添加新的数据源,其次,知识图谱本身就是用来表示关系的,这种直观的表示方法可以更有效地分析复杂关系中存在的特定潜在风险。

2)不一致性验证

不一致性验证可以用来判断一个借款人的欺诈风险,其与交叉验证类似。例如,借款人

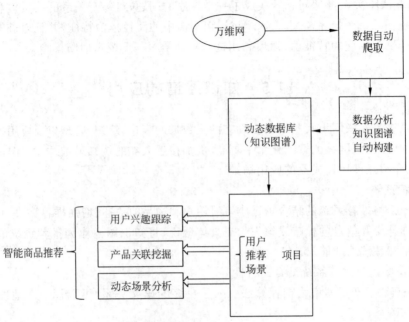

图 11-15   跟踪产品动态变化等

A 和借款人 B 填写的是同一个公司电话,但 A 填写的公司和 B 填写的公司完全不一样,这就成了一个风险点,需要审核人员格外地注意。

相比虚假身份的识别,组团欺诈的挖掘难度更大。这种组织在非常复杂的关系网络里隐藏着,不容易被发现。只有将其中隐含的关系网络梳理清楚才有可能分析并发现其中潜在的风险。作为天然的关系网络的分析工具,知识图谱可以更容易地识别这种潜在的风险。虽然组团欺诈的形式众多,但有一点值得肯定的是知识图谱一定会比其他任何的工具提供更佳便快速的分析手段。

3) 异常分析

异常分析也是数据挖掘研究领域比较重要的课题。可以将它简单理解成从给定的数据中找出"异常"点,在应用中,这些异常点可能会关联到欺诈。既然知识图谱可以被看作是一个图,分析知识图谱的异常也大都是基于图的结构。由于知识图谱的实体类型、关系类型不同,分析异常也需要将这些额外的信息考虑进去。分析大多数基于图异常的计算量比较大,可以选择做离线计算。在应用框架中,可以将分析分为静态分析和动态分析两种类型。

(1) 静态分析是指给定一个图形结构和某个时间点,从中发现一些异常点(如有异常的子图)。从知识图谱中可以检测到其中有些点的相互紧密度非常强,可能是一个欺诈组织。所以针对这些异常的结构可以做进一步的分析。

(2) 动态分析指的是分析其结构随时间变化的趋势。若短时间内知识图谱结构的变化不会太大,则如果它的变化很大,就说明可能存在异常,需要进一步地关注。网络行为动态分析系统架构如图 11-16 所示,通过网络爬虫获取最新的网络信息数据,运用知识图谱自动构建技术动态更新和扩充现有知识库可以为网络行为分析提供知识支撑。动态分析后台就是基于知识图谱基础上的舆情分析、热点跟踪、用户情感倾向分析和用户设计网络影响力分析等。

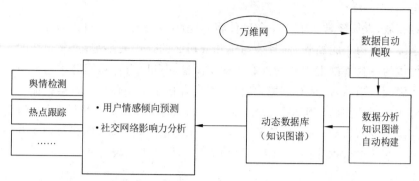

图 11-16　网络行为动态分析系统架构

3. 知识问答系统

通过人机交互和知识图谱自动构建可以设计更智能的知识问答系统。

（1）人机交互：人与机器进行工作互补，共同完成问答场景。

（2）知识图谱自动构建：动态更新和扩充问答知识库，响应最新的网络知识。

基于知识图谱的知识问答系统的工作流程如图 11-17 所示。

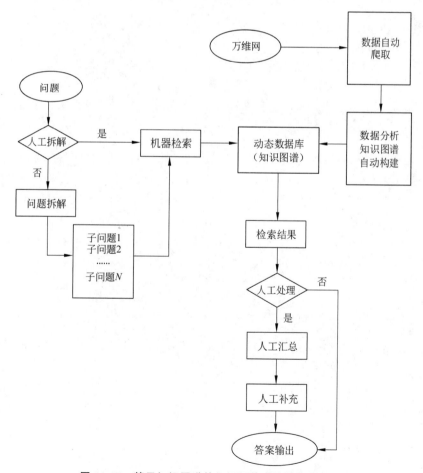

图 11-17　基于知识图谱的知识问答系统的工作流程

4. 证券

在证券领域,人们经常关心"一个事件将影响哪些公司、产生什么样的影响",例如,有一个消息是关于公司 1 的高管,而且公司 1 和公司 2 的合作关系密切,公司 2 的主营产品是在公司 1 提供的原料基础上生产的。有了知识图谱就可以很容易回答哪些公司有可能会被这个消息所影响。当然,仅是有可能,具体会不会有强相关性必须由数据验证。知识图谱的好处就是将所需要关注的范围很快圈定,接下来的问题会更复杂一些,如果知道公司 3 是否有可能被这次消息所影响,具体影响程度仅靠知识图谱很难回答,那么必须要有一个影响模型以及需要一些历史数据才能在知识图谱中做进一步推理以及计算。

本 章 小 结

知识图谱是一个大型的知识库、是一个新型的智能工具,其主要作用是用于关系分析,尤其是深度的关系分析。通过机器的深度学习和推理知识图谱相结合能够很好地解决人类自然语言的语义鸿沟。本章主要介绍了知识图谱的概念、基本技术、创建方法和知识图谱应用。通过学习本章,读者可为知识图谱的开发和应用建立基础,以便构建更好的智能系统。

第 12 章

智　能　体

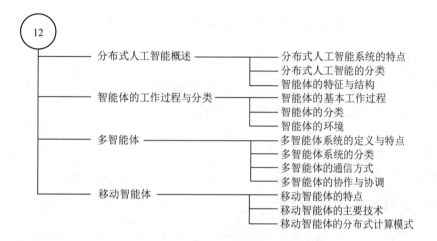

12.1　分布式人工智能概述

分布式人工智能出现于 20 世纪 70 年代,是人工智能的高级能力,主要建立在感知能力和规划能力这两项基本能力之上,经历了从分布式问题求解到多智能体系统的发展过程。

12.1.1　分布式人工智能系统的特点

随着神经网络的突破,人工智能得到了巨大的发展,尤其在图像、分析、推荐等领域。

在人工智能快速发展的同时,计算规模不断扩大、专家系统过于单一、神经网络模型的灵活性、应用的复杂性等问题也在不断升级。在这样的环境下,分布式人工智能的发展被提上日程。

分布式人工智能是人工智能与分布式计算系统相结合的研究领域,基于此技术与理论构建的分布式人工智能系统适应了建立大型复杂智能以及计算机支持协同工作的需要,可被用于解决多任务求解、明确目标问题。分布式人工智能系统具有下述主要特点。

1. 分布性

整个系统的信息(包括数据、知识和控制等)无论在逻辑或者物理上都是分布式的,不存在全局控制和全局数据存储。系统中各路径和结点能够并行地求解问题,从而提高了子系统的求解效率。

2. 连接性

在问题求解过程中,各个子系统和求解机构通过计算机网络相互连接,降低了求解问题的通信代价和求解代价。

3. 协作性

通过各子系统协调工作可以求解单个机构难以解决或者无法解决的困难问题。例如,多领域专家系统可以协作求解单领域或者单个专家系统无法解决的问题,提高求解能力进而扩大应用领域。

4. 开放性

通过网络互联和系统的分布,便于扩充系统规模,使系统具有比单个系统大得多的开放性和灵活性。

5. 容错性

系统具有较多的冗余处理结点、通信路径和知识,能够在出现故障时仅降低系统的响应速度或求解精度,但可以保持系统正常工作,提高工作可靠性。

6. 独立性

系统求解任务被归约为几个相对独立的子任务,从而降低了各个处理结点和子系统问题求解的复杂性,也降低了软件设计开发的复杂性。

12.1.2 分布式人工智能的分类

分布式人工智能主要有分布式问题求解(distributed problem solving,DPS)和多智能体系统(multi-agent system,MAS)两种类型。前者是指在多个合作的和共享知识的模块、结点或子系统之间划分任务、求解问题;后者就是具有智能的实体,是指在一群自主的智能体之间进行智能行为的协调。DPS和多智能体的共同点是研究如何对资源、知识、控制等进行划分。两者的不同点是,DPS需要有全局的问题、概念模型和成功标准;而多智能体则包含多个局部的问题、概念模型和成功标准。DPS用于建立大粒度的协作群体,通过各群体的协作实现问题求解,并采用自顶向下的设计方法。

1. 分布式问题求解系统

DPS的目标是要建立一个由多个子系统构成的协作系统,各子系统之间协同工作以完成对特定问题的求解。DPS系统采用了还原论的理念,将待解决的问题分解为一些子任务,并为每个子任务设计一个问题求解的任务子系统。通过交互作用策略可以将系统设计集成为一个统一的整体,并采用自顶向下的设计方法,保证问题处理系统能够满足顶部给定的要求。

2. 多智能体系统

机器人、机器猫,智能飞行器等都是智能体。多智能体系统就是由多个智能体组成的、松散耦合的、协作共事的系统。

多智能体采用自底向上的设计方法,首先定义各自分散自主的智能体,然后完成实际任务的求解问题,各个智能体之间的关系并不一定是协作的,也可能是竞争甚至是对抗的关系。可以看出,虽然DPS和多智能体是从两个不同方向完成分布式人工智能系统的构建。但是,当满足下列三个条件时,MAS系统就可以被转换成为DPS系统。

（1）智能体友好。

（2）目标共同。

（3）集中设计。

这种转换扩展了多智能体的应用领域，正是由于多智能体具有更大的灵活性，更能体现人类社会智能，更适应开放和动态的世界环境，因而其受到高度重视，其主要内容包括智能体的概念、理论、分类、模型、结构、语言、推理和通信等内容。

12.1.3 智能体的特征与结构

智能体起源于分布式人工智能，是模拟人类的行为和关系、具有一定智能并能够自主运行和提供相应服务的计算机系统。多智能体系统由多个智能体组成，智能体本意为代理，又被称为 Agent，是能够自主活动的软件或者硬件实体。智能体的概念是由麻省理工学院的人工智能学科创始人之一的马文·明新基（Marvin Minsky）提出。传统的计算系统是自封闭的系统，其要满足一致性的要求，然而社会机制是开放的，不能满足一致性条件，这种机制下的部分个体在矛盾的情况下需要通过某种协商机制达成一个可接受的解。这些个体被称为智能体，其有机组合构成了多智能体系统。

1. 智能体的定义

智能体是具有智能的实体，是一种独立的、能够思维并可以同环境交互的实体，是一种处于一定环境下被包装的计算机系统。为实现设计目的，智能体能在某环境下灵活地、自主地活动。从不同的角度，人们提出了多种智能体的定义，常见的有以下几种。

（1）FIPA（Foundation for Intelligent Physical，智能物理基金会）是一个致力于智能体技术标准化的组织，它提出的智能体定义是：智能体是驻留于环境中的实体，它可以解释从环境中获得的反映环境中所发生事件的数据，并执行对环境产生影响的行动。在这个定义中，人们将智能体看作是一种在环境中生存的实体，它既可以是硬件（如机器人），也可以是软件。

（2）迈克尔·伍尔德里奇（Michael Wooldridge）等学者提出智能体弱定义和强定义两种定义：弱定义智能体是指具有自主性、社会性、反应性和能动性等基本特性的智能体；强定义智能体不仅具有弱定义智能体的基本特性，而且具有移动性、通信能力、理性或其他特性的智能体。

（3）斯坦·富兰克林（Stan Franklin）和亚特·格雷泽（Art Graesser）将智能体描述为一个处于环境之中并且作为这个环境一部分的系统，它随时可以监测环境并且执行相应的动作，同时逐渐建立自己的活动规划以应付未来可能监测到的环境变化。

（4）费里德里希·海斯-罗思（Frederick Hayes-Roth）认为智能体能够持续执行三项功能：感知环境中的动态条件；通过行为影响环境条件；进行推理以解释感知信息、求解问题、产生推断和决定行为。

2. 智能体的特性

智能体能够逐渐顺应新问题的求解规则；适合在线与实时应用；能够从行为、错误与成功方面进行自我分析；通过与环境交互学习与改善；迅速从大量的数据中学习；具有基于内存的样本存储和检索能力；具有表示短期和长期记忆、遗忘等参数。

从上述内容可以归纳出智能体基本特性如下。

（1）自治性：智能体能根据外界环境的变化而自动地对自己的行为和状态进行调整，

而不是仅被动地接受外界的刺激,具有自我管理和自我调节的能力。

(2)反应性:能够感知环境,并通过行为改变环境,具有针对外界的刺激作出自反应的能力。

(3)主动性:对于外界环境的改变,智能体有主动的行为能力。

(4)社会性:智能体具有与其他智能体或人合作的能力,不同的智能体可根据各自的意图与其他智能体交互,以达到解决问题的目的。交互需要信息交流,信息交流的方式是相互通信。

3. 智能体的结构

智能体程序可以实现一个智能体函数,它将感受器的输入作为当前的感知,然后返回一个行为给执行器。

智能体函数是一个抽象的概念,它可以包含各种决策制定的原则。如单个选项的效用计算、贯穿逻辑规则的推论、模糊逻辑、查找表等都属于智能体函数。

智能体由智能体程序和平台组成,智能体程序包括智能体函数,平台包括计算装置、传感器和执行器。智能体通常表现为包含许多子智能体的分层结构,这些子智能体处理和执行较低级功能,两者共同构建一个完整的系统,通过行为和反应完成任务。

智能体内部状态的表现方式有三种,如下所示。

(1)原子方式:每个状态是黑盒子,没有内部结构。如寻路问题只关心路径,不关心位置的内部结构,则每个位置都是由原子表示。

(2)因子方式:每个状态由一组固定的属性和值组成。如国家地图可以由几种不同的颜色将各省份或州市区别开来。

(3)结构方式:结构方式是由分体结合构成总体的方式,每个状态包含对象,每个对象具有属性和与其他对象的关系。

4. 理性智能体

感性是人凭借感官接受表象、获得感性知识的认识能力,而理性与感性相对,指处理问题时按照事物发展的规律和自然进化原则考虑问题、处理事情不冲动,不凭感觉做事情,是基于现有的理论通过合理的逻辑推导得到确定的结果。

有限理性原理是寻找满意解的理论依据,说明人类决策不可能简单地被归结为某种目标函数优化的、完美数学形式的原理,其是由于人类目标的模糊性、知识和信息的不完备性、推理判断能力的局限性等所致。

理性智能体是按照某种理性(如符合逻辑或利益最大化)进行感知、判断和选择行为的智能体,是指具有最佳结果或存在不确定性时最佳预期结果的智能体,它具有感受器感知外部环境,并通过执行器作用于外部环境,还可以通过学习或应用知识以实现目标。智能体的合理性是通过其性能指标、其拥有的先验知识、可以感知的环境以及可以执行的操作来实现。也就是说,任意的感知序列都能根据自己已有的先验知识选择执行期望性能最大化的行为。

在任何指定的时刻,理性智能体的判断依赖以下4个特性。

(1)P:性能(performance),定义成功标准的性能度量。

(2)E:环境(environment),智能体对环境的先验知识。

(3)A:执行器(actuator),智能体的执行器可以完成的行动。

（4）S：传感器（sensor），智能体的传感器截止到此时的感知序列。

因此，PEAS 是智能体四个特性（performance，environment，actuator，sensor，PEAS）的英文缩写。

例 12-1 自动驾驶智能体。

自动驾驶智能体的 PEAS 特征如下。

（1）P：是否安全：时间多久、驾驶是否违规、乘客是否感觉舒适。

（2）E：道路状况：其他车辆、行人、道路信号灯。

（3）A：方向盘：加速器、刹车、信号指示灯、喇叭。

（4）S：照相机：声呐、GPS、引擎传感器、键盘、速度计、里程表。

5. 全知智能体

一个全知智能体应能够准确预知它的行为产生的实际结果，并且为此做出相应的动作，但全知智能体在现实中不可能存在。理性是使期望的性能最大化，而完美是使实际的性能最大化。对智能体而言，理性并不要求全知，也不可能全知。理性的选择只依赖当时为止的感知序列。理性智能体的特点是通过信息收集而观察有助于期望性能的最大化，通过自主学习，从所感知的信息中尽可能多地学习，以弥补不完整的或者不正确的先验知识。

12.2 智能体的工作过程与分类

智能体的行为在数学上可被描述为智能体函数，将每个感知映射为行为。

12.2.1 智能体的基本工作过程

智能体的基本工作过程如图 12-1 所示，虚线所包围的是一个智能体，其基本工作过程如下。

智能体可以通过传感器感知其环境并通过执行器在此环境中作出行为。例如，人作为智能体：传感器是眼睛、耳朵以及其他器官，执行器是手，腿，声道等。又如，机器人智能体：传感器是摄像头、红外线，执行器是各种马达。机器人用传感器感受输入信息，而感受序列是智能体感知到的所有内容的完整序列。总的来说，智能体行为的依据是感知到的完整的感知序列，是通过智能体函数描述的，而智能体函数将感

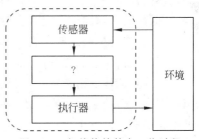

图 12-1 智能体的基本工作过程

知序列映射到行为上。若将任何一个智能体函数描述成一个表，那么其中一列表示智能体的感知序列，另一列表示相应的行为。如果不定义边界，这张表可以无限大，这是由于智能体感知的东西可以很多，如果智能体对感知序列的行为是随机性的，那么还可以对每个感知序列实验多次，以查看每一种行为的概率。

智能体函数可由程序实现。理性智能体是行为正确的智能体，可以由智能体的行为产生的后果是否正确来衡量。当智能体进入环境后，其将根据接收到的感知序列作出一系列行为，这些行为将使环境的状态发生变化。如果变化是环境所需要的，则表示智能体的行为正确。环境状态不是智能体的状态，智能体函数需要根据环境建立执行标准，而不是根据智

能体应该如何行为来建立执行标准。

例 12-2 吸尘器智能体的工作过程。

环境为 A 和 B 两个房间,房间内可能有灰尘。吸尘器智能体可以感知自己的位置,即可以判断自己在那个房间;还可以感知两个房间是否有灰尘。吸尘器智能体可以执行的行为有:左移、右移、吸尘、什么也不做。

吸尘器智能体的功能是从映射表中通过执行器执行感知序列对应的行为。映射表功能如表 12-1 所示。

表 12-1　映射表的功能

输　　入	输　　出	输　　入	输　　出
[A,清洁]	右移	[B,清洁]	左移
[A,不清洁]	吸尘	[B,不清洁]	吸尘

吸尘器智能体的条件-作用规则如下。

(1) 如果 A 房间清洁则右移到 B 房间。

(2) 如果 A 房间不清洁则吸尘。

(3) 如果 B 房间清洁则左移到 A 房间。

(4) 如果 B 房间不清洁则吸尘。

12.2.2　智能体的分类

1. 反应式智能体

反应式智能体是指能够简单地对外部刺激产生反应且没有任何内部状态的智能体。这类智能体可以根据程序提出的请求作出回应,其结构为图 12-2 虚线内的部分。在图 12-2 中的智能体条件-作用规则将感知和动作连接,这种连接被称为条件-作用规则。图 12-2 中除了环境部分,其余都属于反应式智能体的内容。反应式智能体基于当前的状态选择将执行的行为,并忽略历史的感知序列,其结构简单,在实际应用中仅能在环境完全可观察时正常工作,也就是说。智能体的行为仅依赖当前对环境的感知序列。

反应式智能体的结构特点是智能体中包含了感知内外部状态变化的感知器、一组对相关事件作出反应的过程和一个依据感知器激活某执行过程的控制系统,其行为是由于受到内外部某种刺激而发生的。

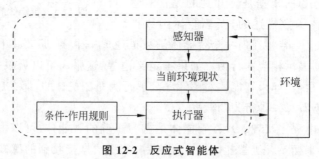

图 12-2　反应式智能体

2. 基于模型的反应式智能体

处理部分可观测环境的最有效途径是让智能体跟踪记录现在看不到的那部分环境,即智能体应该根据历史感知维持内部状态,从而反映当前状态看不到的信息。例如,对于刹车问题,内部状态记录无须太大扩展,只需要记录视频的前一帧画面,这样智能体就可以检测车辆边缘的两盏红灯是否同时被点亮或关闭。而对于其他驾驶任务,如车辆变道,由于感知器无法同时看到其他全部车辆,因此其需要智能体跟踪记录其他车辆的位置。环境的模型基于环境且独立于智能体的变化,但智能体的行为却会影响环境。基于模型的反应式智能体结构如图 12-3 所示。

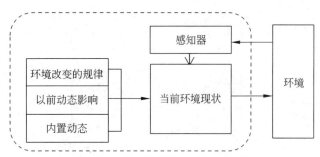

图 12-3 基于模型的反应式智能体

3. 认知式智能体

认知式智能体能够针对意图和信念进行推理,建立行为计划,并执行这些计划,是具有显示符号模型的、基于知识的系统,其环境模型虽然预先已知,但对动态环境存在一定的局限性,不适用未知环境。由于缺乏必要的知识资源,在认知式智能体执行计划时需要向模型提供有关环境的新信息,但是实际却往往难以实现。

该体系结构的特点是智能体中包含了被显式表示的环境符号模型,智能体的决策是通过基于模板匹配和符号操作的逻辑推理而做出,如同深思熟虑后做出决策一样,因此其被称为认知式的体系结构,是经典的基于知识的系统,按照这种体系结构可以构造智能体的雏形。

如图 12-4 所示,认知式智能体将接受外部环境信息,根据内部状态信息融合,以修改当前状态的描述,然后在知识库的支持下指定规划,在目标指引下形成行为序列,对环境产生影响。图 12-4 中除了环境部分,其余都为认知式智能体的内容。

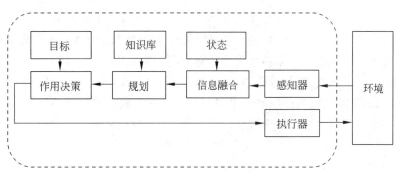

图 12-4 认知式智能体

4. 跟踪式智能体

反应式智能体是在现有感知的基础之上做出决策的,其将随时更新内部状态信息将两种知识写入智能体的程序,即外部环境独立地发展智能体的信息,以及智能体依托自身作用影响环境的信息。一个具有内部状态的反应式智能体的结构如图 12-5 所示,图 12-5 说明了现有感知信息如何与原有的内部状态相结合,以产生现有状态的更新描述。与解释状态的现有知识的新感知一样,其也采用了有关外部世界如何跟踪其未知部分的信息,还必须知道智能体对外部世界状态有哪些作用。具有内部状态的反应式智能体通过找到条件与现有环境匹配的规则而工作,然后执行与规则相关的行为,人们将这种智能体称为跟踪式智能体。

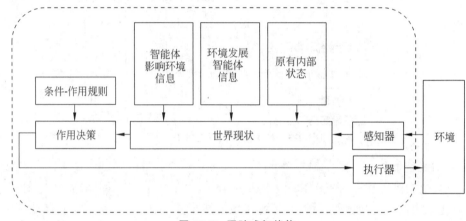

图 12-5　跟踪式智能体

5. 基于目标的智能体

智能体在决策时仅了解现有状态往往还不够,还需要某种描述环境情况的目标信息。智能体程序能够与可能的作用结果信息结合起来,以便选择达到目标的行为。这类智能体的决策基本上与前面所述的规则不同。反应式智能体中有的信息没有被明确使用,而设计者已预先计算好各种正确作用。因此反应式智能体还必须重写大量的条件-作用规则。基于目标的智能体在实现目标方面更灵活,只要指定新的目标就能够产生新的作用,其结构如图 12-6 所示。

6. 基于效果的智能体

仅有目标往往还不能够产生高质量的作用。因此,如果一个状态取决于另一个状态,则其对智能体就有更好的效果。效果是一种将状态映射到实数的函数,该函数描述了相关的满意程度。一个完整规范的效果函数将允许对两类问题做出理性的决策:一类问题是当智能体只有一些目标可以实现时,效果函数将指定合适的交替;另一类问题是当智能体存在多个瞄准目标时,效果函数将提供一种根据目标重要性估计成功可能性的方法。因此,一个具有显式效果函数的智能体能够做出理性的决策。但是,智能体必须比较不同作用获得的效果,一个完整的基于效果的智能体结构如图 12-7 所示。

7. 自学习的智能体

自学习的智能体允许智能体最初在未知的环境中运行,并且与其最初的知识相比从而逐渐提高性能。利用评论者对智能体行为的反馈,然后决定应该如何修改性能要素以便未

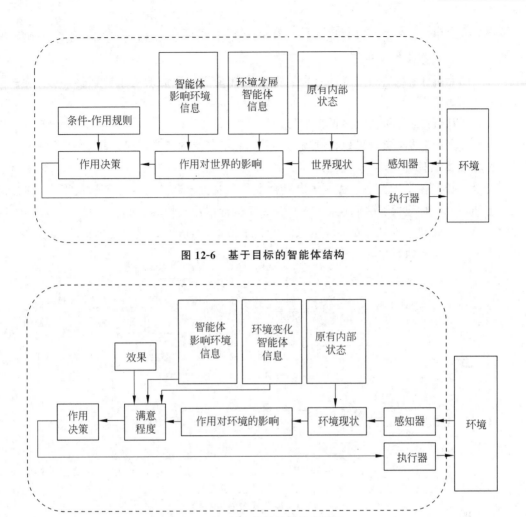

图 12-6 基于目标的智能体结构

图 12-7 基于效果的智能体结构

来做得更好。

自学习智能体如图 12-8 所示,其主要包含如下 4 个组件。

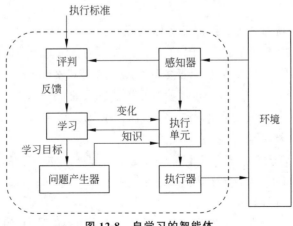

图 12-8 自学习的智能体

（1）学习组件：负责改进与提高。学习组件利用来自评判元件的反馈确定应该如何修改性能元件以便将来做得更好。

（2）性能组件：负责选择外部行动。性能组件是前面考虑的整个智能体，它接受感知信息并决策。

（3）评判组件：评价智能体做得如何。

（4）问题产生器：负责可以得到新的和有信息的经验的行为提议。

8. 复合式智能体

复合式智能体是指在一个智能体内组合多种相互独立和并行执行的智能形态，其结构包括感知器、反射、建模、规划、通信、决策生成和执行器等模块，如图12-9所示。智能体通过感知模块反映现实世界并对环境信息做出一个抽象，再送到不同的处理模块，做出决定，并将行为命令送到执行单元，产生相应的行为。

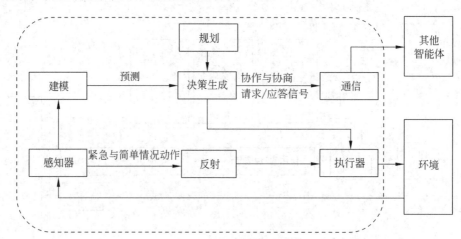

图 12-9　复合式智能体结构

12.2.3　智能体的环境

要设计一个理性智能体，必须明确将要使用的任务环境。智能体的任务环境的主要性质如下。

1. 完全可观察的与部分可观察的任务环境

（1）如果智能体的感知器在每个时间节点上都能获取环境的完整状态，那么这个任务环境就是完全可观察的。否则，则这个任务环境是部分可观察的。

（2）如果智能体根本没有感知器，环境则是无法观察的。

例如，国际象棋是一个完全可观察的环境，而扑克则不是。

2. 单智能体与多智能体

单智能体是指在环境中只有一个智能体在运作。多智能体则是指在环境中有多个智能体在运作。多智能体的任务环境对智能体的性能度量影响如下。

1）竞争性的多智能体环境

智能体 B 想要最大化自己的性能度量，就需要最小化智能体 A 的性能度量，二者充满了竞争性。

2）合作性的多智能体环境

智能体 B 想要最大化自己的性能度量,就需要最大化智能体 A 的性能度量。

3. 确定的与随机的环境

如果环境的下一个状态完全取决于当前状态和智能体执行的动作,则该环境将是确定的;否则就是随机的。

环境不确定是指环境不是完全可观察的或不确定的,行动后果可能有多种,但其与概率无关。环境随机是指后果是不确定的并且可以以概率量化。

4. 片段式与延续式

片段式是指当前决策不会影响到未来的决策;延续式是指当前决策会影响到所有未来的决策。

5. 静态与动态

如果在智能体进行思考或者计算时环境发生变化,则该环境是动态的,否则是静态的。

如果环境本身不随时间而变化,但智能体的性能评价随时间变化,则环境是半动态的。

6. 离散型和连续型

区别在于环境的状态、时间处理的方式、感知和智能体的行为。

7. 已知和未知

在一个已知的环境下,所有行为的结果是给定的;否则为未知。

12.3　多　智　能　体

多智能体系统是由多个智能体组成的集合,这些智能体成员之间相互协调、相互服务,共同完成一个复杂的任务。多智能体系统是分布式人工智能研究的一个重要分支,如果模拟人是单智能体的目标,那么模拟人类社会则是多智能体系统的最终目标。虽然智能体具有自主性、交互性、反应性、主动性、学习性和移动性等智能特性,但单个的智能体对问题的解决能力有限,很难完成动态分布、网络和异构情况下的大型、复杂问题。智能体的研究最终要融入多智能体系统,这就导致了多智能体系统的出现。

在同一个多智能体系统中,各智能体可以异构,因此多智能体技术对复杂系统具有强大的表达力,它为各种实际系统提供了一种统一的模型,从而为各种实际系统的应用提供了统一的框架,其应用领域广阔。

多智能体涉及智能体的知识、目标、技能、规划以及使智能体协调行动解决问题等,其主要应用领域包括智能机器人、交通控制、柔性制造、协调专家系统、分布式预测、监控、决策及诊断、分布式计算、产品设计、商业管理、网络化的办公自动化、网络化计算机辅助教学及医疗控制等。

12.3.1　多智能体系统的定义与特点

智能体指具有自治性、社会性、反应性和主动性的基本特性的实体,可以被看作是相应的软件程序或者一个实体(如人、车辆、机器人等),它被嵌入到环境中,通过感知器感知环境,通过执行器自治地作用于环境并满足设计要求。

1. 多智能体的定义

多智能体系统由多个自主或半自主的智能体组成,每个智能体或者履行自己的职责,或者与其他智能体通信获取信息、互相协作完成整个问题的求解。每一个智能体具有有限信息资源和问题求解能力,缺乏实现协作的全局观点,系统不存在全局控制,知识与数据都是分散的,计算是异步执行的。

(1)多智能体系统是由一系列相互作用的智能体构成,内部的各个智能体之间通过相互通信、合作、竞争等方式完成单个智能体不能完成的大量而又复杂的工作。

(2)多智能体系统是指由多个自主个体组成的群体系统,其目标是通过个体间的相互通信和交互作用完成工作。

(3)多智能体系统是指大量分布配置的自治或半自治的子系统(智能体)通过网络互联所构成的复杂的大规模系统。

(4)多智能体是指多个智能体及其相应的组织规则和信息交互协议构成的、能够完成特定任务的一类复杂系统。

2. 多智能体的特点

多智能体系统的目标是让若干具备简单智能却便于管理控制的系统能通过相互协作实现复杂智能,在降低系统建模复杂性的同时提高系统的鲁棒性、可靠性、灵活性。

多智能体系统的主要特点如下。

1)自主性

在多智能体系统中,每个智能体都能管理自身的行为,并做到自主地合作或者竞争。

2)容错性

智能体可以共同形成合作的系统用以完成独立或者共同的目标,如果某几个智能体出现了故障,其他智能体将自主地适应新的环境并继续工作,不会使整个系统陷入故障状态。

3)灵活性和可扩展性

多智能体系统本身采用分布式设计,智能体具有高内聚、低耦合的特性,使系统表现出极强的可扩展性。

4)协作能力

多智能体系统是分布式系统,智能体之间可以通过合适的策略相互协作完成全局目标。

(1)社会性:智能体处于由多个智能体构成的社会环境中,通过某种智能体语言与其他智能体实施灵活多样的交互和通信,以此与其他智能体的合作、协同、协商、竞争等。

(2)自制性:在多智能体系统中,一个智能体发出请求后,其他智能体只有同时具备提供此服务的能力与兴趣时才能接受行为委托,即一个智能体不能强制另一个智能体提供某种服务。这一特点最适用于学习者获取特征。

(3)协作性:在多智能体系统中,具有不同目标的各个智能体必须相互协作、协同、协商以求解未完成的问题。

12.3.2 多智能体系统的分类

多智能体系统是由分布在网络上的多个问题求解智能体松散耦合而成的大型复杂系统,用于解决由单一智能体所不能处理的复杂问题。

1. 基于智能体自主性的分类

1）由控制智能体和被控智能体构成的系统

智能体之间存在控制关系，每个智能体或对其他智能体具有控制作用，或受控于对它具体的智能体。在这类系统中，被控智能体的行为受到约束，自主程度较低。

2）自主智能体构成的系统

智能体自主地决策、产生计划、采取行动。智能体之间具有松散的联系，智能体通过与外界的交互了解外部世界的变化，并从经验中学习增强其求解问题的能力以及与相识者建立良好的协作关系。在这类系统中，自主智能体之间的协作关系是互利互惠的关系，当目标发生冲突时通过协商来解决。

3）灵活智能体构成的系统

智能体进行决策时，在某些问题在一定程度上需要受控于其他智能体，大部分情况下则智能体完全自主地工作。在这类系统中，智能体之间通常是松散耦合，具有一定的组织结构，通过承诺和组织约束相互联系。

2. 基于动态适应方法的分类

1）系统拓扑结构不变

智能体数目、智能体之间的关系等都不变化，智能体内部结构固定、基本技能不变，通过自重组以适应环境，例如，修改、调整自己的知识结构、目标、选择等。

2）系统拓扑结构可变

智能体数目不变、每个智能体的微结构稳定，但智能体间的关系和组织形式可变。用户可增减智能体数目，可以动态创建和删除智能体。

3. 基于系统功能结构的分类

（1）同构型系统，每个智能体功能结构相同的系统。

（2）异构型系统，智能体的结构、功能、目标都可以不同，由通信协议保证智能体间协调与合作的实现。

4. 基于智能体知识存储的分类

（1）反应式多智能体系统。

（2）黑板模式的多智能体系统。

（3）分布存储的多智能体系统。

5. 基于控制结构的分类

（1）集中控制：由一个中心智能体负责整个系统的控制、协调工作。

（2）层次控制：每个智能体控制其下层的智能体的行为，同时又受控于其上层的其他智能体。

（3）网络控制：由信息传递构成的控制结构，且该控制结构是可以被动态改变的，可以实现灵活控制。

12.3.3　多智能体的通信方式

利用多智能体进行分布式处理需要考虑系统中各个智能体之间的通信与协作。通信是协作的基础，通信方式主要有黑板系统、消息传送、邮箱三种方式。

1. 黑板系统

在多智能体系统中,黑板提供公共工作区,智能体可以在此交换信息、数据和知识。首先一个智能体在黑板上写入信息项,然后此信息项可以为系统中的其他智能体使用,智能体可以在任何时候访问黑板,检测有无新信息到来。应说明的是,智能体并不需要阅读所有的信息,它可以采用过滤器抽取当前工作所需信息。智能体必须在访问授权中心站点登录。在黑板系统中,智能体之间并不直接通信,每个智能体独立地通过黑板完成他们接受的求解子问题。

黑板可用于任务共享和结果共享的系统中,也适用基于事件的问题求解策略。如果系统中的智能体很多,那么黑板中的数据将呈指数级增加。与此类似,各个智能体在访问黑板时需要从大量信息中搜索需要的信息。处于优化的考虑,可以在黑板上为各个智能体提供不同的区域。

例 12-3　空中交通管制多智能体系统。

空中交通管制多智能体系统是一个管理空中飞行器的系统,在该系统中,每个空中飞行器都是一个智能体,它们根据飞行规则按照一定航路飞行,之间可以通过黑板系统进行通信,该系统可以保证空中交通安全、畅通,组成一个多智能体系统。

2. 消息/对话方式

消息通信是实现灵活复杂的协调策略的基础。使用规定的协议,智能体彼此交换的信息可以用来建立通信和协作机制。自由消息内容格式提供了非常灵活的通信能力,其不受简单命令和响应结构的限制。消息/对话方式智能体系统如图 12-10 所示。

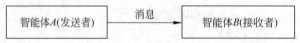

图 12-10　消息/对话方式的智能体通信系统

在消息/对话方式通信中,发送者智能体 A 将特定消息传送到接受者智能体 B,与黑板系统不同的是,两个智能体之间直接交换消息,发送者智能体和接收者智能体按一定协议规范通信流程、收发地址、消息格式等。规范化通信所常用的标准通信语言为 ACL 等。在执行过程中无缓冲,如果无发送,就不能读取消息。广播是一种特例,其通过广播的方式将消息发给每一个智能体,或者一个组(组播)。

例 12-4　电子商务多智能体系统。

在互联网上的电子商务活动也是由多个智能体组成,主要包括供应智能体、销售智能体、支付智能体、管理智能体、客户智能体和物流智能体等。他们之间通过协商一致的交易标准,使用消息/对话通信方式进行协作,共同完成电子商务活动,组成一个电子商务多智能体系统。

3. 邮箱通信方式

在邮箱通信方式下,每个参与通信的智能体都有自己的邮箱,并且他们之间需要建立起邮件通道。这些邮件通道可以为多个智能体之间的消息传输共享,而不是为某些智能体所独占。一个智能体向另一个智能体发送消息时,可将消息打包成邮件,并通过邮件通道发送到目标方智能体的邮箱中。目标方智能体可以定期或不定期地访问它的邮箱,如果邮箱中存有邮件,就将其取出后处理。由于邮件通道是非独占,多个智能体可以共享利用,因此相对消息/对话方式,邮箱通信的保密性较差。邮箱通信通常采用异步方式,由于邮件所经过的通道及所需的时间不确定,因此该通信方式的实时性较差。

12.3.4 多智能体的协作与协调

多智能体的协作与协调是其两大特征,其中协作是正向特征,而协调是反向特征。

1. 多智能体的协作

多智能体通过协作形成整体行为性能,以此增强自身解决问题的能力。通过增强灵活性和机动性,可以提高解决问题的效率。在多智能体协作时,单个智能体必须遵守多智能体系统形成的公共规则。既各自独立、又相互依存的关系是协作成功的基础。

2. 多智能体的协调

在多智能体中,协作起到正向与增强的作用,但同时也带来反向与负面作用,这需要协调来解决。协调是解决多智能体系统反向与负面作用的手段。例如,多智能体系统的各智能体间资源使用出现冲突,需要协调,否则就会产生死锁进而导致整个系统崩溃。又如,各智能体在共享数据区域的不合理操作需要引入冲突协调机制,否则将产生数据故障,而且无法得到恢复。

多智能体协调控制的基本问题是一致性控制问题。一致性是指随着时间变化,多智能体系统中所有智能体的状态将趋于一致。一致协议是智能体之间相互作用的规则,它描述了智能体与它相邻的智能体的信息交换过程。一致性是多智能体系统实现协调控制的首要条件,是指多智能体系统中的个体在局部协作和相互通信下,调节和更新自己的行为,最终使每个智能体都能达到相同的状态,也就是说,一致性描述了每个智能体与其相邻智能体的信息交换过程。希望通过设计控制输入使得所有智能体的状态 $x_i(t)$ 收敛到同一个值 x,也就是:

$$\lim_{t \to \infty} x_i(t) \to x$$

并且要求设计的控制输入只用到相对于相邻智能体的相对状态信息,而不能用绝对信息或者非邻智能体的信息。自然界中有很多这样的例子,例如,天鹅在天上飞,它就只知道它相邻的那只天鹅相对于自己的位置和飞行方向,不知道其他天鹅的位置信息,但整个天鹅队伍依然能排成整齐"一"字或者"人"字飞行,具体内容可参阅 13 章群智能。

例 12-5 网络订票多智能体系统。

网络订票多智能体系统是建立在互联网上的一个分布式系统,它由多个智能体组成,包括旅客智能体、订票智能体、支付智能体、取票智能体等。这些智能体按照规定方式与流程工作,并使用消息/对话方式通信,以此完成订票任务。

12.4 移动智能体

随着互联网应用的逐步深入,特别是信息搜索、分布式计算以及电子商务的蓬勃发展,人们越来越希望在整个互联网范围内获得最佳的服务,渴望将整个网络虚拟为一个整体,使软件智能体能够在整个网络中自由移动,自主地完成某些功能,所以移动智能体应运而生。

12.4.1 移动智能体的特点

移动智能体是一种特殊的智能体,除了具有智能体的基本属性以外,它还可以从一台机器通过网络移动到另外一台机器运行,并根据需要生成新的子智能体,且子智能体具有同父智能体相同的性质。移动智能体的主要特点如下所述。

1. 移动性能

移动智能体可以在异构网络和分布式计算机环境中自主、自动地迁移,携带信息或寻找适当的信息资源,就地处理信息,代理用户完成传递信息、查询网页、发现数据和知识、变换信息等多种任务。

2. 异构和异步性能

移动智能体可以支持异构计算机软件、硬件环境,能进行异步通信和计算。

3. 降低网络通信费用

传送大量的原始信息不但费时还容易阻塞网络,如果将智能体移动到信息存储的地方,进行局部搜索和选择后,将选中的信息通过网络传送给用户,那么这将显著减少远程计算机网络的连接费用。

4. 分布和并行性

移动智能体可提供一个独特的分布计算体系结构,为完成某项任务,用户可以创建多个智能体,将它们同时在相同或不同的结点上运行,可将单一结点的负荷分散到网络的多个结点上,具有处理大规模、复杂问题的能力。

5. 智能化路由

移动智能体能够根据目标、网络通信能力和服务器负载等因素,动态地规划下一步操作的能力。智能化路由能很好地优化网络和计算资源、实现负载均衡、提高问题的求解速度,避免设备对资源的盲目访问。

12.4.2 移动智能体的主要技术

1. 实现智能体的自主移动

移动性是移动智能体技术的主要特征之一,其涉及粒度、移动方式、容错处理和表达方式等多个问题。由于移动机制是移动智能体技术中最常用的基本机制,因此,在设计中必须充分考虑用户使用的方便性以及复用性。

2. 克服异构的计算环境

由于移动智能体是将互联网作为计算平台,它经常在不同的计算环境中运行,因此首先需要解决跨平台技术问题。

3. 保证移动智能体的安全性

为了保证移动智能体的安全性,需要解决移动智能体自身的安全保护、移动智能体之间通信的安全保护和站点的安全保护等问题。

4. 提供有效的协同机制

移动智能体主要通过协同机制合作,共同完成某一较大任务。协同机制所涉及的主要问题包括功能互通、相互通信和协作联盟等,这给移动智能体之间的相互通信带来了困难。

5. 提供灵活方便的移动智能体环境

为用户提供一种方便的移动智能体编程语言以及相应的开发环境是移动智能体系统应用中需要解决的问题。

12.4.3　移动智能体的分布式计算模式

移动智能体是一个能在异构网络中自主地从一台主机迁移到另一台主机,并可与其他智能体或资源交互的程序。移动智能体不同于远程执行,其能够不断地从一个网络位置移动到另一个网络位置,能够根据选择移动。移动智能体带有状态,所以可根据应用的需要在任意时刻移动,可移动到需要去的任何地方。移动智能体也不同于 Applet,Applet 只能从服务器向客户单方向移动,而移动智能体可以在客户和服务器之间双向移动。

移动智能体通过服务请求可动态地移到服务器端执行,从而避免了大量数据的网络传送,降低了系统对网络带宽的依赖。其不需要统一的调度,由用户创建的智能体可以异步地在不同结点上运行,待任务完成后再将结果传送给用户。为了完成某项任务,用户可以创建多个智能体,同时在一个或若干个结点上运行,形成并行求解的能力。此外它还具有自治性和智能路由等特性。

移动智能体模式的关键特性就是其不被锁定在一台主机上,而是在整个网络内可共享,凸显了分布式计算的特点。移动智能体的分布式计算模式特点如下。

1. 降低网络负载

基于移动智能体的分布式计算的特点是将计算移往数据端,而并非将数据移往计算端,减少了网上原始数据的流动,提高了处理效率。

2. 克服网络延迟的隐患

可以由中央处理器将移动智能体派遣到系统局部,直接执行控制器的指令,从而消除网络延迟带来的隐患。

3. 包装不同协议

移动智能体可以移动到远程主机上,然后通过专用协议建立私有数据交换通道。

4. 异步和主动执行功能

可以将任务嵌入到移动智能体之中,而后者可以被派遣到网络上,独立创建它的进程,异步、自主地完成所肩负的任务。

5. 动态适应环境

移动智能体具有感知运行环境和对其变化做出自主反应的能力。多个智能体可以拥有在网上各主机之间合理分布的能力,以维持解决某一特定问题的最优配置。

6. 自然异构性

移动智能体独立于特定的主机和传输层协议,而仅依赖于它的执行环境,屏蔽了各平台的差异,因而为无缝的系统集成提供了极为有利的条件。

7. 容错性

移动智能体具有对不利的情况和事件动态地做出反应的能力,主机在被关闭以前可以给正在运行的移动智能体发出警告信息,使它们在很短的时间内移动到网络上其他主机上,且继续运行。

由于移动智能体所具有的优越性,它在电子商务、分布式信息检索、发布信息、并行处理、电信网络业务等方面中应用潜力巨大。

本 章 小 结

　　分布式人工智能主要包括分布式问题求解和多智能体两种类型。分布式问题求解研究如何在多个合作的、共享知识的模块、结点或子系统之间划分任务，并求解问题。多智能体则研究如何在一群自主的智能体之间协调智能行为。本章主要介绍了智能体的定义与特征、环境、多智能体和移动智能体等。通过学习这部分内容，读者可以对分布式人工智能及应用，尤其是智能体技术有基本的了解，可为后续学习与应用群智能技术、智能机器人技术建立基础。

第 13 章

群 智 能

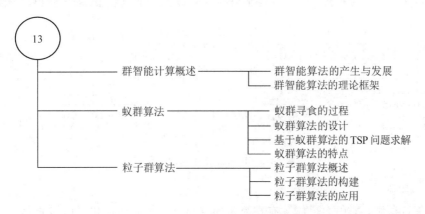

群智能计算是一种演化计算技术,它与人工生命,特别是进化策略以及遗传计算密切相关。

13.1　群智能计算概述

群智能计算(swarm intelligence computing)又称群体智能计算或群集智能计算,是指受昆虫、兽群、鸟群和鱼群等的群体行为启发而设计出来的具有分布式智能行为特征的智能计算。群智能中的群是指一组相互之间可以直接或间接通信的群体,而群智能是指无智能的群体通过合作表现出智能行为的特性。作为一种新兴的计算技术,群智能计算受到越来越多研究者的关注,并和人工生命、进化策略以及遗传计算等有着极为特殊的联系,已成为在没有集中控制并且不提供全局模型的场景下求解复杂分布式问题的基础。

群体智能一般是指具有生命的种群(鸟、鱼等),但也有像烟花这样的无生命个体,这些个体具有一定的能动性,可以参与解空间中的搜索。

13.1.1　群智能算法的产生与发展

近年来,人们提出了许多群智能算法,其发展过程如图 13-1 所示。可以看出大多数群智能算法诞生于 21 世纪之后,这是由于计算能力的提高为群智能计算创造了条件,促进了群智能算法的发展。

群智能算法的共同点是具有多个个体,每个个体都通过一定的机制变化位置或者移动以搜索求解空间。个体之间具有一定的独立性,并且可以利用局部信息和全局信息交互。群体在演变过程中都引入了随机数,以便更为充分地探索。更严格地说,群智能算法需要满

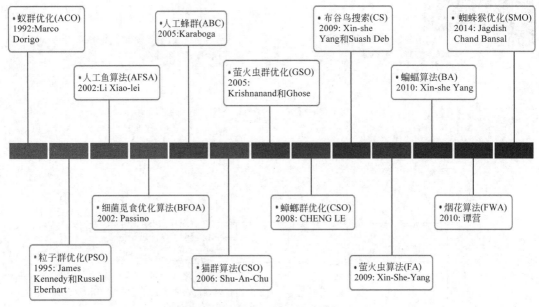

图 13-1　群智能算法的发展历程

足下述基本原则。

(1) 邻近原则：群内的个体具有在简单的空间或时间上计算和评估的能力。

(2) 品质原则：群内的个体具有对环境以及群内其他个体品质的响应能力。

(3) 多样性原则：群内的不同个体能够对环境中某些变化做出不同的反应。

(4) 稳定性原则：群内个体的行为模式不会在每次环境发生变化时都改变。

(5) 适应性原则：群内个体能够在所需代价不高的情况下适当改变自身的行为模式。

基于上述原则，不同个体构造了多种群智能算法，其中，有代表性的群智能算法如下。

1. 蚁群算法

蚁群算法(ant colony algorithm，ACA)的提出受蚂蚁觅食过程及其通信机制的启发，对蚂蚁群落的食物采集过程进行模拟，用于解决经典的旅行商问题(traveling salesman problem，TSP)，求出需要访问的所有 n 个城市且只访问一次的最短路径及其距离。蚁群算法是一种自组织的并行算法，具有较强的可靠性、鲁棒性和全局搜索能力。

2. 蜂群算法

蜂群算法(bee colony algorithm，BCA)可以根据蜜蜂各自的分工不同对蜂群信息共享和交流及进行采蜜活动的观察和研究，对蜂群的采蜜行为进行计算机模拟，以此找到问题的最优解。蜂群算法是一种基于群智能的全局优化算法，通过对蜜蜂功能的模拟以寻找最短路径、以最大蜜源为目标寻求问题的最优解。

3. 狼群算法

狼群算法(wolf colony algorithm，WCA)是基于狼群群体智能模拟狼群捕食行为及其猎物分配方式，抽象出游走、召唤、围攻三种智能行为以及胜者为王的头狼产生规则和强者生存的狼群更新机制提出的算法。狼群算法采用基于狼主体的自下而上的设计方法和基于职责分工的协作式搜索路径结构，通过狼群个体对猎物气味、环境信息的探知、人工狼相互间信息的共享和交互以及人工狼基于自身职责的个体行为决策，最终实现了狼群捕猎的全过程模拟。

4. 粒子群算法

粒子群算法(particle swarm algorithm,PSA)源于对鸟群和兽群捕食行为的研究,基本核心是利用群体中的个体对信息的共享使整个群体的运动在问题求解空间中产生从无序到有序的演化过程,从而获得问题的最优解。

13.1.2 群智能算法的理论框架

1. 群智能算法的特点

由于群体中相互合作的个体是分布式的,所以更能够适应网络环境下的工作状态。由于没有中心的控制与数据,所以系统更具有鲁棒性,不会由于某一个或者某几个个体的故障而影响整个问题的求解,可以不通过个体之间直接通信而是通过非直接通信进行合作,使系统具有更好的可扩展性。由于系统中个体的增加而随之增加的开销十分小,系统中每个个体的能力又十分简单,这样每个个体的执行时间不仅比较短,而且实现起来也比较简单,在计算机上容易编程和并行处理。

群智能算法和传统优化算法相比具有简单、并行、适应性强等优点,并不要求问题连续可微,特别适用求解具有高度可重入性、高度随机性、大规模、多目标、多约束等特征的各类典型优化问题。然而,由于群智能计算是一种新兴的理论和算法,其理论基础还不够完善,数学基础相对薄弱,因此,提高算法在解空间内的搜索效率、分析与证明算法收敛性、对算法模型框架都需要进行更深入的探索,尤其是归纳出统一的计算模式和框架建模更为明显。

群智能计算具有分布式、自组织、协作性、鲁棒性和实现简单等特点,在求解优化问题、机器人、电力系统、网络及通信、计算机、交通领域和半导体制造领域等取得了较为成功的应用,为寻找复杂问题的解决方案提供了快速可靠的方法。

2. 群智能算法的框架

群体智能算法是一类基于概率的随机搜索进化算法,各个算法在结构和计算方法等方面具有较大的相似性,算法框架如下。

(1) 设置参数,初始化种群。

(2) 生成一组解,计算其适应值。

(3) 通过比较个体所有适应者得到群体最优适应值。

(4) 如果满足判断终止条件则结束迭代;否则转向第(2)步继续迭代。

各个群体智能算法之间最大不同是算法更新规则不同,有的是基于模拟群居生物运动步长更新规则,也有根据某种算法机理设置的更新规则。

3. 优化算法

优化算法主要包括经典优化算法、智能优化算法和群体智能优化算法。

1) 经典优化算法

经典优化算法如线性规划、动态规划等,改进型局部搜索算法如爬山法、快速下降法、模拟退火算法、遗传算法以及指导性搜索法等。而神经网络、混沌搜索则属于系统动态演化方法。

2) 智能优化算法

智能优化算法是一种启发式优化算法,包括遗传法、禁忌搜索算法、模拟退火算法等。智能优化算法一般是针对具体问题设计的算法,理论要求弱,技术性强、速度快、应用性强。

3) 群智能优化算法

群体智能优化算法模拟了昆虫、兽群、鸟群和鱼群等的群体行为,这些群体按照一种合作的方式寻找食物,群体中的每个成员通过学习它自身的经验和其他成员的经验不断地改变搜索的方向。任何算法都是一种由昆虫群体或者其他动物群体行为机制启发而设计出的算法或分布式解决问题的策略。例如,蚁群算法和粒子群算法都是典型的群智能优化算法。

13.2　蚁 群 算 法

蚁群算法是一种模拟蚂蚁觅食行为的模拟优化算法,它是由意大利学者马可・多里戈(Marco Dorigo)等人于 1992 年首先提出,并首先被应用于解决 TSP 问题,之后又系统地提出了基本原理和数学模型。

蚁群算法是一种群智能算法,是基于生理学的智能仿生模型。蚁群算法是由一群无智能或有轻微智能的智能体通过相互协作而表现智能行为的,故其可以为求解复杂问题提供一个新途径。

13.2.1　蚁群寻食的过程

1. 蚁群寻食现象

在蚂蚁觅食过程中,蚁群总能按照一条从蚁巢和食物源的最优路径觅食,这种现象如图 13-2 所示。

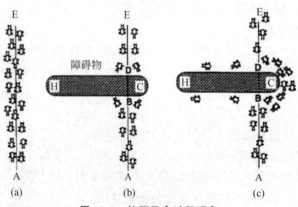

图 13-2　蚁群寻食过程现象

图 13-2(a)中有一群蚂蚁。其中 A 是蚂蚁巢,E 是食物源。这群蚂蚁将沿着蚂蚁巢和食物源之间的直线路径行进。如果 A 和 E 之间突然出现了一个障碍物,如图 13-2(b)所示,那么蚁群可以找到最短路径,如图 13-2(c)所示。

2. 基本原理

生物学研究结果表明,一群相互协作的蚂蚁能够找到食物和巢穴之间的最短路径,但是,单只蚂蚁却不能。生物学家经过大量细致观察发现,蚂蚁个体之间的行为是相互作用和影响的。蚂蚁在运动过程中能够在它所经过的路径上留下一种被称为信息素的物质,而此物质恰恰是蚂蚁个体之间信息传递交流的载体。在运动时蚂蚁能够感知这种物质,并且习惯于追踪这种物质爬行,同时在爬行过程中还会继续释放信息素,一条路上的信息素踪迹越浓,其他蚂蚁将以越高的概率跟随爬行此路径,从而该路径上的信息素踪迹会进一步被加强。因此,由大量蚂蚁组成的蚁群的集体行为可以表现出一种信息正反馈现象。某一路径上走过的蚂蚁越多,则后来者选择该路径的可能性就越大。蚂蚁个体之间就是通过这种间接的通信机制协同地搜索最短路径目标。对蚂蚁觅食行为的进一步分析说明如图 13-3 所示。

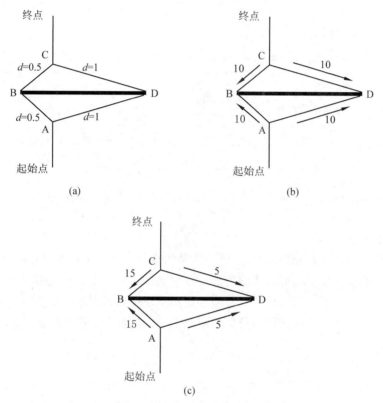

图 13-3　蚂蚁觅食行为的分析

图 13-3(a)是原始状态,蚂蚁起始点为 A,终点为 C,中途有障碍物 BD,要绕过 BD 才能到达 C。AB 和 AD 是绕过障碍物的 2 条路径,各个路径的距离 d 已经被标定,分别为

$$AB=0.5, \quad AD=1, \quad BC=0.5, \quad CD=1$$

图 13-3(b)是 $t=0$ 时刻的状态,各个边上有相等的信息素浓度,假设均为 10。

图 13-3(c)是 $t=1$ 时刻蚂蚁经过后的状态,各个边的信息素浓度有变化,因为大量蚂蚁的选择概率不同,又由于选择概率与路径长度相关,所以路径越短,则蚂蚁的选择概率越大、路径的信息素浓度也越高、经过此短路径达到目的地的蚂蚁也会比其他路径更多。这样大量的蚂蚁实践之后就找到了最短路径。上述过程可以概括为以下几点。

(1) 路径概率选择原则是信息素越浓的路径被选中的概率越大。

(2) 信息素更新原则是路径越短,路径上的信息素增长越快。

(3) 协同工作机制是蚂蚁个体通过信息素进行信息交流。

从蚂蚁觅食的过程可见,单个蚂蚁个体的行为非常简单,只知道跟踪信息素爬行并在爬行中释放信息素,但组合后的蚂蚁群体所体现的智能很高,能够在复杂的地理分布情况下轻松找到蚁穴与食物源之间的最短路径。

13.2.2 蚁群算法的设计

蚁群算法是基于生态学现象的启发后模拟并改进的结果,觅食的蚂蚁由人工蚁替代,人工蚁群释放的信息素为人工信息素,人工蚁群爬行和信息素的蒸发不在连续时空中进行,而是在离散时空中进行。

人工蚁群与真实蚁群的对比如表 13-1 所示。

表 13-1　人工蚁群与真实蚁群比较

相　同　点	不　同　点
都存在个体相互交流的通信机制 都要完成寻找最短路径的任务 都采用根据当前信息选择路径的随机选择策略	人工蚂蚁具有记忆力 人工蚂蚁不是完全盲目的选择路径 人工蚂蚁处于在离散时间的环境中,而真实蚁群生活在连续时间的环境中

以求解 TSP 问题为例。即在有限个城市内找到路径最短的距离组合,具体设计蚁群算法的过程如下。

1. 初始化参数

由于蚁群算法涉及的参数较多,且这些参数的选择对程序又都有一定的影响,所以选择合适的参数组合很重要。蚁群算法的特点是在寻优的过程中带有一定的随机性,这种随机性主要体现在选择出发点的随机性。蚁群算法正是通过选择这个初始点将全局寻优转化为局部寻优。设定参数就是在全局和局部之间建立一个平衡点。蚁群算法中需要设定如下主要参数。

（1）蚂蚁数量 m

蚂蚁数量 m 一般设置为目标数的 1.5 倍,如针对 50 个城市的 TSP 问题的求解一般需要 75 只以上的人工蚂蚁,如果蚂蚁数量参数设置过大,则每条路径上的信息素将趋于平均,正反馈作用会减弱,从而导致收敛速度减慢;如果参数设置过小则可能导致一些从未搜索过的路径信息素浓度减小为 0,导致过早收敛,使解的全局最优性降低。

（2）信息素常量 Q

信息素常量 Q 根据经验一般取值在 $[10,1000]$,此参数设置过大将使蚁群的搜索范围减小,容易过早地收敛,使种群陷入局部最优;如果参数设置过小,则每条路径上信息含量差别较小,容易陷入混沌状态。

（3）最大迭代次数

最大迭代次数 t 一般取 $[100,500]$,建议取 200。如果参数设置过大则运算时间过长;如果参数设置过小则可选路径较少,种群易陷入局部最优。

（4）信息素因子 α

信息素因子 α 反映了蚂蚁运动过程中路径上积累的信息素的量表示蚁群搜索中的相对重要程度,取值范围通常在 $[1,4]$ 上。如果信息素因子参数 α 设置过大,则蚂蚁选择以前已经走过的路径可能性较大,容易使随机搜索性减弱;如果参数 α 设置过小则蚁群易陷入纯粹的随机搜索,种群易陷入局部最优。

(5) 启发函数因子 β

启发函数因子 β 反映了启发式信息在指导蚁群搜索路径中的相对重要程度,其大小反映的是蚁群寻优过程中先验性、确定性因素作用的强度。它越大也就越容易导致收敛过快。一般范围设置为 $[0,5]$。

(6) 信息素挥发因子 ρ

信息素挥发因子 ρ 是指信息素的消失水平,它的大小直接关系到算法的全局搜索能力和收敛速度,过大将导致信息素挥发过快,一些较好的路径会被排除;过小则易导致路径残留信息素较多,影响算法效率。一般范围设置为 $[0.2,0.5]$。

2. 构建模型

目标蚂蚁是在固定的解空间内寻找最优解的,首先肯定要将蚂蚁放在各个不同的出发点,然后让蚂蚁**根据选择依据**选择下一个要访问的城市,这个选择依据是由**轮盘赌**的方法确定的。

1) 蚂蚁选择城市

每个蚂蚁都随机选择一个城市作为其出发城市,并维护一个路径记忆向量,用来存放该蚂蚁依次经过的城市。蚂蚁根据信息素的浓度判断所走的路线,在这里应说明,不是说哪条路的信息素浓度高蚂蚁就一定走哪条路,而是走信息素浓度高的路线的概率比较高。那么首先就需要知道蚂蚁选择走每个城市的概率,然后再通过轮盘赌法(相当于随机转盘)确定蚂蚁所选择的城市。

蚂蚁选择城市的概率计算公式如下。

$$P_{ij}^{k} = \begin{cases} \dfrac{\tau_{ij}^{\alpha}(t) * \eta_{ij}^{\beta}(t)}{\sum\limits_{s \in \text{all}_k} \tau_{ij}^{\alpha}(t) * \eta_{ij}^{\beta}(t)} & j \in \text{all}_k \\ 0 & \text{其他} \end{cases}$$

其中:i、j 分别为起点和终点,k 表示第 k 只蚂蚁,$\eta_{ij}(t) = 1/d_{ij}$ 为启发函数,用于表示蚂蚁从 i 到 j 路径距离的倒数,$\tau_{ij}(t)$ 为时间 t 时刻由 i 到 j 的信息素浓度,all_k 表示蚂蚁 k 未访问过的结点集合。

该公式表明蚂蚁选择城市的概率主要与 $\tau_{ij}(t)$ 和 $\eta_{ij}(t)$ 有关,分母为蚂蚁 k 可能访问的城市之和(为常数),这样才能使蚂蚁选择各个城市的概率之后为 1,符合概率的定义。$\tau_{ij}(t)$ 和 $\eta_{ij}(t)$ 上的指数信息素因子 α 和启发函数因子 β 只决定了信息素浓度以及启发函数对蚂蚁 k 从 i 到 j 的可能性的贡献程度。

2) 轮盘赌法

轮盘赌法(相当于随机转盘)确定蚂蚁所选择城市的方式,这里采用了下面例子说明。

假设蚂蚁在 D 点,A、B、C 为已经去过的点,E、F、G 为没去过的点,现在蚂蚁要在 E、F、G 三个点中选择一个点作为下一步要到达的点。

假设信息素因子 $\alpha=1.0$,启发函数因子 $\beta=2.0$,DE 间信息素为 2,DE 间距离为 2,DF 间信息素为 5,DF 间距离为 2,DG 间信息素为 3,DG 间距离为 3,则根据上述的蚂蚁选择城市的概率计算公式可以计算出 E、F、G 点被选择的概率值分别是

$$p_E = 2/(2 \times 2) = 0.5$$

$$p_F = 5/(2 \times 2) = 1.25$$

$$p_G = 3/(3 \times 3) = 0.3333$$

总的概率值 $p_{total} = p_E + p_F + p_G = 0.5 + 1.25 + 0.333 = 2.083$

那么 E、F、G 被选择的概率分别是

$$P_E = p_E / p_{total} = 0.5/2.083 = 24\%$$

$$P_F = p_F / p_{total} = 1.25/2.083 = 60\%$$

$$P_G = p_G / p_{total} = 0.333/2.083 = 16\%$$

如果蚂蚁按选择概率最大的地方走,那么应该选择 F 点为下一个点。这样选择会导致一个问题,每只蚂蚁到了 D 点都会选择 F 点作为下一个点,同样在其他的点上也会有这种情况发生,就是每只蚂蚁选择的下一个点都是同一个点,这将导致所有蚂蚁找到的路径都是相同的,将使蚂蚁失去探索新路径的机会,算法陷入停滞。

为了避免这个问题,可使用轮盘赌法决定下一个点,方法如下。

在 $[0,1]$ 上取一个随机数 R。然后用 R 减 p_E,如果减去后的结果小于等于 0 就选 E 作为下一个点,如果减去后还大于 0,就继续再减去 p_F,……直到减去后的结果小于等于 0。然后用最后减去的那个概率值对应的点作为下一个点。

假设 $[0,1]$ 上取得的随机数字是 0.9,则转盘上的蓝色小箭头就顺时针旋转 0.9 圈。可以看到蓝色的小箭头落在了 G 所在的扇区里,因此蚂蚁就选择 G 作为下一个点。

可以看出,在 $[0,1]$ 上取一个随机数,这个数字落在 F 区间里的可能性最大,E 次之,G 最小。可以看出使用轮盘选择可以使蚂蚁往概率值大的地方走的可能性较大,但也有一定的可能往概率小的地方走,这样可以使蚂蚁探索新的路径,避免算法停滞或者进入局部最优解。

蚁群算法是带有正反馈的随机搜索算法,随机性和正反馈是算法的核心,两者丢失任何一个都会使算法失去作用。正反馈是通过信息素实现的,而随机性则是通过轮盘赌法实现的。如果不用轮盘赌法,那么算法就是贪心搜索算法。

例 13-1 蚂蚁选择城市。

如图 13-4 所示,计算蚂蚁从起点城市 2 到可达城市 1、3、5 的概率。

在图 13-4 中,城市 2 与城市 1、3、5 相连,每条路径上的数字代表 i 和 j 两城市间的距离 d_{ij}。设置初始时每条路径上的信息素浓度均为 1,信息素因子 α 为 2,启发函数因子 β 为 3,一只蚂蚁 k 的起点为城市 2,到下一个城市 $j(j=1,2,3)$ 的概率的计算如下。

$$P_{21}^k = 0.0385$$

$$P_{23}^k = 0.0385$$

$$P_{25}^k = 0.923$$

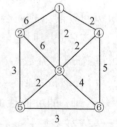

图 13-4 六个城市间距离

利用轮盘选择法,个体被选中的概率与其适应度大小成正比。如果产生一个随机数为 0.03 则选择城市 1;如果产生一个随机数为 0.05 则选择城市 3;如果产生一个随机数为 0.20 则选择城市 5。

3. 更新信息素

计算各蚂蚁经过的路径长度,记录当前最优解,之后更新路径上的信息素,新的信息素量等于原本就有的信息素挥发后剩下的量加上此蚂蚁走过留下的信息素。在迭代过程中始终对信息素进行累加,以保证最终蚂蚁能够收敛到最优解。其中增加的信息素如下。

更新信息素的计算公式为

$$\tau_{ij}(t+1) = \tau_{ij}(t)(1-\rho) + \Delta\tau_{ij}, \quad 0 < \rho < 1$$

$$\Delta\tau_{ij} = \sum_{k=1}^{m} \Delta\tau_{ij}^{k}$$

其中,$\tau_{ij}(t+1)$ 表示第 $t+1$ 次循环后,城市 i 到 j 的信息素含量。

信息素残留系数 $=(1-\rho)$,ρ 为信息素会发因子。

$\tau_{ij}(t) \times (1-\rho) + \Delta\tau_{ij}$ 表示第 t 次循环后剩余的信息素含量。

$\Delta\tau_{ij}^{k}$ 第 k 只蚂蚁在路径 (i,j) 上留下的信息素含量。

$\Delta\tau_{ij}$ 表示新增信息素含量等于 m 只蚂蚁在城市 i 到 j 路径上留下的信息素总和。

根据不同的规则,可以将蚁群算法分为三种模型:蚁周模型、蚁量模型和蚁密模型。蚁周模型是完成一次路径循环后,蚂蚁才释放信息素,其利用的是全局信息;蚁量模型和蚁密模型的蚂蚁完成一步后就更新路径上的信息素,其利用的是局部信息。这里使用最常用的蚁周模型,三种信息增量 $\Delta\tau_{ij}^{k}$ 计算方法如下。

1)蚁周模型的 $\Delta\tau_{ij}^{k}$ 计算

$$\Delta\tau_{ij}^{k} = \begin{cases} Q/L_k, & \text{如果第 } k \text{ 只蚂蚁在本次循环中经过路径 } i \text{ 到 } j。 \\ 0, & \text{否则}。 \end{cases}$$

其中 Q 为信息素常量,L_k 表示第 k 只蚂蚁在本次循环中所走路径的长度。

2)蚁量模型的 $\Delta\tau_{ij}^{k}$ 计算

$$\Delta\tau_{ij}^{k} = \begin{cases} Q/d_{ij}, & \text{如果第 } k \text{ 只蚂蚁在本次循环中经过路径 } i \text{ 到 } j。 \\ 0, & \text{否则}。 \end{cases}$$

其中 Q 为之前设置的信息素常量,d_{ij} 表示城市 i 到城市 j 的距离。

3)蚁密模型的 $\Delta\tau_{ij}^{k}$ 计算

$$\Delta\tau_{ij}^{k} = \begin{cases} Q, & \text{如果第 } k \text{ 只蚂蚁在本次循环中经过路径 } i \text{ 到 } j。 \\ 0, & \text{否则}。 \end{cases}$$

其中 Q 为信息素常量。

上述三种模型的区别是:蚁周模型利用了全局信息,走一圈后更新,而第 2 和第 3 种模型中都利用的是局部信息。

例 13-2 信息素的更新过程。

参阅图 13-4,假设初始时各路径信息素浓度都为 10,则信息素矩阵为

$$\begin{array}{cccccc} & 1 & 2 & 3 & 4 & 5 & 6 \\ 1 & \begin{bmatrix} 0 & 10 & 10 & 10 & 10 & 10 \\ 2 & 10 & 0 & 10 & 10 & 10 & 10 \\ 3 & 10 & 10 & 0 & 10 & 10 & 10 \\ 4 & 10 & 10 & 10 & 0 & 10 & 10 \\ 5 & 10 & 10 & 10 & 10 & 0 & 10 \\ 6 & 10 & 10 & 10 & 10 & 10 & 0 \end{bmatrix} \end{array}$$

如果信息素挥发因子 $\rho=0.5$，则信息素矩阵为

$$
\begin{array}{c c c c c c c}
 & 1 & 2 & 3 & 4 & 5 & 6 \\
1 & \begin{bmatrix} 0 \\ 5 \\ 5 \\ 5 \\ 5 \\ 5 \end{bmatrix} & \begin{matrix} 5 \\ 0 \\ 5 \\ 5 \\ 5 \\ 5 \end{matrix} & \begin{matrix} 5 \\ 5 \\ 0 \\ 5 \\ 5 \\ 5 \end{matrix} & \begin{matrix} 5 \\ 5 \\ 5 \\ 0 \\ 5 \\ 5 \end{matrix} & \begin{matrix} 5 \\ 5 \\ 5 \\ 5 \\ 0 \\ 5 \end{matrix} & \begin{bmatrix} 5 \\ 5 \\ 5 \\ 5 \\ 5 \\ 0 \end{bmatrix}
\end{array}
$$

添加第 k 只蚂蚁在路径上释放的信息素，设蚂蚁 k 走过的路径 $1\to2\to5\to6\to3\to4\to1$，总路径长度 $L_k=6+3+3+6+2+2=22$，信息素常量 Q 为 66，$\Delta\tau_{ij}^k=Q/L_k=3$，则更新了第 k 只蚂蚁的路径信息素矩阵如下。

$$
\begin{array}{c c c c c c c}
 & 1 & 2 & 3 & 4 & 5 & 6 \\
1 & \begin{bmatrix} 0 \\ 8 \\ 5 \\ 8 \\ 5 \\ 5 \end{bmatrix} & \begin{matrix} 8 \\ 0 \\ 5 \\ 5 \\ 8 \\ 5 \end{matrix} & \begin{matrix} 5 \\ 5 \\ 0 \\ 8 \\ 5 \\ 5 \end{matrix} & \begin{matrix} 8 \\ 5 \\ 8 \\ 0 \\ 5 \\ 5 \end{matrix} & \begin{matrix} 5 \\ 8 \\ 5 \\ 5 \\ 0 \\ 0 \end{matrix} & \begin{bmatrix} 3 \\ 5 \\ 8 \\ 5 \\ 8 \\ 0 \end{bmatrix}
\end{array}
$$

4. 判断算法是否达到迭代次数

每当该蚂蚁走完之后都判断是否达到最大迭代次数，算法停止依据也可是选择当前最优解近似作为全局最优解。其流程图如图 13-5 所示。

13.2.3 基于蚁群算法的 TSP 问题求解

利用蚂蚁算法解决 TSP 问题的过程如图 13-6 所示，基本过程如下。

1. 首先初始化

需要对相关的参数进行初始化，蚂蚁数量 m、信息素因子 α、启发函数因子 β、信息素挥发因子 ρ、信息素常数 Q、最大循环次数 t 等。

2. 构建解空间

将各个人工蚂蚁随机放置于不同的城市，对每个人工蚂蚁 $k(k=1,2,\cdots,m)$，计算其下一个待访问的城市，直到所有人工蚂蚁都访问完所有的城市为止，即 $k=m$ 为止。在这一步需要通过计算状态转移概率以选择下一个城市并修改禁忌表，禁忌表体现了人工蚂蚁的记忆性，登记了每个人工蚂蚁所访问过的途径，使每个人工蚂蚁不会走重复的路，保证了路径只被访问一次。还有允许表的概念，允许表是指蚂蚁站在当前点上，允许下一步选择的所有点的集合；与之对应的是禁忌表，禁忌表记录的是不允许选择的点，也就是蚂蚁已经经过的点。那么从当前点 i 到下一点 j 的概率 p_{ij} 计算公式为：当下一点 j 在禁忌表中，这个概率就是公式下面的 0；当 j 在允许表中，概率计算就是上面的公式。首先看分子，$\tau(i,j)$ 是 i 到 j 的信息素，d_{ij} 是 i 到 j 的距离；分母就是所有允许表中 j 的和。

信息素的更新值是由蚁群内每一只蚂蚁的路径计算出来的。对于蚁群内的第 k 只蚂蚁，如果它经过了边 (i,j)，那么蚂蚁 k 引起 i 到 j 的信息素增量就是一只蚂蚁的信息素总

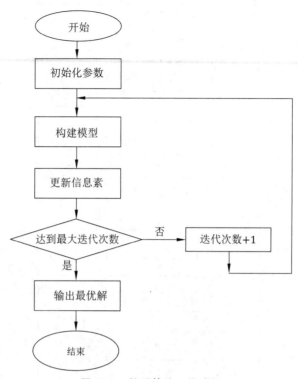

图 13-5 蚁群算法工作过程

量除以这只蚂蚁的路径长度;如果没经过,那该只蚂蚁引起的增量为 0。信息素更新矩阵计算完毕后,加上本代信息素矩阵衰减后的值即为下一代迭代所用到的信息素矩阵。

3. 更新信息素

计算各个蚂蚁经过的路径长度 L,记录当前迭代次数中的最优解(最短路径)。同时,对各个城市连接路径上的信息素浓度进行更新。

4. 判断是否终止

由循环次数 Nc 控制最大循环次数,如果迭代次数小于预定的迭代次数且无退化行为(找到的值都是相同的解),则转向步骤 2,否则输出目前的最优解。

迭代停止的条件可以是到达合适的迭代次数,输出最优路径时也可以看是否满足指定最优条件,找到满足的解后停止。这里算法的意义是:每次迭代的 m 只蚂蚁都完成了自己的路径后回到原点的整个过程。

可以看出,蚁群的寻路过程就是重复个体寻路过程,如图 13-6 所示。

例 13-3 蚂蚁寻路过程。

如图 13-7 所示的一个简单网络,有 4 个结点。

单个蚂蚁寻路过程如图 13-8 所示。

在群蚁算法中,寻路和信息素更新计算是关键。蚂蚁种群的所有蚂蚁寻路完后就形成了一组路径,这一代的迭代也就基本结束,剩下来就是更新信息素了。信息素的更新值是由蚁群内每一只蚂蚁的路径计算而来。对于蚁群内的第 k 只蚂蚁,如果它经过了边 (i,j),那么蚂蚁 k 引起 i 到 j 的信息素增量就是一只蚂蚁的信息素总量除以这只蚂蚁的路径长度;如果没经过,那么该只蚂蚁引起的增量为 0。信息素更新矩阵计算完毕后加上本代信息素

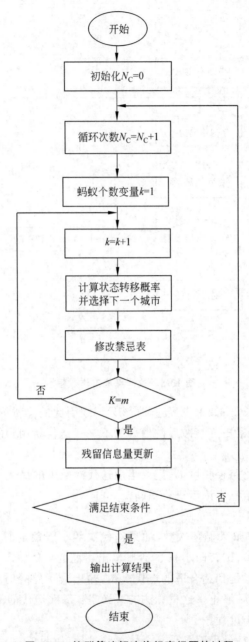

图 13-6　蚁群算法解决旅行商问题的过程

图 13-7　一个简单网络

矩阵衰减后的值即为下一代迭代所用到的信息素矩阵。

蚁周模型的 $\Delta\tau_{ij}^k$ 计算如下。

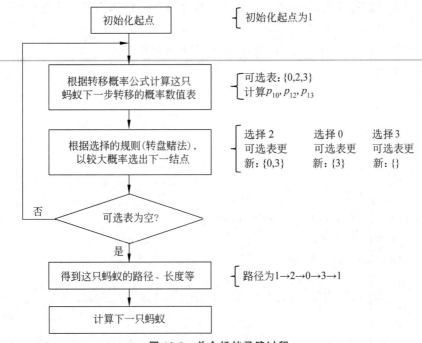

图 13-8　单个蚂蚁寻路过程

$$\Delta \tau_{ij}^{k} = \begin{cases} Q/L_{k}, & \text{如果第 } k \text{ 只蚂蚁在本次循环中经过路径 } i \text{ 到 } j \text{。} \\ 0, & \text{否则} \end{cases}$$

其中 Q 为信息素常量，L_{k} 表示第 k 只蚂蚁在本次循环中所走路径的长度。

$$\Delta \tau_{ij} = \sum_{k=1}^{m} \Delta \tau_{ij}^{k}$$

$$\tau_{ij}(t+1) = \tau_{ij}(t) \times (1-\rho) + \Delta \tau_{ij}, \quad 0 < \rho < 1$$

如果蚁群有 3 只蚂蚁，每只蚂蚁携带信息素总量 $Q=1$，一次寻路完成得到 3 条路径，且路径长度各为 1、2、0.5，则蚂蚁各条路径对应边引起信息素增量分别为 1、0.5、2。找到各自经过的边，累加信息素增量，如表 13-2 所示。

表 13-2　信息素增量

蚁 群 路 径	路径长度	边(i,j)	$\Delta \tau_{ij}^{k}$
0　2　3　1　0	1	02　23　31　10	1
1　0　3　2　1	2	10　03　32　21	0.5
3　0　1　2　3	0.5	30　01　12　23	2

根据表 13-2 可得到信息素更新矩阵如下。

$$\Delta \tau_{ij} = \begin{pmatrix} 0 & 2 & 1 & 0.5 \\ 1.5 & 0 & 2 & 0 \\ 0 & 0.5 & 0 & 2 \\ 2 & 1 & 0.5 & 0 \end{pmatrix}$$

计算信息素更新矩阵后,加上本代信息素矩阵衰减后的值即为下一代迭代所用到的信息素矩阵。

应用蚁群算法解决 31 个城市的 TSP 问题,主要参数如下。

m:蚂蚁数量 50

M:城市数量 31

α:信息素重要程度因子为 1

β:启发函数重要程度因子为 5

ρ:信息素挥发因子为 0.1

Q:信息素常系数为 1

T:启发函数为 $1/D$

Table:禁忌表,例如 Table = zeros(m,n)

N_{c_max}:最大迭代次数为 150

程序模拟结果如图 13-9 所示。

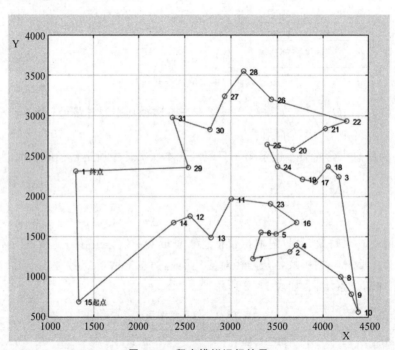

图 13-9   程序模拟运行结果

13.2.4   蚁群算法的特点

蚁群算法的主要特点如下。

(1)蚁群算法是一种正反馈机制的增强型学习系统,它是通过在最优路径上增加蚂蚁数量导致后来蚂蚁选择该路径概率增大,以此达到最终收敛于最优路径的结果。

(2)蚁群算法是通用型随机优化方法,吸收了蚂蚁的行为特征,使用人工蚂蚁进行仿真。

(3)蚁群算法是分布式的优化方法,其可使多个体同时进行搜索,具有本质并行性,大大提高了算法的搜索效率。

（4）蚁群算法是启发式算法，不容易陷入局部最优而更容易搜索到全局最优。

（5）蚁群算法是全局优化的方法，不仅可以用于求解单目标优化问题，而且也适用于求解多目标优化问题。

13.3　粒子群算法

复杂适应系统（complex adaptive system，CAS）是一个复杂系统，是非线性动力系统的子集，其具有适应性，因为个体和集体的行为会随着微观事件或事件集合的发生而进行变异或自组织。复杂适应系统可以被看作是相似且部分连接的微观结构形成的复杂宏观集合，可以适应不断变化的环境并提高作为宏观结构的生存能力，是粒子群算法产生的理论基础。

粒子群算法（particle swarm optimization，PSO）是进化计算的一个重要分支，它是由罗素·埃伯哈特（Russell Eberhart）和詹姆斯·肯尼迪（James Kennedy）于 1995 年提出的一种全局搜索算法，同时也是一种模拟自然界生物活动以及群体智能的随机搜索算法。粒子群算法除了考虑模拟生物的群体活动之外，更重要的是融入了个体认知和社会影响这些社会心理学的理论，结合了动物群体的行为特性以及人类社会的认知特性。

13.3.1　粒子群算法概述

1. CAS 系统基本思想与特点

CAS 中的成员被称为主体，如鸟群系统的每只鸟在这个系统中就被称为主体。主体有适应性，能够与环境及其他的主体进行交流，并且能根据交流的过程学习或积累经验改变自身的结构与行为。整个系统的演变主要包括：新层次的产生（如小鸟的出生）；分化和多样性的出现（如将鸟群中分成许多小群）；新的主题的出现（如鸟寻找食物过程中不断发现新的食物）。

CAS 系统中的主体具有 4 个基本特点。

（1）主体是主动的、活动的。

（2）主体与环境及其他主体是相互影响、相互作用，这是系统发展的主要动力。

（3）环境的影响是宏观的，主体之间的影响是微观的，宏观与微观需要有机结合。

（4）整个系统可能还要受一些随机因素的影响。

2. 粒子群算法基本思想与特点

粒子群算法源于对鸟群捕食的行为研究。主要用于解决优化问题，其基本原理是通过生成一群随机的粒子多次迭代找到最优解。

粒子群优化算法的基本思想是通过群体中个体之间的协作和信息共享寻找最优解，其优势在于简单容易实现并且没有许多参数的调节，目前已被广泛应用于函数优化、神经网络训练、模糊系统控制以及其他遗传算法的应用领域。

粒子群算法的优点是通用性强，不依赖问题信息；群体搜索具有记忆功能，保留了局部个体和全局种群的最优信息，无须梯度信息；原理结构简单，设置参数少，容易实现；协同搜索，同时利用个体局部信息和群体全局信息指导搜索，收敛速度快。粒子群算法的缺点是算法局部搜索能力较差，搜索精度不够高，不能够绝对保证搜索到全局最优解，容易陷入局部极小解,且算法搜索性能对参数具有一定的依赖性。

13.3.2　粒子群算法的构建

1. 粒子群算法的基本原理

粒子群算法通过设计一种无质量的粒子以模拟鸟群中的鸟,粒子仅具有两个属性:速度和位置,速度代表粒子移动的快慢,位置代表粒子移动的方向。每个粒子在搜索空间中单独地搜寻最优解,将其记为当前个体极值并将个体极值与整个粒子群里的其他粒子共享,找到最优的那个个体极值作为整个粒子群的当前全局最优解,粒子群中的所有粒子根据自己找到的当前个体极值和整个粒子群共享的当前全局最优解以调整自己的速度和位置。

鸟群捕食的具体过程为假设区域里就只有一块食物,鸟群的任务是找到这个食物源。鸟群在整个搜寻的过程中通过相互传递各自的信息而让其他的鸟知道自己的位置,通过这样的协作判断自己找到的是不是最优解,同时也将最优解的信息传递给整个鸟群,最后,整个鸟群都能聚集在食物源周围,也就是说找到了问题的最优解。

1) 一群鸟在随机搜索食物的场景

(1) 在这块区域里只有一块食物。

(2) 所有的鸟都不知道食物在哪里。

(3) 但它们能感受到当前的位置距离食物还有多远。

2) 找到食物的最优策略

(1) 搜寻目前距离食物最近鸟的周围区域。

(2) 根据自己飞行的经验判断食物的位置。

粒子群算法的基本原理是通过群体中个体之间的协作和信息共享寻找最优解。在粒子群算法中,每个优化问题的解都是搜索空间中的一个粒子,每个粒子代表一只鸟,由目标函数适应值决定其飞行的方向和距离。粒子群算法实现容易、精度高和收敛快。

2. 粒子群算法的元素

构建粒子群算法需要定义基本粒子类和粒子群类,每个粒子含有固有的属性,如速度、位置以及储存更新的变量。粒子群还含有个体极值、全局极值以及计算函数等参数。

1) 粒子

假设在一个 D 维的目标搜索空间中,有 N 个粒子组成一个群,其中第 i 个粒子表示为一个 D 维的向量,简单来说每个粒子都会对应优化问题的优化变量 x_i。

$$x_i = (x_{i1}, x_{i2}, \cdots, x_{iD}) \quad (i = 1, 2, \cdots, N)$$

(1) 每个寻优问题的解是粒子,所有粒子都在一个 D 维空间内进行搜索。

(2) 每个粒子都由一个适应度函数确定适应值以判断目前位置的远与近。

(3) 每一个粒子都有记忆功能,能记住它经过的最佳位置。

(4) 每一个粒子以一定速度决定其移动的距离和方向。

2) 变量

(1) 粒子 i 的位置:$x_i = (x_{i1}, x_{i2}, \cdots, x_{iD}), i = 1, 2, \cdots, N$。

(2) 粒子 i 的速度:$v_i = (v_{i1}, v_{i2}, \cdots, v_{iD})$。

(3) 粒子 i 经历过的最佳位置:$\text{pbest}_i = (p_{i1}, p_{i2}, \cdots, p_{iD})$。

(4) 全体粒子经历过的最佳位置:$\text{gbest}_i = (g_{i1}, g_{i2}, \cdots, g_{iD})$。

（5）每一维的位置要限制在区间：$[x_{\min,d},x_{\max,d}]$。

（6）每一维的速度要限制在区间：$[-v_{\max,d},v_{\max,d}]$。

3）更新规则

粒子群算法初始化为一群随机粒子（随机解），然后通过迭代找到最优解。在每一次的迭代中，粒子通过跟踪两个"极值"（pbest，gbest）更新自己。在找到这两个最优值后，粒子通过下面的公式更新自己的速度和位置。

（1）粒子群算法的标准公式如下。

粒子 i 的速度更新公式为

$$v_i = v_i + c_1 r_1(\text{pbest}_i - x_i) + c_2 r_2(\text{gbest}_i - x_i)$$

粒子 i 的位置更新公式为

$$x_i = x_i + v_i$$

其中 $i=1,2,\cdots,N$，N 是粒子总数。

v_i 是粒子的速度。如果 v_i 的最大值为 $V_{\max}$，当 $v_i > V_{\max}$，则 $v_i = V_{\max}$。

r_1、r_2 表示两个随机参数，取值范围 $[0,1]$，目的是增加搜索的随机性。

x_i 表示粒子的当前位置。

c_1、c_2 表示加速度常数，调节学习最大步长，通常 $c_1 = c_2 = 2$。

粒子 i 的速度更新公式第一部分被称为记忆项，表示上次速度大小和方向的影响；第二部分被称为自身认知项，是从当前点指向粒子自身最好点的一个向量，表示粒子的动作来源于自己经验的部分；第三部分被称为群体认知项，是一个从当前点指向种群最好点的向量，反映了粒子间的协作和知识共享。粒子就是通过自己的经验和同伴中最好的经验决定下一步的运动。以上面两个公式为基础，形成了粒子群优化算法的标准形式。

（2）考虑惯性因子的粒子 i 的速度更新公式。

考虑惯性因子 w，有下列公式。

$$v_i = w v_i + c_1 r_1(\text{pbest}_i - x_i) + c_2 r_2(\text{gbest}_i - x_i)$$

粒子 i 的位置更新公式如下。

$$x_i = x_i + v_i$$

其中 $w \geqslant 0$。公式表明粒子的速度与其先前速度、pbest、gbest 三者相关。w 值越大则全局寻优能力越强，局部寻优能力越弱；w 值越小，则全局寻优能力越弱，局部寻优能力越强，动态 w 比固定值具有更好的寻优结果。w 被引入后可使粒子群优化算法性能得到很大改进，针对不同搜索问题，其可以调整全局和局部搜索能力，使粒子群优化算法成功解决很多问题。

公式表明粒子的速度与其先前速度、pbest、gbest 三者相关，也就是说，粒子速度是三个方向速度的加权向量之和。

3. 粒子群算法的描述

（1）初始化：初始化粒子群（粒子群共有 N 个粒子）。

（2）评估每个粒子并得到全局最优。

（3）如果满足结束条件则输出全局最优结果并结束程序，否则继续执行。有两种终止条件可以选择，一是最大代数值；二是相邻两代之间的偏差在一个指定的范围内。

（4）更新每个粒子的位置和速度。

（5）评估每个粒子的函数适应值。

（6）更新每个粒子的历史最位值。

（7）更新群体的全局最优位置。

粒子群算法的流程如图 13-10 所示。

例 13-4 已知函数 $y = f(x_1, x_2) = x_1^2 + x_2^2$，其中 $x_1, x_2 \in [-10, 10]$，使用粒子群算法求解 y 的最小值。

设：$x_i = (x_{i1}, x_{i2})$，$y_i = f(x_{i1}, x_{i2}) = x_{i1}^2 + x_{i2}^2$

步骤如下。

1）初始化

初始化粒子群，设粒子群共有 P_1、P_2 和 P_3 三个粒子，给每个粒子赋予随机的初始位置和速度。计算适应函数值，并且得到粒子的历史最优值和群体的全局最优位置。

（1）P_1、P_2 和 P_3 三个粒子赋予随机的初始位置 x_1、x_2、x_3 和速度 v_1、v_2、v_3：

$$P_1: v_1 = (4, 1), x_1 = (6, -4)$$
$$P_2: v_2 = (-2, -1), x_2 = (-3, 8)$$
$$P_3: v_3 = (4, 2), x_3 = (-5, -6)$$

计算适应函数值 y_1、y_2、y_3：

$$y_1 = 6^2 + (-4)^2 = 52$$
$$y_2 = (-3)^2 + (-8)^2 = 73$$
$$y_3 = (-5)^2 + (-6)^2 = 85$$

（2）得到粒子的历史最优值：

$$pbest_1 = x_1 = (6, -4)$$
$$pbest_2 = x_2 = (-3, 8)$$
$$pbest_3 = x_3 = (-6, -7)$$

（3）得到群体的全局最优位置：

由于 y_1 值小于 y_2、y_3 值，则：$gbest = pbest_1 = (6, -4)$

2）粒子的速度和位置更新

根据自身的历史最优位置和全局的最优位置，更新每个粒子的速度和位置。

$$P_1: v_1 = wv_1 + c_1 r_1(pbest_1 - x_1) + c_2 r_2(gbest - x_1)$$

$$v_1 = \begin{cases} 0.5 \times 4 + 0 + 0 = 2.0 \\ 0.5 \times 1 + 0 + 0 = 0.5 \end{cases}$$

则 $v_1 = (2.0, 0.5)$

$$x_1 = x_1 + v_1 = (6, -4) + (2.0, 0.5) = (8.0, -3.5)$$

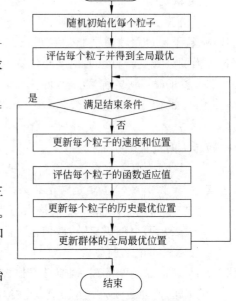

图 13-10 粒子群算法流程

$$P_2: v_2 = wv_2 + c_1 r_1(\text{pbest}_2 - x_2) + c_2 r_2(\text{gbest} - x_2)$$

$$v_2 = \begin{cases} 0.5 \times (-2) + 0 + 2 \times 0.3 \times (6 - (-3)) = 4.4 \\ 0.5 \times (-1) + 0 + 2 \times 0.1 \times ((-4) - 8) = -2.9 \end{cases}$$

则 $v_2 = (4.4, -2.9)$

$x_2 = x_2 + v_2 = (-3, 8) + (4.4, -2.9) = (1.4, 5.1)$

$$P_3: v_3 = wv_3 + c_1 r_1(\text{pbest}_3 - x_3) + c_2 r_2(\text{gbest} - x_3)$$

$$v_3 = \begin{cases} 0.5 \times 4 + 0 + 2 \times 0.05 \times (6 - (-5)) = 3.1 \\ 0.5 \times 2 + 0 + 2 \times 0.8 \times ((-4) - (-6)) = 2.6 \end{cases}$$

则 $v_3 = (3.1, 2.6)$

$x_3 = x_3 + v_3 = (-5, -6) + (3.1, 2.6) = (-1.9, -4.7)$

在上述计算中，w 为惯量权重，取值范围为 $[0,1]$，在这里 $w = 0.5$，c_1 和 c_2 为加速系数，通常取值为 0.2，r_1 和 r_2 取值为 $[0,1]$ 区间的随机数。对于越界的位置，需进行合法性调整。

3）评估粒子的适应度函数值

更新粒子的历史最优位置和全局的最优位置。

对于 $y_1^* = 8^2 + (-3.5)^2 = 64 + 12.25 = 76.25$，因为 $y_1 = 52$，$y_1^* > y_1 = 52$，所以 $\text{pbest}_1 = (6, -4)$。

对于 $y_2^* = (1.4)^2 + (5.1)^2 = 1.96 + 26.01 = 27.97$，因为 $y_2 = 85$，$y_2^* < y_2$，所以 $y_2 = y_2^* = 27.97$，$\text{pbest}_2 = (1.4, 5.1)$。

对于 $y_3^* = (1.9)^2 + (-4.7)^2 = 25.70$，因为 $y_3 = 85$，$y_3^* < y_3$，所以 $y_3 = y_3^* = 25.70$，$\text{pbest}_3 = (1.9, -4.7)$，$\text{gbest} = \text{pbest}_3 = (-1.9, -4.7)$。

4）如果满足结束条件则输出全局最优结果并结束程序，否则转向步骤（2）继续执行

4. 粒子群算法的构成要素说明

1）种群大小 N

如果种群大小 N 过小则陷入局部最优的可能性很大；如果 N 过大则优化能力强，但计算时间长，收敛速度慢。通常 N 一般取 $20 \sim 60$，较难的问题可取 $100 \sim 200$。

2）最大速度 v_m

最大速度 v_m 的作用是维护算法的探索能力与开发能力的平衡，v_m 较大时可增强全局搜索能力，但粒子容易飞过目标区域，导致局部搜索能力下降。v_m 较小时开发能力增强，但将极大地增加全局搜索的时间，容易陷入局部最优。速度取值一般为优化变量范围的 $10\% \sim 30\%$ 为宜。

3）权重因子

如果权重因子 w 过大则容易错过最优解；如果 w 过小则算法收敛速度慢或是容易陷入局部最优解。当问题空间较大时，为了在搜索速度和搜索精度之间达到平衡，通常的做法是使算法在前期有较高的全局搜索能力以得到合适的种子，而使之在后期有较高的局部搜索能力以提高收敛精度。因此有以下动态惯性权重公式。

$$w = w_{\max} - ((w_{\max} - w_{\min})\text{run})/\text{run}_{\max}$$

其中，$w_{\max}$ 表示最大惯性权重；

$w_{\min}$ 表示最小惯性权重；run 表示当前迭代次数

run_{max} 表示算法的最大迭代总次数

这样就使得随着迭代次数的增加,w 不断减小,从而使算法在初期有较强的全局收敛能力,而后期有较强的局部收敛能力。一般通过实验观察特定迭代次数下的找到最优解的次数和解的质量,然后在求解过程所耗时间和求解精度之间取一个恰当的值。

4) 学习因子 c_1 和 c_2

如果 $c_1=0$,则将迅速丧失群体多样性,易陷入局优而无法跳出。如果 $c_2=0$,则完全没有信息的社会共享,导致算法收敛速度缓慢。一般都不为 0,这样将更容易保持收敛速度和搜索效果的均衡,是较好的选择。

13.3.3　粒子群算法的应用

1. 粒子群算法的优化

(1) 粒子群算法是一个优化算法,优化的目的是使得某个损失函数最小或者最大。梯度下降求最小值的缺陷有可能在局部达到最小或者最大,并且不适用于带约束条件的问题,粒子群算法的优点就是容易实现,算法思路简单,能够适应求解带约束条件的问题。

(2) 计算函数的最小值,如果函数的输入是有约束条件的,那就是带约束的粒子群算法,如果没有就更易实现。粒子群算法需要注意损失函数和约束条件,其中函数的输入变量的定义也是约束条件。

(3) 粒子群算法在系统设计、多目标优化、模式识别、调度、信号处理、决策和机器人等领域中的应用,最终可归结为函数的优化问题,通常这些函数是非常复杂的,主要表现为规模大、维数高、非线性、非凸和不可微等特性,而且有的函数存在大量局部极小解。许多传统确定性优化算法收敛速度较快、计算精度高,但对初值敏感,易陷入局部最小解。而一些具有全局性的优化算法如遗传算法、模拟退火算法、进化规划等则受限于各自的机理和单一结构,难以高效优化高维复杂函数。粒子群算法通过改进或结合其他算法可以高效地优化高维复杂函数。

2. 粒子群算法的应用举例

算法本身仅依赖函数和约束条件,和之前的任何样本数据都无关。

例 13-5　求解函数 $y=-x(x-1)$ 在 $[0,2]$ 上的最大值。

观察两个粒子的位移 x 在每一次迭代中的变化(距离食物的距离)。

1) 初始状态

粒子 n_0: $x=0.0$ $v=0.01$

粒子 n_1: $x=2.0$ $v=0.02$

两个粒子位于区间两端,如图 13-11 所示。

2) 第 1 次迭代

粒子 n_0: $x=0.004$　$v=0.004$

粒子 n_1: $x=0.0$　　$v=-4.065\,77$

两个粒子都移动到原点。

3) 第 2、3……10 次迭代

可以看到,两个粒子在不断靠近最优点,它们聚集的过程是个越来越密集的过程。10次迭代结果如图 13-12 所示,如果加大迭代次数将获得最优解。

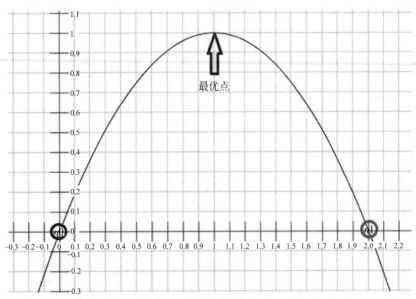

图 13-11　初始状态

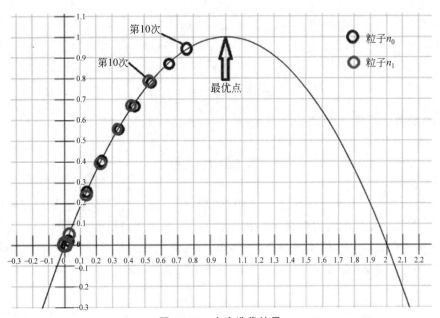

图 13-12　十次迭代结果

例 13-6　求函数最小值。

以粒子群算法求函数最小值,公式如下。

$$f(x) = \sum_{i=1}^{30}(x_i^2 + x_i - 6)$$

初始参数选择如下。

种群规模:50。

粒子数量:30。

惯性权重：0.5。

认知因子：1.0。

社会因子：2.0。

最大迭代次数：100。

首先初始化种群,第1代种群个体极值和全局极值都在本代种群中;之后进行迭代,每次迭代根据公式更新速度和位置,并更新个体极值和全局极值,重复此过程直至迭代结束。

函数最小值为−182.160 634。

程序运行结果如图13-13所示。

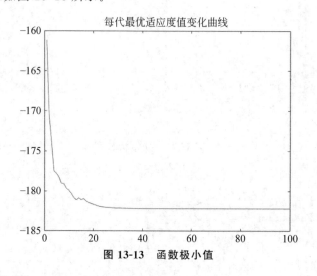

图 13-13　函数极小值

其中,函数最小值：−182.160 634。

本 章 小 结

群智能计算是一种演化计算技术,而群智能是指无智能的群体通过合作表现出智能行为的特性,群智能计算已成为在没有集中控制并且不提供全局模型的场景下的复杂分布式问题求解的基础。本章介绍了两种群智能算法：蚁群算法和粒子群算法,结合其群智能仿生的过程说明了算法的产生和原理,并在此基础上介绍了算法的典型应用。

第 14 章

生物特征识别

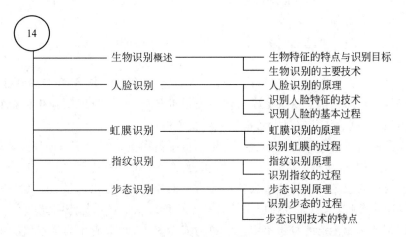

生物特征识别技术已经成为了人工智能重要的研究和应用领域,例如,人脸识别、指纹识别、虹膜识别和指静脉识别等,其中指纹识别技术最为成熟,也最为常用。

14.1 生物识别概述

由于人体特征是人体所固有的且具有不可复制的唯一性,因此,这一生物密钥无法复制、失窃或被遗忘,利用生物识别技术进行身份认定,安全、可靠和准确。

14.1.1 生物特征的特点与识别目标

1. 生物特征的特点

生物的生理特征是静态的,且随时间变化不大,但生物的行为特征会发生变化,并且还可能受外部因素或特定的情绪条件(如压力或强烈的心理影响)影响。例如,在生理特征方面有指纹、身高、体重、虹膜的颜色和大小、视网膜、手的形状、耳朵的形状、面部的面貌等。在行为特征方面,有声音印记、书写方式、键盘上的打字方式、身体的动作、步行的方式和趋势等。

2. 生物识别的目标

虽然生物识别系统的功能因目标而异,但是完成的基本任务都是对人身份的验证或识别。

1)验证

验证是经过检验得到证实的过程。一个人声明了自己的身份,因此对他的识别就是一个验证过程,这个验证过程就是将从传感器实时检测到的图像或获取的数据与存档中的图像或数据比较,判断其是否相匹配。

2)识别

通过将图像、数据、实时获取的信息与所有图像以及存档中存在的信息匹配以进行生物特征识别(一对多验证)。生物特征识别系统将通过比较和识别档案中的特征和实时收集的特征之间最相似或一致的生理和行为特征以确认身份。

不仅因为生物识别系统比密码方法获得了更高的保护级别,而且最重要的是因为它为新型服务打开了大门,这些新型服务能够为用户提供安全性和更好的用户体验,这显示出生物识别系统全部潜力和强大功能。

14.1.2 生物识别的主要技术

传统的身份鉴定方法包括身份标识物品(如钥匙、证件、IC卡等)和身份标识知识(如账户名和密码)的验证,但由于这些鉴定方法主要借助体外物,一旦证明身份的标识物品和标识知识被盗或被遗忘,其身份就容易被他人冒充或取代。

生物识别就是将计算机与光学、声学、生物传感器和生物统计学原理等高科技手段密切结合,利用人体固有的生理特性(如指纹、脸相、虹膜等)和行为特征(如笔迹、声音、步态等)来进行个人身份的鉴定。人类的生物特征通常具有唯一性、可供测量、识别和验证,具备遗传性或终身不变等特点,因此生物识别认证技术比传统认证技术优势明显。

生物识别技术比传统的身份鉴定方法更为安全和方便,具有不易遗忘、防伪性能好、不易被盗、随身携带和随时随地可用等一系列优点。目前已出现了许多利用生理特征的生物识别技术,如指纹识别、手掌几何学识别、虹膜识别、视网膜识别、面部识别、签名识别、声音识别、指静脉识别等。虽然一部分技术含量高的生物识别手段还处于实验阶段,但随着科学技术的飞速进步,将有越来越多的生物识别技术应用到人们的实际生活中。

14.2 人 脸 识 别

人脸识别技术是基于人的脸部特征而判断输入的人脸图像或者视频流是否存在人脸。如果存在人脸则进一步地给出每个脸的位置、大小和各个主要面部器官的位置信息,并依据这些信息进一步提取每个人脸中所蕴含的身份特征,将其与已知的人脸进行对比从而识别每个人脸的身份。

人脸识别更准确的名字应该是人脸比对,其背后是一幅待比对图像和人脸底库中的所有照片进行比对,从而判别图像中人员的身份。一般来说,待比对照片就是在日常生活中被各种设备所采集的照片,如通过人脸识别考勤机抓拍的照片。

人脸底库就是在系统中提前录入的人脸照片,照片和人的名字一一对应。根据人脸底库中照片数量的不同可以将人脸比对分为 $1:1$ 和 $1:N$。由于数量不同,这两种方法的计算量和计算方法也不尽相同。

最常见的场景就是人证 $1:1$ 比对,通过比对现场采集的照片和身份证中存放的照片判别持证人是否为本人。这种情况下,只涉及两张图片的比对,计算量相对较小。

身份证中的照片像素较小,通过市面上的身份证读卡器读取出来的照片仅为 100×100

像素左右,给精度带来了一定的挑战。目前这个领域相对成熟,使用场景正在逐步铺开。

例 14-1　一幅人脸图像和人脸底库中的 N 张人脸进行 $1 : N$ 比对。

在考勤机中,人脸底库中包含全体参与考勤角色的人脸照片。在某人要打卡时,考勤机采集到人脸并将图像输入系统,经过比对后输出角色身份。这种情况下计算量相对较大,时效性和识别精度太低会影响用户体验,所以一般综合权衡,需在设备的参数中标注所支持的角色数量。为了提升比对的成功率和速度,很多时候会同时抓拍多幅人脸素材进行识别,但每次比对的时候输入的照片只有一幅。

人脸识别实际包括构建人脸识别系统的一系列相关技术,包括采集人脸图像、定位人脸、人脸识别的预处理、确认身份以及查找身份等。

14.2.1　人脸识别原理

人脸识别主要分为检测人脸、提取特征和识别人脸三个基本过程。

1. 检测人脸

人脸检测是指从输入图像中检测并提取人脸图像,通常需要采用 Haar 特征和 Adaboost 级联分类器对图像中的每一块进行分类。如果某一矩形区域通过了级联分类器,则其将被判别为人脸图像。

图像识别的基本方法是:首先选择一个合适的子空间,将所有的图像变换到这个子空间上,然后在这个子空间衡量相似性或者进行分类学习。变换到另一个空间是为了更好地识别或者分类,因为变换到另一个空间,同一个类别的图像将被聚到一起,不同类别的图像距离较远,或者原像素空间中不同类别的图像在分布上很难由一个简单的线或者面把它们切分开,而如果变换到另一个空间就可以很好地将它们分开。

在原始的像素空间同类不会很近,不同类不会很远,或者他们不好分开的原因是图像会受各种因素的影响,包括光照、视角、背景和形状等,使同一个目标的图像在视觉信息上都存在很大的不同。

脸特征是将人脸从像素空间变换到另一个空间的结果,是在另一个空间中完成脸特征的相似性计算与识别。通过提取特征、变换空间使脸特征达到类内相似、类间区别的明显效果。从一开始的颜色特征(颜色直方图)、纹理特征(Harr、LBP、HOG、SIFT 等)、形状特征等到视觉表达词袋,再到特征学习,脸特征的思想就是把人脸从像素空间变换到另一个空间,在另一个空间中做相似性的计算。

2. 特征提取

用矩阵表示人脸图像或照片后,特征提取可以用一些数字表征人脸信息,这些数字就是需要提取的特征。

常用的人脸特征分为两类,一类是几何特征,另一类是表征特征。几何特征是指眼睛、鼻子和嘴等面部特征之间的几何关系,如距离、面积和角度等。由于算法利用了一些直观的特征,所以计算量小,而且由于其所需的特征点不能被精确地选择,所以这限制了它的应用范围。另外,当光照变化、人脸有外物遮挡、面部表情变化时,特征变化也会较大,所以这类算法只适合粗略识别人脸的图像,无实际应用价值。

表征特征利用人脸图像的灰度信息,通过一些算法提取全局或局部特征。其中比较常用的特征提取算法是局部二值模式(local binary pattern,LBP)算法(一种用以描述图像局部纹理特征的算法),它具有旋转不变性和灰度不变性等显著的优点。

纹理是一种反映图像中同质现象的视觉特征,它体现了物体表面具有缓慢变化或者周期性变化的表面结构组织排列属性。纹理具有三大标志。

(1) 某种局部序列性不断重复。

(2) 非随机排列。

(3) 纹理区域内大致为均匀的统一体。

使用局部二值模式算法特征检测的原理是用局部二值模式算法在每个像素点计算得到一个局部二值模式编码,那么,提取一幅图像原始的局部二值模式编码之后,得到的原始局部二值模式特征依然是一幅图像,记录的是每个像素点的局部二值模式值。局部二值模式算法对光照具有很强的鲁棒性。

局部二值模式算法的应用中,如纹理分类、人脸分析等一般都不将局部二值模式图谱作为特征向量用于分类识别,而是采用局部二值模式特征谱的统计直方图作为特征向量用于分类识别。具体做法是,将一幅图像划分为若干子区域,对每个子区域内的每个像素点都提取局部二值模式特征,然后,在每个子区域内建立局部二值模式特征的统计直方图。如此一来,每个子区域就可以由一个统计直方图描述;整个图像就由若干个统计直方图组成。例如,一幅 100×100 像素大小的图像可被划分为 $10 \times 10 = 100$ 个子区域(可以通过多种方式划分区域),每个子区域的大小为 10×10 像素;为每个子区域内的每个像素点提取其局部二值模式特征,然后建立统计直方图。这样,这幅图像就有 10×10 个子区域,也就有了 10×10 个统计直方图。利用这 10×10 个统计直方图就可以描述这幅图像。之后,利用各种相似性度量函数可以判断两幅图像之间的相似性。

局部二值模式算法的特点是对单调灰度变化不敏感,每个区域通过这样的运算将得到一组直方图,然后所有的直方图连起来即可组成一个大的直方图并可由直方图匹配计算分类。提取局部二值模式特征向量的步骤如下。

(1) 首先将检测窗口划分为 16×16 的小区域(cell)。

(2) 对于每个 cell 中的一个像素,将相邻的 8 个像素的灰度值与其进行比较,若周围像素值大于中心像素值,则该像素点的位置被标记为 1,否则为 0。这样,3×3 邻域内的 8 个点经比较可产生 8 位二进制数,即得到该窗口中心像素点的局部二值模式值。

(3) 然后计算每个 cell 的直方图,即每个数字(假定是十进制数局部二值模式值)出现的频率;然后对该直方图进行归一化处理。

(4) 最后将得到的每个 cell 的统计直方图连接形成一个特征向量,也就是整幅图的局部二值模式纹理特征向量。

然后便可利用支持向量机或者其他机器学习算法进行人脸识别。

3. 人脸识别的确认与辨认

人脸识别是将待识别人脸所提取的特征与数据库中人脸的特征进行比较,根据相似度判别分类。而人脸识别又可以分为两个大类:一类是确认,是人脸图像与数据库中已存的该人图像比对的过程,回答"是不是"的问题;另一类是辨认,是人脸图像与数据库中已存的所有图像匹配的过程,回答"是谁"的问题。显然,人脸辨认要比人脸确认困难,因为辨认需要进行海量数据的匹配。常用的分类器有最近邻分类器和支持向量机等。

14.2.2　人脸特征识别技术

主成分分析(principal component analysis,PCA)可以考虑将关系紧密的变量转变成尽可能少的新变量,使这些新变量互不相关,这样就可以使用较少的综合指标代表存在于各个变量中的各类信息。

1. 主成分分析的原理

主成分分析是一种使用最广泛的数据降维算法,其主要思想是将 n 维特征映射到 k 维上,这个 k 维是全新的正交特征,也被称为主成分,是在原有 n 维特征的基础上重新构造出来的特征,$k < n$。主成分分析的工作就是从原始的空间中顺序地找一组相互正交的坐标轴,且新的坐标轴的选择与数据本身密切相关。其中,第一个新坐标轴选择的是原始数据中方差最大的方向,第二个新坐标轴选取的是位于第一个坐标轴正交的平面中使方差具有最大方向,第三个轴与第1、第2个轴正交的平面中位于方差最大的方向。依次类推,可以得到 n 个这样的坐标轴。可以发现,通过这种方式获得的新的坐标轴,大部分方差都包含在前面 k 个坐标轴中,后面的坐标轴所含的方差几乎为 0。于是,可以忽略余下的坐标轴,只保留前面 k 个含有绝大部分方差的坐标轴。事实上这相当于只保留包含绝大部分方差的维度特征,而忽略包含方差几乎为 0 的特征维度,实现对数据特征的降维处理。

获得这些包含最大差异性的主成分方向需要计算数据矩阵的协方差矩阵,然后得到协方差矩阵的特征值向量,选择特征值最大(即方差最大)的 k 个特征所对应的特征向量组成的矩阵,这样就可以将数据矩阵转换到新的空间当中,实现数据特征的降维。由于得到协方差矩阵的特征值特征向量有两种方法:特征值分解协方差矩阵、奇异值分解协方差矩阵,所以主成分分析算法有两种实现方法:基于特征值分解协方差矩阵实现算法、基于奇异值分解协方差矩阵实现算法。在这里,笔者将举例说明基于奇异值分解协方差矩阵算法的降维和抽取特征过程。

2. 主成分分析算法工作过程

主成分分析算法的思想是将 n 维特征映射到 k 维上($k < n$),这 k 维是全新的正交特征。重新构造出来的 k 维特征被称为主元,构造主元不是简单地从 n 维特征中去除其余 $n-k$ 维特征,是需要遵循一定的选择与处理计算。

基本步骤如下。

设有 m 条 n 维的数据

(1) 将原始数据按列组成 n 行 m 列的矩阵 X;

(2) 将矩阵 X 的每一行进行零均值化;

(3) 求出协方差矩阵 $C = XX^{\mathrm{T}}/m$;

(4) 求出协方差矩阵的特征值及对应的特征向量;

(5) 将特征向量按对应特征值大小从上到下按行排列成矩阵,取前 k 行组成矩阵 P;

(6) $Y = PX$ 即为降维到 k 维后的数据。

例 14-2　如果获得的二维数据如表 14-1 所示。

其中,行代表了样例,列代表特征,这里有 10 个样例,每个样例包含两个特征。对上述样例,应用主成分分析特征抽取算法降维过程如下。

(1) 分别求 X 和 Y 的平均值(数学期望),其中 X 的均值是 1.81,Y 的均值是 1.91。

（2）然后为所有的样例减去对应的均值，10 个样例的转换结果如表 14-2 所示。

表 14-1　二维数据

X	Y	X	Y
2.5	2.4	2.3	2.7
0.5	0.7	2.0	1.6
2.2	2.9	1.0	1.1
1.9	2.2	1.5	1.6
3.1	3.0	1.1	0.9

表 14-2　转换结果

X	Y	X	Y
.69	.49	.49	.79
−1.31	−1.21	.19	−.31
.39	.99	−.81	−.81
.09	.29	−.31	−.31
1.29	1.09	−.71	−1.01

（3）求特征的协方差矩阵。标准差和方差一般是用来描述一维数据的，但现实中人们经常遇到含有多维数据的数据集，协方差就是一种用来度量两个随机变量关系的统计量，被用于度量各个维度偏离其均值的程度。可以仿照方差的定义将协方差定义如下，对于一维数据的协方差与方差相类似。

$$\mathrm{var}(X) = \frac{\sum_{i=1}^{n}(X_i - \overline{X})(X_i - \overline{X})}{n-1}$$

对含有二维数据的数据集，协方差用来度量各个维度偏离其均值的程度，定义如下。

$$\mathrm{cov}(X,Y) = \frac{\sum_{i=1}^{n}(X_i - \overline{X})(Y_i - \overline{Y})}{n-1}$$

协方差的结果如果为正值则说明两者是正相关的；结果为负值就说明是负相关的，如果为 0 也就是统计上的相互独立。从协方差的定义上可以看出如下显而易见的性质。

$$\mathrm{cov}(X,X) = \mathrm{var}(X)$$
$$\mathrm{cov}(X,Y) = \mathrm{cov}(Y,X)$$

维数多了自然就需要计算多个协方差，如 n 维的数据集就需要计算 $n!/((n-2)! \times 2)$ 个协方差，那自然而然需使用矩阵组织这些数据。

假设数据集有三个维度，则协方差矩阵为

$$C = \begin{bmatrix} \mathrm{cov}(X,X) & \mathrm{cov}(X,Y) & \mathrm{cov}(X,Z) \\ \mathrm{cov}(Y,X) & \mathrm{cov}(Y,Y) & \mathrm{cov}(Y,Z) \\ \mathrm{con}(Z,X) & \mathrm{cov}(Z,Y) & \mathrm{cov}(Z,Z) \end{bmatrix}$$

协方差矩阵是一个对称的矩阵,而且对角线是各个维度上的方差。

如果数据是二维,有 X 和 Y,则求解为

$$\text{cov} = \begin{bmatrix} 0.616\,555\,556 & 0.615\,444\,444 \\ 0.615\,444\,444 & 0.716\,555\,556 \end{bmatrix}$$

对角线上分别是 X 和 Y 的方差,非对角线上是协方差。协方差大于 0 表示:当 X 和 Y 中有一个值增加则另一个值也增加;当小于 0 表示:一个值增加则另一个值减小;当协方差为 0 时,两者独立。协方差绝对值越大,两者对彼此的影响越大,反之则越小。

(4) 计算协方差矩阵的特征值和特征向量。

$$\text{特征值为:} \begin{bmatrix} 0.0490\,833\,989 \\ 1.284\,027\,71 \end{bmatrix}$$

$$\text{特征向量为:} \begin{bmatrix} -0.735\,178\,656 & -0.677\,873\,399 \\ 0.677\,873\,399 & -0.725\,178\,656 \end{bmatrix}$$

这里的特征向量都被归一化为单位向量。

(5) 将特征值按照从大到小的顺序排序,选择其中最大的 k 个,然后将其对应的 k 个特征向量分别作为列向量组成特征向量矩阵。这里特征值只有两个,如选择其中最大的是 $1.284\,027\,71$,对应的特征向量是 $(-0.677\,873\,399, -0.735\,178\,656)^{\text{T}}$。

(6) 将原始样本点分别往特征向量对应的轴上投影,转换到新的空间结果如表 14-3 所示。

如果取的 $k=1$,那么计算结果是:

表 14-3　投影后的数据 FinalData

X'	X'	X'
-0.827\,970\,186	-1.675\,801\,42	0.438\,046\,137
1.777\,580\,33	-0.912\,949\,103	1.223\,820\,56
-0.992\,197\,494	0.991\,094\,375	
-0.274\,210\,416	1.144\,572\,16	

上述就是利用主成分分析的方法重新构造出来的 1 维特征,而不是简单地从 $n=2$ 维特征中去除其余 $n-k=1$ 维特征降维。

3. 基于主成分分析的脸特征的空间变换

主成分分析广泛地被用于数据预处理中,以消去样本特征维度之间的相关性。利用主成分分析得到人脸分布的主要成分,具体实现是对训练集中所有人脸图像的协方差矩阵进行本征值分解,得到对应的本征向量,这些本征向量(特征向量)就是脸特征。每个特征向量或者脸特征相当于捕捉或者描述人脸之间的一种变化或者特性。这就表明每个人脸都可以被表示为这些特征脸的线性组合。基于脸特征的人脸识别过程如下。

(1) 将训练集的每一个人脸图像组合在一起形成一个大矩阵 A。每个人脸样本的维度就是 $d=M \times M$。如果有 N 个人脸图像,则样本矩阵 A 的维度为 $d \times N = M \times M \times N$。

(2) 将所有的 N 个人脸在对应维度上加起来,然后求平均值就得到了一个平均脸特征。

（3）将 N 个图像都减去平均脸图像，得到差值图像的数据矩阵 $\pmb{\Phi}$。

（4）计算协方差矩阵 $\pmb{C}=\pmb{\Phi\Phi}^{\mathrm{T}}$。再对其进行特征值分解就可以得到特征向量（脸特征）。

（5）将训练集图像和测试集的图像都投影到这些特征向量上，再对测试集的每个图像匹配训练集中的 K-最近邻，进行分类。

4. Haar 特征和级联

以 Haar 特征分类器为基础的对象检测技术是一种非常有效的对象检测技术，其多被用于人脸检测、行人检测等。Haar-like 特征是计算机视觉领域一种常用的特征描述算子，也被称为 Haar 特征。Haar 特征就是用黑色矩形的所有像素值之和减去白色矩形所有像素值的和，如图 14-1 所示。

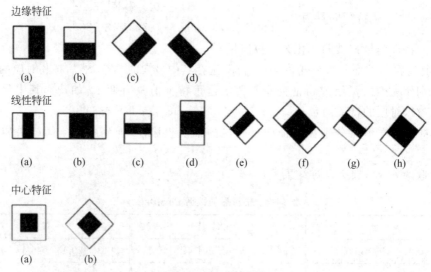

图 14-1　Haar 特征

Haar 特征值反映了图像的灰度变化情况，可以将极少数的特征结合起来形成有效的分类。

例 14-3　脸部的一些特征能由矩形特征简单地描述，眼睛要比脸颊颜色要深，鼻梁两侧比鼻梁颜色要深，嘴巴比周围颜色要深等。为了达到这个目的，可将每一个特征应用于所有的训练图像，正样为本人脸图像，负样本为非人脸图像。需要选取错误率最低的特征，这说明它们是检测面部和非面部图像最好的特征。可从 y 个特征中选择 x 个特征。

5. 级联

为了找到图像中不同位置的目标，需要逐次移动检测窗口，窗口中的 Haar 特征相应也随之移动，这样就可以遍历图像每一个位置。而为了检测到不同大小的目标，一般有两种做法：逐步缩小图像或者逐步放大检测窗口，这样即可遍历图像不同大小的目标。

级联分类器如图 14-2 所示，是一种退化了的决策树。所谓退化的决策树是指图像被拒绝后就直接被抛弃，不再判断。

14.2.3　人脸识别基本过程

人脸识别基本过程如下。

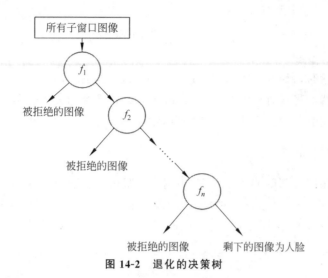

图 14-2　退化的决策树

1. 人脸检测

可以使用 OpenCV 自带的库函数进行检测,其主要使用的算法有 Adaboost、Harr 特征、LBP 算法等;

2. 人脸对齐

在已经检测到人脸的基础上自动找到人脸上的眼睛、鼻子、嘴和脸的轮廓等标志性特征位置。主要的目的就是在人脸区域进行特征点的定位,当人脸表情有变化,头部姿势有变化时仍能够精确定位人脸各特征点(如眼睛、鼻子、嘴等)的位置,主要的算法:ASM、AAM、CLM(难度依次增加,但效果依次增强)。

3. 人脸校验

判断两张人脸是不是同一张人脸。主要包括 1∶1 和 1∶N 的识别,1∶N 就是指在采集一幅人脸图像时在大量的图像库中找到这个人属于哪个类(人脸库中包含这个人不同姿势、表情的图像),只需要确定他是哪一类即可;但是 1∶1 就需要变得更加精确,是采集一幅人脸图像然后在大量的图像库中很精确地确认这个人是谁(人脸库中只含有该人的一幅图),这种识别的难点就是采集的人脸图像可能和已经获得的图像库中对应的人的表情和头部姿势都会有很大的差别,但是最终想要的结果还是要确认他到底是谁。主要的算法有很多,如 Gabor 变换、PCA、LDA、Ada+Gabor、稀疏表示以及各个算法的结合等。

4. 相似性度量

简单地说相似性度量就是计算距离。在识别到最后一步时,需要确认两个人是不是一个人,这需要计算两幅人脸图像的各个像素点之间的差值的总和,判断图像中的人脸是谁的脸。

人脸识别优点是用户不需要和设备直接接触、被识别的人脸图像信息可以主动获取、实际应用场景下可以进行多个人脸的分拣、判断及识别。人脸识别的缺点是对周围的光线环境敏感,环境可能影响识别的准确性,人体面部的头发、饰物等遮挡物以及人脸变老等因素也可能影响识别的准确性。

14.3　虹膜识别

虹膜识别技术是一种基于眼睛虹膜进行身份识别的安全检测技术,其在技术上就是通过一种近似红外线的光线对虹膜图案扫描成像,并通过图案像素位的异或操作判定相似程度。虹膜识别首先需要将虹膜从眼睛图像中分离出来,再进行特征分析。

14.3.1　虹膜识别原理

虹膜指的是眼睛外部调节瞳孔大小、控制进入眼内光线数量的肌肉,它是基于褪黑素的数量形成的眼睛的有色部分,是一种瞳孔内织物状的组织,每一个人的虹膜都包含一个独一无二的基于像冠、水晶体、细丝、斑点、结构、凹点、射线、皱纹和条纹等特征的结构,如图 14-3 所示。研究结果表明,没有任何两个人的虹膜是一样的。

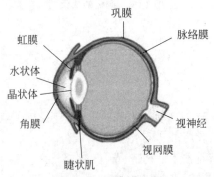

图 14-3　虹膜的结构

生理学研究表明,虹膜纹理的细节特征是由胚胎发育环境的随机因素决定的,这种纹理细节的随机分布特性为虹膜的唯一性奠定了生理基础,即使双胞胎、同一人左右眼的虹膜图像之间也具有显著的差异,自然界不可能出现完全相同的两个虹膜。虹膜从婴儿胚胎期的第三个月前开始发育,到第 8 个月其主要纹理结构已经形成。同时,由于角膜的保护作用,发育完全的虹膜不易受到外界的伤害。因此,由外部物理接触而导致虹膜改变的概率十分小。科学家们发现,除非经历危及眼睛的外科手术,否则虹膜纹理几乎终身不变。

虹膜是一个外部可见的内部器官,相对于指纹等需要接触采集的生物特征而言,采集虹膜特征更加卫生、方便,通过非接触(甚至远距离)的采集装置就能获取合格的虹膜图像,这在实际的应用中非常重要。

14.3.2　虹膜识别过程

一般来说,虹膜识别主要分为四个过程,分别为采集虹膜图像、图像预处理、提取特征和特征匹配。

1. 采集虹膜图像

获取虹膜图像时可用特定的数字摄像器材对人的整个眼部进行拍摄,并将拍摄到的图像传输到计算机中存储。

2. 图像预处理

图像预处理是指将拍摄到的眼部图像中的多余信息清除，并且对图像进行平滑、检测边缘等预处理操作。

3. 提取特征

提取特征是指通过一定的算法从分离出的虹膜图像中提取特征点，并对其进行编码。

4. 特征匹配

特征匹配是指根据特征编码与数据库中的虹膜图像特征编码进行比对、验证。

在虹膜识别之前，技术上要求先提取人类虹膜的标志性特征，并将之形成图像、分离和抓取特征。基于虹膜成像，利用这些向量信息绘制虹膜码，最终使用虹膜码确认。

14.4　指　纹　识　别

14.4.1　指纹识别原理

指纹也叫手印，即人体手指表皮上突起的纹线。由于人的指纹是由遗传与环境共同作用产生的，因而指纹人人皆有，但却各不相同。由于指纹重复率极小，大约 150 亿分之一，故其被称为人体身份证。指纹在人类胎儿出生第三四个月便开始产生，到六个月左右成形。即便婴儿长大成人，指纹也只不过放大增粗，但纹样终身不会发生改变。

1. 指纹的分类

按形状可划分为三类：像水中漩涡的斗形纹；一边开口像簸箕似的箕形纹；纹形像弓一样的弓形纹，如图 14-4 所示。实际上目前世界上还未发现两个指纹完全一样的人，所以从这点上说，世界上有多少个人，就有多少种指纹。

图 14-4　指纹

2. 拓印方式分类

根据拓印方式的不同，指纹又可分为三类：第一类是明显纹，就是目视即可见的纹路，如手沾油漆、血液、墨水等物品转印而成，通常都是印在指纹卡上用于基本资料的留档；第二类是成型纹，这是指在柔软物质上存留的指纹，如手接触压印在蜡烛、黏土上的指纹；第三类是潜伏指纹，这类指纹是经身体自然分泌物（如汗液）转移形成的指纹纹路，目视不易发现，是案发现场痕迹检验中最常见的指纹。潜伏指纹往往是手指先接触到油脂、汗液或尘埃后，再接触到干净的表面而留下，虽然肉眼无法看到，但是经过特别的方法及使用一些特别的化学试剂加以处理，即能显现出来。

14.4.2 指纹识别过程

1. 图像采集

图像采集的方式有很多,比较常用的有打卡机式的光学指纹采集模块和用在手机或其他终端设备上的电容式指纹采集模块等。采集的图一般不是很清晰,需要再进行增益、去噪才能获得图案的初步影像。人们为这一过程引入脊线和谷线的概念,较暗的线被称为脊线,较亮的线被称为谷线。如图 14-5 所示。

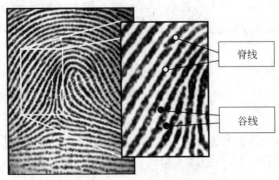

图 14-5 增益和去噪后指纹图案

2. 图像归一化

在图 14-5 所示的指纹图案中,按压力度不一致将导致传感器采集的图像出现偏向,中间部分的脊线颜色比较重,而边缘侧的脊线则又细又不清楚,那么可以使用归一化技术处理之,这样在图像中的直观表现就是指纹像是一张对焦成功的二维图像。

经过图像归一化后,指纹的纹理清晰可见。此时就可以将构成指纹图像的纹线明显细分为七种类型:直形线、波浪线、弓形线、箕形线、环形线、螺形线和曲形线。

3. 图像增强

虽然经过归一化后的图像轮廓已清晰可见,但是其仍然有很多偏差。这时可以使用算法完成图像增强,目的是让指纹脊线更清晰,并且使断裂的脊线可以连起来,同时令这些线保持原来的结构。人们经常使用的方法是滤波去噪。例如,常用的频域滤波就是将图像转换到频域,通过滤波找到能量最大、符合指纹频率范围的频域,得到清晰的指纹的空域图像,使图像质量得到很大提升。

4. 二值化

二值化是指像图像呈现非黑即白的状态,清除和处理中间灰色的过渡区域,这样做的目的是使图像更清晰。

5. 提取特征点和细节点

可以将整幅图像都存储起来,虽然它的像素本身就不大,通常在 100×100 像素这个数量级,但是可以用更少的信息代表整幅指纹图像,这些更少的信息在指纹上是存在的,就是指纹的特征点和细节点。脊线细节一般由三级特征来描述。

(1) 一级特征是指纹的全局脊线流形。

(2) 二级特征是细节点。

(3) 三级特征是包含气孔、纹线边缘、疤痕、细点线、汗孔等更加细节的特征信息。

6. 构造特征算子

在获取到了特征点之后,就要将这些特征点记录下来,组成一个图,一个表或者通过某一个公式将之关联起来以便于存储及之后的匹配算法使用。如在二维空间 X/Y 轴上标记特征点,并用坐标的方式画出向量图加以存储。

7. 匹配特征算子

经过了一系列的处理,原始指纹已被确定了特征算子。在重新采集了另外一个指纹并也经过上述的所有处理步骤后,就可以去指纹库中匹配指纹算子,通过特定的算法给这种匹配程度打分,如果计算匹配分数及格(可定义及格分数),那么就可以认为新采集的指纹是能与数据库中的某一个指纹匹配成功的。

数据库中的指纹样本集的构建过程如图 14-6 所示。

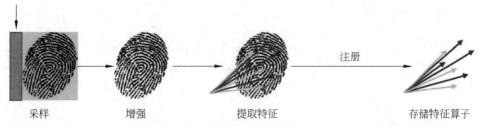

采样　　　　　增强　　　　　　提取特征　　　　　　存储特征算子

图 14-6　指纹样本集的构建过程

一次指纹识别的完整过程如图 14-7 所示。

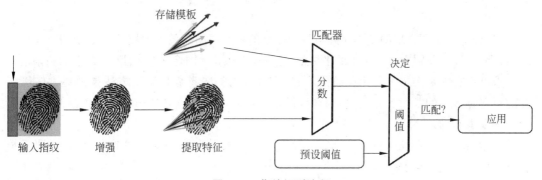

图 14-7　指纹识别流程

指纹识别是目前最成熟的一种生物识别技术,从智能手机解锁、移动支付到办理居民身份证都可能用到指纹识别技术,其已经全方位融入大众生活中。

14.5　步 态 识 别

步态特征属于生物特征中的行为特征,是一种新兴的生物特征识别技术,是通过人类走路的姿态识别身份的技术。与其他的生物识别技术相比,步态识别具有非接触远距离和不容易伪装的优点。

14.5.1　步态识别原理

1967 年,美国的米歇尔·P. 穆雷(Machael P.Murray)教授提出用 24 个特点(身高、腿长、臂长、关节活动等)建立正常人体的步态模型,认为步态特征对于每个人而言是独一无二的。步态像指纹、虹膜、人脸等一样,可以作为生物的识别特征。

步态是指人类行走时的方式,这是一种复杂的行为特征。由于人们在肌肉的力量、肌腱和骨骼长度、骨骼密度、视觉的灵敏程度、协调能力、经历、体重、重心、肌肉或骨骼受损的程度、生理条件以及个人走路的风格上都存在细微差异,所以每个人走路的步态都是独一无二的,步态识别就是利用这种独一无二的特征进行人的身份识别,能够通过人们走路时的姿态采集并分析出各种生物信息,进而识别对象的具体身份。

步态识别的距离更远,属于非受控识别,无须识别对象主动配合,其与人脸识别、指纹识别及虹膜识别相比较,具有应用成本更低、识别距离更远、特征不易伪装、环境适应性强等特点。

14.5.2　步态识别过程

步态识别的基本目标是通过获取一段待检测行人正常行走的视频,将之与已经存储好的行人行走视频对比,找出待检测行人对应数据库中人物的身份。步态识别任务的一个重要问题是提取特征。为了用简单的方法提取视频中有用的信息,常用的方法是提取步态能量图(gait energy image,GEI)。

1. 步态能量图

步态能量图能很好地表现步态的速度,形态等特征,其定义为

$$G(x,y) = \left(\sum_{t=0}^{N} B_t(x,y) \right) \Big/ N$$

其中,N 表示所提取的侧影序列中一个完整的步态周期所包含的帧数,t 表示侧影序列中的第 t 帧,(x,y) 分别表示图像中的坐标值,$B_t(x,y)$ 则表示图像在第 t 帧 (x,y) 点的像素值。

求出步态能量图需要一个完整的步态周期,常用的步态周期确定方法是采集人侧影宽度随行走时产生的起伏变化过程,当连续两次侧影宽度和高度之比出现为最大值时,就可以确定一个步态周期。

步态能量图能够反映侧影轮廓的主要形状及其在整个步态周期中的变化,其主要根据如下。

(1) 每一帧的侧影轮廓图像都是人行走时步态能量在该时刻的反映。

(2) 步态能量图是对人行走时整个步态周期的能量积累的反映。

(3) 在得到的步态能量图中,某点的像素值越大,表示人在整个步态周期中出现在该点的频率就越高。因此,步态能量图是对人步态特征较好的描述。

2. 步态能量图生成方法

步态能量图生成主要分为两步。

在原始轮廓图上对人的轮廓进行裁剪,在制作步态能量图图像序列时需要考虑以什么为中心位置。一般有两种方式,一种是以人体宽的一半为中心位置;另一种是以头顶为中心位置,实践证明,以头顶为中心效果比较好。

例如,原始图像如图 14-8 所示。

(1) 以身宽一半为中心位置,如图 14-9 所示。

(2) 以头顶为中心位置,如图 14-10 所示。

图 14-8　原始图像　　　　图 14-9　以身宽一半为中心位置　　　　图 14-10　以头顶为中心位置

（3）将裁剪后的图像合成，一个步态周期的图像将被合成为一个步态能量图。

例 14-4　以一个完整步态序列作为步态周期，如图 14-11 所示。

图 14-11　步态周期

（4）以身宽一半为中心合成的步态能量图如图 14-12 所示。

（5）以头顶为中心合成的步态能量图如图 14-13 所示。

图 14-12　以身宽一半为中心合成的步态能量图　　　图 14-13　以头顶为中心合成的步态能量图

可以看出以头顶为中心效果比较好

14.5.3　步态识别技术的特点

步态识别也是一种新兴的生物特征识别技术，在智能视频监控领域，其比图像识别更具优势。步态识别技术优势多相比于指纹、人脸、掌纹、静脉等静态生物特征，步态属于动态特征，因此识别过程更为复杂。

步态识别技术的突出特点是成本低、对硬件装备的要求不高，采集信息的摄像机设备成本不是很高。相比其他生物识别技术，步态识别技术识别距离更远，因为步态在 50 米之内都能被识别，而人脸识别需要目标在 3 米以内，虹膜识别需要目标在 60 厘米以内。步态由长期习惯养成，很难改变，识别步态是一种全身识别技术，其以体型、肌肉力量、运动神经灵敏度、走路姿态等多种因素为基准，局部变化并不会影响识别结果。另外，步态识别技术的环境适应能力更强，因为步态识别不会受到光照、光源、地面环境的干扰。

基于上述这些特点，步态识别技术在安防监测、刑侦监测和智能家居等潜在场景中获得了大量应用。

本 章 小 结

本章介绍了人脸识别、虹膜识别、指纹识别和步态识别等技术，可以看出，生物识别技术主要通过人类生物特征进行身份认证。人类的生物特征通常具有唯一性、可以被测量或可被自动识别和验证、具有遗传性或终身不变等特点，因此生物识别认证技术较传统认证技术存在较大的优势。各种生物识别技术都有其优缺点，相互整合的自动识别技术是未来的重要发展方向。不同的生物识别技术互相结合可以形成多重生物识别技术，可以显著提高识别的准确性。

第 15 章

智能机器人

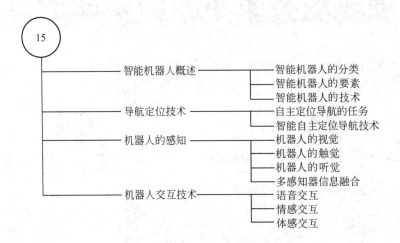

15.1 智能机器人概述

随着科学技术的发展,机器人的应用越来越广泛,正在替代人发挥着日益重要的作用。计算机、微电子、信息技术的快速进步使机器人技术的发展速度越来越快、机器人的智能程度越来越高、应用范围也越来越广泛。在海洋开发、宇宙探测、工农业生产、军事、社会服务、娱乐等各个领域,机器人正朝着智能化和多样化的方向发展。

机器人的发展分为三代,第一代机器人只有手,以固定程序工作,不具有对外界信息的反馈能力。这种机器人一般可以根据操作人员所编的程序完成一些简单的重复性操作,其从 20 世纪 60 年代后半叶开始被投入实际使用,目前在工业界已得到广泛应用。

第二代机器人具有对外界信息的反馈能力,已具有感觉(如触觉、视觉和力觉等)。这一代感知机器人又被称为自适应机器人。它自第一代机器人的基础上发展而来,能够具有不同程度感知周围环境的能力。人们对利用感知信息改善机器人性能的研究开始于 20 世纪 70 年代初期,到 1982 年,人们为装配线上的机器人装配了视觉系统,宣告了感知机器人的诞生,并在 20 世纪 80 年代得到了广泛应用。

第三代机器人具有识别、推理、规划和学习等智能机制,并可以将感知和智能行为结合起来,因此能在非特定的环境下作业,人们称之为智能机器人。1956 年在达特茅斯会议上,马文•明斯基提出了他对智能机器的看法:"智能机器能够创建周围环境的抽象模型,在遇到问题时能够从抽象模型中寻找解决方法。"这个定义一直影响着智能机器人的研究方向。

机器人是人工智能的载体,智能机器人是机器人与人工智能之间的桥梁,是由人工智能程序控制的机器人,是一个在感知、思维、效应方面全面模拟人的机器系统。智能机器人又是人工智能技术的综合试验场,可以全面地考察人工智能各个领域的技术与相互之间的关系,还可以在有害环境中代替人从事危险工作,上天入海,大显身手。

机器学习是人工智能的核心技术之一,其中算法通过已知的输入和输出以某种方式训练,以对特定输入进行响应。将人工智能与更传统的编程区分开来的关键方面是智能,非人工智能程序只需执行一个定义好的指令序列,而人工智能程序则可以模仿人类的行为。

15.1.1　智能机器人的分类

从功能和智能程度可对智能机器人分类如下。

1. 基于功能分类

根据智能程度的不同,智能机器人可分为传感型机器人、交互性机器人和自主型机器人等。

1) 传感型机器人

传感型机器人也称外部受控机器人,其本身无智能单元,只具备感知和行动的能力,它具有利用传感信息(包括视觉、听觉、触觉、接近觉、力觉和红外、超声及激光等)进行传感信息处理、实现控制与操作的能力。

2) 自主型机器人

自主型机器人无须人的干预,能够在各种环境下自动完成各项拟人任务。自主型机器人的本体具有感知、处理、决策、执行等模块,可以就像一个自主的人一样独立地活动和处理问题。具有较强的自主性和适应性,可以不依赖外部控制,根据环境变化完全自主地做出正确的思考和调整,并可以与人或其他机器人进行信息交流。

3) 交互型机器人

交互型机器人通过计算机系统与操作员或程序员进行人-机对话,由计算机系统对其控制与操作。虽然具有简单的思考和判断能力,能够独立地实现轨迹规划、简单的避障等功能,但是交互型机器人仍需要操作人员在外部控制。

2. 基于智能程度分类

1) 工业机器人

工业机器人毫无智能,只能按照人给它规定的程序工作,不管外界条件如何变化,它都不能对所做的工作自行调整。如果要改变机器人所做的工作,必须由人对程序作相应的更改。

2) 第一代智能机器人

具有像人那样的感受、识别、推理和判断能力,可以根据外界条件的变化在一定范围内自行修改程序,也就是它能根据外界条件变化对自己做相应调整。第一代智能机器人修改程序的原则由人预先规定,是初级智能机器人,已经拥有一定的智能。

3) 第二代智能机器人

具有感觉,识别,推理和判断能力,可以根据外界条件的变化在一定范围内自行修改程序。与初级智能机器人所不同的是,第二代智能机器人修改程序的原则不是由人规定的,而是机器人自己通过学习知识、总结经验而获得修改程序的原则,所以它的智能高出初级智能机器人。第二代智能机器人已拥有一定的自主规划能力,能够自己安排自己的工作,可以不需要人的照料,完全独立地工作,故被称为高级自律机器人。

15.1.2 智能机器人的要素

以人工智能为基础的智能机器人拥有各种类型的传感器、灵活的构架和应用程序,无论在形体上还是在智力上,智能机器人已经具备了人某种程度的属性。智能机器人由大脑、感知器、效应器和手、脚、长鼻子、触角等组成。

智能机器人的大脑是中央处理器,中央处理器与操作它的人有直接的联系,最主要的是可以按目的安排而动作。智能机器人具备各种内部信息传感器和外部信息传感器,如视觉、听觉、触觉、嗅觉等传感器。利用摄像头、声呐、激光雷达、雷达和激光器评估和测量周边的环境,以及使用陀螺仪和加速度计测量自身的运动。除了具有上述的感知器之外,它还有效应器用于应对周围环境的变化。效应器的唯一目的是对环境施加物理力,这种效应器就是智能机器人的筋肉或称自整步电动机,它们可使智能机器人的手、脚、长鼻子、触角等都运动起来。

1. 智能机器人的特点

(1) 智能机器人又被称为自控机器人,与一般机器人不同,它是控制论的产物,是一种系统的功能实现,这种系统过去只能从生命细胞生长的结果中得到,但现在已可由人工制造。

(2) 智能机器人能够理解人类语言,并可以用人类语言与操作者对话,在它自身的意识中单独形成了一种使它得以生存的外界环境和实际情况的详尽模式。智能机器人能够分析周边环境出现的情况,并能够调整自己的动作以达到操作者所提出的全部要求,能够拟定所希望的行为,并在信息不充分、环境迅速变化的条件下完成这些行为。

(3) 智能机器人视觉使用了相机硬件和计算机算法的组合以处理来自机器人外部世界的视觉数据。系统可以使用一个二维摄像头检测机器人拾取的对象,也可以使用三维立体相机引导机器人完成更复杂的工作。如果没有机器人视觉,机器人行动将是盲目的。

2. 智能机器人的基本要素

1) 感觉要素

感觉要素是指认识周围环境状态,能感知视觉等非接触型感知器和能够感知力、压觉、触觉等接触型感知器。感觉要素相当于人的眼、鼻、耳等器官,它们的功能可以由摄像机、图像传感器、超声波传感器、激光器、导电橡胶、压电元件、气动元件、行程开关等机电元器件实现。

2) 运动要素

运动要素是智能机器人对外界做出的反应性动作。智能机器人需要有一个无轨道型的移动机构以适应平地、台阶、墙壁、楼梯和坡道等不同的地理环境。这些功能可以借助轮子、履带、支脚、吸盘、气垫等移动机构完成。在运动过程中智能机器人要对移动机构进行实时控制,这种控制不仅包括有位置控制,而且还要有力度控制、位置与力度混合控制、伸缩率控制等。

3) 思考要素

智能机器人根据感觉要素所得到的信息推理应采用的动作,其思考要素是三个要素中的关键要素,也是智能机器人必备的要素。思考要素包括判断、逻辑分析、理解等方面的智力活动,这些智力活动实质上是一个信息处理过程,而计算机则是完成这个处理过程的主要手段。

15.1.3　智能机器人的技术

1. 智能机器人的基本技术

1）识别过程

智能机器人能将外界输入的信息向概念逻辑信息转化,可将动态或静态图像、声音、语音、文字、触觉、味觉等信息转化为形式化的概念逻辑信息。

2）智能运算过程

智能机器人能将输入信息刺激自我学习、信息检索、逻辑判断、决策,并产生相应反应。

3）控制过程

所谓控制就是智能机器人将需要输出的反应转化为肢体运动和媒介信息。实用机器人在这方面做了多方面的工作,但识别和智能运算很弱,尤其是概念知识的存储形式、逻辑判断和决策这些方面工作,这正是人工智能需要重点解决的问题。

2. 智能机器人的关键技术

智能机器人具有感知、认知和行为控制的功能,为了完成上述功能,智能机器人的关键技术主要包括多传感器信息融合、导航与定位、路径规划、机器人视觉、智能控制、人机接口技术等。

15.2　导航定位技术

导航定位技术是实现智能机器人行走的第一步,其本质就是帮助机器人实现自主定位、建图、路径规划及避障等能力。这就需要涉及机器人的感知能力,需要借助激光雷达帮助机器人完成周围环境的扫描,配合相应的算法构建有效的地图数据并完成运算,实现智能机器人的自主导航定位。

15.2.1　自主定位导航的任务

自主定位导航技术一直以来都是研究发展重点。除了机器人行业,自主定位导航技术也是无人驾驶汽车行业的关键性技术之一。

自主智能导航系统的任务是将感知、规划、决策、动作等模块有效结合完成指定的任务,是实时定位、自主构建地图、运动规划与控制技术的统称。利用自主定位导航技术可以使智能机器人在非结构化的环境中无须人工参与而自主地移动并完成既定的任务。自主定位导航需要解决定位及其跟踪问题,也就是说,解决"我在哪里?","我要到哪里去"以及"我该如何过去"等问题。

移动机器人通过传感器感知环境和自身状态,进而在有障碍物的环境中面向目标自主运动。而定位则是确定移动机器人在工作环境中相对于全局坐标的位置及其本身的姿态,是移动机器人导航的基本环节。机器人的自主导航定位方式主要有:视觉导航定位、光反射导航定位、GNSS 卫星定位系统、超声波导航定位、空间信标定位等技术。

自主定位导航技术框架如图 15-1 所示。

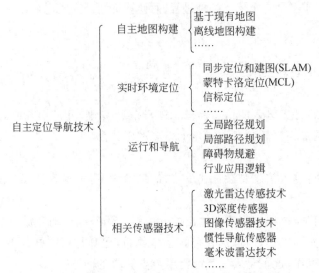

图 15-1　自主定位导航技术框架

15.2.2　智能自主定位导航技术

1. 智能导航

智能机器人的一个重要标志是智能导航,智能导航是指智能机器人利用自带的感知器系统对内部姿态和外部环境进行感知,并通过对环境信息的识别、存储和搜索等操作找出最优路径或准最优的路径,进而完成与障碍物无碰撞的安全运动。

智能导航的方式主要有惯性导航、视觉导航、卫星导航等。不同的导航适用不同的环境,而环境又分为室外环境、简单环境和复杂环境等。常用的三种导航方式简介如下。

1) 惯性导航

惯性导航的基本工作原理是以牛顿力学定律为基础,通过测量载体在惯性参考系的加速度,将其对时间进行积分后变换到导航坐标系中,就可以得到在导航坐标系中的速度、偏航角和位置等信息。惯性导航系统应用推算导航方式,也就是从一个已知点的位置根据连续测得的运动体航向角和速度推算出下一点的位置,因而可连续测出运动体的当前位置。惯性导航系统中的陀螺仪用以形成一个导航坐标系,使加速度计的测量轴稳定在该坐标系中,并给出航向和姿态角。加速度计用以测量运动体的加速度,经过对时间的一次积分得到速度,再经过速度对时间的一次积分即可得到距离。

惯性导航方式实现简单,但随着机器人航程的增加,误差积累也将增加,提高控制及定位的精度较为困难。

2) 视觉导航

视觉导航主要包括视觉图像预处理、目标提取、目标跟踪、数据融合等。其中,运动目标检测可采用背景差法、帧差法、光流法等,固定标志物检测可用到角点提取、边提取、小变矩、Hough 变换、贪婪算法等。目标跟踪可以分析特征进行状态估计,并与其他传感器融合,用到的方法有卡尔曼滤波、粒子滤波器和人工神经网络等。另外,还有很多方法可实现视觉导航,如全景图像几何形变的分析,地平线的检测等无须提取特征,而是直接将图像的某一变量用于控制。

机器人视觉导航是指机器人利用自身装配的摄像机拍摄周围环境的局部图像,然后再利用图像处理技术将外部环境的相关信息存储,用于机器人自身定位及下一步动作的规划,从而自主规划路线,最终安全到达终点。这种导航方式由于利用了图像处理技术,所以计算量大,实时性差,这是显著的缺点。

3)卫星导航

导航卫星是可以从轨道连续发射无线电信号为地面、海洋、空中和空间用户导航定位的人造地球卫星,其装有专用的无线电导航设备,可以向用户发射无线电导航信号,通过时间测距或多普勒测速分别获得用户相对于卫星的距离或距离变化率等导航参数,并根据信号发送的时间、轨道参数求出在定位瞬间自身的实时位置坐标,从而定出用户的地理位置坐标(二维或三维坐标)和速度矢量分量。由多颗导航卫星构成的导航卫星网(导航星座)具有全球和近地空间的立体覆盖能力,可以实现全球无线电导航。导航卫星按是否接收用户信号可分为主动式导航卫星和被动式导航卫星;按导航方法可分为多普勒测速导航卫星和时差测距导航卫星;按轨道分为低轨道导航卫星、中高轨道导航卫星、地球同步轨道导航卫星。机器人卫星导航是指机器人利用卫星信号接收装置在室内或室外实现自身定位,这种导航方式存在近距离定位精度低等缺点,故在实际应用中需要与其他导航技术相配合使用。

2. 机器人智能路径规划

路径规划技术也即最优路径规划,就是依据某个或某些优化准则在机器人工作空间中找到一条从起始状态到目标状态、可以避开障碍物的最优路径。

1)机器人智能规划路径种类

机器人智能规划路径可以分为下述三种。

(1)基于地图的全局路径规划。

(2)基于感知器的局部路径规划。

(3)感知器的混合路径规划。

具体应用时可根据机器人对环境的掌控情况选择规划路径。

2)机器人自动碰壁

机器人智能规划路径的核心是实现自动碰壁,这种自动碰壁由数据库、知识库、机器学习和推理机构成,通过机器人本身的各类导航传感器收集本身和障碍物的运动信息、环境地图的信息及推理过程的中间结果等数据,并将收集到的信息存入机器人自动碰壁系统的数据库,供系统进行机器学习和推理时使用。

知识库主要包括机器人的碰壁规则、专家对碰壁规则的理解和认识以及成果,也包括运动规划的基础知识和规则、实现碰壁推理所用的算法以及基本碰壁知识模块等。知识库是机器人实现自动碰壁系统决策的核心部分,在自动碰壁过程中,系统要不断检测所有环境的动态信息,不断核实障碍物的运动状态,主要完成下述工作。

(1)确定机器人本体长、宽及负载等静态参数;确定机器人速度及运动方向、在全速情况下到停止所需时间和前进距离、在停止情况下到全速所需时间和前进距离、机器人第一次避碰时机等动态参数;确定机器人本身与障碍物之间的相对速度、相对速度方向、相对方位等相对位置参数。

(2)根据障碍物参数分析机器人本身的运动态势,并判断哪些障碍物与机器人本身存在碰撞危险,并对危险目标进行识别。

（3）根据机器人与障碍物碰撞局面分析结果调用相应知识模块求解机器人碰撞规划方案及目标避碰参数,并对避碰规划进行验证。

智能导航和智能路径规划系统将成为集导航、控制、监视、通信于一体的机器人综合管理系统,利用专家系统和来自雷达等设备的信息、感知器的环境信息、机器人本身状态信息及知识库中的其他静态信息可以实现机器人运动规划的自动化,最终实现机器人从任务起点到任务终点的全自动运行。

3. 智能运动控制

智能运动控制是控制理论发展的高级阶段,主要用于解决复杂系统运动控制问题,其研究对象通常是不确定数学模型及复杂的任务需求。随着传感技术与人工智能技术的发展,智能运动控制和智能操作已成为机器人控制的主流技术。

传统的基于模型的机器人运动控制方法不能保证设计系统在复杂环境下的稳定性、鲁棒性和整个系统的动态性能。除此之外,这些运动控制方法也不能积累经验和学习人的操作技能。所以可以将软计算理论和方法用于机器人控制。

对于智能机器人,通过机械手臂系统完成各种灵巧操作是其最重要的基本任务之一。智能机器人能够智能地对形态、转态多样的目标物体提取抓取特征、对机械手臂抓取姿态进行决策、对多自由度机械臂的运动轨迹进行规划,以完成操作任务。

智能控制技术使机器人的行动可以更加灵活方便、复杂多样,并能够有效克服随机扰动,增加机器人的自主独立性。

15.3   机器人的感知

人类利用自己的感觉器官获得了视觉、听觉、味觉、嗅觉等不同的外部感觉,机器人利用感知器也可以获得不同的外部感觉。根据检测对象的不同,机器人感知器可分为内部传感器和外部传感器。内部传感器主要用来检测机器人各个内部系统的状况,如各关节的位置、速度、加速度、温度、电机速度、电机载荷、电池电压等,并将所测得的信息作为反馈信息送至控制器,进而形成闭环控制。

而外部传感器用来获取有关机器人的作业对象及外界环境等方面的信息,是机器人与周围交互工作的信息通道,用来执行视觉、接近觉、触觉、力觉等功能,如距离测量、声音感知、光线感知等。

15.3.1   机器人的视觉

计算机视觉研究是视觉感知的通用理论,是研究视觉过程的分层信息表示和视觉处理各功能模块的计算方法。机器视觉侧重于研究以应用为背景的专用视觉系统,只提供对执行某一特定任务相关的景物描述。计算机视觉和图像处理有着截然不同的目标,图像处理技术主要用于提高图像质量,将其转换为另一种格式（如直方图）或以其他方式更改以进一步处理;而计算机视觉则更多的是从图像中提取信息以理解它们。因此,可以使用图像处理技术将彩色图像转换为灰度图像,然后使用计算机视觉技术检测该图像中的对象。如果进一步观察,就可以发现这两个域都受到物理学光学领域的影响。

对机器人的研发一直以来都是借鉴人类本身,而人类获取的信息有80%以上来自视觉。人可以通过眼睛看到周围的环境,如果想去一个地方,需要快速判断最佳路径并避开障碍物,才能顺利到达目的地。在人类的身体结构中,小脑神经元占整个脑部神经元的50%,而它的主要作用就是帮助人类实现行走。为机器人配备视觉系统时也需要用到这样的"小脑"。一个帮助机器人控制运动的核心中枢可以解决机器人构建地图、规划路径与自动避障等问题。

机器人视觉是指机器人的视觉感知系统,它是组成机器人系统的重要部分之一。机器人视觉可以通过视觉感知器获取环境的二维图像,并通过视觉处理器分析和解释,进而将图像转换为符号,使机器人能够辨识物体并确定目标和本身的位置。

机器人视觉与机器视觉密切相关,它们都来自计算机视觉,计算机视觉、机器视觉和机器人视觉之间的关系如图 15-2 所示。

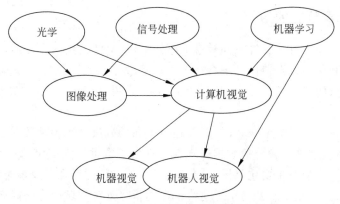

图 15-2　信号处理、图像处理与计算机视觉

机器人视觉以常用的相机作为工具,以图像作为处理媒介获取环境信息。其结合了以前所述的技术。在许多情况下,机器人视觉和机器视觉可以互换使用。但是,它们存在一些细微的差别。一些机器视觉应用,如零件检测与机器人无关,该部件仅被放置在寻找故障的视觉传感器前面。但是,机器人视觉不仅是一个工程领域。还是一门具有特定研究领域的科学。与纯粹的计算机视觉研究不同,机器人视觉必须将机器人技术的各个方面融入其技术和算法中(如运动学),参考框架校准和机器人物理影响环境的能力。

15.3.2　机器人的触觉

人类皮肤触觉感知器接触机械刺激产生的感受被称为触觉。人类的皮肤表面散布着触点,触点的大小不尽相同,分布也不规则,一般情况下,手指腹部最多,其次是头部,而背部和小腿部最少,所以指腹部的触觉最灵敏,而背部和小腿部的触觉较迟钝。如果使用纤细的毛轻触皮肤表面,只有某些特殊点被触发时,才能够引起人类的触觉。触觉是人与外界环境直接接触时的重要感觉功能。

机器人也可以通过触觉识别物体的滑动并定位物体,还可以预测抓物成功与否。这种触觉的实现依靠的是触觉感知器,是机器人模仿人类触觉功能的传感器,主要包括接触觉传感器、压力觉传感器、滑觉传感器、接近觉传感器等。

机器人是一个复杂的过程系统,多模态融合感知器需要综合考虑任务特性、环境特性和传感器特性,需要通过触觉感知器采集的复杂高位触觉信息,结合机器学习算法进行机械手抓取稳定性分析以及对抓取物体的分类与识别。

15.3.3　机器人的听觉

人类的耳朵和眼睛一样,是重要的感受器官,其原理是声波冲击耳膜,刺激听觉神经产生冲动,经听觉神经传给大脑的听觉区形成听觉。

听觉感知器是一种可以检测、测量并显示声音波形的传感器,被广泛应用于日常生活、军事、医疗、工业、航空航天和航海等,已成为智能机器人不可缺少的部分。听觉感知器可以接受声波,显示声音的振动图像。在某些环境中,机器人还能够检测声音的音调、响度,区分声源、判断声源的大致方位。更复杂的感知器还能令人与机器进行语音交流,使其具备人机对话功能,应用听觉感知器,机器人即可完成上述的任务。

15.3.4　多感知器信息的融合

智能机器人往往配备了各种不同模态的感知器,从摄像机到激光雷达,几乎各种感知器都得到了应用。利用多感知器信息融合技术可以将分布在不同位置的视觉、听觉和触觉等多个感知器所提供的信息进行综合处理,产生更全面、更准确的信息,更精确地反映被检测对象的特征。

机器人在处理一个目标或场景时,需要通过不同的方法收集各种数据,将之融合为指导机器人行为的依据,这种被融合的数据样本就是多模态数据。人们将每一个方法收集的数据称为一个模态。多模态主要包括同一模态信息中的多特征融合以及多个同类型感知器的数据融合等。因此,多模态感知与学习这一问题与信号处理领域的多源融合、多传感器融合以及机器学习领域的多源学习或多源融合等存在密切联系,多模态信息感知与融合在智能机器人的应用中起着重要作用。

机器人系统采集到的多模态数据各具特点,融合感知主要问题包括以下几点。

(1)动态的多模态数据。机器人通常在动态环境下工作,采集的多模态数据必然具有复杂的动态特性。

(2)受污染的多模态数据。机器人操作环境非常复杂,采集的多模态数据具有很多噪声和离群点。

(3)失配的多模态数据。机器人携带的各种感知器的工作频带、使用周期具有很大的差异,这导致各模态之间的数据难以匹配。

为了实现多模态信息的有机融合,可以建立统一的特征表示和关联匹配关系。例如,为了完成机器人的操作任务,很多的机器人都配备了视觉感知器。在实际操作中,常规的视觉感知技术受到很多限制,如光照和遮挡等。面对物体很多内在属性难以提高感知能力。对于机器人而言,触觉也是获取环境信息的一种重要感知方式。但与视觉不同,触觉感知器可以直接测量对象和环境的多种性质和特征。

15.4　机器人交互技术

感知和认知是机器交互技术的基础,其包括人与机器人交互框架、机器人图形交互、基于鼠标/键盘/手柄的机器人交互、基于数据手套的机器人灵巧手交互、人机物理交互安全技术、基于手势视觉识别的机器人交互、基于肢体动作识别的机器人交互以及基于人脸表情识别的机器人交互等。

15.4.1　语音交互

机器人语音交互功能的主要技术如下。

(1) 语音识别：将语音转换成文字。

(2) 自然语义理解：基于统计的模型，神经网络等。

(3) 语音合成：将文字变成有感情的声音。

借助人工智能语音技术，机器人也能学会听、说人类的自然语言。在人和机器人交互的时，可以用语音唤醒机器人，让机器人能够识别语音。在嘈杂的场景下，语音识别能够定向拾音，确定谁是"说话人"，并且实现远场消噪和回声消除。除了在云端识别，离线语音识别同样重要。

当语音被转为文本的时候，机器人的大脑开始对文本进行理解，也就是理解语义。这个过程包含了对话管理、纠错、内容管理、上下文信息分析。机器人回答是带有语气的，这就涉及情感和情景，需要机器人通过语音合成器发出声音，完成人与机器人的对话。上述过程如图 15-3 所示。

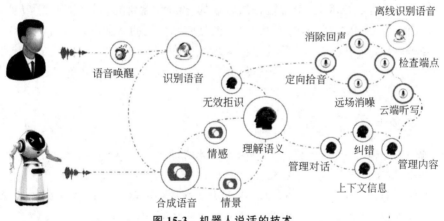

图 15-3　机器人说话的技术

语音合成技术(text to speech，TTS)可以将任意文字信息快速转换成清晰自然、富有表现力的音频，相当于给机器装上了嘴巴，让机器人像人一样开口说话。

语音合成技术经历了从共振峰合成、拼接合成、统计参数合成到基于神经网络的语音合成等发展阶段。近年来，基于神经网络的声码器模型和基于注意力的端到端的语音合成声学模型大大提升了语音合成的音质以及韵律建模的自然度，使语音技术能为机器人提供高品质、高表现力、多风格领域的语音交互功能，同时满足多样化呈现，让不同人的声音都可以在机器人上体现。作为多模态的载体，机器人也赋予了多模态的语音合成，比如表情、动作、语音情感等。

1. 基于神经网络的语音合成技术

在语音合成技术上，现代智能机器人选用了基于神经网络流水线深度学习参数语音合成技术，其在主流架构中包括了文本分析、时长模型、声学模型以及声码器等，如图 15-4

所示。

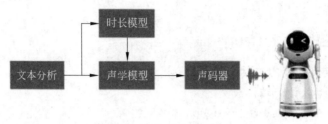

图 15-4　参数语音合成技术

1）多音字发音和停顿问题的解决方案

在推理过程中，语音合成引擎对文本进行分析后可同时加上儿化音、句末标点，并处理语调的变化，以此提高整个合成效果的自然度。

2）中英文混合的衔接及一致性问题解决方案

在处理中英文混合语音时，人们最大的需求是用同一声音播报中英文。运用混合深度学习和统计跨语言模型能提高中英文混合语音中英文发音的准确率，在实际场景中准确率可达到 95% 水平。

2. 端到端的语音合成

第一代的语音合成技术下，声音是自然流畅的，然而还没有达到高逼真、类人的声音水平。后来人们使用端到端的语音合成技术，也就是前面所说的从文本直接转到语音，通过多音字发音停顿、中英文混合合成的衔接及一致性、跨语言语音转换技术等方案优化，经过设计与处理，为教育、公益、智能家居、游戏娱乐等多领域提供了完整的自然语言交互系统。

15.4.2　情感交互

能够感知人类情感、意图的机器人被称为情感机器人。情感机器人的出现将改变传统的人机交互模式，实现人与机器人的情感交互。用人工的方法和技术赋予机器人以人类式的情感可以使情感机器人具有识别、理解和表达喜怒哀乐的能力。情感计算就是赋予计算机像人一样的观察、理解和表达各种情感特征的能力，最终使计算机能与人进行自然、亲切和生动的交互，情感计算及其在人机交互系统中的应用必将成为未来人工智能的一个重要研究方向。

1. 识别情感

识别情感是一门综合性很强的技术，是人工智能情感化的关键一步，其主要包括识别语音情感、识别人脸表情和识别生理信号情感等。

1）识别语音情感

通过语音对人类的情感状态进行分析，可有效减少负面情绪对人类的影响，例如，在车辆行驶过程中与驾驶员交流，保持驾驶员的积极心态可以降低交通事故发生的概率。

2）识别人脸表情

识别人脸表情是识别情感中非常关键的一部分。在人类的交流过程中，有 55% 的情感是通过面部表情完成传递的。高兴、生气、吃惊、恐惧、厌恶和悲伤 6 种基本表情是其主要识别对象，大多数情感机器人都具有较好的人脸表情识别能力。

3）识别生理信号情感

研究结果表明,通过生理信号识别情感是可行的。例如,采集肌电、皮肤电、呼吸和血容量搏动 4 种生理信号,并提取它们的 24 维统计特征进行识别、分析以研究高兴、生气、喜悦和悲伤 4 种情绪,可以有效地识别人的情感状态。

2. 合成与表达情感

机器表达的情感可以通过语音、面部表情和手势等多模态信息实现,因此机器合成的情感可分为合成情感语音、合成面部表情和合成肢体语言。

1）合成情感语音

合成情感语音是将富有表现力的情感加入传统的语音合成技术结果中,生成带有情感的语音信号。

2）合成面部表情

合成面部表情是利用计算机技术在屏幕上绘制带有表情的人脸图像。常用的方法有基于物理肌肉模型的方法、基于样本统计的方法、基于伪肌肉模型的方法和基于运动向量分析的方法。

3）合成肢体语言

肢体语言主要包括手势、头部等部位的姿态,合成这些动作技术是通过分析动作单元的特征,用运动单元之间的运动特征构造一个单元库,根据不同的需要选择运动交互姿势以合成相应的动作。

15.4.3　体感交互

体感技术可以让人们很直接地使用肢体动作与周边的环境互动,而无须使用任何复杂的控制设备。例如,人们站在一台电视前,假使有某个体感设备可以侦测人的手部动作,那么当手分别向上、向下、向左及向右挥动,即可控制电视节目快放、倒放、暂停以及终止,直接地以体感操控。其他关于体感技术的应用还包括:3D 虚拟现实、空间鼠标、游戏手柄、运动监测等。

作为新式的、富于行为能力的交互方式,体感交互正在转变人们对传统交互的认识。其可以直接利用躯体动作、声音、眼球转动等方式与周边的环境互动。相对于传统的界面交互,体感交互强调利用肢体动作等现实生活中已有的知识和技能与产品交互,通过看得见、摸得着的实体交互操控各种智能设备。

本 章 小 结

智能机器人是机器人发展的最高阶段,其具有感知能力和认知能力。感知是人作为主体认识世界和观察社会最基本的方法,认知是指人获得知识或应用知识的过程。本章介绍了智能机器人的分类、特点与要素、主要技术、导航定位技术、机器人感知和人机交互方式等。在人工智能、云计算、大数据等技术的支持下,智能机器人具备得天独厚的技术优势,发展势头强劲、前景远大。

参 考 文 献

[1] 李德毅. 人工智能导论[M]. 北京：中国科学技术出版社,2019.

[2] 周志华. 机器学习[M]. 北京：清华大学出版社,2006.

[3] 贾可荣,张彦. 人工智能[M]. 3 版. 北京：清华大学出版社,2020.

[4] 王万良. 人工智能通识教程[M]. 北京：清华大学出版社,2021.

[5] 朱福喜. 人工智能基础教程[M]. 北京：清华大学出版社,2011.

[6] 徐洁磐. 人工智能导论[M]. 北京：中国铁道出版社,2019.

[7] 肖仰华. 知识图谱：概念与技术[M]. 北京：电子工业出版社,2020.

[8] 黄理灿. 深度学习原理与 TensorFlow 实践[M]. 北京：人民邮电出版社,2019.

[9] 陈明. 神经网络模型[M]. 大连：大连理工大学出版社,1995.

[10] 陈明. 分布计算应用模型[M]. 北京：科学出版社,2009.

[11] 陈明. 数据科学与大数据技术导论[M]. 北京：清华大学出版社,2020.

图 书 资 源 支 持

感谢您一直以来对清华版图书的支持和爱护。为了配合本书的使用,本书提供配套的资源,有需求的读者请扫描下方的"书圈"微信公众号二维码,在图书专区下载,也可以拨打电话或发送电子邮件咨询。

如果您在使用本书的过程中遇到了什么问题,或者有相关图书出版计划,也请您发邮件告诉我们,以便我们更好地为您服务。

我们的联系方式:

清华大学出版社计算机与信息分社网站: https://www.shuimushuhui.com/

地　　址: 北京市海淀区双清路学研大厦 A 座 714

邮　　编: 100084

电　　话: 010-83470236　010-83470237

客服邮箱: 2301891038@qq.com

QQ: 2301891038 (请写明您的单位和姓名)

资源下载: 关注公众号"书圈"下载配套资源。

资源下载、样书申请

书圈

图书案例

清华计算机学堂

观看课程直播